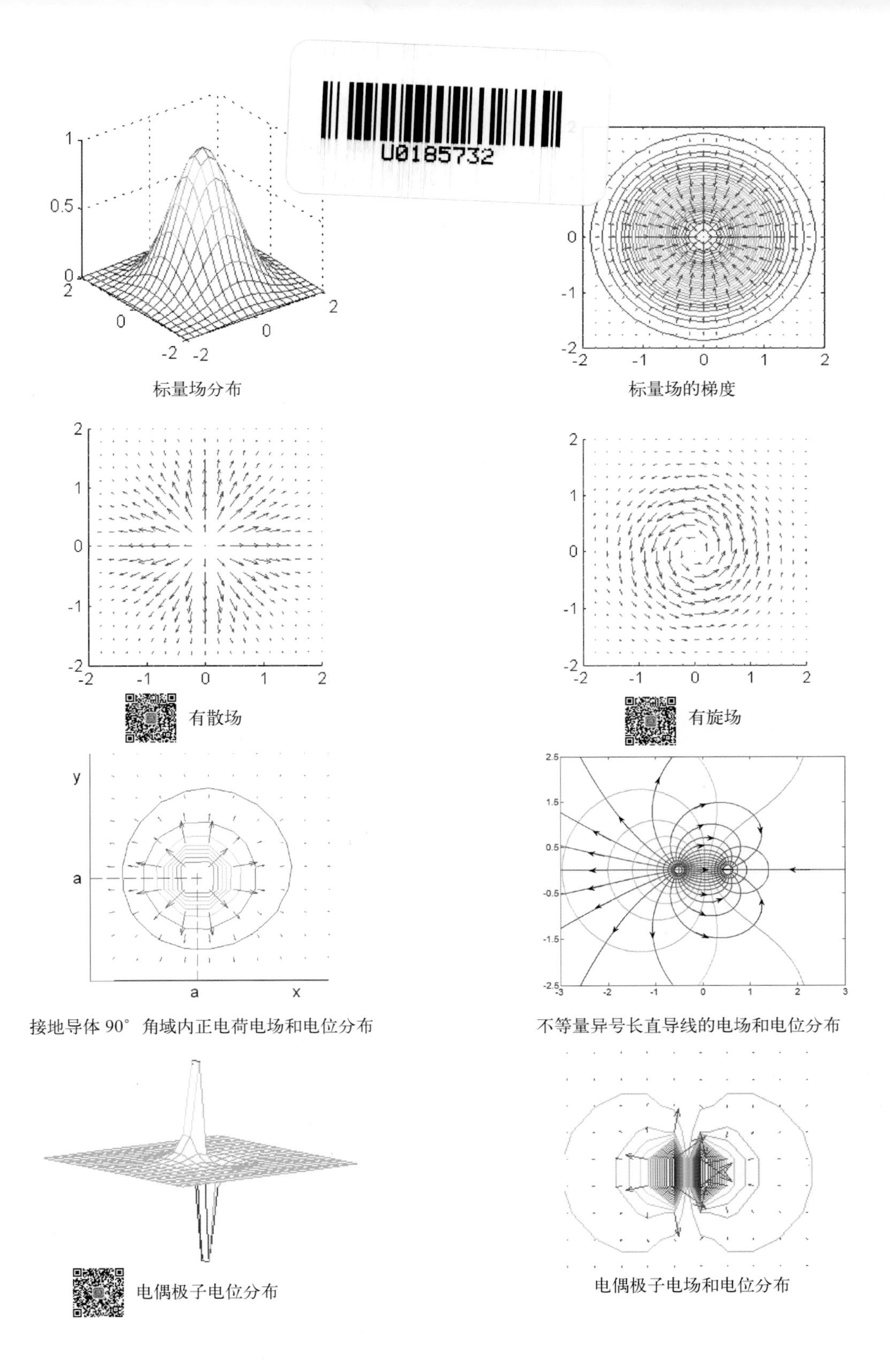

标量场分布

标量场的梯度

有散场

有旋场

接地导体 90° 角域内正电荷电场和电位分布

不等量异号长直导线的电场和电位分布

电偶极子电位分布

电偶极子电场和电位分布

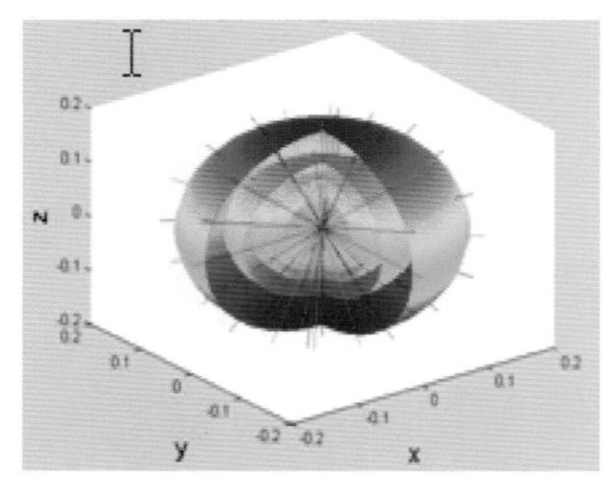

点电荷电场和电位分布

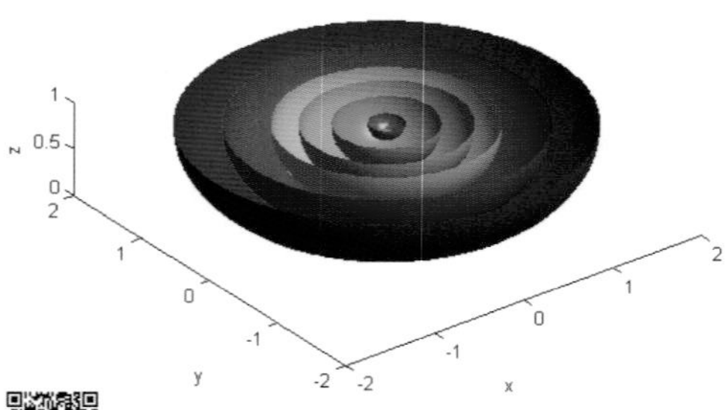

两接地导体平板间点电荷的等位面剖面

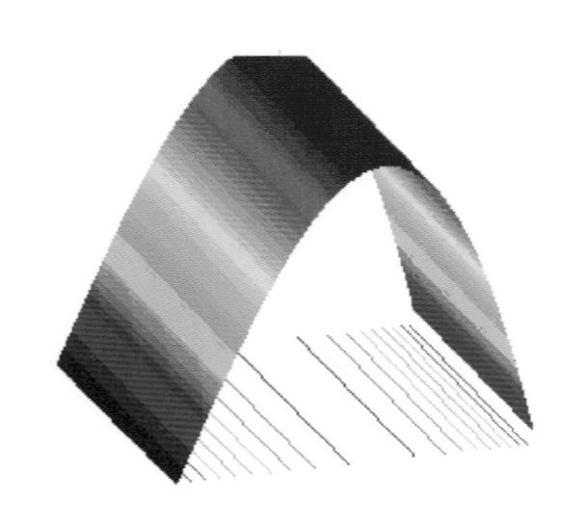

电位分布

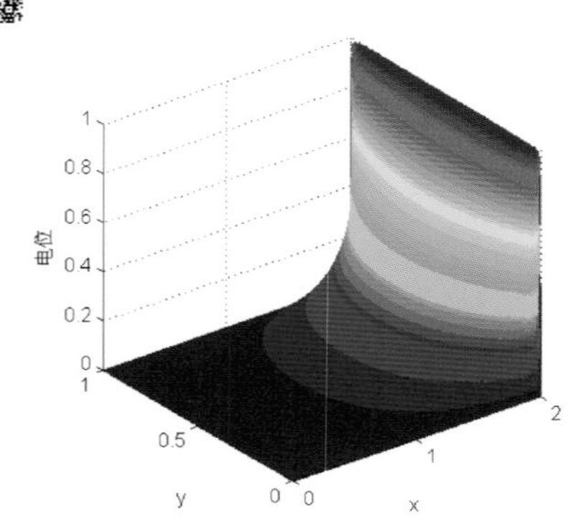

电位分布

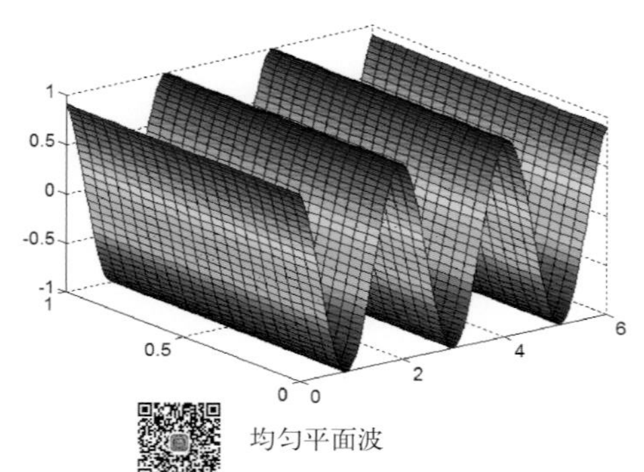

均匀平面波

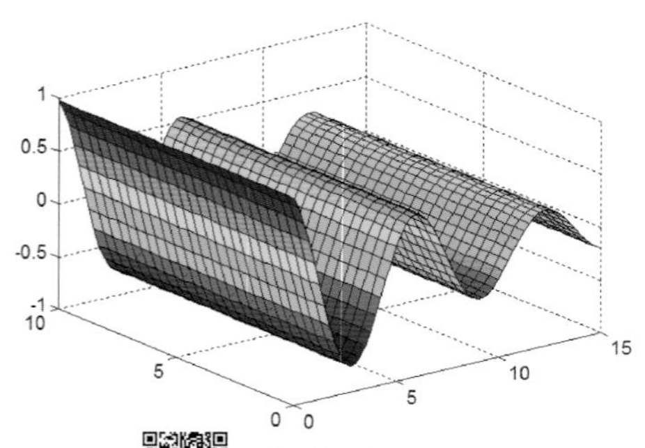

衰减行波

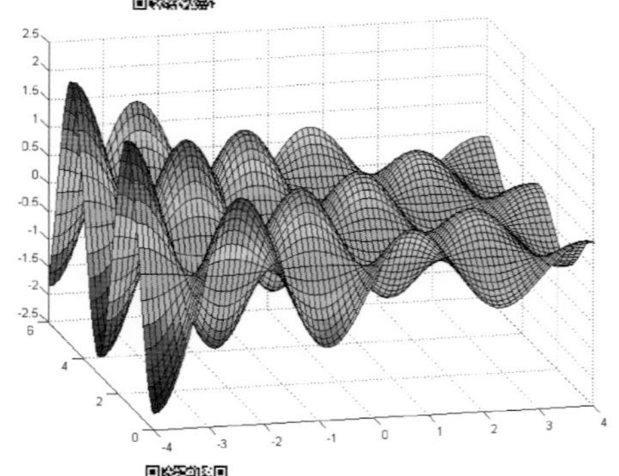

衰减行驻波

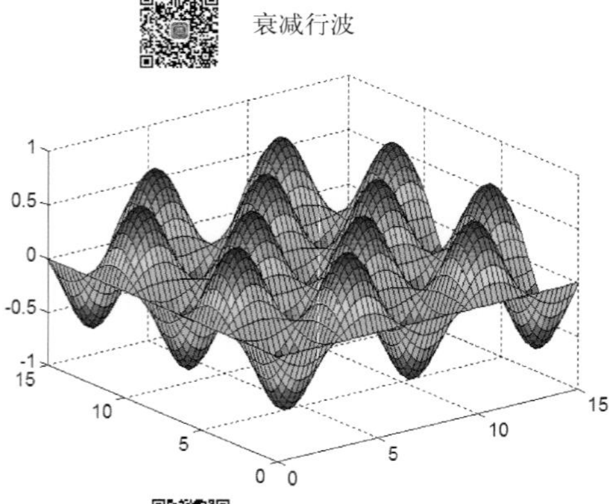

等幅驻波

国家电工电子教学基地系列教材

普通高等教育“十一五”国家级规划教材

电磁场与电磁波（M^+ Book）

第2版

邵小桃　李一玫　王国栋　编著

清华大学出版社

北京交通大学出版社

·北京·

内 容 简 介

本书是在普通高等教育“十一五”国家级规划教材《电磁场与电磁波基础教程》的基础上修订而成的。全书共分7章,包括矢量分析、静电场、恒定电场、恒定磁场、时变电磁场、平面电磁波、导行电磁波。内容讲述深入浅出,对电磁场与电磁波理论既有严格的数学推导,又注重其物理意义的阐述与分析。每章除小结、思考与练习、习题之外,还包括电磁场与电磁波的主要应用、MATLAB应用分析、部分插图的动态链接、研究型拓展题目。附录给出了定理与矢量恒等式、三个坐标系下的微分运算、坐标系变换、基本物理常数和SI词头,书末还附有习题答案。

本书可作为通信、电子、自动化专业本科生“电磁场与电磁波”课程教材,也可作为相关教师、学生及专业人员的重要参考书。

图书在版编目(CIP)数据

电磁场与电磁波:M⁺Book/邵小桃,李一玫,王国栋编著.—2版.—北京:北京交通大学出版社:清华大学出版社,2021.8(2023.9重印)

(国家电工电子教学基地系列教材)

ISBN 978-7-5121-4550-4

Ⅰ.①电… Ⅱ.①邵…②李…③王… Ⅲ.①电磁场-高等学校-教材②电磁波-高等学校-教材 Ⅳ.①O441.4

中国版本图书馆CIP数据核字(2021)第156531号

电磁场与电磁波
DIANCICHANG YU DIANCIBO

责任编辑:谭文芳
出版发行:清 华 大 学 出 版 社　　邮编:100084　　电话:010-62776969
　　　　　北京交通大学出版社　　邮编:100044　　电话:010-51686414
印 刷 者:北京时代华都印刷有限公司
经　　销:全国新华书店
开　　本:185 mm×230 mm　　印张:19　　字数:426千字　　彩插:1
版　　次:2018年3月第1版　　2021年8月第2版　　2023年9月第3次印刷
印　　数:5 001 ～ 6 500册　　定价:58.00元

本书如有质量问题，请向北京交通大学出版社质监组反映。对您的意见和批评，我们表示欢迎和感谢。
投诉电话：010-51686043，51686008；传真：010-62225406；E-mail：press@bjtu.edu.cn。

前　言

文化与科技的融合,使得教材与新媒体的有效融合成为可能。在数字出版概念提出的几年来,基于读者阅读的需要,开发融传统出版与新媒体于一体的数字化教材,将大大提升教学效果,使大学教学更加精彩。

随着信息技术的飞速发展,电磁场与电磁波理论在通信、广播、电视、导航、遥感遥测、工业自动化、家用电器、地质勘探、电力系统、医用电子设备等方面有着越来越多的应用,电磁理论也是新兴学科的增长点和交叉点。电磁场与电磁波是电子信息类本科生的专业基础课,属于理论与实践紧密结合的课程。学习电磁场与电磁波课程,可以使学生掌握电磁场和电磁波的理论体系,掌握静态场和时变场的分析和计算,对电磁场的分布和电磁波的传播特性有正确的理解和认识,对于提高学生自主学习与探究的能力,培养学生科学的方法、严谨的学风、创新的精神都具有重要的作用。

本书第 1 版在普通高等教育“十一五”国家级规划教材《电磁场与电磁波基础教程》的基础上修订而成。本书的编写者参考目前国内普遍使用及国外优秀的经典电磁场与电磁波教材,并将多年一线教学实践的经验和对本课程的理解融入到教材的编写中,使教材通俗易懂、重点突出,合理地在教材中渗透新概念、新方法、新手段,注重经典与现代的有机结合,并且引入动态链接。本书第 1 版的动态电子资源需要读者下载手机 App,扫一扫图书中有放大镜标记的配图获得,第 2 版教材则可直接扫描配图附近的二维码。本书在内容结构和编写安排上具有以下几个主要特色。

1. 在教材建设思想上,体现教材是知识的载体;体现经典与现代、理论与技术、解析与仿真的有机结合。

2. 在教材的知识结构上,理论叙述深入浅出,不罗列艰深的公式及数学推导,推导力求简洁,重点强调结论的物理意义及其应用。

3. 在教材的素材选择上,将最新的科技成果转化为教材内容,体现基础性和先进性。

4. 精心设计典型综合例题和习题来加深对电磁场理论的理解,增加思考与练习引导学生自主学习和探究,从而对典型的电磁场问题有较清晰地认识。

5. 书中插图、MATLAB 仿真分析图形完整精美,有的示意电磁场基本原理,有的与电磁场的基本物理现象有关,还有一部分展示了电磁波理论的应用。

6. 仅需要手机互动,二维码作为入口,就能呈现三维视频及动画,想象空间广阔,可更好为读者服务。

7. 书中电磁场与电磁波应用方面的内容全面,研究型扩展题目精心挑选,独具特色。

全书共 7 章。第 1 章矢量分析,主要介绍了矢量的各种运算及运算法则;场的分类与表示;三种常见正交坐标系与微分元;重点讲解了场的梯度、散度和旋度的物理意义及计算公式;亥姆霍兹定理的内容及意义;最后利用 MATLAB 分析了梯度、散度和旋度的特性。

第 2 章、第 3 章和第 4 章属于静态场部分,包括静电场、恒定电场和恒定磁场。从分析产生各自场的散度源和旋度源出发,建立了场所满足的基本方程。讨论了介质的极化和磁化特性,研究了介质中场的基本方程和边界条件。在源和场的互求的基础上,分析计算了部分电容、电阻和电感。基于唯一性定理,分析和阐述了分离变量法和镜像法。

第 5 章、第 6 章和第 7 章属于时变场部分,包括时变电磁场、平面电磁波和导行电磁波。分析介绍了时变电磁场的基本定律,麦克斯韦方程组,时变场的边界条件,坡印廷定理,均匀平面波在空间、导电媒质和各种导波系统中的传播特性。

书中附录列出了定理与矢量恒等式、三个坐标系下的微分运算、坐标系变换、基本物理常量及 SI 词头,书末附有习题答案。课程网站提供了书中所有的 MATLAB 源程序。

本书可作为通信、电子、自动化专业本科生“电磁场与电磁波”课程教材,也可作为相关教师、学生以及专业人员的重要参考书。

本书第 1 章、第 4 章、第 7 章、MATLAB 应用及书后附录由邵小桃编写;第 2 章、第 3 章、第 5 章、第 6 章及习题答案由李一玫编写;各章应用及 MATLAB 仿真分析由王国栋编写;部分研究型拓展题目由郭勇和张波编写。各章插图的动态链接视频及动画主要由卫延制作完成,第 6 章的动态链接由李一玫完成仿真,崔勇和郭勇也参与了部分视频的制作。全书由邵小桃主编。

本书得到国家级教改项目“通信工程专业综合改革试点建设项目”的资助。

在此对北京交通大学出版社及编辑等给予的帮助和大力支持表示衷心的感谢。

由于作者水平有限,书中难免会出现不妥和疏漏,敬请各位读者和专家指正。

编者

2021 年 7 月

目　录

第1章 矢量分析

电磁场与电磁波理论涉及电场和磁场的研究,电场和磁场都是矢量,它们的特性由麦克斯韦方程组决定。研究和讨论麦克斯韦方程组及其相关应用,都需要首先学习与矢量运算有关的基本规则。鉴于此,本章将研究矢量分析。首先学习与坐标系无关的矢量运算的基本规则、标量场和矢量场的概念;然后介绍三种常见的正交坐标系即直角坐标系、圆柱坐标系和圆球坐标及其微分元。在此基础上,分析和介绍了标量场的梯度、矢量场的散度和旋度、亥姆霍兹定理。在本章的最后部分,利用 MATLAB 对梯度、散度、旋度的特性进行了分析和讨论。

1.1 矢量和矢量运算

1.1.1 标量与矢量

仅具有大小的量称为标量,如质量、温度和电荷都是标量。既有大小又有方向的量称为矢量,如速度、加速度和力都是矢量。而其他的量如电压和电流都是标量,电场和磁场都是矢量。矢量用黑斜体表示,如 $\boldsymbol{A}$。标量用白斜体字符来表示,如 A。

矢量 $\boldsymbol{A}$ 的几何表示是一条有向线段,线段的长度表示矢量 $\boldsymbol{A}$ 的大小,指向表示矢量 $\boldsymbol{A}$ 的方向,矢量 $\boldsymbol{A}$ 的大小或模用 $|\boldsymbol{A}|$ 或 A 表示。那么,矢量 $\boldsymbol{A}=A\boldsymbol{a}_A=|\boldsymbol{A}|\boldsymbol{a}_A$,其中 $\boldsymbol{a}_A$ 称为矢量 $\boldsymbol{A}$ 的单位矢量,即 $\boldsymbol{a}_A$ 的大小是 1,方向与 $\boldsymbol{A}$ 相同。

1.1.2 矢量运算

矢量运算包括矢量的加减法、矢量的数乘、点乘和叉乘。

1. 矢量加减法

两矢量 $\boldsymbol{A}$ 和 $\boldsymbol{B}$ 相加,可采用平行四边形法则或三角形法则,如图 1-1-1 所示。两矢量 $\boldsymbol{A}$ 和 $\boldsymbol{B}$ 的始端重合,以 $\boldsymbol{A}$ 和 $\boldsymbol{B}$ 为邻边做平行四边形,其对角线即为和矢量 $\boldsymbol{A}+\boldsymbol{B}$;或把 $\boldsymbol{B}$ 矢量的起点放在 $\boldsymbol{A}$ 矢量的末端,从 $\boldsymbol{A}$ 矢量的起点到 $\boldsymbol{B}$ 矢量的末端的连线即为和矢量。矢量的减法是矢量加法的特殊情况,因有 $\boldsymbol{A}-\boldsymbol{B}=\boldsymbol{A}+(-\boldsymbol{B})$,其中 $-\boldsymbol{B}$ 是与 $\boldsymbol{B}$ 大小相等方向相反的矢量,同样可以利用平行四边形法则或三角形法则做加法运算,即可得到差矢量 $\boldsymbol{A}-\boldsymbol{B}$,如图 1-1-2 所示。

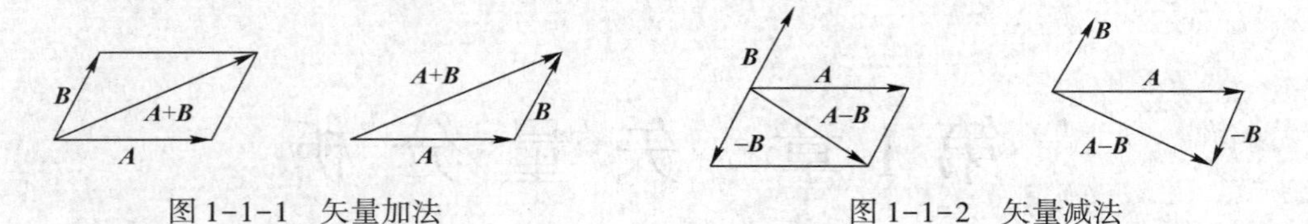

图 1-1-1 矢量加法　　图 1-1-2 矢量减法

矢量加法服从加法的交换律和结合律,即:

$$\boldsymbol{A}+\boldsymbol{B}=\boldsymbol{B}+\boldsymbol{A} \tag{1-1-1}$$

$$\boldsymbol{A}+(\boldsymbol{B}+\boldsymbol{C})=(\boldsymbol{A}+\boldsymbol{B})+\boldsymbol{C} \tag{1-1-2}$$

2. 矢量的数乘

一个矢量 $\boldsymbol{A}$ 和一个标量 k 相乘,结果是一个矢量,即:

$$\boldsymbol{B}=k\boldsymbol{A} \tag{1-1-3}$$

而 $\boldsymbol{B}$ 的模值是 $\boldsymbol{A}$ 的 k 倍,$\boldsymbol{B}$ 和 $\boldsymbol{A}$ 方向是否相同取决于 k 的正负。

3. 两矢量的标量积

两矢量的标量积也称点积或点乘。两个矢量 $\boldsymbol{A}$ 和 $\boldsymbol{B}$ 的标量积是一个标量,它的值等于 $\boldsymbol{A}$ 和 $\boldsymbol{B}$ 的幅值与 $\boldsymbol{A}$ 和 $\boldsymbol{B}$ 之间夹角余弦的乘积,记作 $\boldsymbol{A}\cdot\boldsymbol{B}$。即:

$$\boldsymbol{A}\cdot\boldsymbol{B}=AB\cos\theta \tag{1-1-4}$$

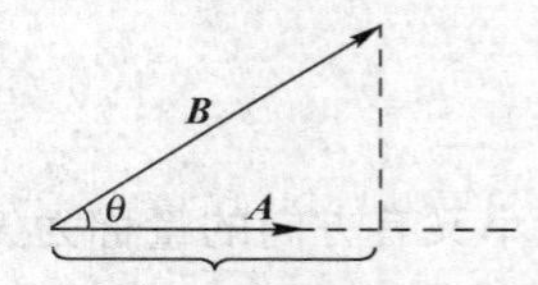

图 1-1-3 矢量的标量积

其中,θ 为矢量 $\boldsymbol{A}$ 和 $\boldsymbol{B}$ 之间较小的夹角,如图 1-1-3 所示。

在直角坐标系中,三个坐标的单位矢量分别为 $\boldsymbol{a}_x$、$\boldsymbol{a}_y$、$\boldsymbol{a}_z$,若矢量 $\boldsymbol{r}$ 与 x、y、z 坐标轴的夹角分别为 α、β、γ,则 $\boldsymbol{r}$ 在直角坐标系中即可表示为:

$$\boldsymbol{r}=\boldsymbol{a}_x r\cos\alpha+\boldsymbol{a}_y r\cos\beta+\boldsymbol{a}_z r\cos\gamma \tag{1-1-5}$$

$\boldsymbol{r}$ 的单位矢量为:

$$\boldsymbol{a}_r=\frac{\boldsymbol{r}}{r}=\boldsymbol{a}_x\cos\alpha+\boldsymbol{a}_y\cos\beta+\boldsymbol{a}_z\cos\gamma \tag{1-1-6}$$

其中,$\cos\alpha$、$\cos\beta$ 和 $\cos\gamma$ 称为矢量 $\boldsymbol{r}$ 的方向余弦。

利用式(1-1-4)也可求出两个非零矢量之间的夹角:

$$\theta=\arccos\frac{\boldsymbol{A}\cdot\boldsymbol{B}}{AB} \tag{1-1-7}$$

当 $\theta=90°$时,$\boldsymbol{A}\cdot\boldsymbol{B}=0$,因此,两矢量的标量积是否为零可作为两矢量垂直的判据。即:

$$\boldsymbol{A}\cdot\boldsymbol{B}=0 \quad \Leftrightarrow \quad \boldsymbol{A}\perp\boldsymbol{B} \tag{1-1-8}$$

当 $\boldsymbol{B}=\boldsymbol{A}$ 时,$\theta=0°$,可求出矢量 $\boldsymbol{A}$ 的模:

$$A=|\boldsymbol{A}|=\sqrt{\boldsymbol{A}\cdot\boldsymbol{A}} \tag{1-1-9}$$

标量积的运算服从交换律和分配律,即:

$$\boldsymbol{A}\cdot\boldsymbol{B}=\boldsymbol{B}\cdot\boldsymbol{A} \tag{1-1-10}$$

$$\boldsymbol{A}\cdot(\boldsymbol{B}+\boldsymbol{C})=\boldsymbol{A}\cdot\boldsymbol{B}+\boldsymbol{A}\cdot\boldsymbol{C} \qquad (1-1-11)$$

4. 两矢量的矢量积

两矢量的矢量积也称叉积或叉乘。两个矢量 $\boldsymbol{A}$ 和 $\boldsymbol{B}$ 的矢量积或叉积是一个矢量,它的幅值等于 $\boldsymbol{A}$ 和 $\boldsymbol{B}$ 的幅值与 $\boldsymbol{A}$ 和 $\boldsymbol{B}$ 之间所夹锐角 θ 正弦的乘积,它的方向是从 $\boldsymbol{A}$ 到 $\boldsymbol{B}$ 按右手螺旋旋转 θ 前进的方向,如图 1-1-4 所示,记作 $\boldsymbol{A}\times\boldsymbol{B}$,即:

$$|\boldsymbol{A}\times\boldsymbol{B}|=AB\sin\theta \qquad (1-1-12)$$

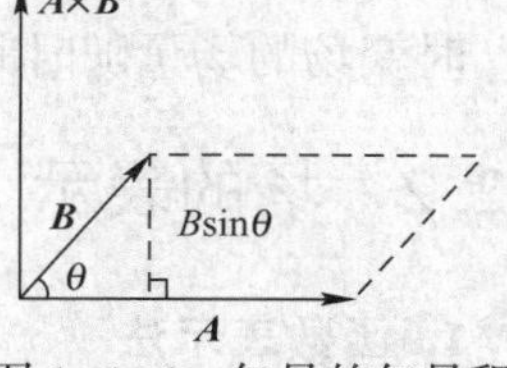

图 1-1-4 矢量的矢量积

当 $\theta=0°$或 180°时,$\boldsymbol{A}\times\boldsymbol{B}=\boldsymbol{0}$。因此,两矢量的矢量积是否为零矢量可作为两矢量平行的判据。即:

$$\boldsymbol{A}\times\boldsymbol{B}=\boldsymbol{0} \quad \Leftrightarrow \quad \boldsymbol{A}/\!/\boldsymbol{B} \qquad (1-1-13)$$

当 $\boldsymbol{B}=\boldsymbol{A}$ 时,$\theta=0°$,有:

$$\boldsymbol{A}\times\boldsymbol{A}=\boldsymbol{0} \qquad (1-1-14)$$

矢量积的运算服从分配律,但不服从交换律。即:

$$\boldsymbol{A}\times(\boldsymbol{B}+\boldsymbol{C})=\boldsymbol{A}\times\boldsymbol{B}+\boldsymbol{A}\times\boldsymbol{C} \qquad (1-1-15)$$

$$\boldsymbol{A}\times\boldsymbol{B}=-\boldsymbol{B}\times\boldsymbol{A} \qquad (1-1-16)$$

5. 三矢量的混合积

三个矢量 $\boldsymbol{A}$、$\boldsymbol{B}$、$\boldsymbol{C}$ 的混合积定义为:

$$\boldsymbol{C}\cdot\boldsymbol{A}\times\boldsymbol{B}=\boldsymbol{C}\cdot(\boldsymbol{A}\times\boldsymbol{B})=ABC\sin\theta\cos\varphi \qquad (1-1-17)$$

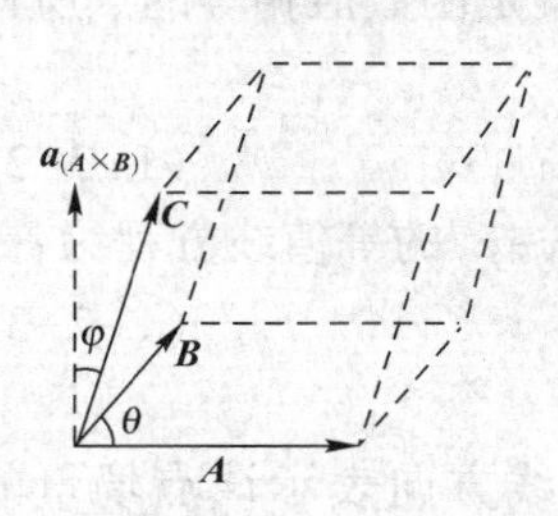

图 1-1-5 矢量混合积

其中,θ 是矢量 $\boldsymbol{A}$、$\boldsymbol{B}$ 间的夹角,φ 是矢量 $\boldsymbol{C}$ 与$(\boldsymbol{A}\times\boldsymbol{B})$间的夹角。从标量积和矢量积的定义来看,三矢量的混合积表示以这三个矢量为邻边的平行六面体的体积,如图 1-1-5 所示。

三矢量的混合积和二重矢量积分别满足下面的恒等式,即:

$$\boldsymbol{C}\cdot(\boldsymbol{A}\times\boldsymbol{B})=\boldsymbol{B}\cdot(\boldsymbol{C}\times\boldsymbol{A})=\boldsymbol{A}\cdot(\boldsymbol{B}\times\boldsymbol{C})=-\boldsymbol{C}\cdot(\boldsymbol{B}\times\boldsymbol{A})$$
$$=-\boldsymbol{B}\cdot(\boldsymbol{A}\times\boldsymbol{C})=-\boldsymbol{A}\cdot(\boldsymbol{C}\times\boldsymbol{B}) \qquad (1-1-18)$$

$$\boldsymbol{A}\times(\boldsymbol{B}\times\boldsymbol{C})=\boldsymbol{B}(\boldsymbol{A}\cdot\boldsymbol{C})-\boldsymbol{C}(\boldsymbol{A}\cdot\boldsymbol{B}) \qquad (1-1-19)$$

1.2 标量场和矢量场

1.2.1 场的分类

一个场与空间区域有关,如果一个物理现象与空间的点有关,即认为在这个区域中存在场,场是具有某种意义的物理量在空间的分布。如地球周围的温度场、湿度场和重力场。场在数学上用函数表示,场中任一个点都有一个确定的标量值或矢量。场量在占有空间区域中,除有限个点和某些线、面外,是处处连续的、可微的。

场分为标量场和矢量场、静态场和时变场。标量场和矢量场取决于所关心的物理量是标量还是矢量,静态场和时变场取决于所关心的物理量是独立的还是随时间变化的。

标量场的场量是标量,即场域内每个点对应的物理量是一个数,如温度场、电位场等。

矢量场的场量是矢量,即场域内每个点对应的物理量必须同时用大小和方向来描述,如速度场、加速度场、重力场、电场和磁场等。

静态场的场量不随时间变化,如由静止电荷产生的静电场和恒定电流产生的恒定电场及恒定磁场。

时变场的场量随时间变化,如时变电磁场和电磁波都是时变场。

1.2.2 场的表示

1. 函数表示法

标量场用标量函数表示,如温度场可表示为 $T(x,y,z)$,密度场可表示为 $\rho(x,y,z,t)$。

矢量场用矢量函数表示。在正交坐标系中,一个矢量可以用沿着三个坐标轴的分量表示,如在直角坐标系中,矢量 $\boldsymbol{E}$ 可表示为:

$$\boldsymbol{E}(x,y,z)=\boldsymbol{a}_x E_x(x,y,z)+\boldsymbol{a}_y E_y(x,y,z)+\boldsymbol{a}_z E_z(x,y,z) \tag{1-2-1}$$

2. 场图表示法

标量场可用等值线或等值面来表示场的分布。等值线或等值面就是函数值相等的点所构成的曲线或曲面。例如,标量场 $u(x,y,z)=x+y+z$ 的等值面方程为:

$$u(x,y,z)=x+y+z=c(\text{常数}) \tag{1-2-2}$$

这是一族平行平面,如图 1-2-1(a)所示。又如二维标量场 $u(x,y)=x-y^2$ 的等值线方程为:

$$u(x,y)=x-y^2=c \tag{1-2-3}$$

这是一族抛物线,如图 1-2-1(b)所示。

矢量场在空间的分布可用矢量线来表示,矢量线上每一点的切线方向表示该点场量的方向,场量的大小则用矢量线的疏密程度来表示,矢量线越密集,则表示场量的模值越大,如图 1-2-1(c)所示。

对于时变场,场图只能表示每一时刻的场的分布。

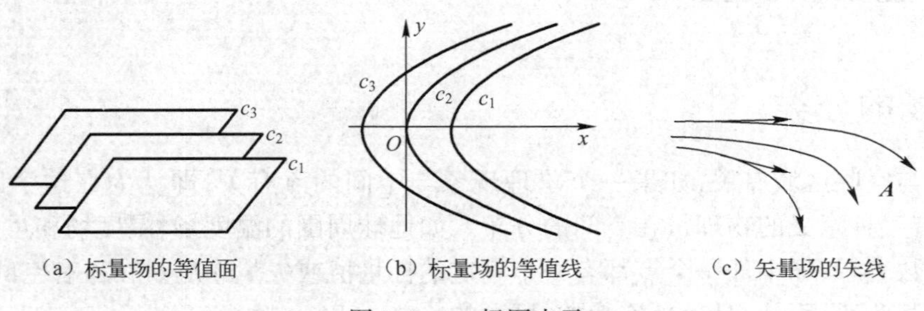

(a) 标量场的等值面　(b) 标量场的等值线　(c) 矢量场的矢线

图 1-2-1　场图表示

1.3 正交坐标系与微分元

空间某点的矢量可以根据矢量在该点沿着三个相互垂直方向的分量来表示，为了说明空间某一点的矢量与空间其他点的矢量的关系，必须定义空间每一个点的一组参考方向，即需要建立坐标系统。虽然有多种不同的坐标系，本节只介绍三种最常见的正交坐标系：直角坐标系、圆柱坐标系和球坐标系。

1.3.1 直角坐标系

1. 基本定义与运算

直角坐标系是由三个相互正交的平面来确定。这三个平面的交点就是坐标的原点 O。每一对平面相交一条直线，三个平面就可以确定坐标轴的三条直线，称为 x 轴、y 轴和 z 轴。它们的方向指向各自坐标值增加的方向，用箭头表示，如图1-3-1所示。x、y 和 z 称为坐标变量，它们的值可从原点测量，这样，原点的坐标就是 $O(0,0,0)$，某点 P 的坐标可表示为 $P(x,y,z)$。三个坐标变量的变化范围均为$(-\infty,+\infty)$。x、y 和 z 对应的一组单位矢量为 $\boldsymbol{a}_x$、$\boldsymbol{a}_y$ 和 $\boldsymbol{a}_z$，它们的大小和方向均与空间坐标无关，故都是常矢量。x、y 和 z 的方向选择是按右手系统的，即满足 $\boldsymbol{a}_x\times\boldsymbol{a}_y=\boldsymbol{a}_z$。

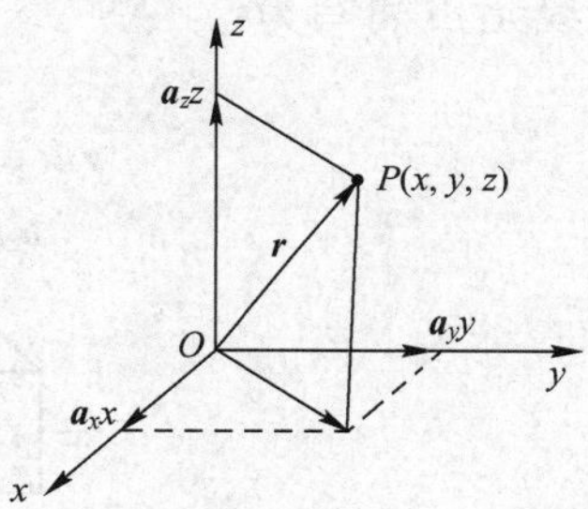

图1-3-1 直角坐标系

由原点指向 P 点的矢量称为位置矢量，用 $\boldsymbol{r}$ 表示。即：

$$\boldsymbol{r}=\boldsymbol{a}_x x+\boldsymbol{a}_y y+\boldsymbol{a}_z z \tag{1-3-1}$$

矢量 $\boldsymbol{A}$ 在相应的三个坐标轴上的坐标分量为 A_x、A_y 和 A_z，矢量 $\boldsymbol{A}$ 可表示为：

$$\boldsymbol{A}=\boldsymbol{a}_x A_x+\boldsymbol{a}_y A_y+\boldsymbol{a}_z A_z \tag{1-3-2}$$

那么，矢量 $\boldsymbol{A}$ 的模值：$A=\sqrt{\boldsymbol{A}\cdot\boldsymbol{A}}=\sqrt{A_x^2+A_y^2+A_z^2}$。

矢量 $\boldsymbol{B}$ 在相应的三个坐标轴上的坐标分量为 B_x、B_y 和 B_z，即矢量 $\boldsymbol{B}$ 可表示为：

$$\boldsymbol{B}=\boldsymbol{a}_x B_x+\boldsymbol{a}_y B_y+\boldsymbol{a}_z B_z \tag{1-3-3}$$

相应的，可求出直角坐标系下两矢量的加减、矢量的点积和差积，即有：

$$\boldsymbol{A}\pm\boldsymbol{B}=\boldsymbol{a}_x(A_x\pm B_x)+\boldsymbol{a}_y(A_y\pm B_y)+\boldsymbol{a}_z(A_z\pm B_z) \tag{1-3-4}$$

$$\boldsymbol{A}\cdot\boldsymbol{B}=A_x B_x+A_y B_y+A_z B_z \tag{1-3-5}$$

$$\boldsymbol{A}\times\boldsymbol{B}=\boldsymbol{a}_x(A_y B_z-A_z B_y)+\boldsymbol{a}_y(A_z B_x-A_x B_z)+\boldsymbol{a}_z(A_x B_y-A_y B_x) \tag{1-3-6}$$

或

$$\boldsymbol{A}\times\boldsymbol{B}=\begin{vmatrix}\boldsymbol{a}_x & \boldsymbol{a}_y & \boldsymbol{a}_z\\ A_x & A_y & A_z\\ B_x & B_y & B_z\end{vmatrix} \tag{1-3-7}$$

三个单位矢量相互正交,任意两个点积为:

$$\boldsymbol{a}_x\cdot\boldsymbol{a}_x=\boldsymbol{a}_y\cdot\boldsymbol{a}_y=\boldsymbol{a}_z\cdot\boldsymbol{a}_z=1 \tag{1-3-8}$$

或

$$\boldsymbol{a}_x\cdot\boldsymbol{a}_y=\boldsymbol{a}_y\cdot\boldsymbol{a}_z=\boldsymbol{a}_z\cdot\boldsymbol{a}_x=0 \tag{1-3-9}$$

三个单位矢量 $\boldsymbol{a}_x$、$\boldsymbol{a}_y$ 和 $\boldsymbol{a}_z$ 之间呈右手螺旋关系,其叉积为:

$$\boldsymbol{a}_x\times\boldsymbol{a}_x=\boldsymbol{a}_y\times\boldsymbol{a}_y=\boldsymbol{a}_z\times\boldsymbol{a}_z=\boldsymbol{0} \tag{1-3-10}$$

$$\boldsymbol{a}_x\times\boldsymbol{a}_y=\boldsymbol{a}_z,\quad \boldsymbol{a}_y\times\boldsymbol{a}_z=\boldsymbol{a}_x,\quad \boldsymbol{a}_z\times\boldsymbol{a}_x=\boldsymbol{a}_y \tag{1-3-11}$$

2. 微分元

在矢量分析中,经常需要对矢量函数进行微分与积分运算,这种运算需要坐标变量的微分变化对应于微分长度、微分面积、微分体积的变化,其中微分长度是重点。

设直角坐标系中一点 P 沿任意方向移动了一小段微分距离 $\mathrm{d}\boldsymbol{l}$ 到达 Q 点,两个顶点 PQ 之间的距离矢量 $\mathrm{d}\boldsymbol{l}$ 称为矢量线元,如图 1-3-2(a)所示。矢量线元 $\mathrm{d}\boldsymbol{l}$ 在 x、y、z 轴上的投影分别是 $\mathrm{d}x$、$\mathrm{d}y$ 和 $\mathrm{d}z$,它们分别表示从 P 点移动到 Q 点时,x、y、z 三个坐标变量的微分变化。因此矢量线元 $\mathrm{d}\boldsymbol{l}$ 可写为:

$$\mathrm{d}\boldsymbol{l}=\boldsymbol{a}_x\mathrm{d}x+\boldsymbol{a}_y\mathrm{d}y+\boldsymbol{a}_z\mathrm{d}z \tag{1-3-12}$$

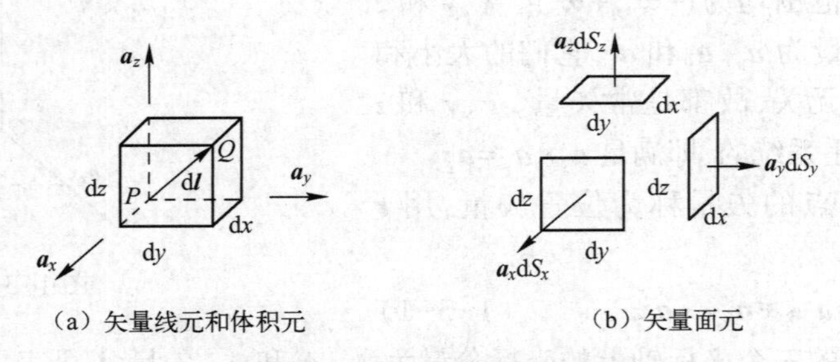

(a) 矢量线元和体积元　　(b) 矢量面元

图 1-3-2　直角坐标系中的微分元

任意两个方向的线元相乘可以得到三个坐标方向的标量面元,如图 1-3-2(b)所示。即有:

$$\mathrm{d}S_x=\mathrm{d}y\mathrm{d}z,\quad \mathrm{d}S_y=\mathrm{d}x\mathrm{d}z,\quad \mathrm{d}S_z=\mathrm{d}x\mathrm{d}y \tag{1-3-13}$$

那么,矢量面元 $\mathrm{d}\boldsymbol{S}$ 可写为:

$$\mathrm{d}\boldsymbol{S}=\boldsymbol{a}_x\mathrm{d}S_x+\boldsymbol{a}_y\mathrm{d}S_y+\boldsymbol{a}_z\mathrm{d}S_z \tag{1-3-14}$$

从上式可以看出,任意的矢量面元 $\mathrm{d}\boldsymbol{S}$ 在直角坐标系中三个坐标面的投影即是三个标量面元。

全部三个方向的线元相乘可以得到体积元,如图 1-3-2(a)所示。即:

$$\mathrm{d}\tau=\mathrm{d}x\mathrm{d}y\mathrm{d}z \tag{1-3-15}$$

1.3.2 圆柱坐标系

1. 基本定义与运算

圆柱坐标系由一个圆柱面、一个半无限大平面及一个无限大平面构成。某点 P 的坐标可表示为 $P(\rho,\varphi,z)$。三个坐标变量为 ρ、φ、z，其中 ρ 是点 P 到 z 轴的垂直距离，$\rho\in[0,+\infty)$，ρ 坐标面是半径 ρ 为常数的圆柱面；φ 是点 P 的位置矢量 $\boldsymbol{r}$ 在 xOy 平面上的投影与正 x 轴之间的夹角，$\varphi\in[0,2\pi]$，φ 坐标面是 φ 角为常数且过 z 轴的半平面，如图 1-3-3(a)所示。ρ、φ、z 对应的一组单位矢量为 $\boldsymbol{a}_\rho$、$\boldsymbol{a}_\varphi$ 和 $\boldsymbol{a}_z$，$\boldsymbol{a}_\rho$ 指向 ρ 增加的方向，$\boldsymbol{a}_\varphi$ 指向圆柱坐标面与 z 坐标面相交出的圆的切线方向，如图 1-3-3(b)所示。$\boldsymbol{a}_\rho$ 和 $\boldsymbol{a}_\varphi$ 的模值都是 1，但方向却随 φ 角的不同而变化，是 φ 的函数，因此 $\boldsymbol{a}_\rho$ 和 $\boldsymbol{a}_\varphi$ 不是常矢量。

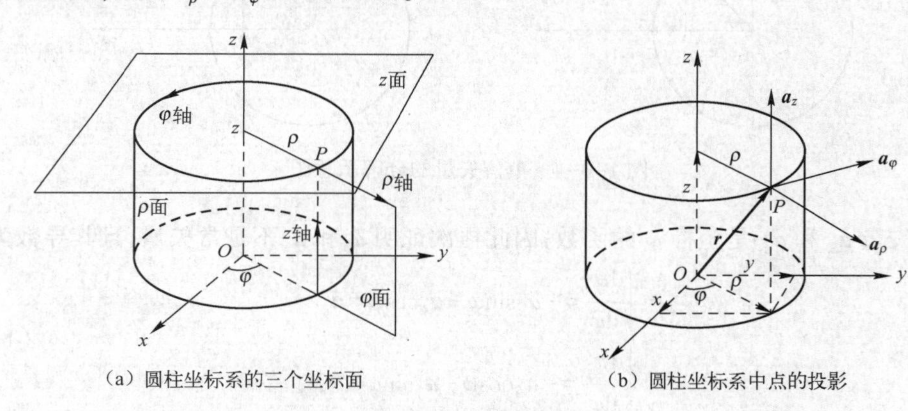

(a) 圆柱坐标系的三个坐标面　　(b) 圆柱坐标系中点的投影

图 1-3-3　圆柱坐标系

从图 1-3-3(b)中可以得出圆柱坐标和直角坐标变量之间的关系：

$$x=\rho\cos\varphi,\quad y=\rho\sin\varphi \tag{1-3-16}$$

$$\rho=\sqrt{x^2+y^2},\quad \varphi=\arctan\frac{y}{x} \tag{1-3-17}$$

位置矢量 $\boldsymbol{r}$ 可表示为：

$$\boldsymbol{r}=\boldsymbol{a}_\rho\rho+\boldsymbol{a}_z z \tag{1-3-18}$$

三个单位矢量 $\boldsymbol{a}_\rho$、$\boldsymbol{a}_\varphi$ 和 $\boldsymbol{a}_z$ 之间呈右手螺旋关系，因此其叉积为：

$$\boldsymbol{a}_\rho\times\boldsymbol{a}_\rho=\boldsymbol{a}_\varphi\times\boldsymbol{a}_\varphi=\boldsymbol{a}_z\times\boldsymbol{a}_z=\boldsymbol{0} \tag{1-3-19}$$

$$\boldsymbol{a}_\rho\times\boldsymbol{a}_\varphi=\boldsymbol{a}_z,\quad \boldsymbol{a}_\varphi\times\boldsymbol{a}_z=\boldsymbol{a}_\rho,\quad \boldsymbol{a}_z\times\boldsymbol{a}_\rho=\boldsymbol{a}_\varphi \tag{1-3-20}$$

2. 单位矢量的坐标变换

将空间任意一点投影到 xOy 平面上，单位矢量 $\boldsymbol{a}_\rho$、$\boldsymbol{a}_\varphi$ 沿 x 和 y 轴分解及 $\boldsymbol{a}_x$、$\boldsymbol{a}_y$ 沿 ρ 和 φ 轴分解示意图如图 1-3-4 所示，即有：

$$\begin{cases} \boldsymbol{a}_\rho = \boldsymbol{a}_x \cos\varphi + \boldsymbol{a}_y \sin\varphi \\ \boldsymbol{a}_\varphi = -\boldsymbol{a}_x \sin\varphi + \boldsymbol{a}_y \cos\varphi \end{cases} \tag{1-3-21}$$

和

$$\begin{cases} \boldsymbol{a}_x = \boldsymbol{a}_\rho \cos\varphi - \boldsymbol{a}_\varphi \sin\varphi \\ \boldsymbol{a}_y = \boldsymbol{a}_\rho \sin\varphi + \boldsymbol{a}_\varphi \cos\varphi \end{cases} \tag{1-3-22}$$

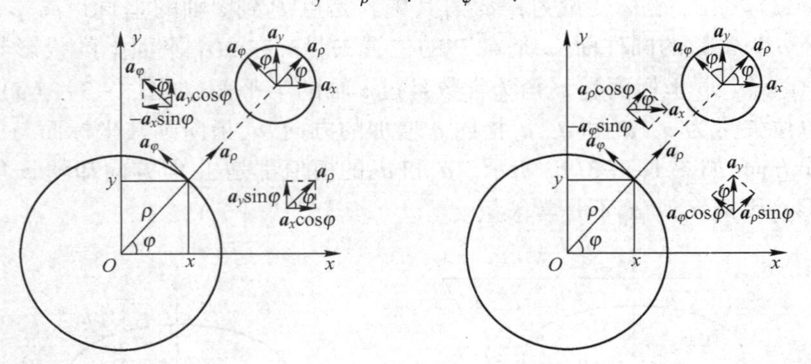

图 1-3-4 单位矢量的分解示意图

单位矢量 $\boldsymbol{a}_\rho$ 和 $\boldsymbol{a}_\varphi$ 是坐标 φ 的函数,因此再次证明 $\boldsymbol{a}_\rho$ 和 $\boldsymbol{a}_\varphi$ 不是常矢量,且其导数为:

$$\begin{cases} \dfrac{\mathrm{d}\boldsymbol{a}_\rho}{\mathrm{d}\varphi} = -\boldsymbol{a}_x \sin\varphi + \boldsymbol{a}_y \cos\varphi = \boldsymbol{a}_\varphi \\ \dfrac{\mathrm{d}\boldsymbol{a}_\varphi}{\mathrm{d}\varphi} = -\boldsymbol{a}_x \cos\varphi - \boldsymbol{a}_y \sin\varphi = -\boldsymbol{a}_\rho \end{cases} \tag{1-3-23}$$

3. 微分元

圆柱坐标系中,两个顶点 P、Q 之间的距离矢量 $\mathrm{d}\boldsymbol{l}$ 在 ρ、φ、z 轴上的投影也即所构成微分六面体的边长,分别是 $\mathrm{d}\rho$、$\rho\mathrm{d}\varphi$ 和 $\mathrm{d}z$,如图 1-3-5(a)所示,与直角坐标不同,φ 向边长为弧线。因此,$\mathrm{d}\rho$、$\rho\mathrm{d}\varphi$ 和 $\mathrm{d}z$ 分别表示从 P 点移动到 Q 点时,ρ、φ、z 三个坐标变量的微分对应的长度变化。因此矢量线元可写为:

$$\mathrm{d}\boldsymbol{l} = \boldsymbol{a}_\rho \mathrm{d}\rho + \boldsymbol{a}_\varphi \rho \mathrm{d}\varphi + \boldsymbol{a}_z \mathrm{d}z \tag{1-3-24}$$

任意两个方向的线元相乘可以得到三个坐标方向的标量面元,如图 1-3-5(b)所示。即有:

$$\mathrm{d}S_\rho = \rho \mathrm{d}\varphi \mathrm{d}z, \quad \mathrm{d}S_\varphi = \mathrm{d}\rho \mathrm{d}z, \quad \mathrm{d}S_z = \rho \mathrm{d}\rho \mathrm{d}\varphi \tag{1-3-25}$$

任意的矢量面元 $\mathrm{d}\boldsymbol{S}$ 可写为:

$$\mathrm{d}\boldsymbol{S} = \boldsymbol{a}_\rho \mathrm{d}S_\rho + \boldsymbol{a}_\varphi \mathrm{d}S_\varphi + \boldsymbol{a}_z \mathrm{d}S_z \tag{1-3-26}$$

任意的矢量面元 $\mathrm{d}\boldsymbol{S}$ 在圆柱坐标系中三个坐标面的投影即是三个标量面元。

全部三个方向的线元相乘可以得到体积元,如图 1-3-5(a)所示,即:

$$\mathrm{d}\tau = \rho \mathrm{d}\rho \mathrm{d}\varphi \mathrm{d}z \tag{1-3-27}$$

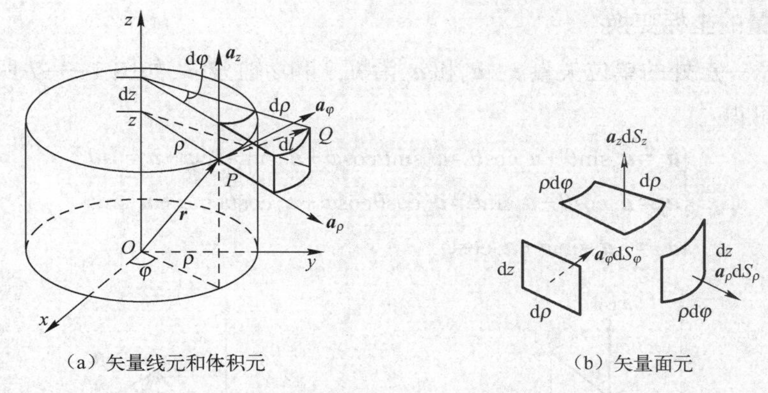

（a）矢量线元和体积元　　（b）矢量面元

图 1-3-5　圆柱坐标系中的微分元

1.3.3　球坐标系

1. 基本定义与运算

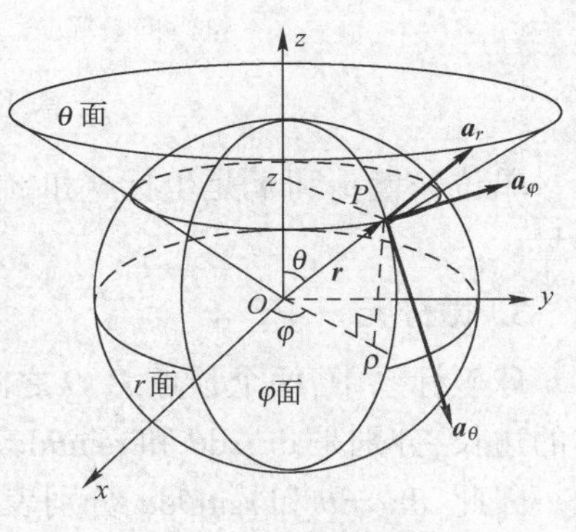

图 1-3-6　球坐标系

球坐标系由一个球面、一个锥面和一个半无限大的平面构成。某点 P 的坐标可表示为 $P(r,\theta,\varphi)$。三个坐标变量为 r、θ 和 φ，其中变量 r 是坐标原点到 P 点的距离，$r\in[0,+\infty)$，r 坐标面是半径 r 为常数的球面；变量 θ 是 P 点的位置矢量 $\boldsymbol{r}$ 与 $+z$ 轴之间的夹角，规定 P 点与 $+z$ 轴重合时 θ 为零，P 点向 $-z$ 轴旋转时 θ 角增大，$\theta\in[0,\pi]$，θ 坐标面是 θ 角为常数所形成的以 z 轴为轴线的圆锥面。r、θ 和 φ 对应一组单位矢量：$\boldsymbol{a}_r$、$\boldsymbol{a}_\theta$ 和 $\boldsymbol{a}_\varphi$，$\boldsymbol{a}_r$ 指向 r 增加的方向，$\boldsymbol{a}_\theta$ 指向 φ 坐标面（半平面）与 r 坐标面（球面）相交出的半圆的切线方向，如图 1-3-6 所示。$\boldsymbol{a}_r$ 和 $\boldsymbol{a}_\theta$ 是坐标 θ 和 φ 的函数，$\boldsymbol{a}_\varphi$ 是坐标 φ 的函数，$\boldsymbol{a}_r$、$\boldsymbol{a}_\theta$ 和 $\boldsymbol{a}_\varphi$ 均不是常矢量。

从图 1-3-6 中可得出球坐标与直角坐标的关系：

$$x=r\sin\theta\cos\varphi,\quad y=r\sin\theta\sin\varphi,\quad z=r\cos\theta$$
$$r=\sqrt{x^2+y^2+z^2},\quad \theta=\arctan\left(\sqrt{(x^2+y^2)}/z\right),\quad \varphi=\arctan(y/x) \tag{1-3-28}$$

位置矢量在球坐标系中的表达式为：

$$\boldsymbol{r}=\boldsymbol{a}_r r \tag{1-3-29}$$

三个单位矢量 $\boldsymbol{a}_r$、$\boldsymbol{a}_\theta$ 和 $\boldsymbol{a}_\varphi$ 之间呈右手螺旋关系，因此其叉积为：

$$\boldsymbol{a}_r\times\boldsymbol{a}_r=\boldsymbol{a}_\theta\times\boldsymbol{a}_\theta=\boldsymbol{a}_\varphi\times\boldsymbol{a}_\varphi=\boldsymbol{0} \tag{1-3-30}$$

$$\boldsymbol{a}_r\times\boldsymbol{a}_\theta=\boldsymbol{a}_\varphi,\quad \boldsymbol{a}_\theta\times\boldsymbol{a}_\varphi=\boldsymbol{a}_r,\quad \boldsymbol{a}_\varphi\times\boldsymbol{a}_r=\boldsymbol{a}_\theta \tag{1-3-31}$$

2. 单位矢量的坐标变换

将空间任意一点处的单位矢量 $\boldsymbol{a}_r$、$\boldsymbol{a}_\theta$ 和 $\boldsymbol{a}_\varphi$ 沿 x、y 和 z 轴分解，如图 1-3-7 所示（$\boldsymbol{a}_\varphi$ 的分解同圆柱坐标），可得：

$$\begin{cases}\boldsymbol{a}_r=\boldsymbol{a}_\rho\sin\theta+\boldsymbol{a}_z\cos\theta=\boldsymbol{a}_x\sin\theta\cos\varphi+\boldsymbol{a}_y\sin\theta\sin\varphi+\boldsymbol{a}_z\cos\theta\\ \boldsymbol{a}_\theta=\boldsymbol{a}_\rho\cos\theta-\boldsymbol{a}_z\sin\theta=\boldsymbol{a}_x\cos\theta\cos\varphi+\boldsymbol{a}_y\cos\theta\sin\varphi-\boldsymbol{a}_z\sin\theta\\ \boldsymbol{a}_\varphi=-\boldsymbol{a}_x\sin\varphi+\boldsymbol{a}_y\cos\varphi\end{cases}\tag{1-3-32}$$

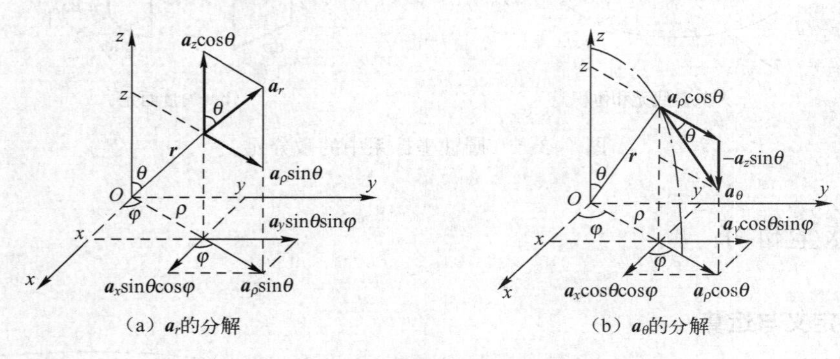

图 1-3-7　单位矢量的分解示意图

单位矢量 $\boldsymbol{a}_r$ 和 $\boldsymbol{a}_\theta$ 是坐标 θ 和 φ 的函数，$\boldsymbol{a}_\varphi$ 是坐标 φ 的函数，再次证明 $\boldsymbol{a}_r$、$\boldsymbol{a}_\theta$ 和 $\boldsymbol{a}_\varphi$ 均不是常矢量。

3. 微分元

球坐标系中，两个顶点 P、Q 之间的距离矢量 $\mathrm{d}\boldsymbol{l}$ 在 r、θ、φ 轴上的投影也即所构成微分六面体的边长，分别是 $\mathrm{d}r$、$r\mathrm{d}\theta$ 和 $r\sin\theta\mathrm{d}\varphi$，如图 1-3-8（a）所示，与直角坐标不同，$\theta$、$\varphi$ 向边长均为弧线。因此，$\mathrm{d}r$、$r\mathrm{d}\theta$ 和 $r\sin\theta\mathrm{d}\varphi$ 分别表示从 P 点移动到 Q 点时，r、θ 和 φ 三个坐标变量的微分对应的长度变化。因此矢量线元可写为：

$$\mathrm{d}\boldsymbol{l}=\boldsymbol{a}_r\mathrm{d}r+\boldsymbol{a}_\theta r\mathrm{d}\theta+\boldsymbol{a}_\varphi r\sin\theta\mathrm{d}\varphi\tag{1-3-33}$$

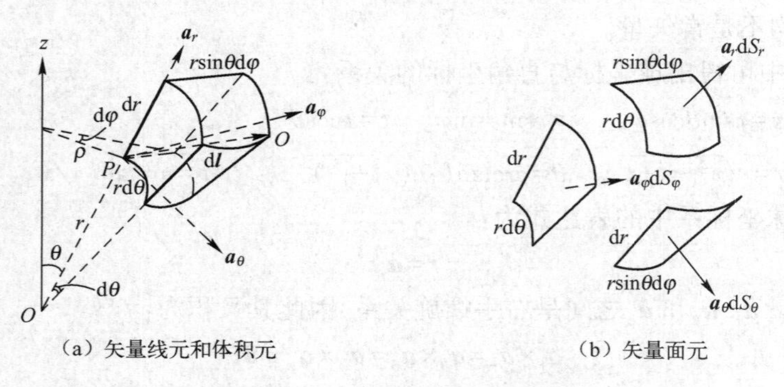

图 1-3-8　球坐标系中的微分元

任意两个方向的线元相乘可以得到三个坐标方向的标量面元，如图 1-3-8(b)所示。即有：

$$\mathrm{d}S_r = r^2\sin\theta\mathrm{d}\theta\mathrm{d}\varphi,\quad \mathrm{d}S_\theta = r\sin\theta\mathrm{d}r\mathrm{d}\varphi,\quad \mathrm{d}S_\varphi = r\mathrm{d}r\mathrm{d}\theta \tag{1-3-34}$$

任意的矢量面元 d$\boldsymbol{S}$ 可写为：

$$\mathrm{d}\boldsymbol{S} = \boldsymbol{a}_r\mathrm{d}S_r + \boldsymbol{a}_\theta\mathrm{d}S_\theta + \boldsymbol{a}_\varphi\mathrm{d}S_\varphi \tag{1-3-35}$$

任意的矢量面元 d$\boldsymbol{S}$ 在球坐标系中三个坐标面的投影即是三个标量面元。

全部三个方向的线元相乘可以得到体积元，如图 1-3-8(a)所示，则：

$$\mathrm{d}\tau = r^2\sin\theta\mathrm{d}r\mathrm{d}\theta\mathrm{d}\varphi \tag{1-3-36}$$

为了能对各种正交坐标系进行微分运算，引入一个度量系数 $h_i(i=1,2,3)$，h_i 与正交坐标系的三个坐标变量 u_i 对应，表示长度元 $\mathrm{d}l_i$ 与对应的坐标变量微分元 $\mathrm{d}u_i$ 之间的比值，即：

$$h_i = \frac{\mathrm{d}l_i}{\mathrm{d}u_i}(i=1,\ 2,\ 3) \tag{1-3-37}$$

则对任一个正交坐标系，利用度量系数，即可写出：

$$\mathrm{d}\boldsymbol{l} = \boldsymbol{a}_1h_1\mathrm{d}u_1 + \boldsymbol{a}_2h_2\mathrm{d}u_2 + \boldsymbol{a}_3h_3\mathrm{d}u_3 \tag{1-3-38}$$

$$\mathrm{d}\boldsymbol{S}_1 = \boldsymbol{a}_1h_2h_3\mathrm{d}u_2\mathrm{d}u_3\qquad \mathrm{d}\boldsymbol{S}_2 = \boldsymbol{a}_2h_1h_3\mathrm{d}u_1\mathrm{d}u_3\qquad \mathrm{d}\boldsymbol{S}_3 = \boldsymbol{a}_3h_1h_2\mathrm{d}u_1\mathrm{d}u_2 \tag{1-3-39}$$

$$\mathrm{d}\tau = h_1h_2h_3\mathrm{d}u_1\mathrm{d}u_2\mathrm{d}u_3 \tag{1-3-40}$$

其中，直角坐标系：

$$h_1 = h_2 = h_3 = 1 \tag{1-3-41}$$

圆柱坐标系：

$$h_1 = 1,\quad h_2 = \rho,\quad h_3 = 1 \tag{1-3-42}$$

球坐标系：

$$h_1 = 1,\quad h_2 = r,\quad h_3 = r\sin\theta \tag{1-3-43}$$

1.4　标量场的方向导数和梯度

标量场可用等值线或等值面来表示场的分布，但这种分布仅表示标量场的总体分布，如果要了解标量场的局部特性，就需要引入方向导数的概念。

1.4.1　方向导数

标量场中各点标量的大小可能不同，因此某点标量沿着各个方向的变化率也有可能不同，标量场自该点沿某一方向的变化率称为该点的方向导数。

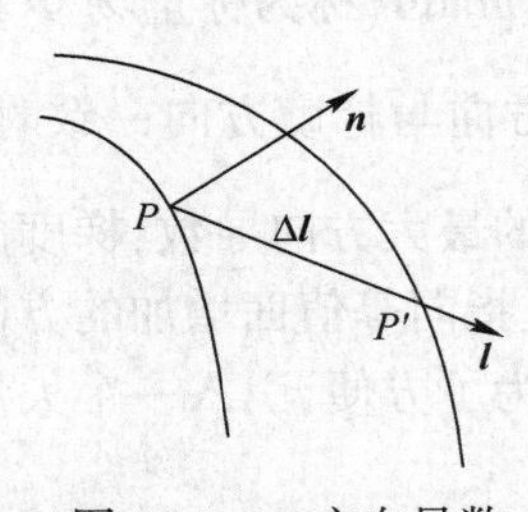

图 1-4-1　方向导数

设 P 为标量场 $\Phi(P)$ 中的一点，如图 1-4-1 所示，标量场 Φ 在 P 点沿 $\boldsymbol{l}$ 方向的方向导数定义为：

$$\left.\frac{\partial \Phi}{\partial l}\right|_P=\lim_{\Delta l\to 0}\frac{\Phi(P')-\Phi(P)}{\Delta l} \tag{1-4-1}$$

其中,Δl 为 P 点与 P'点之间的距离。

在直角坐标系中,标量场 Φ 在 P 点沿任意方向 $\boldsymbol{l}$ 的方向导数可写为:

$$\frac{\partial \Phi}{\partial l}=\frac{\partial \Phi}{\partial x}\frac{\partial x}{\partial l}+\frac{\partial \Phi}{\partial y}\frac{\partial y}{\partial l}+\frac{\partial \Phi}{\partial z}\frac{\partial z}{\partial l} \tag{1-4-2}$$

而矢量 $\boldsymbol{l}$ 的单位矢量 $\boldsymbol{a}_l$为:

$$\boldsymbol{a}_l=\boldsymbol{a}_x\cos\alpha+\boldsymbol{a}_y\cos\beta+\boldsymbol{a}_z\cos\gamma$$

则式(1-4-2)可写为:

$$\frac{\partial \Phi}{\partial l}=\frac{\partial \Phi}{\partial x}\cos\alpha+\frac{\partial \Phi}{\partial y}\cos\beta+\frac{\partial \Phi}{\partial z}\cos\gamma \tag{1-4-3}$$

1.4.2 标量场的梯度

方向导数给出了标量场在给定点沿某一方向的变化率,然而从场中给定点出发,可以有无穷多个方向。从图 1-4-1 可以看出,沿等值面的法线方向 $\boldsymbol{n}$,标量场的变化率最大,即方向导数有最大值。方向导数的最大值及取最大值的方向组成的矢量称为标量场的梯度(gradient)。下面推导梯度的计算公式。

利用两个矢量的点积公式,可将式(1-4-3)改写为:

$$\frac{\partial \Phi}{\partial l}=\left(\frac{\partial \Phi}{\partial x},\frac{\partial \Phi}{\partial y},\frac{\partial \Phi}{\partial z}\right)\cdot(\cos\alpha,\cos\beta,\cos\gamma) \tag{1-4-4}$$

令

$$\mathrm{grad}\Phi=\boldsymbol{a}_x\frac{\partial \Phi}{\partial x}+\boldsymbol{a}_y\frac{\partial \Phi}{\partial y}+\boldsymbol{a}_z\frac{\partial \Phi}{\partial z} \tag{1-4-5}$$

$$\frac{\partial \Phi}{\partial l}=\left(\boldsymbol{a}_x\frac{\partial \Phi}{\partial x}+\boldsymbol{a}_y\frac{\partial \Phi}{\partial y}+\boldsymbol{a}_z\frac{\partial \Phi}{\partial z}\right)\cdot\boldsymbol{a}_l$$

则有

$$\frac{\partial \Phi}{\partial l}=\mathrm{grad}\Phi\cdot\boldsymbol{a}_l \tag{1-4-6}$$

其中,$\mathrm{grad}\Phi$ 称为标量场 Φ 的梯度,且标量场 Φ 的梯度是一个矢量场。由式(1-4-6)可见,当 $\boldsymbol{a}_l$的方向与梯度方向一致时,方向导数$\frac{\partial \Phi}{\partial l}$取得最大值。因此,标量场在某点梯度的大小等于该点的最大方向导数,梯度的方向为该点具有最大方向导数的方向,即垂直于过该点的等值面,且指向等值面增加的方向。

为了方便,引入一个矢量微分算子:

$$\nabla=\boldsymbol{a}_x\frac{\partial}{\partial x}+\boldsymbol{a}_y\frac{\partial}{\partial y}+\boldsymbol{a}_z\frac{\partial}{\partial z} \tag{1-4-7}$$

也称为那勒勒算子,读作 nabla。矢量微分算子∇本身并没有什么意义,只是一个运算符号,同时它又是一个矢量算子。根据式(1-4-5),标量场的梯度可表示为矢量微分算子∇与标量 Φ 的乘积,即有:

$$\mathrm{grad}\Phi=\nabla\Phi=\boldsymbol{a}_x\frac{\partial\Phi}{\partial x}+\boldsymbol{a}_y\frac{\partial\Phi}{\partial y}+\boldsymbol{a}_z\frac{\partial\Phi}{\partial z} \tag{1-4-8}$$

方向导数也可写为:

$$\frac{\partial\Phi}{\partial l}=\mathrm{grad}\Phi\cdot\boldsymbol{a}_l=\nabla\Phi\cdot\boldsymbol{a}_l \tag{1-4-9}$$

同理,在圆柱坐标系中:

$$\nabla\Phi=\boldsymbol{a}_\rho\frac{\partial\Phi}{\partial\rho}+\boldsymbol{a}_\varphi\frac{1}{\rho}\frac{\partial\Phi}{\partial\varphi}+\boldsymbol{a}_z\frac{\partial\Phi}{\partial z} \tag{1-4-10}$$

在球坐标系中:

$$\nabla\Phi=\boldsymbol{a}_r\frac{\partial\Phi}{\partial r}+\boldsymbol{a}_\theta\frac{1}{r}\frac{\partial\Phi}{\partial\theta}+\boldsymbol{a}_\varphi\frac{1}{r\sin\theta}\frac{\partial\Phi}{\partial\varphi} \tag{1-4-11}$$

由以上推导,可归纳出下列标量场梯度的性质:

(1) 一个标量场的梯度是一个矢量场;

(2) 标量场的梯度垂直于该标量场的等值面;

(3) 梯度的方向与取得最大方向导数的方向一致,且由数值较低的等值面指向数值较高的等值面;

(4) 梯度的模值是方向导数的最大值;

(5) 标量场在任意点沿某一方向的方向导数是其梯度在该方向上的投影。

【例 1-4-1】 求函数 $f=12x^2+yz^2$ 在点 $P(-1,0,1)$ 向点 $Q(1,1,1)$ 方向的变化率。

【解】 点 P、Q 间的距离矢量为:

$$\begin{aligned}\boldsymbol{R}=\boldsymbol{r}_Q-\boldsymbol{r}_P&=\boldsymbol{a}_x(1+1)+\boldsymbol{a}_y(1-0)+\boldsymbol{a}_z(1-1)\\&=\boldsymbol{a}_x2+\boldsymbol{a}_y\end{aligned}$$

其单位矢量:

$$\boldsymbol{a}_R=\frac{\boldsymbol{R}}{R}=\frac{\boldsymbol{a}_x2+\boldsymbol{a}_y}{\sqrt{2^2+1^2}}=\boldsymbol{a}_x\frac{2}{\sqrt5}+\boldsymbol{a}_y\frac{1}{\sqrt5}$$

依据式(1-4-6),f 在点 P 向点 Q 方向的变化率为:

$$\begin{aligned}\left.\frac{\mathrm{d}f}{\mathrm{d}R}\right|_P&=\left.\left(\boldsymbol{a}_x\frac{\partial f}{\partial x}+\boldsymbol{a}_y\frac{\partial f}{\partial y}+\boldsymbol{a}_z\frac{\partial f}{\partial z}\right)\right|_P\cdot\boldsymbol{a}_R\\&=(\boldsymbol{a}_x24x+\boldsymbol{a}_yz^2+\boldsymbol{a}_z2yz)\big|_{(-1,0,1)}\cdot\left(\boldsymbol{a}_x\frac{2}{\sqrt5}+\boldsymbol{a}_y\frac{1}{\sqrt5}\right)=-\frac{47\sqrt5}{5}\end{aligned}$$

【例 1-4-2】 计算场 $f(r)=x\,y^2z$ 沿 $\boldsymbol{A}=\boldsymbol{a}_x+2\boldsymbol{a}_y+2\boldsymbol{a}_z$ 方向的方向导数,以及在点(2,1,0)处,沿 $\boldsymbol{B}=2\boldsymbol{a}_x-\boldsymbol{a}_y+2\boldsymbol{a}_z$ 方向的方向导数。

【解】

$$\nabla f=\boldsymbol{a}_x\frac{\partial f}{\partial x}+\boldsymbol{a}_y\frac{\partial f}{\partial y}+\boldsymbol{a}_z\frac{\partial f}{\partial z}$$

$$\boldsymbol{a}_A=\frac{\boldsymbol{A}}{A}=\boldsymbol{a}_x\frac{1}{3}+\boldsymbol{a}_y\frac{2}{3}+\boldsymbol{a}_z\frac{2}{3}$$

$$\frac{\partial f}{\partial A}=\nabla f\cdot\boldsymbol{a}_A=\frac{1}{3}y^2z+\frac{4}{3}xyz+\frac{2}{3}xy^2$$

$$\boldsymbol{a}_B=\frac{\boldsymbol{B}}{B}=\boldsymbol{a}_x\frac{2}{3}-\boldsymbol{a}_y\frac{1}{3}+\boldsymbol{a}_z\frac{2}{3}$$

$$\left.\frac{\partial f}{\partial B}\right|_{(2,1,0)}=\nabla f\cdot\boldsymbol{a}_B\Big|_{(2,1,0)}=\frac{2}{3}y^2z-\frac{2}{3}xyz+\frac{2}{3}xy^2\Big|_{(2,1,0)}=\frac{4}{3}$$

【例 1-4-3】　计算$\nabla\left(\frac{1}{R}\right)$及$\nabla'\left(\frac{1}{R}\right)$。其中 R 为空间 $P(x,y,z)$ 点与 $P'(x',y',z')$ 点之间的距离,如图 1-4-2 所示。∇表示对(x,y,z)运算,∇'表示对(x',y',z')运算。

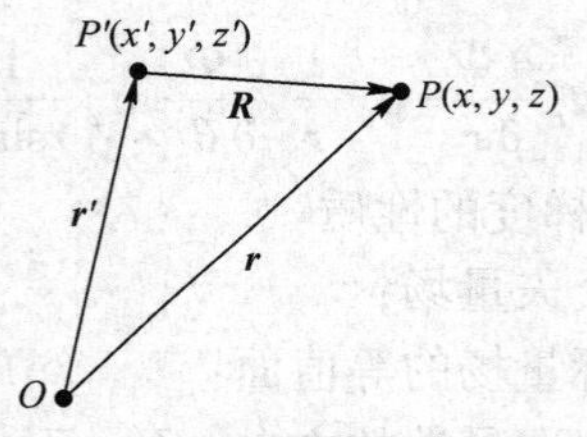

图 1-4-2　源点与场点

【解】　令 P 点的位置矢量为 $\boldsymbol{r}$,P'点的位置矢量为 $\boldsymbol{r}'$,则:

$$\boldsymbol{r}=x\,\boldsymbol{a}_x+y\,\boldsymbol{a}_y+z\,\boldsymbol{a}_z$$

$$\boldsymbol{r}'=x'\boldsymbol{a}_x+y'\boldsymbol{a}_y+z'\boldsymbol{a}_z$$

$$\boldsymbol{R}=\boldsymbol{r}-\boldsymbol{r}'=(x-x')\boldsymbol{a}_x+(y-y')\boldsymbol{a}_y+(z-z')\boldsymbol{a}_z$$

$$|\boldsymbol{R}|=R=\sqrt{(x-x')^2+(y-y')^2+(z-z')^2}$$

$$\nabla f=\boldsymbol{a}_x\frac{\partial f}{\partial x}+\boldsymbol{a}_y\frac{\partial f}{\partial y}+\boldsymbol{a}_z\frac{\partial f}{\partial z}$$

$$\nabla' f=\boldsymbol{a}_x\frac{\partial f}{\partial x'}+\boldsymbol{a}_y\frac{\partial f}{\partial y'}+\boldsymbol{a}_z\frac{\partial f}{\partial z'}$$

$$\frac{\partial}{\partial x}\left(\frac{1}{R}\right)=-\frac{1}{R^2}\frac{\partial R}{\partial x}=-\frac{x-x'}{R^3}$$

$$\frac{\partial}{\partial y}\left(\frac{1}{R}\right)=-\frac{1}{R^2}\frac{\partial R}{\partial y}=-\frac{y-y'}{R_3}$$

$$\frac{\partial}{\partial z}\left(\frac{1}{R}\right)=-\frac{1}{R^2}\frac{\partial R}{\partial z}=-\frac{z-z'}{R_3}$$

所以

$$\nabla\left(\frac{1}{R}\right)=-\frac{1}{R^3}[\boldsymbol{a}_x(x-x')+\boldsymbol{a}_y(y-y')+\boldsymbol{a}_z(z-z')]$$

即

$$\nabla\left(\frac{1}{R}\right)=-\frac{\boldsymbol{R}}{R^3} \tag{1-4-12}$$

同理

$$\nabla'\left(\frac{1}{R}\right)=\frac{\boldsymbol{R}}{R^3} \tag{1-4-13}$$

由此可见

$$\nabla\left(\frac{1}{R}\right)=-\nabla'\left(\frac{1}{R}\right) \tag{1-4-14}$$

上述结果在电磁场计算中经常用到,通常以(x',y',z')表示产生电磁场的源坐标,P'点称为源点;以(x,y,z)表示空间电磁场的场坐标,P点称为场点。在正交坐标系下,源点也可用位置矢量$\boldsymbol{r}'$表示为$P'(\boldsymbol{r}')$,场点用位置矢量$\boldsymbol{r}$表示为$P(\boldsymbol{r})$。

可以证明,梯度运算符合下列规则:

$$\nabla c=0 \quad (c\text{ 为常数}) \tag{1-4-15}$$

$$\nabla(c\phi)=c\,\nabla\phi \tag{1-4-16}$$

$$\nabla(\phi\pm\psi)=\nabla\phi\pm\nabla\psi \tag{1-4-17}$$

$$\nabla(\phi\psi)=\psi\,\nabla\phi+\phi\,\nabla\psi \tag{1-4-18}$$

$$\nabla\left(\frac{\phi}{\psi}\right)=\frac{1}{\psi^2}(\psi\,\nabla\phi-\phi\,\nabla\psi) \tag{1-4-19}$$

$$\nabla F(\phi)=F'(\phi)\nabla\phi \tag{1-4-20}$$

标量场的梯度是一个矢量场,该矢量场的量纲等于原标量场的量纲除以长度的量纲。

1.5　矢量场的通量和散度

1.5.1　通量和通量源

在1.3节,面元矢量定义为面元的面积与其法线方向的单位矢量的乘积。一个闭合线可以构成开表面,而一张闭合面则可以构成一个空间区域,如图1-5-1所示。对开表面的曲面方向,规定与其边界(必是一闭合曲线)的环绕方向呈右手螺旋关系的一侧的法线方向为矢量

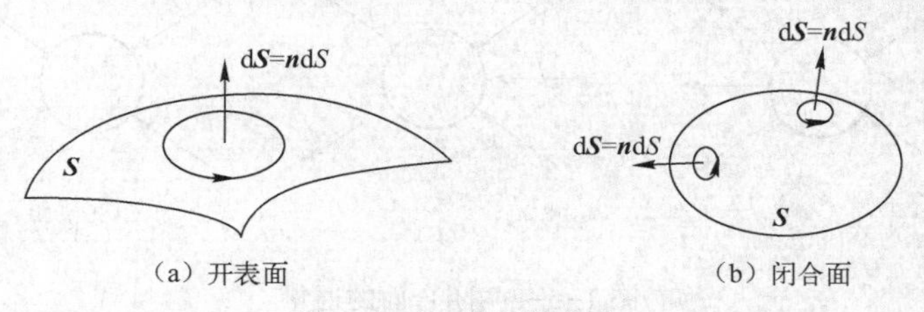

(a) 开表面　　(b) 闭合面

图1-5-1　曲面的方向

面元的方向;对于闭合面的曲面方向,取其外法线方向为矢量面元的方向。

矢量场 $\boldsymbol{A}(\boldsymbol{r})$ 沿某一有向曲面 $\boldsymbol{S}$ 的面积分称为矢量 $\boldsymbol{A}(\boldsymbol{r})$ 通过该有向曲面 $\boldsymbol{S}$ 的通量,即:

$$\int_S \boldsymbol{A}(\boldsymbol{r}) \cdot \mathrm{d}\boldsymbol{S} = \int_S A(\boldsymbol{r}) \cos\theta \ \mathrm{d}S \tag{1-5-1}$$

若矢量场 $\boldsymbol{A}(\boldsymbol{r})$ 是水的流速场 $\boldsymbol{v}(\boldsymbol{r})$ (m/s),则该积分的物理意义表示水流 $\boldsymbol{v}(\boldsymbol{r})$ 在单位时间内穿过曲面 $\boldsymbol{S}$(m^2)的流量(m^3/s)。当通量大于零时,表示矢量场的方向与面积方向总体一致;当通量小于零时,表示矢量场的方向与面积方向总体相反,如图 1-5-2 所示。

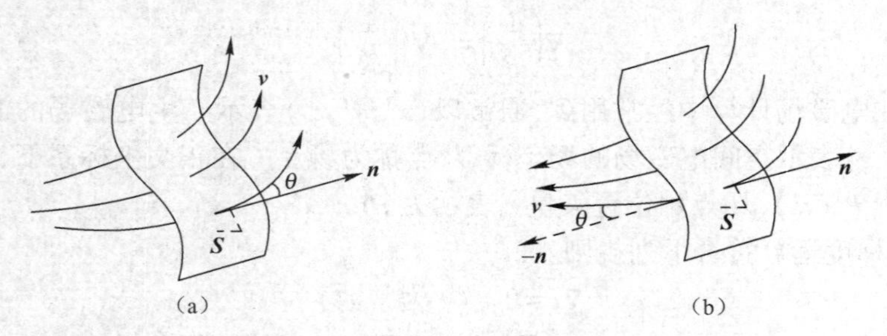

图 1-5-2　开表面的通量

若有向曲面 $\boldsymbol{S}$ 是闭合的,则矢量场 $\boldsymbol{A}(\boldsymbol{r})$ 对闭合面 $\boldsymbol{S}$ 的通量可写为:

$$\oint_S \boldsymbol{A}(\boldsymbol{r}) \cdot \mathrm{d}\boldsymbol{S} = \oint_S A(\boldsymbol{r}) \cos\theta \ \mathrm{d}S \tag{1-5-2}$$

根据矢量通过该闭合面的通量可以判断该矢量是进入还是穿出该闭合面。当 $\oint_S \boldsymbol{A}(\boldsymbol{r}) \cdot \mathrm{d}\boldsymbol{S} > 0$ 时,表示穿出闭合面的矢量线数量比穿入闭合面的矢量线数量多,因而闭合面内一定存在产生该矢量场的源,即正源;当 $\oint_S \boldsymbol{A}(\boldsymbol{r}) \cdot \mathrm{d}\boldsymbol{S} < 0$ 时,表示穿入闭合面的矢量线数量比穿出闭合面的矢量线数量多,因而闭合面内一定存在汇聚该矢量场的洞或汇,即负源;当 $\oint_S \boldsymbol{A}(\boldsymbol{r}) \cdot \mathrm{d}\boldsymbol{S} = 0$ 时,表示穿入闭合面和穿出闭合面的矢量线数量相等,闭合面内或者没有矢量线的起始点,或者在闭合面内起始的矢量线根数相等,称无源,如图 1-5-3 所示。综上所述,式(1-5-2) 表示矢量场 $\boldsymbol{A}(\boldsymbol{r})$ 穿出闭合面 $\boldsymbol{S}$ 的净通量。

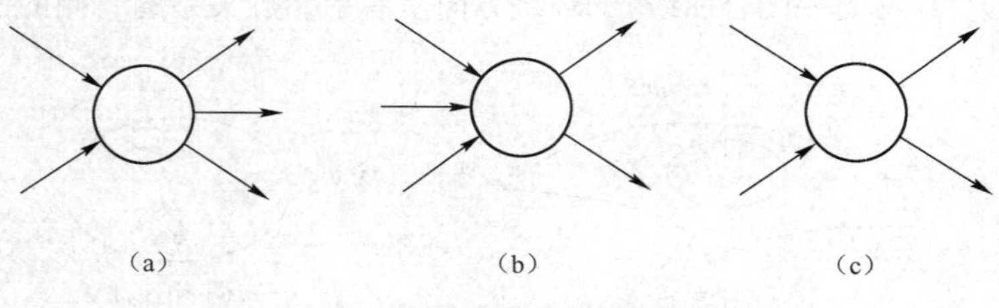

图 1-5-3　闭合面的通量

【例 1-5-1】　已知矢量场 $\boldsymbol{A}=\boldsymbol{a}_\rho(\mathrm{e}^{-\alpha\varphi}/\rho)+\boldsymbol{a}_z\cos\pi z$，$\alpha$ 为常数。有一个以 z 轴为轴线、半径为 2 的单位长度的圆柱面与 $z=0$、$z=1$ 的平面构成的闭合面 $\boldsymbol{S}$，求 $\boldsymbol{A}$ 穿过 $\boldsymbol{S}$ 的通量。

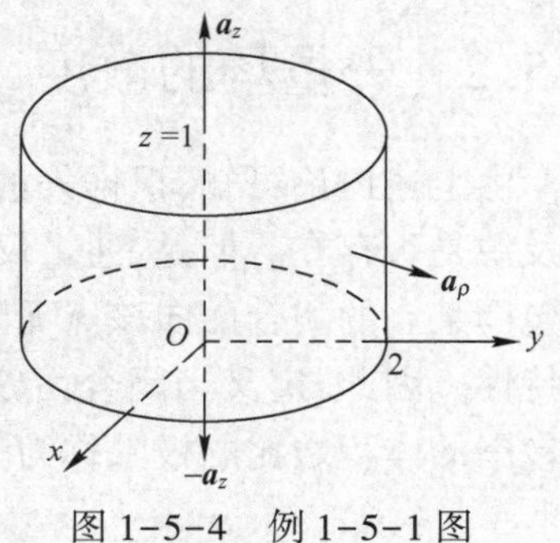

图 1-5-4　例 1-5-1 图

【解】　此闭合面由三部分光滑曲面构成，如图 1-5-4 所示。其中，圆柱侧面的面元矢量 $\mathrm{d}\boldsymbol{S}_\rho=\boldsymbol{a}_\rho\rho\mathrm{d}\varphi\mathrm{d}z$，上底面 $(z=1)$ 的面元矢量 $\mathrm{d}\boldsymbol{S}_z=\boldsymbol{a}_z\rho\mathrm{d}\varphi\mathrm{d}\rho$，下底面 $(z=0)$ 的面元矢量 $\mathrm{d}\boldsymbol{S}_z=-\boldsymbol{a}_z\rho\mathrm{d}\varphi\mathrm{d}\rho$。则：

$$\begin{aligned}
\oint_S \boldsymbol{A}\cdot\mathrm{d}\boldsymbol{S} &= \int_{S_\rho}\boldsymbol{A}\cdot\mathrm{d}\boldsymbol{S}_\rho+\int_{S_{z=1}}\boldsymbol{A}\cdot\mathrm{d}\boldsymbol{S}_z+\int_{S_{z=0}}\boldsymbol{A}\cdot\mathrm{d}\boldsymbol{S}_z\\
&=\int_{S_{\rho=2}}\frac{\mathrm{e}^{-\alpha\varphi}}{\rho}\rho\mathrm{d}\varphi\mathrm{d}z+\int_{S_{z=1}}\cos(\pi z)\rho\mathrm{d}\varphi\mathrm{d}\rho-\int_{S_{z=0}}\cos(\pi z)\rho\mathrm{d}\varphi\mathrm{d}\rho\\
&=\int_0^{2\pi}\mathrm{e}^{-2\alpha}\mathrm{d}\varphi\int_0^1\mathrm{d}z+\int_0^{2\pi}\cos\pi\mathrm{d}\varphi\int_0^2\rho\mathrm{d}\rho-\int_0^{2\pi}\cos 0\mathrm{d}\varphi\int_0^2\rho\mathrm{d}\rho\\
&=2\pi\mathrm{e}^{-2\alpha}-4\pi-4\pi=2\pi(\mathrm{e}^{-2\alpha}-4)
\end{aligned}$$

【例 1-5-2】　计算面积分 $\int_S\frac{\boldsymbol{a}_r}{r^2}\cdot\mathrm{d}\boldsymbol{S}$，其中 $\boldsymbol{S}$ 是半锥角为 θ 的圆锥面在半径为 a 的球面上割出的球冠面积，如图 1-5-5 所示。

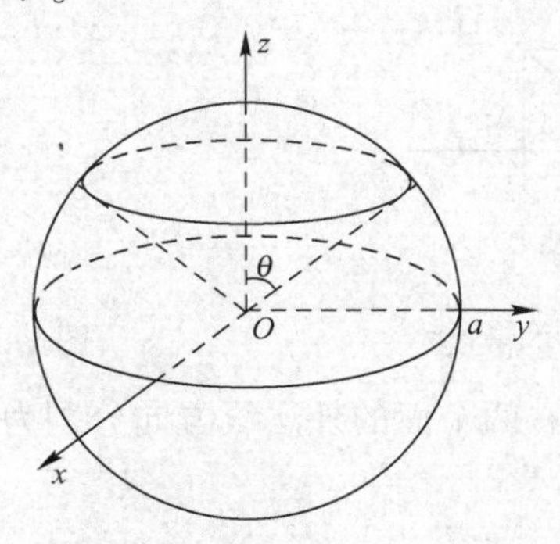

图 1-5-5　例 1-5-2 图

【解】
$$\begin{aligned}
\int_S\frac{\boldsymbol{a}_r}{r^2}\cdot\mathrm{d}\boldsymbol{S}&=\int_S\frac{1}{r^2}\mathrm{d}S_r=\int_0^{2\pi}\int_0^{\theta}\frac{1}{a^2}a^2\sin\theta\mathrm{d}\theta\mathrm{d}\varphi=2\pi\int_0^{\theta}\sin\theta\mathrm{d}\theta\\
&=2\pi(1-\cos\theta)
\end{aligned}$$

特别地，当 $\theta=\pi$ 时，$\cos\theta=-1$。

$$\oint_S\frac{\boldsymbol{a}_r}{r^2}\cdot\mathrm{d}\boldsymbol{S}=4\pi \tag{1-5-3}$$

该结论可推广到任意闭合面。

1.5.2 矢量场的散度

由上述讨论可知,根据矢量通过某一闭合面的通量性质可以判定闭合面中源的正负特性,以及源是否存在。但是,通量仅能表示闭合面中源的总量,它却不能反映源的分布特性。如果使包围某点的闭合面向该点无限收缩,那么,穿过此无限小闭合面的通量即可表示该点附近源的特性。因此,定义当闭合面 $\boldsymbol{S}$ 向某点无限收缩时,矢量 $\boldsymbol{A}$ 通过该闭合面 $\boldsymbol{S}$ 的通量与该闭合面包围的体积之比的极限称为矢量场 $\boldsymbol{A}$ 在该点的散度(divergence),以 div $\boldsymbol{A}$ 表示,即有:

$$\operatorname{div}\boldsymbol{A}=\lim_{\Delta\tau\to 0}\frac{\oint_S \boldsymbol{A}(\boldsymbol{r})\cdot \mathrm{d}\boldsymbol{S}}{\Delta\tau} \tag{1-5-4}$$

式中,$\Delta\tau$为闭合面 S 包围的体积。式(1-5-4)表明,散度是一个标量,其大小可理解为通过包围单位体积闭合面的通量。

为推导出矢量场的散度在直角坐标系中的表示式,在矢量场中取一个小的长方六面体,六面体的其中一个顶点为 P,且六个表面分别与坐标面平行,六面体的边长分别为 Δx、Δy 和 Δz,如图 1-5-6 所示。

设矢量场 $\boldsymbol{A}$ 在顶点 P 的分量为(A_x,A_y,A_z),如图 1-5-7 所示。

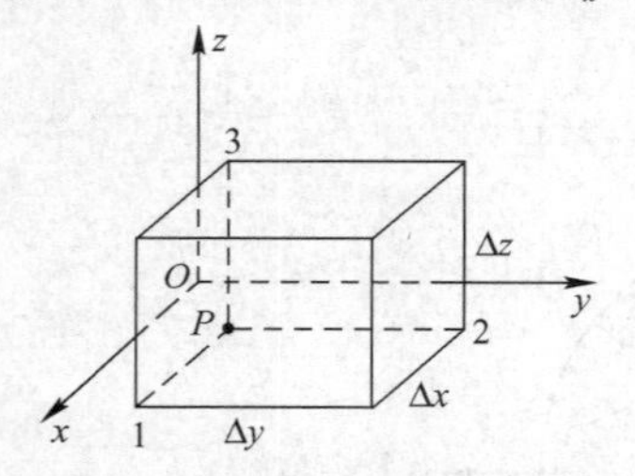

图 1-5-6 矢量场的散度

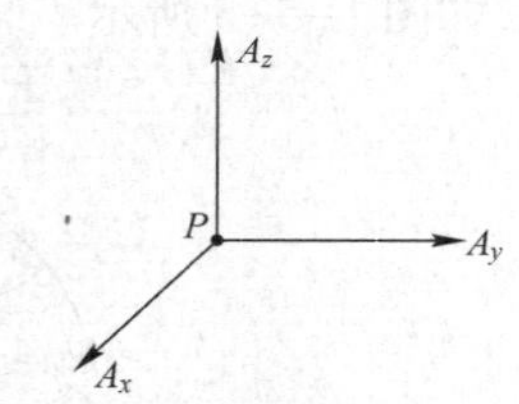

图 1-5-7 P 的坐标分量

图 1-5-6 所示的六面体左右两个面的外法线方向分别为$-\boldsymbol{a}_y$ 和 $\boldsymbol{a}_y$,如果六面体很小,可认为矢量场 $\boldsymbol{A}$ 穿出左、右面的通量为:

$$-A_y\Delta x\Delta z+\left(A_y+\frac{\partial A_y}{\partial y}\Delta y\right)\Delta x\Delta z=\frac{\partial A_y}{\partial y}\Delta x\Delta y\Delta z$$

同理可得,矢量场 $\boldsymbol{A}$ 穿出上、下面的通量为:

$$-A_z\Delta x\Delta y+\left(A_z+\frac{\partial A_z}{\partial z}\Delta z\right)\Delta x\Delta y=\frac{\partial A_z}{\partial z}\Delta x\Delta y\Delta z$$

矢量场 $\boldsymbol{A}$ 穿出前、后面的通量为:

$$-A_x\Delta y\Delta z+\left(A_x+\frac{\partial A_x}{\partial x}\Delta x\right)\Delta y\Delta z=\frac{\partial A_x}{\partial x}\Delta x\Delta y\Delta z$$

由此可以求得矢量场 $\boldsymbol{A}$ 通过过 P 点的六面体表面的总通量为:

$$\oint_S \boldsymbol{A} \cdot \mathrm{d}\boldsymbol{S} = \left(\frac{\partial A_x}{\partial x} + \frac{\partial A_y}{\partial y} + \frac{\partial A_z}{\partial z}\right)_P \Delta x \Delta y \Delta z \tag{1-5-5}$$

式中,$\Delta x\Delta y\Delta z=\Delta\tau$为六面体的体积,代入式(1-5-5),可以得到矢量场$\boldsymbol{A}$在M点的散度:

$$\mathrm{div}\,\boldsymbol{A} = \lim_{\Delta\tau\to 0}\frac{\oint_S \boldsymbol{A}\cdot\mathrm{d}\boldsymbol{S}}{\Delta\tau} = \frac{\partial A_x}{\partial x} + \frac{\partial A_y}{\partial y} + \frac{\partial A_z}{\partial z} \tag{1-5-6}$$

根据矢量微分算子的定义,矢量场$\boldsymbol{A}$的散度可以表示为:

$$\mathrm{div}\,\boldsymbol{A} = \nabla\cdot\boldsymbol{A} \tag{1-5-7}$$

因此,在直角坐标系中、圆柱坐标系和球坐标系中,散度的计算式可分别简写为:

$$\nabla\cdot\boldsymbol{A} = \frac{\partial A_x}{\partial x} + \frac{\partial A_y}{\partial y} + \frac{\partial A_z}{\partial z} \tag{1-5-8}$$

$$\nabla\cdot\boldsymbol{A} = \frac{1}{\rho}\frac{\partial}{\partial\rho}(\rho A_\rho) + \frac{1}{\rho}\frac{\partial A_\varphi}{\partial\varphi} + \frac{\partial A_z}{\partial z} \tag{1-5-9}$$

$$\nabla\cdot\boldsymbol{A} = \frac{1}{r^2}\frac{\partial}{\partial r}(r^2 A_r) + \frac{1}{r\sin\theta}\frac{\partial}{\partial\theta}(\sin\theta A_\theta) + \frac{1}{r\sin\theta}\frac{\partial A_\varphi}{\partial\varphi} \tag{1-5-10}$$

从散度的定义式(1-5-4)及以上推导,可以归纳出散度具有以下特性。

(1) 矢量场的散度构成一个标量场。

(2) $\nabla\cdot\boldsymbol{A}\neq 0$的点表示存在通量源,也称散度源,该矢量场称有源场或有散场;$\nabla\cdot\boldsymbol{A}>0$的点是源点,能发出矢量线,是矢量线的起点,(如图1-5-8中的P点);$\nabla\cdot\boldsymbol{A}<0$的点是汇点,能吸收矢量线,是矢量线的终点,(如图1-5-8中的Q点)。

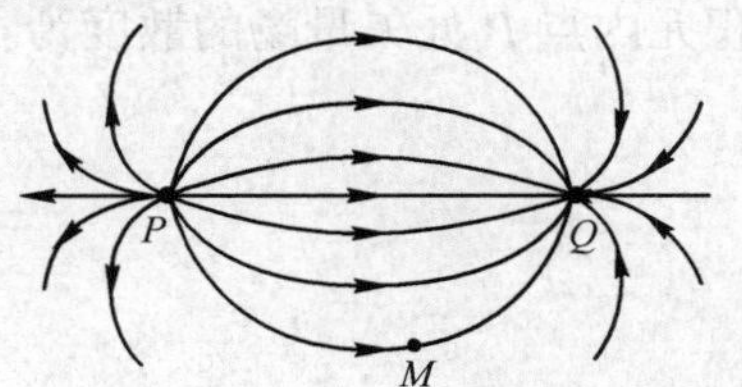

图1-5-8 散度的物理意义

(3) $\nabla\cdot\boldsymbol{A}=0$的点不存在通量源,矢量线从该点穿过(如图1-5-8中的M点),散度处处为零的矢量场称无源场或无散场。

(4) 散度的量纲是通量源体密度,表示某点矢量场穿出单位体积外包面的净通量。

可以证明,散度运算符合下列规则:

$$\nabla\cdot(\boldsymbol{A}\pm\boldsymbol{B}) = \nabla\cdot\boldsymbol{A}\pm\nabla\cdot\boldsymbol{B} \tag{1-5-11}$$

$$\nabla\cdot(c\boldsymbol{A}) = c\,\nabla\cdot\boldsymbol{A}\quad(c\text{ 为常数}) \tag{1-5-12}$$

$$\nabla\cdot(\Phi\boldsymbol{A}) = \Phi\,\nabla\cdot\boldsymbol{A} + \boldsymbol{A}\cdot\nabla\Phi \tag{1-5-13}$$

在直角坐标系中,根据梯度表达式(1-4-8)及散度表达式(1-5-8)可知:

$$\nabla\cdot\nabla\Phi = \nabla^2\Phi = \frac{\partial^2\Phi}{\partial x^2} + \frac{\partial^2\Phi}{\partial y^2} + \frac{\partial^2\Phi}{\partial z^2} \tag{1-5-14}$$

式中,∇^2称为拉普拉斯算子(Laplacian),它在直角坐标系中的表示式为:

$$\nabla^2 = \frac{\partial^2}{\partial x^2} + \frac{\partial^2}{\partial y^2} + \frac{\partial^2}{\partial z^2} \tag{1-5-15}$$

∇^2 也可以对矢量进行运算,但与对标量进行运算有所不同,已失去原有的梯度的散度的概念,仅是一种符号,如在直角坐标系中,有:

$$\nabla^2 \boldsymbol{A} = \boldsymbol{a}_x \nabla^2 A_x + \boldsymbol{a}_y \nabla^2 A_y + \boldsymbol{a}_z \nabla^2 A_z \tag{1-5-16}$$

上式中等号右边 $\nabla^2 = \frac{\partial^2}{\partial x^2} + \frac{\partial^2}{\partial y^2} + \frac{\partial^2}{\partial z^2}$。由此可见,在直角坐标系中 ∇^2 对矢量 $\boldsymbol{A}$ 的运算相当于对 $\boldsymbol{A}$ 的各个坐标分量进行运算。

$\nabla^2 \boldsymbol{A}$ 在其他坐标系中都具有极其复杂的形式,一般由下面矢量恒等式计算:

$$\nabla^2 \boldsymbol{A} = \nabla\nabla \cdot \boldsymbol{A} - \nabla\times\nabla\times\boldsymbol{A} \tag{1-5-17}$$

1.5.3 散度定理

散度的定义式(1-5-4)给出了空间某点附近的通量和通量源密度之间的关系,若在空间有一闭合曲面 S,它所包围的空间体积为 τ,矢量场 $\boldsymbol{A}$ 在 S 和 τ 上都是连续可导的,则有:

$$\oint_S \boldsymbol{A} \cdot \mathrm{d}\boldsymbol{S} = \int_\tau \nabla \cdot \boldsymbol{A} \mathrm{d}\tau \tag{1-5-18}$$

式(1-5-18)称为散度定理,又称高斯定理。

【证明】 将体积 τ 分割成 n 个微分体积元 $\Delta\tau_i$,如图 1-5-9 所示,设其表面 S_i 所包围的微分体积元内点 P_i 处矢量场的散度为:

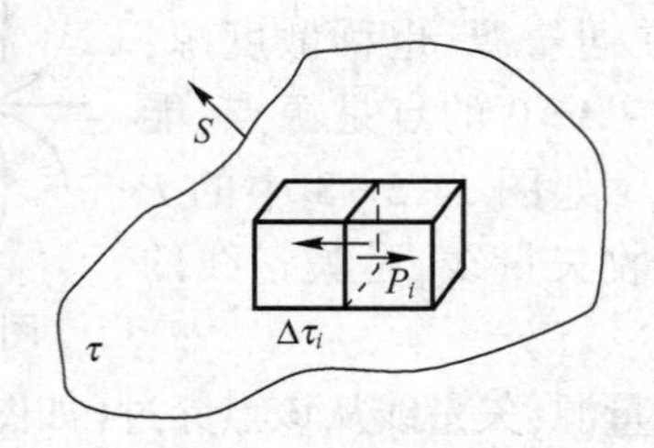

图 1-5-9 散度定理证明示意图

$$\nabla \cdot \boldsymbol{A}_i = \lim_{\Delta\tau_i \to 0} \frac{\oint_{S_i} \boldsymbol{A}(\boldsymbol{r}) \cdot \mathrm{d}\boldsymbol{S}}{\Delta\tau_i} \tag{1-5-19}$$

由极限的定义,式(1-5-19)可重写为:

$$\oint_{S_i} \boldsymbol{A} \cdot \mathrm{d}\boldsymbol{S} = \nabla \cdot \boldsymbol{A}_i \Delta\tau_i + \varepsilon_i \Delta\tau_i \quad (i = 1,2,\cdots,n) \tag{1-5-20}$$

式中,ε_i 为无限小值。将 n 个这样的式子相加,得:

$$\begin{aligned} \lim_{n\to\infty} \sum_{i=1}^{n} \oint_{S_i} \boldsymbol{A} \cdot \mathrm{d}\boldsymbol{S} &= \lim_{n\to\infty} \sum_{i=1}^{\infty} \nabla \cdot \boldsymbol{A}_i \Delta\tau_i + \lim_{n\to\infty} \sum_{i=1}^{n} \varepsilon_i \Delta\tau_i \\ &= \lim_{n\to\infty} \sum_{i=1}^{\infty} \nabla \cdot \boldsymbol{A}_i \Delta\tau_i \end{aligned} \tag{1-5-21}$$

式(1-5-21)等号左边的微小闭合面积分除呈现在外表面的部分外,每相邻的两个体积元必有一个公共面元,在计算净通量时相互抵消,故:

$$\lim_{n\to\infty}\sum_{i=1}^{n}\oint_{S_i}\boldsymbol{A}\cdot \mathrm{d}\boldsymbol{S}=\oint_{S}\boldsymbol{A}\cdot \mathrm{d}\boldsymbol{S} \tag{1-5-22}$$

按照积分的定义,当 $n\to\infty$ 时,有下式成立:

$$\lim_{n\to\infty}\sum_{i=1}^{\infty}\nabla\cdot\boldsymbol{A}_i\Delta\tau_i=\int_{\tau}\nabla\cdot\boldsymbol{A}\mathrm{d}\tau \tag{1-5-23}$$

故

$$\oint_{S}\boldsymbol{A}\cdot \mathrm{d}\boldsymbol{S}=\int_{\tau}\nabla\cdot\boldsymbol{A}\mathrm{d}\tau$$

散度定理建立了矢量场散度的体积分与体积所包围的闭合面积分之间的互换,表明一个连续可微的矢量场对任意一个闭合面的净通量与矢量场在曲面内的通量源之间的关系。

【例 1-5-3】　求矢量场 $\boldsymbol{A}=\boldsymbol{a}_z(x+y+z)$ 穿出旋转抛物面 $z=x^2+y^2$ 与 $z=h$ 平面所围包面的通量。

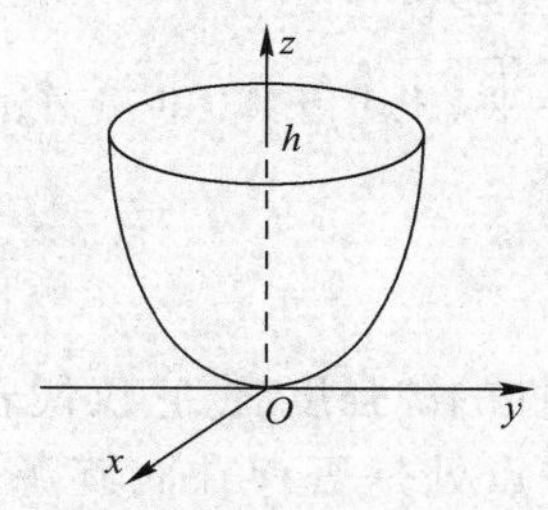

图 1-5-10　例 1-5-3 图

【解】　通量可利用散度定理通过计算散度的体积分来求得。

$$\nabla\cdot\boldsymbol{A}=\frac{\partial A_z}{\partial z}=1$$

计算体积分时,可采用圆柱坐标。在圆柱坐标中,抛物面 $z=x^2+y^2=\rho^2$,因此

$$\oint_{S}\boldsymbol{A}\cdot \mathrm{d}\boldsymbol{S}=\int_{\tau}\nabla\cdot\boldsymbol{A}\mathrm{d}\tau=\int_{\tau}\mathrm{d}\tau=\int_0^h\int_0^{2\pi}\int_0^{\sqrt{z}}\rho\mathrm{d}\rho\mathrm{d}\varphi\mathrm{d}z$$

$$=2\pi\int_0^h\frac{\rho^2}{2}\bigg|_0^{\sqrt{z}}\mathrm{d}z=\pi\int_0^h z\mathrm{d}z=\frac{1}{2}\pi h^2$$

1.6　矢量场的环量和旋度

1.6.1　环量和涡旋源

矢量场 $\boldsymbol{A}$ 沿一条有向闭合曲线 C 的积分称为矢量场 $\boldsymbol{A}$ 沿该有向闭合曲线 C 的环量,以 Γ

表示,即:

$$\Gamma = \oint_C \boldsymbol{A} \cdot \mathrm{d}\boldsymbol{l} = \oint_C A\cos\theta \mathrm{d}l \tag{1-6-1}$$

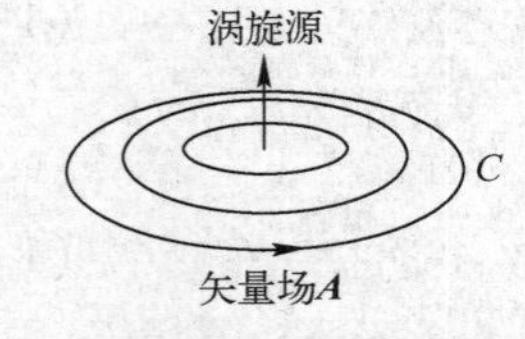

图 1-6-1　矢量场的涡旋源

由式(1-6-1)可见,在闭合曲线 C 上,如果矢量场 $\boldsymbol{A}$ 的方向处处与线元 $\mathrm{d}\boldsymbol{l}$ 的方向保持一致,则环量 $\Gamma>0$;如果方向处处相反,则环量 $\Gamma<0$。因此,环量可以用来描述矢量场的涡旋特性:$\oint_C \boldsymbol{A}\cdot\mathrm{d}\boldsymbol{l}=0$ 表明环路 C 不包围涡旋源;$\oint_C \boldsymbol{A}\cdot\mathrm{d}\boldsymbol{l}\neq 0$ 表明环路 C 包围着涡旋源,如图 1-6-1 所示。当环路 C 所围成的面与涡旋面一致时,环量将达到最大值,而当环路 C 所围成的面与涡旋面垂直时,环量等于零。

在直角坐标、圆柱坐标和圆球坐标中,式(1-6-1)可分别写为:

$$\oint_C \boldsymbol{A} \cdot \mathrm{d}\boldsymbol{l} = \oint_C (A_x \mathrm{d}x + A_y \mathrm{d}y + A_z \mathrm{d}z) \tag{1-6-2}$$

$$\oint_C \boldsymbol{A} \cdot \mathrm{d}\boldsymbol{l} = \oint_C (A_\rho \mathrm{d}\rho + A_\varphi \rho \mathrm{d}\varphi + A_z \mathrm{d}z) \tag{1-6-3}$$

$$\oint_C \boldsymbol{A} \cdot \mathrm{d}\boldsymbol{l} = \oint_C (A_r \mathrm{d}r + A_\theta r \mathrm{d}\theta + A_\varphi r\sin\theta \mathrm{d}\varphi) \tag{1-6-4}$$

1.6.2　矢量场的旋度

环量可以表示产生具有旋涡特性的源强度,但它仅代表闭合曲线包围的总的源强度,不能显示源的分布特性。为了反映某一点处是否存在涡旋源,在矢量场 $\boldsymbol{A}$ 中任取一点 P,围绕 P 做闭合的有向曲线 C_1、C_2、C_3,如图 1-6-2所示,有向曲线 C_n 包围的面积 ΔS_n 的法线方向为 $\boldsymbol{a}_n$,$\boldsymbol{a}_n$ 与闭合有向曲线 C_n 构成右手螺旋关系,当 ΔS_n 向 P 点趋近,即 $\Delta S_n \to 0$,则极限

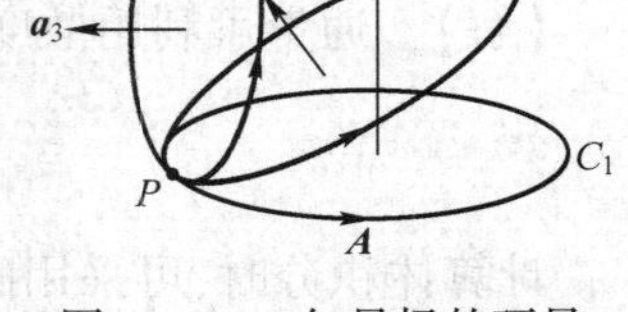

图 1-6-2　矢量场的环量

$$\lim_{\Delta S_n \to 0} \frac{\oint_{C_n} \boldsymbol{A} \cdot \mathrm{d}\boldsymbol{l}}{\Delta S_n} \tag{1-6-5}$$

被称为矢量场 $\boldsymbol{A}$ 在 $\boldsymbol{a}_n$ 方向的环量面密度。

经过同一点 P,矢量场 $\boldsymbol{A}$ 对于不同方向的环量面密度不同。对于图 1-6-2 所示,有下式存在:

$$\lim_{\Delta S_3 \to 0(P)} \frac{\oint_{C_3} \boldsymbol{A} \cdot \mathrm{d}\boldsymbol{l}}{\Delta S_3} < \lim_{\Delta S_2 \to 0(P)} \frac{\oint_{C_2} \boldsymbol{A} \cdot \mathrm{d}\boldsymbol{l}}{\Delta S_2} < \lim_{\Delta S_1 \to 0(P)} \frac{\oint_{C_1} \boldsymbol{A} \cdot \mathrm{d}\boldsymbol{l}}{\Delta S_1} \tag{1-6-6}$$

从式(1-6-6)可知,环量面密度是一个与方向有关的量,空间给定点可以有无限个方向,每个方向都对应一个环量面密度,要描述空间一点涡旋源的大小与方向,需要定义一个旋度(rotation)矢量:矢量场 $\boldsymbol{A}$ 的旋度的方向是使矢量场 $\boldsymbol{A}$ 在 P 点处具有最大环量面密度的方向,

且大小等于最大环量面密度的值,以符号 rot **A** 表示,即:

$$\mathrm{rot}\,\boldsymbol{A} = \lim_{\Delta S \to 0} \frac{\left| \oint_C \boldsymbol{A} \cdot \mathrm{d}\boldsymbol{l} \right|_{\max}}{\Delta S} \tag{1-6-7}$$

式(1-6-7)表明,矢量场 **A** 的旋度是一个矢量,旋度矢量在数值和方向上表示了最大的环量面密度。

为了推导旋度在直角坐标系中的表示式,在直角坐标系中做一个闭合环路 1—2—3—4—5—6,M 点在该环路所张的一个面上,该面在直角坐标系中三个坐标面上的投影分别为 C_x—$M345M$—ΔS_x、C_y—$M561M$—ΔS_y、C_z—$M123M$—ΔS_z,如图 1-6-3 所示。

设矢量场 **A** 在顶点 M 的分量为(A_x,A_y,A_z),如图 1-6-4 所示。

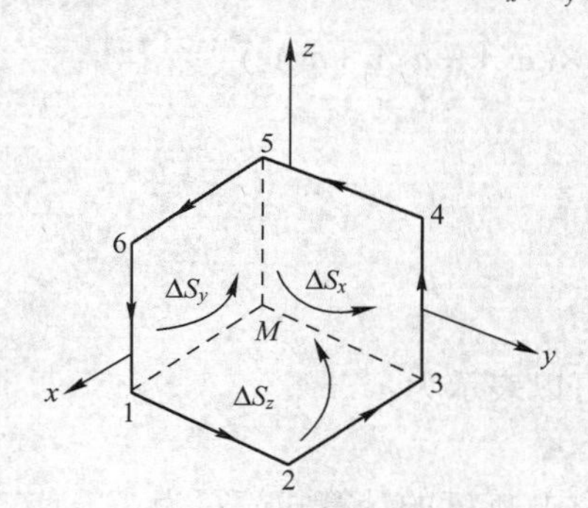

图 1-6-3 矢量场的旋度

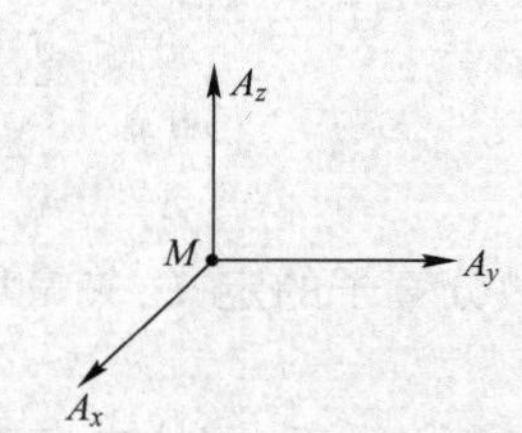

图 1-6-4 M 点的坐标分量

旋度矢量可以写为三个坐标分量,即:

$$\mathrm{rot}\,\boldsymbol{A} = \boldsymbol{a}_x(\mathrm{rot}\,\boldsymbol{A})_x + \boldsymbol{a}_y(\mathrm{rot}\,\boldsymbol{A})_y + \boldsymbol{a}_z(\mathrm{rot}\,\boldsymbol{A})_z \tag{1-6-8}$$

由图 1-6-3 可知:

$$\oint_C \boldsymbol{A} \cdot \mathrm{d}\boldsymbol{l} = \oint_{C_x} \boldsymbol{A} \cdot \mathrm{d}\boldsymbol{l} + \oint_{C_y} \boldsymbol{A} \cdot \mathrm{d}\boldsymbol{l} + \oint_{C_z} \boldsymbol{A} \cdot \mathrm{d}\boldsymbol{l} \tag{1-6-9}$$

由式(1-6-9)可见,只要分别求出 C_x、C_y、C_z 三段线积分,就可以求出旋度矢量。首先计算$(\mathrm{rot}\boldsymbol{A})_x$。由图 1-6-3、图 1-6-4 得:

$$\begin{aligned}
\oint_{C_x} \boldsymbol{A} \cdot \mathrm{d}\boldsymbol{l} &= \oint_{M345M} \boldsymbol{A} \cdot \mathrm{d}\boldsymbol{l} \\
&= A_y \Delta y + \left(A_z + \frac{\partial A_z}{\partial y}\Delta y\right)\Delta z - \left(A_y + \frac{\partial A_y}{\partial z}\Delta z\right)\Delta y - A_z \Delta z \\
&= \frac{\partial A_z}{\partial y}\Delta y \Delta z - \frac{\partial A_y}{\partial z}\Delta y \Delta z = \left(\frac{\partial A_z}{\partial y} - \frac{\partial A_y}{\partial z}\right)\Delta S_x
\end{aligned}$$

根据旋度的定义式(1-6-7),得:

$$(\mathrm{rot}\,\boldsymbol{A})_x = \lim_{\Delta S_x \to 0} \frac{\oint_{C_x} \boldsymbol{A} \cdot \mathrm{d}\boldsymbol{l}}{\Delta S_x} = \frac{\partial A_z}{\partial y} - \frac{\partial A_y}{\partial z} \tag{1-6-10}$$

同理,得:

$$(\mathrm{rot}\,\boldsymbol{A})_y=\lim_{\Delta S_y\to 0}\frac{\oint_{C_y}\boldsymbol{A}\cdot \mathrm{d}\boldsymbol{l}}{\Delta S_y}=\frac{\partial A_x}{\partial z}-\frac{\partial A_z}{\partial x} \tag{1-6-11}$$

$$(\mathrm{rot}\,\boldsymbol{A})_z=\lim_{\Delta S_z\to 0}\frac{\oint_{C_z}\boldsymbol{A}\cdot \mathrm{d}\boldsymbol{l}}{\Delta S_z}=\frac{\partial A_y}{\partial x}-\frac{\partial A_x}{\partial y} \tag{1-6-12}$$

因此,由式(1-6-8),则有:

$$\mathrm{rot}\,\boldsymbol{A}=\boldsymbol{a}_x\left(\frac{\partial A_z}{\partial y}-\frac{\partial A_y}{\partial z}\right)+\boldsymbol{a}_y\left(\frac{\partial A_x}{\partial z}-\frac{\partial A_z}{\partial x}\right)+\boldsymbol{a}_z\left(\frac{\partial A_y}{\partial x}-\frac{\partial A_x}{\partial y}\right) \tag{1-6-13}$$

$$=\left(\boldsymbol{a}_x\frac{\partial}{\partial x}+\boldsymbol{a}_y\frac{\partial}{\partial y}+\boldsymbol{a}_z\frac{\partial}{\partial z}\right)\times(\boldsymbol{a}_xA_x+\boldsymbol{a}_yA_y+\boldsymbol{a}_zA_z)$$

$$=\begin{vmatrix}\boldsymbol{a}_x & \boldsymbol{a}_y & \boldsymbol{a}_z\\ \dfrac{\partial}{\partial x} & \dfrac{\partial}{\partial y} & \dfrac{\partial}{\partial z}\\ A_x & A_y & A_z\end{vmatrix} \tag{1-6-14}$$

根据矢量微分算子的定义,矢量场 $\boldsymbol{A}$ 的旋度可以表示为:

$$\mathrm{rot}\,\boldsymbol{A}=\nabla\times\boldsymbol{A} \tag{1-6-15}$$

因此, 在直角坐标系、圆柱坐标系和球坐标系中,旋度的计算式简写为:

$$\nabla\times\boldsymbol{A}=\begin{vmatrix}\boldsymbol{a}_x & \boldsymbol{a}_y & \boldsymbol{a}_z\\ \dfrac{\partial}{\partial x} & \dfrac{\partial}{\partial y} & \dfrac{\partial}{\partial z}\\ A_x & A_y & A_z\end{vmatrix} \tag{1-6-16}$$

$$\nabla\times\boldsymbol{A}=\frac{1}{\rho}\begin{vmatrix}\boldsymbol{a}_\rho & \rho\,\boldsymbol{a}_\varphi & \boldsymbol{a}_z\\ \dfrac{\partial}{\partial \rho} & \dfrac{\partial}{\partial \varphi} & \dfrac{\partial}{\partial z}\\ A_\rho & \rho A_\varphi & A_z\end{vmatrix} \tag{1-6-17}$$

$$\nabla\times\boldsymbol{A}=\frac{1}{r^2\sin\theta}\begin{vmatrix}\boldsymbol{a}_r & r\boldsymbol{a}_\theta & r\sin\theta\boldsymbol{a}_\varphi\\ \dfrac{\partial}{\partial r} & \dfrac{\partial}{\partial \theta} & \dfrac{\partial}{\partial \varphi}\\ A_r & rA_\theta & r\sin\theta A_\varphi\end{vmatrix} \tag{1-6-18}$$

从旋度的定义式(1-6-7)及以上推导,可以归纳出旋度具有以下特性:

(1) 矢量场的旋度是一个矢量场;

(2) 旋度的量纲是环量面密度,表示涡旋面单位面积上的环量;

(3) $\nabla\times\boldsymbol{A}\neq 0$ 的点表示存在涡旋源,也称旋度源,该矢量场称有旋场;

(4) $\nabla\times\boldsymbol{A}=0$ 的点不存在涡旋源;旋度处处为零的矢量场称无旋场或保守场。

可以证明旋度运算符合下列运算规则:

$$\nabla\times(\boldsymbol{A}\pm\boldsymbol{B})=\nabla\times\boldsymbol{A}\pm\nabla\times\boldsymbol{B} \tag{1-6-19}$$

$$\nabla\times(c\boldsymbol{A})=c\,\nabla\times\boldsymbol{A}\quad(c\text{ 为常数}) \tag{1-6-20}$$

$$\nabla\times(\Phi\boldsymbol{A})=\Phi\,\nabla\times\boldsymbol{A}+\nabla\Phi\times\boldsymbol{A} \tag{1-6-21}$$

$$\nabla\cdot(\boldsymbol{A}\times\boldsymbol{B})=\boldsymbol{B}\cdot(\nabla\times\boldsymbol{A})-\boldsymbol{A}\cdot(\nabla\times\boldsymbol{B}) \tag{1-6-22}$$

1.6.3　斯托克斯定理

旋度的定义式(1-6-7)给出了空间某点附近的环量和环量面密度之间的关系,若将讨论范围扩大到任意环路 C 所张的曲面面积 S,则可得出另一个重要的矢量恒等式:

$$\oint_C \boldsymbol{A}\cdot\mathrm{d}\boldsymbol{l}=\int_S(\nabla\times\boldsymbol{A})\cdot\mathrm{d}\boldsymbol{S} \tag{1-6-23}$$

称为斯托克斯定理(Stokes' theorem)。

【证明】 将环路 C 所张面积分割成 n 个微分矢量面元 $\Delta\boldsymbol{S}_i=\boldsymbol{a}_{ni}\Delta S_i$,则每个面元的外沿都是一个小环路 C_i,如图 1-6-5 所示,设所有小环路 C_i 的环绕方向一致,则按照旋度的定义式,微分面元上点 P_i 处矢量场的旋度为:

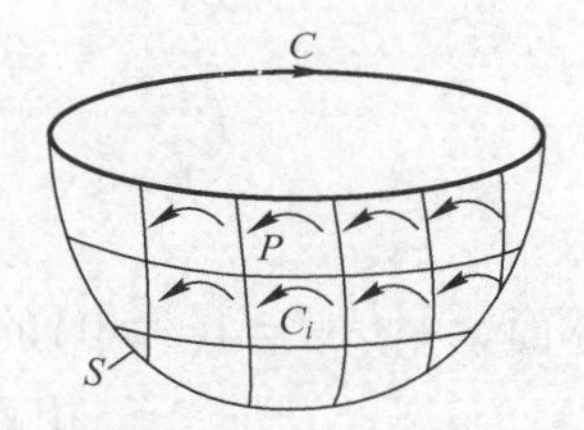

图 1-6-5　斯托克斯定理证明示意图

$$\nabla\times\boldsymbol{A}_i\cdot\boldsymbol{a}_{ni}=\lim_{\Delta S_i\to 0}\frac{\oint_{C_i}\boldsymbol{A}\cdot\mathrm{d}\boldsymbol{l}}{\Delta S_i} \tag{1-6-24}$$

由极限的定义,式(1-6-24)可重写为:

$$\oint_{C_i}\boldsymbol{A}\cdot\mathrm{d}\boldsymbol{l}=(\nabla\times\boldsymbol{A}_i)\cdot\boldsymbol{a}_{ni}\Delta S_i+\varepsilon_i\Delta S_i\quad(i=1,2,\cdots,n) \tag{1-6-25}$$

其中,ε_i 是无限小值。将 n 个这样的式子相加并取极限,得:

$$\begin{aligned}\lim_{n\to\infty}\sum_{i=1}^{n}\oint_{C_i}\boldsymbol{A}\cdot\mathrm{d}\boldsymbol{l}&=\lim_{n\to\infty}\sum_{i=1}^{\infty}(\nabla\times\boldsymbol{A}_i)\cdot\Delta\boldsymbol{S}_i+\lim_{n\to\infty}\sum_{i=1}^{n}\varepsilon_i\Delta S_i\\&=\lim_{n\to\infty}\sum_{i=1}^{\infty}(\nabla\times\boldsymbol{A}_i)\cdot\Delta\boldsymbol{S}_i\end{aligned} \tag{1-6-26}$$

式(1-6-26)等号左边的微小环量积分除外沿 C 外,每相邻的两个小环路必有一个公共边,在计算这两个小环路的环量时相互抵消,故:

$$\lim_{n\to\infty}\sum_{i=1}^{n}\oint_{C_i}\boldsymbol{A}\cdot\mathrm{d}\boldsymbol{l}=\oint_C\boldsymbol{A}\cdot\mathrm{d}\boldsymbol{l} \tag{1-6-27}$$

按照积分的定义,当 $n\to\infty$ 时,对面积求和变为对面积积分,即:

$$\lim_{n\to\infty}\sum_{i=1}^{\infty}(\nabla\times\boldsymbol{A}_i)\cdot\Delta\boldsymbol{S}_i=\int_S(\nabla\times\boldsymbol{A})\cdot\mathrm{d}\boldsymbol{S} \tag{1-6-28}$$

于是

$$\oint_C \boldsymbol{A} \cdot \mathrm{d}\boldsymbol{l} = \int_S (\nabla \times \boldsymbol{A}) \cdot \mathrm{d}\boldsymbol{S}$$

斯托克斯定理建立了矢量场的旋度面积分与面积外沿的环量之间的关系,表明一个连续可微的矢量场对任意一个环路的线积分等于该矢量场的旋度对环路所张面积的面积分。

【例 1-6-1】 若 $\boldsymbol{A}=\boldsymbol{a}_x 2z+\boldsymbol{a}_y 3x+\boldsymbol{a}_z 4y$,试在半球面 $x^2+y^2+z^2=4(z\geqslant 0)$ 上验证斯托克斯定理。

【解】 半球面的边沿是 $z=0$ 平面上半径为 2 的圆,$\boldsymbol{A}$ 沿此圆的环量为:

$$\begin{aligned}\oint_C \boldsymbol{A} \cdot \mathrm{d}\boldsymbol{l} &= \int_0^{2\pi} (\boldsymbol{a}_x 2z + \boldsymbol{a}_y 3x + \boldsymbol{a}_z 4y) \cdot \boldsymbol{a}_\varphi 2\mathrm{d}\varphi \\ &= \int_0^{2\pi} \boldsymbol{a}_y 3x \cdot \boldsymbol{a}_\varphi 2\mathrm{d}\varphi \\ &= 2\int_0^{2\pi} 6\cos^2\varphi \mathrm{d}\varphi = 12\pi\end{aligned}$$

$\boldsymbol{A}$ 的旋度:

$$\nabla\times\boldsymbol{A} = \begin{vmatrix} \boldsymbol{a}_x & \boldsymbol{a}_y & \boldsymbol{a}_z \\ \dfrac{\partial}{\partial x} & \dfrac{\partial}{\partial y} & \dfrac{\partial}{\partial z} \\ 2z & 3x & 4y \end{vmatrix} = 4\,\boldsymbol{a}_x + 2\,\boldsymbol{a}_y + 3\,\boldsymbol{a}_z$$

球面 $x^2+y^2+z^2=4(z\geqslant 0)$ 的法线方向为 $\boldsymbol{a}_r$,于是面积分为:

$$\int_S (\nabla \times \boldsymbol{A}) \cdot \mathrm{d}\boldsymbol{S} = \int_S (4\,\boldsymbol{a}_x + 2\,\boldsymbol{a}_y + 3\,\boldsymbol{a}_z) \cdot \boldsymbol{a}_r \mathrm{d}S_r$$

将式 $\boldsymbol{a}_r=\boldsymbol{a}_x\sin\theta\cos\varphi+\boldsymbol{a}_y\sin\theta\sin\varphi+\boldsymbol{a}_z\cos\theta$ 代入上式,得:

$$\int_S \nabla \times \boldsymbol{A} \cdot \mathrm{d}\boldsymbol{S} = \int_0^{2\pi}\int_0^{\frac{\pi}{2}} (4\sin\theta\cos\varphi + 2\sin\theta\sin\varphi + 3\cos\theta) 2^2 \sin\theta \mathrm{d}\theta \mathrm{d}\varphi = 12\pi$$

于是有:

$$\oint_C \boldsymbol{A} \cdot \mathrm{d}\boldsymbol{l} = \int_S (\nabla \times \boldsymbol{A}) \cdot \mathrm{d}\boldsymbol{S}$$

斯托克斯定理得以验证。

1.7 亥姆霍兹定理

1.7.1 无散场与无旋场

由 1.5 节和 1.6 节可知,矢量场的散度与旋度反映了产生矢量场的源。任一矢量场,由散度源和旋度源其中之一产生,或由散度源和旋度源共同产生。散度处处为零的矢量场称为无散场,旋度处处为零的矢量场称为无旋场。

利用散度和旋度的表示式可以证明,任意矢量场 $\boldsymbol{A}$ 的旋度的散度等于零,即:

$$\nabla \cdot \nabla \times \boldsymbol{A} = 0 \tag{1-7-1}$$

由于无散场的散度处处为零,即有$\nabla \cdot \boldsymbol{F}=0$,与式(1-7-1)对比可知:无散场可以表示为另一个矢量场的旋度。恒定磁场是一个有旋无散场,因此磁感应强度 $\boldsymbol{B}$ 可以表示为矢量磁位 $\boldsymbol{A}$ 的旋度,即 $\boldsymbol{B}=\nabla \times \boldsymbol{A}$。

利用梯度和旋度的表示式可以证明,任意标量场 Φ 的梯度的旋度等于零,即:

$$\nabla \times \nabla \Phi = \boldsymbol{0} \tag{1-7-2}$$

由于无旋场的旋度处处为零,即有$\nabla \times \boldsymbol{F}=\boldsymbol{0}$,与式(1-7-2)对比可知:无旋场可以表示为另一个标量场的梯度。静电场是一个有散无旋场,因此电场强度 $\boldsymbol{E}$ 可以表示为标量电位 Φ 的梯度,即 $\boldsymbol{E}=-\nabla \Phi$。由斯托克斯定理,$\oint_l \boldsymbol{F} \cdot \mathrm{d}\boldsymbol{l} = 0$,线积分和路径无关,即无旋场是保守场。

1.7.2 亥姆霍兹定理

若矢量场 $\boldsymbol{F}(\boldsymbol{r})$ 在无限区域中处处为单值,其导数连续有界,源分布在有限区域 τ' 中,则当矢量场的散度及旋度给定后,矢量场 $\boldsymbol{F}(\boldsymbol{r})$ 可表示为:

$$\boldsymbol{F}(\boldsymbol{r}) = -\nabla \Phi(\boldsymbol{r}) + \nabla \times \boldsymbol{A}(\boldsymbol{r}) \tag{1-7-3}$$

其中

$$\Phi(\boldsymbol{r}) = \frac{1}{4\pi}\int_{\tau'} \frac{\nabla' \cdot \boldsymbol{F}(\boldsymbol{r}')}{|\boldsymbol{r}-\boldsymbol{r}'|}\mathrm{d}\tau' \tag{1-7-4}$$

$$\boldsymbol{A}(\boldsymbol{r}) = \frac{1}{4\pi}\int_{\tau'} \frac{\nabla' \times \boldsymbol{F}(\boldsymbol{r}')}{|\boldsymbol{r}-\boldsymbol{r}'|}\mathrm{d}\tau' \tag{1-7-5}$$

上述关系称为亥姆霍兹定理。亥姆霍兹定理表明:

(1) 无限空间中的矢量场被其散度和旋度唯一地确定;

(2) 它给出了矢量场与其散度和旋度之间的定量关系,即场与源的关系;

(3) 计算 $\Phi(\boldsymbol{r})$ 和 $\boldsymbol{A}(\boldsymbol{r})$ 的公式(1-7-4)、(1-7-5)仅适用于无限大空间中的矢量场;

(4) 梯度场是无旋场,旋度场是无散场,式(1-7-3)表明,任一矢量场均可表示为一个无旋场和一个无散场之和。

亥姆霍兹定理为研究矢量场提供了最基本的方法,如果某一矢量场的散度和旋度已知,即可求出该矢量场。因此,确定矢量场的散度和旋度是研究矢量的首要问题。对于无限大空间,如果矢量场的散度和旋度均为零,矢量场也随之消失。

1.8 MATLAB 应用分析

【例 1-8-1】 已知标量场 $z=\mathrm{e}^{-\rho^2}$,计算梯度场∇z。使用 MATLAB 画出该标量场及其等值面,以及梯度场∇z。

【解】 $$\nabla z=-2x\mathrm{e}^{-(x^2+y^2)}\boldsymbol{a}_x-2y\mathrm{e}^{-(x^2+y^2)}\boldsymbol{a}_y$$

使用 MATLAB 函数画出场图,标量场 z 如图 1-8-1(a)所示,其等值面如图 1-8-1(b)所示,图(b)中的箭头的方向、长度和分布表示梯度场∇z。在 MATLAB 中,使用函数 gradient 计算梯度场,使用函数 contour 计算并画出等值面,使用函数 quiver 画出矢量场。

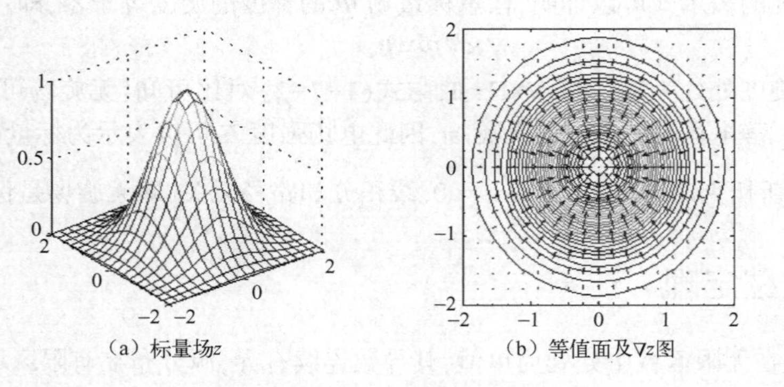

图 1-8-1 标量场 z 和等值面及∇z 图

【例 1-8-2】 已知矢量场 $\boldsymbol{A}=\rho\mathrm{e}^{-\rho^2}\boldsymbol{a}_\rho$,计算散度$\nabla\cdot\boldsymbol{A}$。使用 MATLAB 画出该矢量场,以及散度$\nabla\cdot\boldsymbol{A}$ 的等值面。

【解】 $$\nabla\cdot\boldsymbol{A}=\frac{1}{\rho}\frac{\partial}{\partial\rho}(\rho A_\rho)=\frac{1}{\rho}\frac{\partial}{\partial\rho}(\rho^2\mathrm{e}^{-\rho^2})=(2-2\rho^2)\mathrm{e}^{-\rho^2}$$

使用 MATLAB 函数画出场图,矢量场 $\boldsymbol{A}$ 的二维图如图 1-8-2(a)所示,散度$\nabla\cdot\boldsymbol{A}$ 的等值面如图 1-8-2(b)所示。在 MATLAB 中,使用函数 divergence 计算散度。

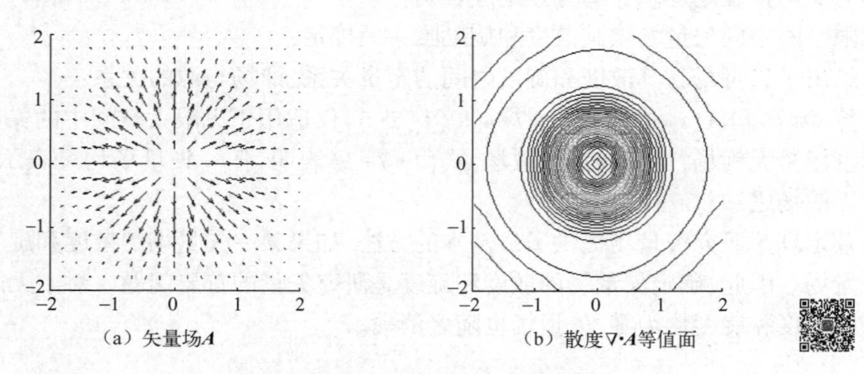

图 1-8-2 矢量场 $\boldsymbol{A}$ 和散度$\nabla\cdot\boldsymbol{A}$ 等值面图

【例 1-8-3】 已知矢量场 $\boldsymbol{A}=\rho\mathrm{e}^{-\rho^2}\boldsymbol{a}_\varphi$,计算旋度$\nabla\times\boldsymbol{A}$。使用 MATLAB 画出该矢量场,以及旋度$\nabla\times\boldsymbol{A}$ 的 z 分量的等值面。

【解】

$$\nabla\times\boldsymbol{A}=\begin{vmatrix}\dfrac{\boldsymbol{a}_\rho}{\rho} & \boldsymbol{a}_\varphi & \dfrac{\boldsymbol{a}_z}{\rho}\\ \dfrac{\partial}{\partial\rho} & \dfrac{\partial}{\partial\varphi} & \dfrac{\partial}{\partial z}\\ A_\rho & \rho A_\varphi & A_z\end{vmatrix}=\frac{\boldsymbol{a}_z}{\rho}\frac{\partial}{\partial\rho}(\rho^2\mathrm{e}^{-\rho^2})=\boldsymbol{a}_z(2-2\rho^2)\mathrm{e}^{-\rho^2}$$

使用 MATLAB 函数画出场图,矢量场 $\boldsymbol{A}$ 的二维图如图 1-8-3(a)所示,旋度 $\nabla\times\boldsymbol{A}$ 的 z 分量的等值面如图 1-8-3(b)所示。在 MATLAB 中,使用函数 curl 计算旋度。

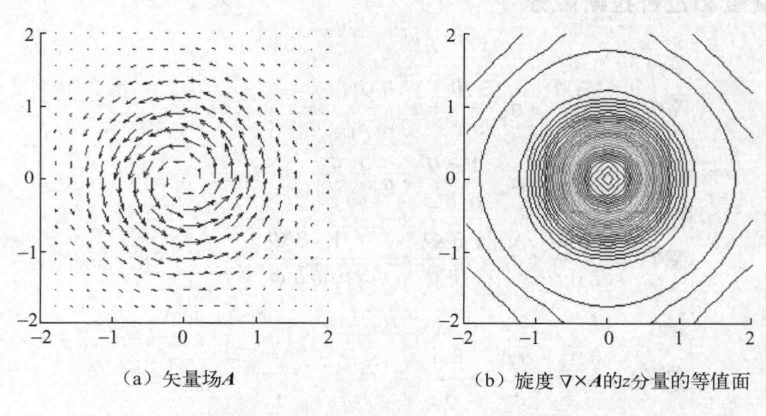

图 1-8-3　矢量场 $\boldsymbol{A}$ 和旋度 $\nabla\times\boldsymbol{A}$ 的 z 分量的等值面图

小　　结

1. 标量场和矢量场的概念

一个函数能在空间某区域中各点表征一个物理存在称为一个场。标量场在区域中各点的物理特性用一个数来描述;矢量场则对区域中各点的物理特性同时用大小和方向来描述。

2. 矢量的标量积和矢量积

点积(标量积):$\boldsymbol{A}\cdot\boldsymbol{B}=AB\cos\theta$

直角坐标:　$\boldsymbol{A}\cdot\boldsymbol{B}=A_xB_x+A_yB_y+A_zB_z$

圆柱坐标:　$\boldsymbol{A}\cdot\boldsymbol{B}=A_\rho B_\rho+A_\varphi B_\varphi+A_zB_z$

球坐标:　$\boldsymbol{A}\cdot\boldsymbol{B}=A_rB_r+A_\theta B_\theta+A_\varphi B_\varphi$

叉积(矢量积):$\boldsymbol{A}\times\boldsymbol{B}=|AB\sin\theta|\boldsymbol{a}_n$

直角坐标:　$$\boldsymbol{A}\times\boldsymbol{B}=\begin{vmatrix}\boldsymbol{a}_x & \boldsymbol{a}_y & \boldsymbol{a}_z\\ A_x & A_y & A_z\\ B_x & B_y & B_z\end{vmatrix}$$

圆柱坐标：
$$\boldsymbol{A}\times\boldsymbol{B}=\begin{vmatrix}\boldsymbol{a}_\rho & \boldsymbol{a}_\varphi & \boldsymbol{a}_z\\ A_\rho & A_\varphi & A_z\\ B_\rho & B_\varphi & B_z\end{vmatrix}$$

球坐标：
$$\boldsymbol{A}\times\boldsymbol{B}=\begin{vmatrix}\boldsymbol{a}_r & \boldsymbol{a}_\theta & \boldsymbol{a}_\varphi\\ A_r & A_\theta & A_\varphi\\ B_r & B_\theta & B_\varphi\end{vmatrix}$$

3. 梯度、散度、旋度和拉普拉斯微分

标量场的梯度：$\nabla\Phi$

直角坐标：
$$\nabla\Phi=\boldsymbol{a}_x\frac{\partial\Phi}{\partial x}+\boldsymbol{a}_y\frac{\partial\Phi}{\partial y}+\boldsymbol{a}_z\frac{\partial\Phi}{\partial z}$$

圆柱坐标：
$$\nabla\Phi=\boldsymbol{a}_\rho\frac{\partial\Phi}{\partial\rho}+\boldsymbol{a}_\varphi\frac{1}{\rho}\frac{\partial\Phi}{\partial\varphi}+\boldsymbol{a}_z\frac{\partial\Phi}{\partial z}$$

球坐标：
$$\nabla\Phi=\boldsymbol{a}_r\frac{\partial\Phi}{\partial r}+\boldsymbol{a}_\theta\frac{1}{r}\frac{\partial\Phi}{\partial\theta}+\boldsymbol{a}_\varphi\frac{1}{r\sin\theta}\frac{\partial\Phi}{\partial\varphi}$$

矢量场的散度：$\nabla\cdot\boldsymbol{A}$

直角坐标：
$$\nabla\cdot\boldsymbol{A}=\frac{\partial A_x}{\partial x}+\frac{\partial A_y}{\partial y}+\frac{\partial A_z}{\partial z}$$

圆柱坐标：
$$\nabla\cdot\boldsymbol{A}=\frac{1}{\rho}\frac{\partial}{\partial\rho}(\rho A_\rho)+\frac{1}{\rho}\frac{\partial A_\varphi}{\partial\varphi}+\frac{\partial A_z}{\partial z}$$

球坐标：
$$\nabla\cdot\boldsymbol{A}=\frac{1}{r^2}\frac{\partial}{\partial r}(r^2A_r)+\frac{1}{r\sin\theta}\frac{\partial}{\partial\theta}(\sin\theta A_\theta)+\frac{1}{r\sin\theta}\frac{\partial A_\varphi}{\partial\varphi}$$

矢量场的旋度：$\nabla\times\boldsymbol{A}$

直角坐标：
$$\nabla\times\boldsymbol{A}=\begin{vmatrix}\boldsymbol{a}_x & \boldsymbol{a}_y & \boldsymbol{a}_z\\ \dfrac{\partial}{\partial x} & \dfrac{\partial}{\partial y} & \dfrac{\partial}{\partial z}\\ A_x & A_y & A_z\end{vmatrix}$$

圆柱坐标：
$$\nabla\times\boldsymbol{A}=\frac{1}{\rho}\begin{vmatrix}\boldsymbol{a}_\rho & \rho\,\boldsymbol{a}_\varphi & \boldsymbol{a}_z\\ \dfrac{\partial}{\partial\rho} & \dfrac{\partial}{\partial\varphi} & \dfrac{\partial}{\partial z}\\ A_\rho & \rho A_\varphi & A_z\end{vmatrix}$$

球坐标：
$$\nabla\times\boldsymbol{A}=\frac{1}{r^2\sin\theta}\begin{vmatrix}\boldsymbol{a}_r & r\,\boldsymbol{a}_\theta & r\sin\theta\,\boldsymbol{a}_\varphi\\ \dfrac{\partial}{\partial r} & \dfrac{\partial}{\partial\theta} & \dfrac{\partial}{\partial\varphi}\\ A_r & rA_\theta & r\sin\theta A_\varphi\end{vmatrix}$$

标量场的拉普拉斯微分：$\nabla^2\Phi$

直角坐标系：$$\nabla^2\Phi=\frac{\partial^2\Phi}{\partial x^2}+\frac{\partial^2\Phi}{\partial y^2}+\frac{\partial^2\Phi}{\partial z^2}$$

圆柱坐标系：$$\nabla^2\Phi=\frac{1}{\rho}\frac{\partial}{\partial\rho}\left(\rho\frac{\partial\Phi}{\partial\rho}\right)+\frac{1}{\rho^2}\frac{\partial^2\Phi}{\partial\varphi^2}+\frac{\partial^2\Phi}{\partial z^2}$$

球坐标：$$\nabla^2\Phi=\frac{1}{r^2}\frac{\partial}{\partial r}\left(r^2\frac{\partial\Phi}{\partial r}\right)+\frac{1}{r^2\sin\theta}\frac{\partial}{\partial\theta}\left(\sin\theta\frac{\partial\Phi}{\partial\theta}\right)+\frac{1}{r^2\sin^2\theta}\frac{\partial^2\Phi}{\partial\varphi^2}$$

4. 定理和矢量恒等式：

散度定理：$$\oint_S \boldsymbol{A}\cdot d\boldsymbol{S}=\int_\tau \nabla\cdot\boldsymbol{A}d\tau$$

斯托克斯定理：$$\oint_C \boldsymbol{A}\cdot d\boldsymbol{l}=\int_S(\nabla\times\boldsymbol{A})\cdot d\boldsymbol{S}$$

亥姆霍兹定理：$$\boldsymbol{F}(\boldsymbol{r})=-\nabla\Phi(\boldsymbol{r})+\nabla\times\boldsymbol{A}(\boldsymbol{r})$$

式中 $$\Phi(\boldsymbol{r})=\frac{1}{4\pi}\int_{\tau'}\frac{\nabla'\cdot\boldsymbol{F}(\boldsymbol{r}')}{|\boldsymbol{r}-\boldsymbol{r}'|}d\tau'$$

$$\boldsymbol{A}(\boldsymbol{r})=\frac{1}{4\pi}\int_{\tau'}\frac{\nabla'\times\boldsymbol{F}(\boldsymbol{r}')}{|\boldsymbol{r}-\boldsymbol{r}'|}d\tau'$$

矢量斯托克斯定理：$$\int_\tau(\nabla\times\boldsymbol{A})d\tau=-\oint_S\boldsymbol{A}\times d\boldsymbol{S}$$

二阶微分：$$\nabla\cdot\nabla\times\boldsymbol{A}=0$$
$$\nabla\times\nabla\Phi=\mathbf{0}$$
$$\nabla\cdot\nabla\Phi=\nabla^2\Phi$$
$$\nabla^2\boldsymbol{A}=\nabla\nabla\cdot\boldsymbol{A}-\nabla\times\nabla\times\boldsymbol{A}$$

含标量乘积的微分：$$\nabla(fg)=f\nabla g+g\nabla f$$
$$\nabla\cdot(f\boldsymbol{A})=f\nabla\cdot\boldsymbol{A}+\boldsymbol{A}\cdot\nabla f$$
$$\nabla\times(f\boldsymbol{A})=f\nabla\times\boldsymbol{A}+\nabla f\times\boldsymbol{A}$$

含矢量积的微分：$$\nabla\cdot(\boldsymbol{A}\times\boldsymbol{B})=\boldsymbol{B}\cdot(\nabla\times\boldsymbol{A})-\boldsymbol{A}\cdot(\nabla\times\boldsymbol{B})$$
$$\nabla\times(\boldsymbol{A}\times\boldsymbol{B})=\boldsymbol{A}\nabla\cdot\boldsymbol{B}-\boldsymbol{B}\nabla\cdot\boldsymbol{A}+(\boldsymbol{B}\cdot\nabla)\boldsymbol{A}-(\boldsymbol{A}\cdot\nabla)\boldsymbol{B}$$

混合积：$$\boldsymbol{A}\cdot(\boldsymbol{B}\times\boldsymbol{C})=\boldsymbol{B}\cdot(\boldsymbol{C}\times\boldsymbol{A})=\boldsymbol{C}\cdot(\boldsymbol{A}\times\boldsymbol{B})$$

二重矢量积：$$\boldsymbol{A}\times(\boldsymbol{B}\times\boldsymbol{C})=\boldsymbol{B}(\boldsymbol{A}\cdot\boldsymbol{C})-\boldsymbol{C}(\boldsymbol{A}\cdot\boldsymbol{B})$$

思考与练习

1. 给出一些标量和矢量的例子。
2. 指出 $\boldsymbol{A}\cdot\boldsymbol{B}=0$ 和 $\boldsymbol{A}\times\boldsymbol{B}=\mathbf{0}$ 的所有条件。
3. $\boldsymbol{A}\cdot\boldsymbol{B}\times\boldsymbol{C}=0$ 含义是什么？

4. 化简$(\boldsymbol{A}+\boldsymbol{B})\cdot(\boldsymbol{B}+\boldsymbol{C})\times(\boldsymbol{C}+\boldsymbol{A})$

5. 参考矢量$\boldsymbol{a}_1$、$\boldsymbol{a}_2$和$\boldsymbol{a}_3$成为正交系统需要什么条件?

6. 简述你对标量场和矢量场概念的理解,并举例说明。

7. 微分元有哪几个?在直角、圆柱和圆球坐标下是如何表示的?

8. 梯度和方向导数有何关系?叙述梯度的几何及物理意义,写出梯度在直角坐标下的表示式。

9. 解释矢量场的通量,通量的正、负和零分别表示什么意义?

10. 给出散度的定义、物理意义,散度的正、负和零分别表示什么意义?

11. 什么是矢量场的环量?环量的正、负和零分别表示什么意义?

12. 给出旋度的定义、物理意义,旋度为零和不为零分别表示什么意义?

习　　题

1. 已知矢量$\boldsymbol{A}=\boldsymbol{a}_x2-\boldsymbol{a}_y3+\boldsymbol{a}_z4$,$\boldsymbol{B}=\boldsymbol{a}_x3+\boldsymbol{a}_y2+\boldsymbol{a}_z$,求矢量$\boldsymbol{C}=\boldsymbol{B}-\boldsymbol{A}$的模、方向余弦及单位矢量。使用 MATLAB 检查答案。

2. 已知三个矢量分别为:$\boldsymbol{A}=\boldsymbol{a}_x+\boldsymbol{a}_y2-\boldsymbol{a}_z3$;$\boldsymbol{B}=-\boldsymbol{a}_y4+\boldsymbol{a}_z$;$\boldsymbol{C}=\boldsymbol{a}_x5-\boldsymbol{a}_z2$。试求:(1) $|\boldsymbol{A}|$、$|\boldsymbol{B}|$、$|\boldsymbol{C}|$;(2) 单位矢量$\boldsymbol{a}_A$、$\boldsymbol{a}_B$、$\boldsymbol{a}_C$;(3) $\boldsymbol{A}\cdot\boldsymbol{B}$、$\boldsymbol{A}\cdot\boldsymbol{C}$;(4) $\boldsymbol{A}\times\boldsymbol{B}$;(5) $(\boldsymbol{A}\times\boldsymbol{B})\times\boldsymbol{C}$及$\boldsymbol{A}\times(\boldsymbol{B}\times\boldsymbol{C})$;(6) $(\boldsymbol{A}\times\boldsymbol{B})\cdot\boldsymbol{C}$及$(\boldsymbol{A}\times\boldsymbol{C})\cdot\boldsymbol{B}$。使用 MATLAB 检查答案。

3. 证明$(\boldsymbol{A}\times\boldsymbol{B})\cdot(\boldsymbol{C}\times\boldsymbol{D})=(\boldsymbol{A}\cdot\boldsymbol{C})(\boldsymbol{B}\cdot\boldsymbol{D})-(\boldsymbol{A}\cdot\boldsymbol{D})(\boldsymbol{B}\cdot\boldsymbol{C})$。

4. 证明$(\boldsymbol{A}\times\boldsymbol{B})\cdot(\boldsymbol{B}\times\boldsymbol{C})\times(\boldsymbol{C}\times\boldsymbol{A})=(\boldsymbol{A}\cdot\boldsymbol{B}\times\boldsymbol{C})^2$。

5. 已知空间三角形的顶点在坐标为$O(0,0,0)$、$P_1(1,4,3)$、$P_2(4,2,-4)$。试问:(1) 该三角形是否直角三角形?(2) 计算该三角形的面积。使用 MATLAB 检查答案。

6. 已知矢量$\boldsymbol{A}=\boldsymbol{a}_x2+\boldsymbol{a}_y3-\boldsymbol{a}_z4$;$\boldsymbol{B}=-\boldsymbol{a}_x6-\boldsymbol{a}_y4+\boldsymbol{a}_z$;$\boldsymbol{C}=\boldsymbol{a}_x-\boldsymbol{a}_y+\boldsymbol{a}_z$。试求:(1) $\boldsymbol{A}$、$\boldsymbol{B}$之间的夹角;(2) $\boldsymbol{A}\times\boldsymbol{B}$在$\boldsymbol{C}$上的分量。使用 MATLAB 检查答案。

7. 求以矢量$\boldsymbol{A}=-\boldsymbol{a}_x2-\boldsymbol{a}_y3+\boldsymbol{a}_z$、$\boldsymbol{B}=\boldsymbol{a}_x2-\boldsymbol{a}_y5+\boldsymbol{a}_z3$和$\boldsymbol{C}=\boldsymbol{a}_x4-\boldsymbol{a}_y2+\boldsymbol{a}_z6$为邻边构成的平行六面体的体积。使用 MATLAB 检查答案。

8. 计算在圆柱坐标系中$P(5,\pi/6,5)$和$Q(2,\pi/3,4)$两点之间的距离。

9. 求球坐标中$P(10,\pi/4,\pi/3)$和$Q(2,\pi/2,\pi)$两点之间的距离。并求从点P到点Q的距离矢量。

10. 求点$(6,-4,4)$至连接点$(2,1,2)$与点$(3,-1,4)$之直线的最短距离。

11. 若$\boldsymbol{F}=\boldsymbol{a}_x x$,沿下列三条路径分别计算$\int_l \boldsymbol{F}\cdot\mathrm{d}\boldsymbol{l}$:(1) 在$xy$平面沿$x$轴从$x=0$到$x=1$;(2) 沿半径为1从$\varphi=0$到$\varphi=\pi/2$的圆弧;(3) 沿$y$轴从$y=1$到$y=0$。

12. 若$\boldsymbol{A}=\boldsymbol{a}_x z+\boldsymbol{a}_y x-\boldsymbol{a}_z 3y^2 z$,求通量$\oint_S \boldsymbol{A}\cdot\mathrm{d}\boldsymbol{S}$。其中$\boldsymbol{S}$为圆柱面$x^2+y^2=16$在第一象限中与

$x=0$、$y=0$ 及 $z=0$ 和 $z=5$ 平面所围成的闭合面。

13. 球心在原点半径为 a 的球内充满体密度 $\rho_f=kr^2$（k 为常数）的电荷。求半径为 $a/2$ 的球面所包围的电荷量和总电量。

14. 证明：如果 $\boldsymbol{P}\cdot\boldsymbol{A}=\boldsymbol{P}\cdot\boldsymbol{B}$ 且 $\boldsymbol{P}\times\boldsymbol{A}=\boldsymbol{P}\times\boldsymbol{B}$，则 $\boldsymbol{A}=\boldsymbol{B}$。

15. 根据算符∇的矢量特性，推导下列公式：

（1）$\nabla(\boldsymbol{A}\cdot\boldsymbol{B})=\boldsymbol{B}\times(\nabla\times\boldsymbol{A})+(\boldsymbol{B}\cdot\nabla)\boldsymbol{A}+\boldsymbol{A}\times(\nabla\times\boldsymbol{B})+(\boldsymbol{A}\cdot\nabla)\boldsymbol{B}$；

（2）$\nabla\cdot(\boldsymbol{E}\times\boldsymbol{H})=\boldsymbol{H}\cdot\nabla\times\boldsymbol{E}-\boldsymbol{E}\cdot\nabla\times\boldsymbol{H}$。

16. 证明在圆柱坐标系：

$$\frac{\partial^2}{\partial x^2}+\frac{\partial^2}{\partial y^2}=\frac{1}{\rho^2}\left[\rho\frac{\partial}{\partial\rho}\left(\rho\frac{\partial}{\partial\rho}\right)+\frac{\partial^2}{\partial\varphi^2}\right]$$

17. 求 $f=3x^2y-xy+z^2$ 在$(1,-1,1)$点沿曲线 C 的 x 增加一方的方向导数。已知 C 的曲线方程为：

$$\begin{cases}y=-x^2\\z=x^3\end{cases}$$

18. 已知二维标量场$f=y^2-x$。（1）问f的等值面是何种曲面？并在 xy 平面上画出f的等值线族；（2）求∇f；（3）任取一个回路 C，计算 $\oint_C\nabla f\cdot\mathrm{d}\boldsymbol{l}$。

19. 试求 $\oint_S\boldsymbol{a}_r3\sin\theta\cdot\mathrm{d}\boldsymbol{S}$，式中 $\boldsymbol{S}$ 为球心位于原点，半径为 5 的球面。

20. 若矢量 $\boldsymbol{A}=\boldsymbol{a}_r\dfrac{\cos^2\varphi}{r^3}$，$1<r<2$，试求 $\int_\tau\nabla\cdot\boldsymbol{A}\mathrm{d}\tau$，式中 τ为 $\boldsymbol{A}$ 所在区域。

21. 应用斯托克斯定理证明 $\int_S\nabla\Psi\times\mathrm{d}\boldsymbol{S}=-\oint_C\Psi\,\mathrm{d}\boldsymbol{l}$。

22. 在由坐标面 $\rho=5$，$z=0$，$z=2$ 围成的圆柱形区域中，对矢量 $\boldsymbol{A}=\boldsymbol{a}_\rho\rho^2+\boldsymbol{a}_z2z$ 验证散度定理。

23. 在矢量场 $\boldsymbol{A}=-\boldsymbol{a}_xy+\boldsymbol{a}_yx$ 中有一矩形回路 C：$(0,0)\to(3,0)\to(3,4)\to(0,4)\to(0,0)$。对回路 C 及其围成的矩形面积 $\boldsymbol{S}$ 验证斯托克斯定理。

24. 有三个矢量场：

$$\boldsymbol{A}=\boldsymbol{a}_r\sin\theta\cos\varphi+\boldsymbol{a}_\theta\cos\theta\cos\varphi-\boldsymbol{a}_\varphi\sin\varphi$$

$$\boldsymbol{B}=\boldsymbol{a}_\rho z^2\sin\varphi+\boldsymbol{a}_\varphi z^2\cos\varphi+\boldsymbol{a}_z2\rho z\sin\varphi$$

$$\boldsymbol{C}=\boldsymbol{a}_x(3y^2-2x)+\boldsymbol{a}_yx^2+\boldsymbol{a}_z2z$$

（1）其中哪些场可以表示为一个标量场的梯度场？哪些场可以表示为一个矢量场的旋度场？

（2）求出这些矢量场的源分布。

25. 已知无限大空间矢量场$\nabla\cdot\boldsymbol{F}=q\delta(\boldsymbol{r})$，$\nabla\times\boldsymbol{F}=\boldsymbol{0}$，试求该矢量场。

研究型拓展题目

矢量场的特性主要用矢量的散度和旋度来描述,深刻理解散度和旋度的物理意义和计算方法是学好电磁场理论的根本。

在研究标量场的梯度时,定义了一个矢量微分算子——那勒勒算子,它在正交坐标系中的表达式为:

$$\nabla=\boldsymbol{a}_1\frac{\partial}{h_1\partial u_1}+\boldsymbol{a}_2\frac{\partial}{h_2\partial u_2}+\boldsymbol{a}_3\frac{\partial}{h_3\partial u_3}$$

试由散度和旋度的定义式证明:散度可以表示为∇与矢量场$\boldsymbol{A}$的点乘,旋度可以表示为∇与矢量场$\boldsymbol{A}$的叉乘,即:

$$\operatorname{div}\boldsymbol{A}=\frac{1}{h_1h_2h_3}\left[\frac{\partial(h_2h_3A_1)}{\partial u_1}+\frac{\partial(h_1h_3A_2)}{\partial u_2}+\frac{\partial(h_1h_2A_3)}{\partial u_3}\right]=\nabla\cdot\boldsymbol{A}$$

$$\operatorname{rot}\boldsymbol{A}=\frac{1}{h_1h_2h_3}\begin{vmatrix}h_1\boldsymbol{a}_1 & h_2\boldsymbol{a}_2 & h_3\boldsymbol{a}_3\\ \dfrac{\partial}{\partial u_1} & \dfrac{\partial}{\partial u_2} & \dfrac{\partial}{\partial u_3}\\ h_1A_1 & h_2A_2 & h_3A_3\end{vmatrix}=\nabla\times\boldsymbol{A}$$

第2章　静　电　场

静电场是由相对于观察者来说静止分布的电荷产生的物理场,其最基本的特征是对场内的电荷有作用力。本章将在物理学相关知识的基础上,给出静电场的基本分析方法和计算方法。这些方法对后面各章的电磁场分析具有典型的指导意义。

2.1　库仑定律和电场强度

在自然界中,电荷有正负两种,同种电荷相斥,异种电荷相吸。电荷具有量子性,电子所带的电量是电荷的基本单元:$e=1.602\times10^{-19}$库仑(C),但从宏观的电磁规律考虑,可认为电荷连续分布在一定的区域中,其体密度用ρ($\mathrm{C/m^3}$)表示,若体积$\Delta\tau$内的电荷量为Δq,则:

$$\rho=\lim_{\Delta\tau\to0}\frac{\Delta q}{\Delta\tau}\tag{2-1-1}$$

当电荷所在区域的几何尺寸远小于所研究的问题中所涉及的距离时,该区域可看做是一个点,点电荷q的体密度可用δ函数表示为:

$$\rho=q\delta(\boldsymbol{r}-\boldsymbol{r}')$$

式中,$\boldsymbol{r}$是空间任一点的位置矢量;$\boldsymbol{r}'$是点电荷的位置矢量。当电荷分布在厚度可忽略的薄层内时,可定义面电荷密度ρ_S($\mathrm{C/m^2}$)为:

$$\rho_S=\lim_{\Delta S\to0}\frac{\Delta q}{\Delta S}\tag{2-1-2}$$

当直径可忽略时,可定义线电荷密度ρ_l(C/m)为:

$$\rho_l=\lim_{\Delta l\to0}\frac{\Delta q}{\Delta l}\tag{2-1-3}$$

点、线、面电荷分布都属于奇异电荷分布。电荷具有守恒的性质,即对于一个系统,如果没有净电荷出入其边界,则该系统的正负电荷量的代数和保持不变。电荷还具有相对不变性,即在不同的参考系内观察,同一带电粒子的电量不变。

2.1.1　库仑定律

1785年法国科学家库仑通过实验总结出真空中两个点电荷之间的作用力的规律,称为库仑定律,用矢量公式表示为:

$$\boldsymbol{F}_{12}=\frac{q_1q_2}{4\pi\varepsilon_0R_{12}^2}\boldsymbol{a}_{R_{12}}=\frac{q_1q_2(\boldsymbol{r}_2-\boldsymbol{r}_1)}{4\pi\varepsilon_0|\boldsymbol{r}_2-\boldsymbol{r}_1|^3}\tag{2-1-4}$$

式中,$\boldsymbol{F}_{12}$是 q_1对 q_2的作用力,单位为牛顿(N);

$$\varepsilon_0 = 8.854\ 187\ 817\cdots\times 10^{-12} \approx 1/(36\pi\times 10^9)$$

是真空中的介电常数,单位为法/米(F/m),又称电容率;

$$R_{12} = |\boldsymbol{r}_2 - \boldsymbol{r}_1|$$

是点电荷 q_1和 q_2之间的距离,单位为米(m),$\boldsymbol{r}_1$和 $\boldsymbol{r}_2$分别是 q_1和 q_2的位置矢量;

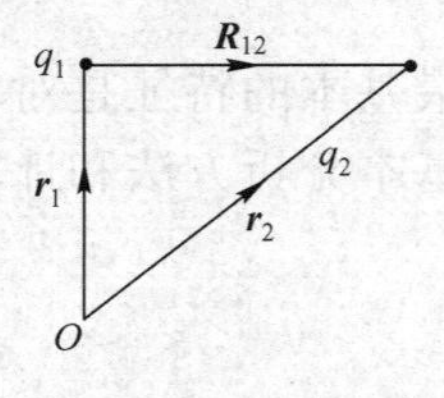

图 2-1-1　两点电荷之间的电场力

$$\boldsymbol{a}_{R_{12}} = \frac{\boldsymbol{r}_2 - \boldsymbol{r}_1}{|\boldsymbol{r}_2 - \boldsymbol{r}_1|}$$

是由 q_1指向 q_2的单位矢量,如图 2-1-1 所示。

由式(2-1-4)可看出,q_1对 q_2的作用力与 q_2对 q_1的作用力大小相等,方向相反,满足牛顿第三定律,即:

$$\boldsymbol{F}_{12} = -\boldsymbol{F}_{21} \tag{2-1-5}$$

实验证明,库仑力服从叠加定理,也就是说,N 个点电荷作用在一个点电荷 q_0上的合力是每个点电荷分别作用在 q_0上的电场力的矢量和,即:

$$\boldsymbol{F} = \sum_{i=1}^{N} q_0 \frac{q_i(\boldsymbol{r} - \boldsymbol{r}_i)}{4\pi\varepsilon_0 |\boldsymbol{r} - \boldsymbol{r}_i|^3} \tag{2-1-6}$$

式中,$\boldsymbol{r}$ 和 $\boldsymbol{r}_i$分别是点电荷 q_0和 q_i的位置矢量。

2.1.2　电场强度

式(2-1-6)中点电荷 q_0所受到的电场力与 q_0成正比,比值 $\boldsymbol{F}/q_0$只取决于点电荷系的结构(包括每个点电荷 q_i的电量及位置(称为源点))、q_0所在的位置(称为场点)及真空中的电容率,而与 q_0的电量无关。因此,定义

$$\boldsymbol{E} = \frac{\boldsymbol{F}}{q_0} \tag{2-1-7}$$

为该点的电场强度,简称场强,单位为伏/米(V/m)。式(2-1-7)表明,电场中任意点的电场强度等于静止于该点的单位点电荷所受到的静电力。因此,式(2-1-4)的库仑力可解释为电荷 q_2在 q_1的电场中所受到的静电力。一般地,电荷 q 所产生的电场强度可表示为:

$$\boldsymbol{E} = \frac{q(\boldsymbol{r} - \boldsymbol{r}')}{4\pi\varepsilon_0 |\boldsymbol{r} - \boldsymbol{r}'|^3} \tag{2-1-8}$$

式中,$\boldsymbol{r}$ 是场点的位置矢量;$\boldsymbol{r}'$是源点的位置矢量。

将式(2-1-6)代入到式(2-1-7)中,可得到 N 个点电荷系统的电场强度:

$$\boldsymbol{E} = \sum_{i=1}^{N} \frac{q_i(\boldsymbol{r} - \boldsymbol{r}_i)}{4\pi\varepsilon_0 |\boldsymbol{r} - \boldsymbol{r}_i|^3} = \sum_{i=1}^{N} \boldsymbol{a}_{R_i} \frac{q_i}{4\pi\varepsilon_0 R_i^2} = \sum_{i=1}^{N} \boldsymbol{E}_i \tag{2-1-9}$$

式中,R_i是点电荷 q_i到场点的距离;$\boldsymbol{a}_{R_i}$是由源点 q_i指向场点的单位矢量。

从式(2-1-9)可以看出,场强满足叠加原理。因此,对连续分布的电荷,可认为是由许多无限小的电荷元 $\mathrm{d}q$ 组成,而每个电荷元都可以当作点电荷处理。设其中一个电荷元 $\mathrm{d}q$ 在场

点 P 产生的场强为 $\mathrm{d}\boldsymbol{E}$,则按照式(2-1-8),应有:

$$\mathrm{d}\boldsymbol{E}=\boldsymbol{a}_R\frac{\mathrm{d}q}{4\pi\varepsilon_0R^2} \tag{2-1-10}$$

式中,R 是电荷元 $\mathrm{d}q$ 到场点 P 的距离;$\boldsymbol{a}_R$ 是由源点 $\mathrm{d}q$ 指向场点 P 的单位矢量。整个分布电荷在场点 P 所产生的总场强为:

体电荷分布:

$$\boldsymbol{E}=\int_{\tau'}\boldsymbol{a}_R\frac{\rho(\boldsymbol{r}')}{4\pi\varepsilon_0R^2}\mathrm{d}\tau' \tag{2-1-11}$$

面电荷分布:

$$\boldsymbol{E}=\int_{S'}\boldsymbol{a}_R\frac{\rho_S(\boldsymbol{r}')}{4\pi\varepsilon_0R^2}\mathrm{d}S' \tag{2-1-12}$$

线电荷分布:

$$\boldsymbol{E}=\int_{l'}\boldsymbol{a}_R\frac{\rho_l(\boldsymbol{r}')}{4\pi\varepsilon_0R^2}\mathrm{d}l' \tag{2-1-13}$$

【例 2-1-1】 一个半径为 a 的孤立导体球,总电量为 Q,求球内外的电场强度。

【解】 静电平衡时,孤立导体球的电荷均匀分布于导体表面,面密度 $\rho_S=Q/4\pi a^2$,建立球坐标系,如图 2-1-2 所示。根据式(2-1-12),球外距球心 r 处的场点 P 的场强为:

$$\boldsymbol{E}=\int_{S'}\boldsymbol{a}_R\frac{\rho_S(\boldsymbol{r}')}{4\pi\varepsilon_0R^2}\mathrm{d}S'=\int_0^{2\pi}\int_0^{\pi}\boldsymbol{a}_R\frac{Q/4\pi\ a^2}{4\pi\varepsilon_0R^2}a^2\sin\theta'\mathrm{d}\theta'\mathrm{d}\varphi'$$

将 $\boldsymbol{a}_R$方向在圆柱坐标中分解,得:

$$\boldsymbol{E}=\frac{Q}{16\pi^2\varepsilon_0R^2}\int_0^{2\pi}\int_0^{\pi}(\boldsymbol{a}_z\cos\alpha-\boldsymbol{a}_\rho\sin\alpha)\sin\theta'\mathrm{d}\theta'\mathrm{d}\varphi' \tag{2-1-14}$$

式中:

$$\int_0^{2\pi}\boldsymbol{a}_\rho\mathrm{d}\varphi'=0$$

$$\cos\alpha=\frac{R^2+r^2-a^2}{2rR}$$

$$\cos\theta'=\frac{a^2+r^2-R^2}{2ar}$$

$$\sin\theta'\ \mathrm{d}\theta'=-\mathrm{d}(\cos\theta')=\frac{R}{ar}\mathrm{d}R$$

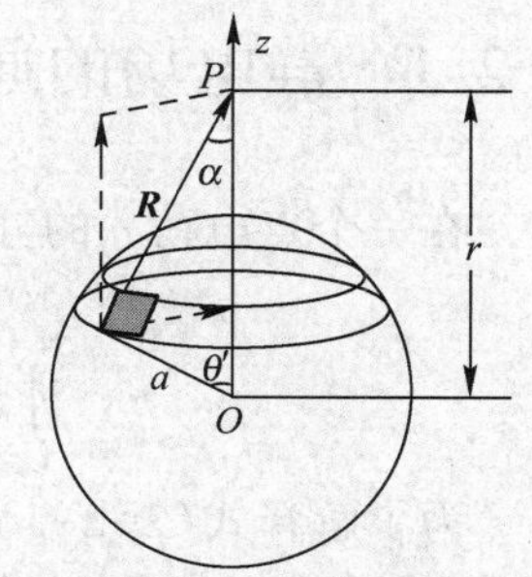

图 2-1-2 例 2-1-1 图

代入式(2-1-14)中,并考虑到场点的球对称性,将 $\boldsymbol{a}_z$换为 $\boldsymbol{a}_r$,当 $r\geqslant a$ 时,得:

$$\boldsymbol{E}=\boldsymbol{a}_r\frac{Q}{16\pi^2\varepsilon_0}2\pi\int_{r-a}^{r+a}\frac{R^2+r^2-a^2}{2rR}\frac{1}{R^2}\frac{R}{ar}\mathrm{d}R$$

$$=\boldsymbol{a}_r\frac{Q}{16\pi\varepsilon_0ar^2}\left(R-\frac{r^2-a^2}{R}\right)\Bigg|_{r-a}^{r+a}=\boldsymbol{a}_r\frac{Q}{4\pi\varepsilon_0r^2}$$

当 $r<a$ 时,把上面的面积分中的下限变为 $a-r$,得:

$$\boldsymbol{E}=\boldsymbol{a}_r\frac{Q}{16\pi\varepsilon_0ar^2}\left(R-\frac{r^2-a^2}{R}\right)\Bigg|_{a-r}^{a+r}=0$$

可见,导体球内部没有电场,球外的电场相当于点电荷 Q 位于球心的电场。

【例 2-1-2】 半径为 a 的细圆环均匀分布电荷,线密度为 ρ_1,求轴线上任一点 z 处的电场强度。

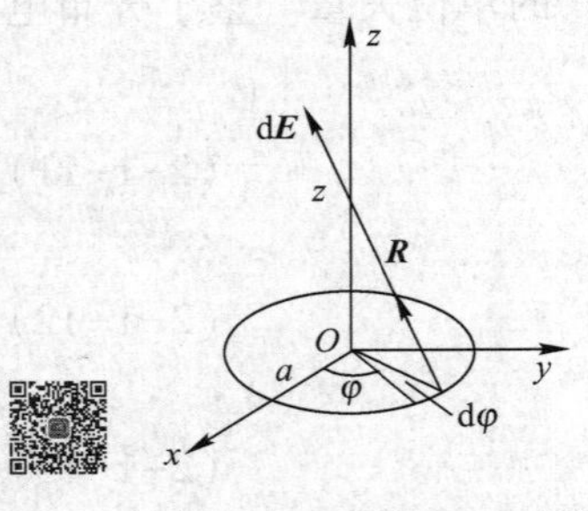

图 2-1-3　例 2-1-2 图

【解】 如图 2-1-3 所示,环上一点到点电荷的距离矢量为:

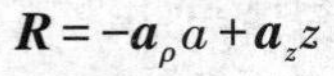

$$\boldsymbol{R}=-\boldsymbol{a}_\rho a+\boldsymbol{a}_z z$$

轴线上场点 z 处的电场强度为:

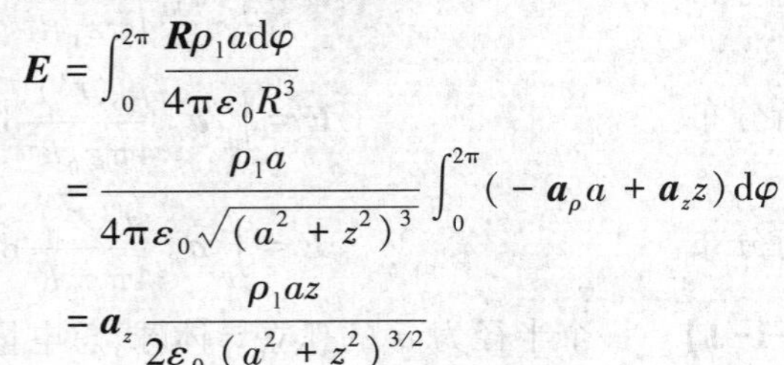

$$\begin{aligned}\boldsymbol{E}&=\int_0^{2\pi}\frac{\boldsymbol{R}\rho_1 a\mathrm{d}\varphi}{4\pi\varepsilon_0 R^3}\\&=\frac{\rho_1 a}{4\pi\varepsilon_0\sqrt{(a^2+z^2)^3}}\int_0^{2\pi}(-\boldsymbol{a}_\rho a+\boldsymbol{a}_z z)\mathrm{d}\varphi\\&=\boldsymbol{a}_z\frac{\rho_1 az}{2\varepsilon_0(a^2+z^2)^{3/2}}\end{aligned}$$

式中,$\int_0^{2\pi}\boldsymbol{a}_\rho a\mathrm{d}\varphi=0$。本例中,源点和场点坐标不至于混淆,因此,源点坐标 φ 可不加撇(′)。

2.2　真空中的静电场

本节将从点电荷的电场出发,推导出静电场的通量和环量公式,从而得到真空中静电场的基本方程。

2.2.1　静电场的通量和散度

在一个点电荷 q 的静电场 $\boldsymbol{E}=\boldsymbol{a}_R\dfrac{q}{4\pi\varepsilon_0 R^2}$中任取一个闭合面 $\boldsymbol{S}$,计算 $\boldsymbol{E}$ 穿出闭合面的通量:

$$\oint_S\boldsymbol{E}\cdot\mathrm{d}\boldsymbol{S}=\oint_S\boldsymbol{a}_R\frac{q}{4\pi\varepsilon_0 R^2}\cdot\mathrm{d}\boldsymbol{S}=\frac{q}{4\pi\varepsilon_0}\oint_S\frac{\boldsymbol{a}_R\cdot\mathrm{d}\boldsymbol{S}}{R^2}\tag{2-2-1}$$

为了解释式(2-2-1)最后一个面积分的物理含义,先介绍立体角的概念。

半径为 R 的球面上的一个面元对球心可构成一个锥体,这个锥体的空间角度可用立体角来度量,定义为:

$$\mathrm{d}\Omega=\frac{\mathrm{d}S_r}{R^2}$$

单位为球面度(sr),如图 2-2-1(a)所示。从图中可见,非球面面元 d$\boldsymbol{S}$ 对空间一点 P 所张的立体角可将 d$\boldsymbol{S}$ 投影到球面上,并按照球面面元的立体角公式来计算。即:

$$\mathrm{d}\Omega=\frac{\mathrm{d}S_r}{R^2}=\frac{\boldsymbol{a}_r\cdot\mathrm{d}\boldsymbol{S}}{R^2}\tag{2-2-2}$$

式中,R 是 P 点到面元 d$\boldsymbol{S}$ 的距离;$\boldsymbol{a}_r$是由 P 点指向面元 d$\boldsymbol{S}$ 的单位矢量。因此,任意曲面 $\boldsymbol{S}$ 对

空间一点 $\boldsymbol{P}$ 所张的立体角可由下式计算：

$$\Omega=\int_S \frac{\boldsymbol{a}_r \cdot \mathrm{d}\boldsymbol{S}}{R^2} \tag{2-2-3}$$

从式中可看出立体角有正负之分。

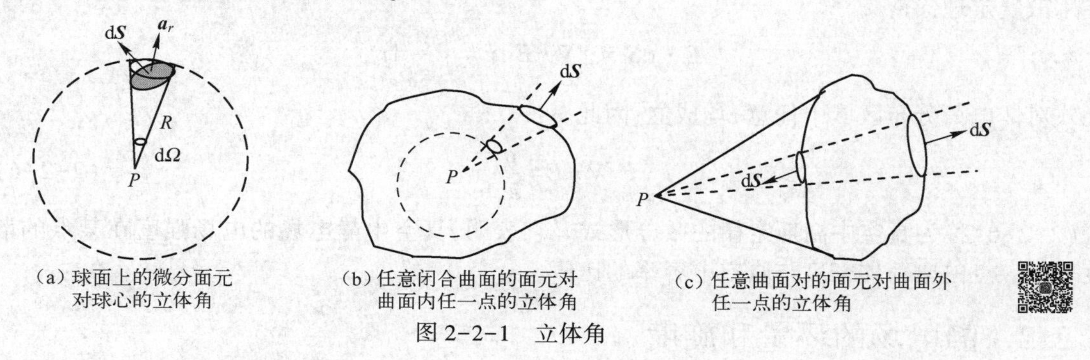

（a）球面上的微分面元对球心的立体角　（b）任意闭合曲面的面元对曲面内任一点的立体角　（c）任意曲面对的面元对曲面外任一点的立体角

图 2-2-1　立体角

几种有用的立体角如下。

（1）半锥角为 θ 的圆锥在球面上割出的球冠面积 $S=2\pi R^2(1-\cos\theta)$，因此球冠对球心所张的立体角 $\Omega=2\pi(1-\cos\theta)$。

（2）当球冠半锥角 $\theta=\pi/2$ 时，球冠（半球面）对球心所张立体角为：

$$\Omega=2\pi(1-\cos\theta)\Big|_{\theta=\frac{\pi}{2}}=2\pi$$

此时圆锥侧面变为平面，由于边际线在锥面上的任意曲面对顶点所张的立体角均相等，因此任意曲面对其面内下侧一点所张的立体角 $\Omega=2\pi$，而对其面内上侧一点所张的立体角 $\Omega=-2\pi$。

（3）任意闭合面对面内一点所张的立体角 $\Omega=4\pi$，对面外一点所张的立体角 $\Omega=0$。如图 2-2-1（b）、（c）所示。

利用立体角的定义，可以看出式（2-2-1）中的积分 $\oint_S \frac{\boldsymbol{a}_R \cdot \mathrm{d}\boldsymbol{S}}{R^2}$ 正是闭合面 $\boldsymbol{S}$ 对点电荷所张的立体角。当点电荷在闭合面内时，该立体角是 4π；当点电荷在闭合面外时，该立体角为零。由此可得静电场的通量方程：

$$\oint_S \boldsymbol{E}\cdot \mathrm{d}\boldsymbol{S}=\begin{cases}\dfrac{q}{\varepsilon_0} & (q \text{ 在 } \boldsymbol{S} \text{ 面内})\\ 0 & (q \text{ 在 } \boldsymbol{S} \text{ 面外})\end{cases}$$

推广到多个点电荷的系统，则有：

$$\oint_S \boldsymbol{E}\cdot \mathrm{d}\boldsymbol{S}=\oint_S\left(\sum_i \boldsymbol{E}_i\right)\cdot \mathrm{d}\boldsymbol{S}=\sum_i \oint_S \boldsymbol{E}_i \cdot \mathrm{d}\boldsymbol{S}=\frac{\sum q_i}{\varepsilon_0} \tag{2-2-4}$$

式（2-2-4）称为真空中高斯定律的积分形式，曲面 $\boldsymbol{S}$ 称为高斯面。高斯定律表明，真空中静电场的电场强度穿出任一闭合面的通量等于该闭合面所包围的总电量与真空电容率的比值。

当闭合面内充满连续分布的体电荷 ρ 时,则有:

$$\oint_S \boldsymbol{E} \cdot \mathrm{d}\boldsymbol{S} = \frac{\int_\tau \rho \mathrm{d}\tau}{\varepsilon_0} \tag{2-2-5}$$

应用散度定理,有:

$$\oint_S \boldsymbol{E} \cdot \mathrm{d}\boldsymbol{S} = \int_\tau \nabla \cdot \boldsymbol{E} \mathrm{d}\tau = \int_\tau \frac{\rho}{\varepsilon_0} \mathrm{d}\tau$$

上式对体电荷分布区域中任意 τ 均成立,因此有:

$$\nabla \cdot \boldsymbol{E} = \frac{\rho}{\varepsilon_0} \tag{2-2-6}$$

式(2-2-6)称为真空中高斯定律的微分形式。它表明,真空中静电场的电场强度在某点的散度等于该点的电荷体密度与真空电容率的比值。

2.2.2 静电场的环量和旋度

在一个点电荷 q 的静电场中任取一个闭合路径 C, $\boldsymbol{E}$ 沿 C 的环量为:

$$\oint_C \boldsymbol{E} \cdot \mathrm{d}\boldsymbol{l} = \oint_C \boldsymbol{a}_R \frac{q}{4\pi\varepsilon_0 R^2} \cdot \mathrm{d}\boldsymbol{l} = -\frac{q}{4\pi\varepsilon_0} \oint_C \nabla\left(\frac{1}{R}\right) \cdot \mathrm{d}\boldsymbol{l} = -\frac{q}{4\pi\varepsilon_0} \oint_C \mathrm{d}\left(\frac{1}{R}\right) = 0 \tag{2-2-7}$$

式(2-2-7)表明,真空中静电场电场强度的线积分仅与路径的起止点有关,而与积分路径无关,因而静电场是保守场。

对式(2-2-7)应用斯托克斯定理,即

$$\oint_C \boldsymbol{E} \cdot \mathrm{d}\boldsymbol{l} = \int_S \nabla \times \boldsymbol{E} \cdot \mathrm{d}\boldsymbol{S} = 0$$

上式对任意环路围成的曲面 $\boldsymbol{S}$ 均成立,因此有:

$$\nabla \times \boldsymbol{E} = \boldsymbol{0} \tag{2-2-8}$$

式(2-2-8)表明,真空中静电场的电场强度的旋度处处为零。

2.2.3 真空中静电场的基本方程

综上所述,真空中静电场的基本方程可总结如下。

积分形式: $\oint_S \boldsymbol{E} \cdot \mathrm{d}\boldsymbol{S} = \frac{\sum q}{\varepsilon_0}$, $\oint_C \boldsymbol{E} \cdot \mathrm{d}\boldsymbol{l} = 0$

微分形式: $\nabla \cdot \boldsymbol{E} = \frac{\rho}{\varepsilon_0}$, $\nabla \times \boldsymbol{E} = \boldsymbol{0}$

从中可得出以下结论。

(1) 静电场是有散无旋场;电荷是产生静电场的散度源,电场矢量线从正电荷发出,在负电荷终止,在没有电荷的空间不能交叉或中断;静电场中不存在涡旋源,没有涡旋现象,电场矢量线永远不会闭合。

（2）高斯定律积分形式给出了电通量和高斯面内的净电量之间的关系。当电荷分布具有某种对称性时，电场强度可能是一维的对称场。这时若恰当选取高斯面，使高斯面与电场矢量垂直或平行，且电场强度在高斯面上处处相等，则基本方程组里的环量（旋度）方程自然满足，仅由高斯定律的积分形式即可求出电场强度。

（3）高斯定律的微分形式给出了任意一点的电场强度和该点电荷体密度之间的关系。对连续的电场矢量函数，可利用此方程求出电荷体密度。对场量不连续的点可能存在的奇异电荷分布，可利用高斯定律的积分形式求解。

【例 2-2-1】 真空中半径为 a 的球形区域中充满体电荷为 $\rho=\rho_0\left(1-\frac{r^2}{a^2}\right)$ 的电荷，其中 ρ_0 为常数。求空间各点的电场强度。

【解】 由于电荷分布具有球对称性，因而电场分布也具有球对称性，即 $\boldsymbol{E}=\boldsymbol{a}_r E_r(r)$，可采用高斯定律的积分形式来求解。

（1）当 $r\leqslant a$，取过该点的同心球面为高斯面，在此球面上，电场强度的大小处处相等，方向与球面垂直。应用高斯定律，有：

$$\oint_S \boldsymbol{E}_1(r)\cdot \mathrm{d}\boldsymbol{S}=\frac{1}{\varepsilon_0}\int_{\tau'}\rho(r')\mathrm{d}\tau'=\frac{1}{\varepsilon_0}\int_0^r\rho_0\left(1-\frac{r'^2}{a^2}\right)4\pi r'^2\mathrm{d}r'$$

$$4\pi r^2E_{1r}(r)=\frac{4\pi\rho_0}{\varepsilon_0}\left(\frac{r^3}{3}-\frac{r^5}{5a^2}\right)$$

$$\boldsymbol{E}_1(r)=\boldsymbol{a}_r\frac{\rho_0}{\varepsilon_0}\left(\frac{r}{3}-\frac{r^3}{5a^2}\right)$$

（2）当 $r\geqslant a$，取过该点的同心球面为高斯面，应用高斯定律，有：

$$\oint_S \boldsymbol{E}_2(r)\cdot \mathrm{d}\boldsymbol{S}=\frac{Q}{\varepsilon_0}=\frac{1}{\varepsilon_0}\int_0^a\rho_0\left(1-\frac{r'^2}{a^2}\right)4\pi r'^2\mathrm{d}r'$$

$$4\pi r^2E_{2r}(r)=\frac{8\pi\rho_0a^3}{15\varepsilon_0}$$

$$\boldsymbol{E}_2(r)=\boldsymbol{a}_r\frac{2\rho_0a^3}{15\varepsilon_0r^2}$$

为了书写简单，在后续的计算中，在不至于混淆的情况下，高斯定律右边关于源的积分变量也可以不加撇（′）。

【例 2-2-2】 一无限大带电平面，面电荷密度为 ρ_S，求平面两侧的电场强度。

【解】 由带电平面无限大可知，电场垂直于平面均匀分布，且 ρ_S 为正时电场方向由平面指向两侧。取两底面平行于带电平面、分居于带电平面两侧的柱形闭合面，柱的侧面垂直于带电平面，如图 2-2-2 所示。对此闭合面应用高斯定律，有：

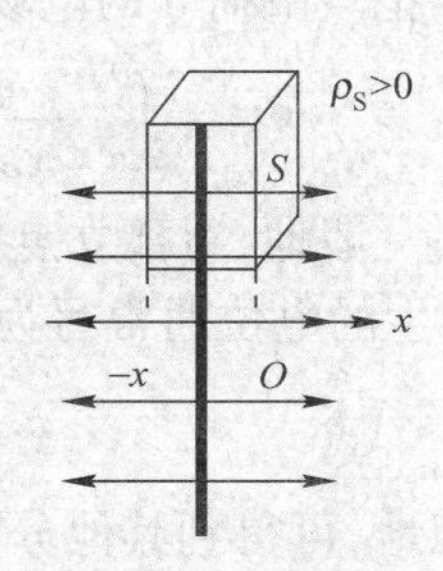

图 2-2-2 例 2-2-2 图

$$\oint_S \boldsymbol{E}\cdot \mathrm{d}\boldsymbol{S}=2ES=\frac{S\rho_S}{\varepsilon_0}$$

$$E=\frac{\rho_S}{2\varepsilon_0}$$

2.3 电位

2.3.1 电位的定义

静电场是无旋场,根据矢量恒等式$\nabla\times\nabla\Phi(\boldsymbol{r})=\boldsymbol{0}$,可令

$$\boldsymbol{E}(\boldsymbol{r})=-\nabla\Phi(\boldsymbol{r}) \tag{2-3-1}$$

式中标量函数 Φ 称为电位。由梯度的物理意义可知,电场矢量线与等电位线(面)相垂直,并指向电位降低的方向。式(2-3-1)表明了电场强度与电位之间的微分关系。

电场强度与电位之间的积分关系可做如下推算,即对式(2-3-1)两边同时点乘单位方向 $\boldsymbol{a}_l$,得:

$$\boldsymbol{E}\cdot\boldsymbol{a}_l=-\nabla\Phi(\boldsymbol{r})\cdot\boldsymbol{a}_l=-\frac{\partial\Phi}{\partial l} \tag{2-3-2}$$

则

$$\mathrm{d}\Phi=-\boldsymbol{E}\cdot\mathrm{d}\boldsymbol{l}$$

空间任意两点 P、Q 之间的电位差为:

$$U_{PQ}=\Phi_P-\Phi_Q=\int_Q^P\mathrm{d}\Phi=-\int_Q^P\boldsymbol{E}\cdot\mathrm{d}\boldsymbol{l}=\int_P^Q\boldsymbol{E}\cdot\mathrm{d}\boldsymbol{l} \tag{2-3-3}$$

若取 Q 点为零电位参考点,则 P 点的电位为:

$$\Phi_P=\int_P^{\text{参考点}}\boldsymbol{E}\cdot\mathrm{d}\boldsymbol{l} \tag{2-3-4}$$

式(2-3-4)为电场强度与电位之间的积分关系式。从式中可看出电位的物理意义:某点的电位表示把单位点电荷从该点移到参考点的过程中电场力所做的功。

2.3.2 电位的计算

把点电荷 q 的电场强度代入式(2-3-4),得:

$$\Phi_P=\int_P^Q\frac{q}{4\pi\varepsilon_0R^2}\boldsymbol{a}_R\cdot\mathrm{d}\boldsymbol{l}=\int_P^Q\frac{q}{4\pi\varepsilon_0R^2}\mathrm{d}R=\frac{q}{4\pi\varepsilon_0}\left(\frac{1}{R_P}-\frac{1}{R_Q}\right)=\frac{q}{4\pi\varepsilon_0}\frac{1}{R_P}+C$$

一般地,对孤立点电荷,可取无穷远($R_Q\to\infty$)处作零参考电位点,此时,$C=0$,因此点电荷 q 产生的电位通常写为:

$$\Phi(\boldsymbol{r})=\frac{q}{4\pi\varepsilon_0}\frac{1}{R}\qquad(R=|\boldsymbol{r}-\boldsymbol{r}'|) \tag{2-3-5}$$

类似地,可得到其他分布电荷的电位,

N 个点电荷:

$$\Phi(\boldsymbol{r}) = \sum_{i=1}^{N} \frac{q_i}{4\pi\varepsilon_0} \frac{1}{R_i} + C \qquad (R_i = |\boldsymbol{r} - \boldsymbol{r}'_i|) \tag{2-3-6}$$

体电荷：

$$\Phi(\boldsymbol{r}) = \frac{1}{4\pi\varepsilon_0} \int_{\tau'} \frac{\rho(\boldsymbol{r}')}{R} \mathrm{d}\tau' + C \tag{2-3-7}$$

面电荷：

$$\Phi(\boldsymbol{r}) = \frac{1}{4\pi\varepsilon_0} \int_{S'} \frac{\rho_S(\boldsymbol{r}')}{R} \mathrm{d}S' + C \tag{2-3-8}$$

线电荷：

$$\Phi(\boldsymbol{r}) = \frac{1}{4\pi\varepsilon_0} \int_{l'} \frac{\rho_l(\boldsymbol{r}')}{R} \mathrm{d}l' + C \tag{2-3-9}$$

比较电位的计算式和电场强度的计算式可以看出,由电荷分布直接积分求电场强度是矢量积分,而求电位是标量积分;求出电位后再取其负梯度计算电场强度是求导运算,而求导要比积分容易。因此,引入电位可以简化电场的计算。

在实际计算中,零参考电位点的选取,依不同的物理系统,按照实际应用来确定。

2.3.3 电偶极子

一对间距 l 很小的等值异号的点电荷 $\pm q$ 称作电偶极子。$\boldsymbol{p}=q\boldsymbol{l}$ 定义为电偶极子的电偶极矩,其中 $\boldsymbol{l}$ 由 $-q$ 指向 $+q$。电偶极子是一种重要的电荷系统,在分析电介质的极化问题和天线的辐射问题等场合,都要利用这一模型,尤其是远场($r\gg l$)的电场分布。

如图 2-3-1 建立球坐标系,令电偶极子中心位于坐标原点,且电偶极矩 $\boldsymbol{p}$ 与 z 轴相合。远场点 $P(r,\theta,\varphi)$ 的电位等于两个点电荷单独产生的电位的叠加,即:

$$\Phi(\boldsymbol{r}) = \frac{q}{4\pi\varepsilon_0 r_1} + \frac{-q}{4\pi\varepsilon_0 r_2} = \frac{q}{4\pi\varepsilon_0}\left(\frac{1}{r_1} - \frac{1}{r_2}\right)$$

根据余弦定理,并利用 $r\gg l$,略去 l^2/r^2 项,得:

$$r_1 = \left[r^2 + \left(\frac{l}{2}\right)^2 - rl\cos\theta\right]^{1/2} \approx r\left(1 - \frac{l}{r}\cos\theta\right)^{1/2}$$

$$r_2 = \left[r^2 + \left(\frac{l}{2}\right)^2 + rl\cos\theta\right]^{1/2} \approx r\left(1 + \frac{l}{r}\cos\theta\right)^{1/2}$$

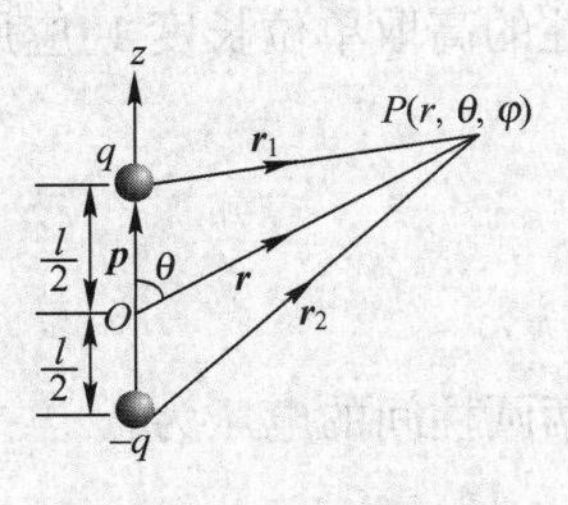

图 2-3-1 电偶极子

用泰勒级数展开并略去高阶项,得:

$$\frac{1}{r_1} \approx \frac{1}{r}\left(1 + \frac{l}{2r}\cos\theta\right), \qquad \frac{1}{r_2} \approx \frac{1}{r}\left(1 - \frac{l}{2r}\cos\theta\right)$$

从而:

$$\Phi(\boldsymbol{r}) = \frac{ql\cos\theta}{4\pi\varepsilon_0 r^2} = \frac{p\cos\theta}{4\pi\varepsilon_0 r^2} \tag{2-3-10}$$

也可写成:

$$\Phi(\boldsymbol{r})=\frac{\boldsymbol{p}\cdot\boldsymbol{a}_r}{4\pi\varepsilon_0 r^2}=\frac{\boldsymbol{p}\cdot\boldsymbol{r}}{4\pi\varepsilon_0 r^3}=-\frac{\boldsymbol{p}}{4\pi\varepsilon_0}\cdot\nabla\frac{1}{r} \tag{2-3-11}$$

远区的电场强度为：

$$\boldsymbol{E}(\boldsymbol{r})=-\nabla\Phi=\frac{p}{4\pi\varepsilon_0 r^3}(\boldsymbol{a}_r 2\cos\theta+\boldsymbol{a}_\theta\sin\theta) \tag{2-3-12}$$

从计算结果及图 2-3-2 所示的场分布图可以看出,较之孤立点电荷的电场,电偶极子的电场具有轴对称和远场衰减更快的特点。

【例 2-3-1】 同轴电缆由内外半径分别为 a 和 b 的导体圆柱构成,设其无限长,内外导体之间为空气,并加电压 U,如图 2-3-3 所示。求同轴电缆内外导体之间的电场强度和单位长度的电容 C_0。

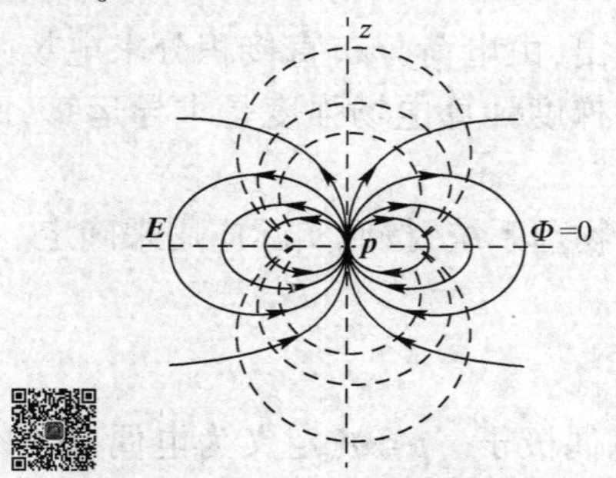

图 2-3-2 电偶极子的场分布

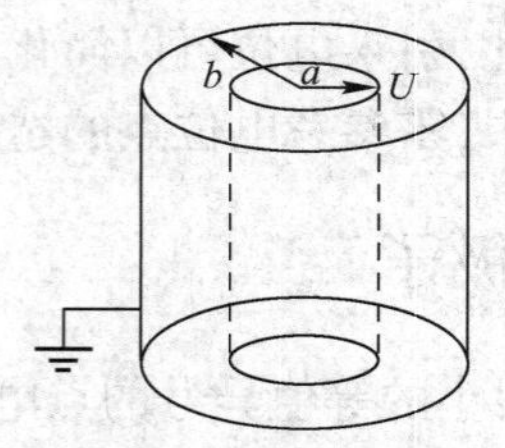

图 2-3-3 同轴电缆

【解】 静电平衡时电荷均匀分布在内导体表面(带正电)及外导体内表面(带负电),外导体的外表面接地,不带电。因此,电场在内外导体之间沿径向分布,具有轴对称性。设内外导体单位长度的带电量分别为 ρ_1 及 $-\rho_1$,以场点到轴线的距离 ρ 为半径作一圆柱形高斯面,圆柱的高取单位长度 1,应用高斯定律,得:

$$\oint_S \boldsymbol{E}\cdot d\boldsymbol{S}=E_\rho 2\pi\rho=\frac{\rho_1}{\varepsilon_0}$$

$$\boldsymbol{E}(\boldsymbol{r})=\boldsymbol{a}_\rho\frac{\rho_1}{2\pi\varepsilon_0\rho} \tag{2-3-13}$$

两圆柱间的电压为:

$$U=\int_a^b\frac{\rho_1}{2\pi\varepsilon_0\rho}d\rho=\frac{\rho_1}{2\pi\varepsilon_0}\ln\frac{b}{a}$$

故:

$$\rho_1=\frac{2\pi\varepsilon_0 U}{\ln\dfrac{b}{a}} \tag{2-3-14}$$

$$E_\rho=\frac{U}{\rho\ln\dfrac{b}{a}} \tag{2-3-15}$$

单位长度的电容为：

$$C_0=\frac{\rho_1}{U}=\frac{2\pi\varepsilon_0}{\ln\frac{b}{a}} \tag{2-3-16}$$

【例 2-3-2】 平行双线传输线可看做是两根单位带电量分别是 ρ_1 和 $-\rho_1$ 的无限长细圆柱或直线，试求其电位分布。

【解】 单根直线电荷的电场强度同式(2-3-13)，即：

$$\boldsymbol{E}(\boldsymbol{r})=\boldsymbol{a}_\rho\frac{\rho_1}{2\pi\varepsilon_0\rho}$$

由于线电荷无限长，零参考电位点不能取在无穷远点，一般可任意指定某一位置 ρ_0 为零参考点，因此，单根线电荷的电位为：

$$\Phi(\rho)=\int_\rho^{\rho_0}\frac{\rho_1}{2\pi\varepsilon_0\rho}\mathrm{d}\rho=\frac{\rho_1}{2\pi\varepsilon_0}\ln\frac{\rho_0}{\rho} \tag{2-3-17}$$

平行双线的电位是两根单线的电位的叠加，即：

$$\Phi=\frac{\rho_1}{2\pi\varepsilon_0}\ln\frac{\rho_0}{\rho_1}-\frac{\rho_1}{2\pi\varepsilon_0}\ln\frac{\rho_0}{\rho_2}=\frac{\rho_1}{2\pi\varepsilon_0}\ln\frac{\rho_2}{\rho_1} \tag{2-3-18}$$

其中，ρ_1、ρ_2 分别是场点到带正电直线和带负电直线的垂直距离。显然，$\rho_1=\rho_2$ 时，$\Phi=0$，因此，零参考电位点即取在 $\rho_1=\rho_2$ 的平面上，其场分布如图 2-3-4 所示。

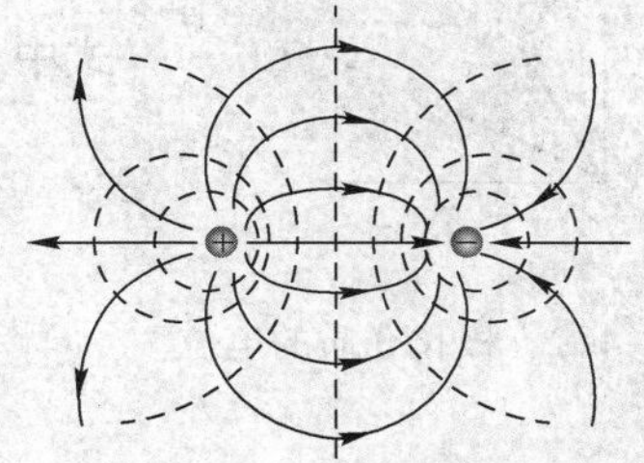

图 2-3-4 平行双线传输线的场分布

2.4 介质中的静电场方程

本节将讨论有物质存在时静电场的基本方程。通常所说的物质也叫媒质，按照电导率的大小可分为三大类：理想导体($\sigma\to\infty$)、导电媒质($0<\sigma<\infty$)和理想介质($\sigma=0$)。其中导电媒质一般又可分为良导体、半导体和良介质。本节中所说的介质是指理想介质，即平常所说的绝缘体。

2.4.1 介质的极化

在介质的微观结构中，电子被原子核紧紧地束缚在周围，不能做超越原子尺寸的自由移动，因此不具导电性。但在外加电场的作用下，原子或分子的电结构会有微弱的变形，使正、负电荷的中心不再重合，从而出现大量偶极子的有序集合体，这种现象称为介质的极化现象，如图 2-4-1 所示。由此形成的宏观分布电荷因其不能脱离分子或原子对它们的束缚而称为极化电荷或束缚电荷。

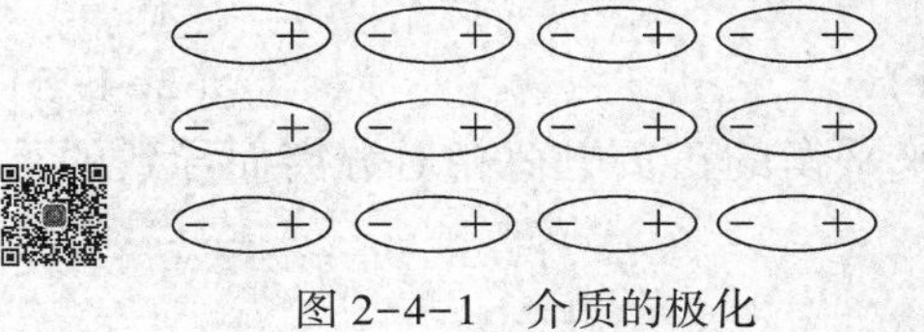

图 2-4-1 介质的极化

被外电场 $\boldsymbol{E}_0$ 极化的介质,虽然总束缚电量为零,但微观电荷的重新分布将产生一个附加电场 $\boldsymbol{E}_P$,从而影响宏观电场分布。下面利用电偶极子的电位来推算介质表面和介质中的束缚电荷分布。为此,定义单位体积中的总电偶极矩为极化强度,用来表征和度量介质被极化的程度,其定义式为:

$$\boldsymbol{P}(\boldsymbol{r})=\lim_{\Delta\tau\to 0}\frac{\Delta \boldsymbol{p}}{\Delta \tau} \quad (\text{C/m}^2) \tag{2-4-1}$$

式中,$\Delta\boldsymbol{p}$ 是体积 $\Delta\tau$ 内的总电偶极矩。利用单个电偶极子产生的电位式(2-3-11),图 2-4-2 所示的极化介质 τ' 中体积元 $\mathrm{d}\tau'$ 内的偶极子 $\mathrm{d}\boldsymbol{p}=\boldsymbol{P}\mathrm{d}\tau'$ 在场点 $\boldsymbol{r}$ 处产生的电位为:

$$\mathrm{d}\Phi(\boldsymbol{r})=\frac{\boldsymbol{P}(\boldsymbol{r}')\cdot\boldsymbol{a}_R}{4\pi\varepsilon_0 R^2}\mathrm{d}\tau' \tag{2-4-2}$$

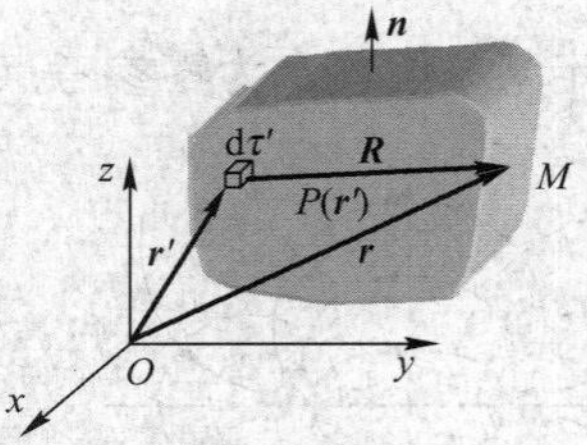

图 2-4-2 极化介质的电位

式中,$R=|\boldsymbol{r}-\boldsymbol{r}'|$,$\boldsymbol{a}_R=\dfrac{\boldsymbol{R}}{R}$。

利用 $\nabla'\left(\dfrac{1}{R}\right)=\boldsymbol{a}_R\dfrac{1}{R^2}$,式(2-4-2)可写为:

$$\mathrm{d}\Phi(\boldsymbol{r})=\frac{1}{4\pi\varepsilon_0}\boldsymbol{P}(\boldsymbol{r}')\cdot\nabla'\left(\frac{1}{R}\right)\mathrm{d}\tau'$$

利用矢量恒等式 $\nabla\cdot(f\boldsymbol{A})=f\nabla\cdot\boldsymbol{A}+\boldsymbol{A}\cdot\nabla f$,有:

$$\boldsymbol{P}(\boldsymbol{r}')\cdot\nabla'\left(\frac{1}{R}\right)=\nabla'\cdot\left(\frac{\boldsymbol{P}(\boldsymbol{r}')}{R}\right)-\frac{1}{R}\nabla'\cdot\boldsymbol{P}(\boldsymbol{r}')$$

于是整个极化介质在场点所产生的电位可写为:

$$\Phi(\boldsymbol{r})=\frac{1}{4\pi\varepsilon_0}\left[\int_{\tau'}\nabla'\cdot\left(\frac{\boldsymbol{P}(\boldsymbol{r}')}{R}\right)\mathrm{d}\tau'-\int_{\tau'}\frac{1}{R}\nabla'\cdot\boldsymbol{P}(\boldsymbol{r}')\mathrm{d}\tau'\right]$$

对等式右边第一项应用散度定理,得:

$$\Phi(\boldsymbol{r})=\frac{1}{4\pi\varepsilon_0}\oint_{S'}\frac{\boldsymbol{P}(\boldsymbol{r}')\cdot\boldsymbol{n}}{R}\mathrm{d}S'-\frac{1}{4\pi\varepsilon_0}\int_{\tau'}\frac{\nabla'\cdot\boldsymbol{P}(\boldsymbol{r}')}{R}\mathrm{d}\tau' \tag{2-4-3}$$

对比由分布电荷直接积分计算电位的式(2-3-7)和式(2-3-8),可以看出式(2-4-3)中的 $\boldsymbol{P}\cdot\boldsymbol{n}$ 和 $-\nabla'\cdot\boldsymbol{P}$ 分别具有面电荷密度和体电荷密度的量纲,因此定义

束缚面电荷密度:

$$\rho_{\mathrm{PS}}(\boldsymbol{r})=\boldsymbol{P}(\boldsymbol{r})\cdot\boldsymbol{n}|_S \tag{2-4-4}$$

束缚体电荷密度:

$$\rho_{\mathrm{P}}(\boldsymbol{r})=-\nabla\cdot\boldsymbol{P}(\boldsymbol{r}) \tag{2-4-5}$$

束缚电荷与自由电荷不同的是,它是由介质中原来平衡的正负电荷相对分离而导致的重新分布,其总电量依然为零,即:

$$Q_{\mathrm{P}}+Q_{\mathrm{PS}}=0$$

2.4.2 介质中的高斯定律

束缚电荷与自由电荷相同的是,它们都是产生电场的源。因此,在介质中若同时存在这两种电荷,则高斯定律的微分形式应该写为:

$$\nabla \cdot \boldsymbol{E}=\frac{\rho_{\mathrm{f}}+\rho_{\mathrm{P}}}{\varepsilon_0} \tag{2-4-6}$$

式中,$\boldsymbol{E}$ 是介质中的合成电场,脚标 f 强调指明是自由电荷,一般情况下也可不加。将式(2-4-5)代入式(2-4-6),得:

$$\nabla \cdot (\varepsilon_0 \boldsymbol{E}+\boldsymbol{P})=\rho_{\mathrm{f}} \tag{2-4-7}$$

若定义矢量

$$\boldsymbol{D}=\varepsilon_0 \boldsymbol{E}+\boldsymbol{P} \quad (\mathrm{C/m^2}) \tag{2-4-8}$$

为介质中的电通密度或称电位移,则介质中的高斯定律可写为:

$$\nabla \cdot \boldsymbol{D}=\rho_{\mathrm{f}} \tag{2-4-9}$$

利用散度定理,可得出其积分形式:

$$\oint_S \boldsymbol{D} \cdot \mathrm{d}\boldsymbol{S}=Q \tag{2-4-10}$$

由于矢量 $\boldsymbol{D}$ 包含了极化介质对电场强度的影响,因此,计算上只需考虑自由电荷的作用,从而避免了束缚电荷的计算,使方程变得更加简洁。

一般来说,不同的介质,其极化强度 $\boldsymbol{P}$ 和电场强度 $\boldsymbol{E}$ 的关系是不同的。若其模值成正比关系,就称这种介质是线性的;若 $\boldsymbol{P}$ 的方向总能与 $\boldsymbol{E}$ 的方向平行(而不是像某些晶体一样会沿着固有的结晶轴极化),就称这种介质是各向同性的;若介质各部分密度相同,则称这种介质是均匀的。线性的、各向同性的、均匀的介质也称简单介质。实验表明,简单介质中的极化强度 $\boldsymbol{P}$ 和介质中的总电场强度 $\boldsymbol{E}$ 之间的关系可表示为:

$$\boldsymbol{P}=\chi_{\mathrm{e}} \varepsilon_0 \boldsymbol{E} \tag{2-4-11}$$

式中,χ_{e} 称为电极化率,无量纲。对简单介质,χ_{e} 是常数。把式(2-4-11)代入式(2-4-8),可得到介质的本构关系:

$$\boldsymbol{D}=(1+\chi_{\mathrm{e}})\varepsilon_0 \boldsymbol{E}=\varepsilon_{\mathrm{r}}\varepsilon_0 \boldsymbol{E}=\varepsilon \boldsymbol{E} \tag{2-4-12}$$

式中:

$$\varepsilon_{\mathrm{r}}=1+\chi_{\mathrm{e}}=\frac{\varepsilon}{\varepsilon_0} \tag{2-4-13}$$

称作介质的相对电容率或相对介电常数,量纲一的值;ε 称作介质的电容率或介电常数,单位为F/m。对简单介质,它们都是常数。一些常见材料的相对电容率见表 2-4-1。

表 2-4-1　常见材料的相对电容率 ε_r

材料	ε_r	材料	ε_r	材料	ε_r
空气	1.0	尼龙	3.5	橡胶	2.3~4.0
蒸馏水	80	有机玻璃	3.4	瓷	5.7
海水	81	玻璃	4~10	二氧化硅	3.8
冰	4.2	纸	2~4	食盐	5.9
干土壤	3~4	云母	6.0	聚乙烯	2.3
酒精	25	胶木	5.0	聚苯乙烯	2.6

综上所述,介质中静电场的基本方程为:

积分形式

$$\begin{cases}\oint_S \boldsymbol{D}\cdot \mathrm{d}\boldsymbol{S}=Q\\ \oint_C \boldsymbol{E}\cdot \mathrm{d}\boldsymbol{l}=0\\ \boldsymbol{D}=\varepsilon\boldsymbol{E}\end{cases}$$

微分形式

$$\begin{cases}\nabla\cdot \boldsymbol{D}=\rho_f\\ \nabla\times\boldsymbol{E}=\boldsymbol{0}\\ \boldsymbol{D}=\varepsilon\boldsymbol{E}\end{cases}$$

【例 2-4-1】　半径为 R,介电常数为 ε 的介质球球心处有一个点电荷 q,求球内外的 $\boldsymbol{D}$、$\boldsymbol{E}$、$\boldsymbol{P}$ 及 ρ_{PS} 与 ρ_P 分布。

【解】　当 $r>0$,

$$\boldsymbol{D}(\boldsymbol{r})=\boldsymbol{a}_r\frac{q}{4\pi r^2}$$

当 $0<r\leqslant R$,

$$\boldsymbol{E}_1(\boldsymbol{r})=\frac{\boldsymbol{D}}{\varepsilon}=\boldsymbol{a}_r\frac{q}{4\pi\varepsilon r^2}$$

$$\boldsymbol{P}(\boldsymbol{r})=\boldsymbol{D}(\boldsymbol{r})-\varepsilon_0\boldsymbol{E}_1(\boldsymbol{r})=\boldsymbol{a}_r\frac{(\varepsilon-\varepsilon_0)q}{4\pi\varepsilon r^2}$$

$$\rho_P(\boldsymbol{r})=-\nabla\cdot\boldsymbol{P}(\boldsymbol{r})=-\frac{1}{r^2}\frac{\partial}{\partial r}\left(r^2\frac{(\varepsilon-\varepsilon_0)q}{4\pi\varepsilon r^2}\right)=0$$

考虑到 $\boldsymbol{P}$ 的表达式中不包含点 $r=0$,而

$$q_P=\int_\tau \rho_P(\boldsymbol{r})\mathrm{d}\tau=-\oint_S \boldsymbol{P}(\boldsymbol{r})\cdot\mathrm{d}\boldsymbol{S}=-\frac{(\varepsilon-\varepsilon_0)q}{4\pi\varepsilon r^2}4\pi r^2=-\frac{(\varepsilon-\varepsilon_0)q}{\varepsilon}$$

因此 ρ_P 可写为

$$\rho_{\mathrm{p}}=-\frac{(\varepsilon-\varepsilon_0)q}{\varepsilon}\delta(\boldsymbol{r})$$

当 $r>R$，

$$\boldsymbol{E}_2(\boldsymbol{r})=\frac{\boldsymbol{D}}{\varepsilon_0}=\boldsymbol{a}_r\frac{q}{4\pi\varepsilon_0 r^2}$$

当 $r=R$，

$$\rho_{\mathrm{PS}}(R)=\boldsymbol{P}(\boldsymbol{r})\cdot\boldsymbol{n}\Big|_{r=R}=\frac{(\varepsilon-\varepsilon_0)q}{4\pi\varepsilon R^2}$$

2.5 静电场的边界条件

当静电场中存在两种或两种以上媒质时，介质表面或分界面总会出现束缚面电荷，导体表面也可能出现自由面电荷，这些电荷会成为电场矢量线的起止点，从而引起场量的突变，突变的规律应满足场的基本方程的积分形式，所得到的关系方程称为边界条件。

在下面的讨论中，设介质分界面的切线方向为 $\boldsymbol{t}$，法线方向为 $\boldsymbol{n}$，且 $\boldsymbol{n}$ 由介质 2 指向介质 1。显然，$\boldsymbol{n}\perp\boldsymbol{t}$，且这样规定的法向 $\boldsymbol{n}$ 在介质分界面上的任一点具有唯一性，而 $\boldsymbol{t}$ 则在切平面上方向任意，因此，在边界条件的表达式中，采用 $\boldsymbol{n}\cdot(\cdots)$ 来表示矢量在介质分界面的法向分量，用 $\boldsymbol{n}\times(\cdots)$ 来表示矢量在介质分界面的切向分量。

2.5.1 两种介质分界面上的边界条件

1. 法向边界条件

如图 2-5-1 所示，在介质分界面上取一个柱形闭合面，使上下底面分居于分界面两侧，且与分界面平行，柱高 $\Delta h\to 0$。对该闭合面应用高斯定律，有：

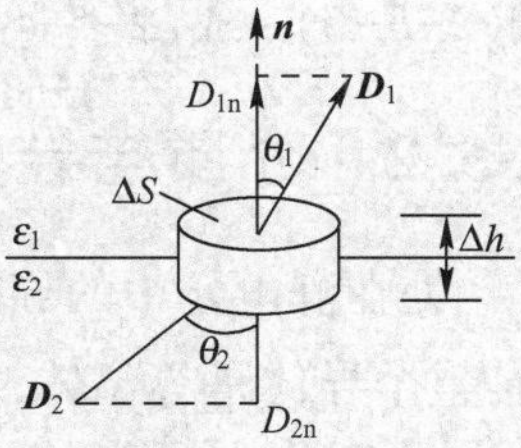

图 2-5-1 介质分界面的法向边界条件

$$\oint_S \boldsymbol{D}\cdot\mathrm{d}\boldsymbol{S}=(\boldsymbol{n}\cdot\boldsymbol{D}_1-\boldsymbol{n}\cdot\boldsymbol{D}_2)\Delta S=\rho_{\mathrm{S}}\Delta S$$

得：

$$\boldsymbol{n}\cdot(\boldsymbol{D}_1-\boldsymbol{D}_2)=\rho_{\mathrm{S}}\quad 或\quad D_{1\mathrm{n}}-D_{2\mathrm{n}}=\rho_{\mathrm{S}}\qquad(2-5-1)$$

式中，ρ_{S} 是介质分界面上的自由电荷密度。

在静电场中，理想介质分界面上一般没有自由电荷分布，此时，$\rho_{\mathrm{S}}=0$，则式(2-5-1)变为：

$$\boldsymbol{n}\cdot\boldsymbol{D}_1=\boldsymbol{n}\cdot\boldsymbol{D}_2\quad 或\quad D_{1\mathrm{n}}=D_{2\mathrm{n}}\qquad(2-5-2)$$

表明在两种介质分界面上，电位移的法向分量连续。

若用电位表示，则有：

$$-\varepsilon_1\frac{\partial\Phi_1}{\partial n}+\varepsilon_2\frac{\partial\Phi_2}{\partial n}=\rho_{\mathrm{S}}\qquad(2-5-3)$$

$\rho_S=0$ 时,有:

$$\varepsilon_1\frac{\partial\Phi_1}{\partial n}=\varepsilon_2\frac{\partial\Phi_2}{\partial n} \tag{2-5-4}$$

式(2-5-1)~式(2-5-4)称为介质分界面的法向边界条件。

2. 切向边界条件

如图 2-5-2 所示,在介质分界面上取一个矩形闭合路径 C,使两个长边 Δl 分居于分界面两侧,且与分界面平行,两个短边 $\Delta h\to 0$。若设环绕方向为顺时针,上边的矢量线元设为 $\boldsymbol{t}\Delta l$,下边的矢量线元为 $-\boldsymbol{t}\Delta l$,对该闭合回路应用环量方程,得:

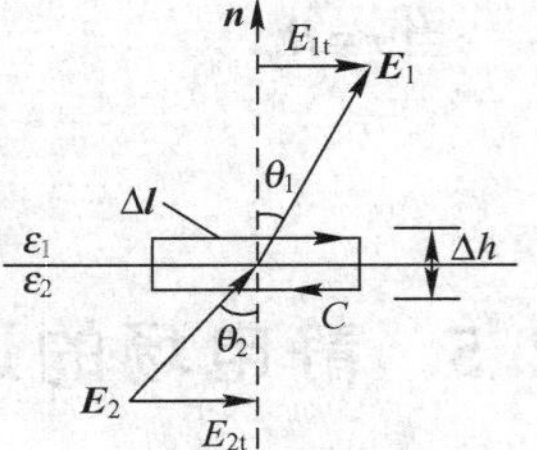

图 2-5-2 介质分界面的切向边界条件

$$\oint_C \boldsymbol{E}\cdot\mathrm{d}\boldsymbol{l}=\boldsymbol{E}_1\cdot\boldsymbol{t}\Delta l-\boldsymbol{E}_2\cdot\boldsymbol{t}\Delta l=0$$

$$\boldsymbol{E}_1\cdot\boldsymbol{t}-\boldsymbol{E}_2\cdot\boldsymbol{t}=0 \tag{2-5-5}$$

$$E_{1t}=E_{2t} \tag{2-5-6}$$

这表明,在两种介质分界面上,电场强度的切向分量连续。用矢量表示时,该条件可写为

$$\boldsymbol{n}\times\boldsymbol{E}_1=\boldsymbol{n}\times\boldsymbol{E}_2 \tag{2-5-7}$$

需要提醒的是,式(2-5-7)只是为了方便表达及能在形式上与式(2-5-2)相对应,事实上,式(2-5-7)只是在模值上与式(2-5-6)等价,方向上与电场的分矢量 $\boldsymbol{E}_t$ 是垂直关系。

式(2-5-6)可用电位表示为

$$\Phi_1=\Phi_2 \tag{2-5-8}$$

式(2-5-6)~式(2-5-8)称为介质分界面的切向边界条件。

2.5.2 介质与导体分界面上的边界条件

处在静电场中的导体达到静电平衡状态时,导体内部 $\boldsymbol{E}_{内}=\boldsymbol{D}_{内}=\boldsymbol{0}$,电荷全部分布在表面上,整个导体是等位体,导体表面是等位面。若设导体外部的场量为 $\boldsymbol{E}$ 和 $\boldsymbol{D}$,导体的外法线方向为 $\boldsymbol{n}$,则与式(2-5-2)和式(2-5-6)对应的边界条件为:

$$D_n=\rho_S \tag{2-5-9}$$

$$E_t=0 \tag{2-5-10}$$

与式(2-5-3)和式(2-5-8)对应的边界条件为:

$$-\varepsilon\frac{\partial\Phi}{\partial n}=\rho_S \tag{2-5-11}$$

$$\Phi=常数 \tag{2-5-12}$$

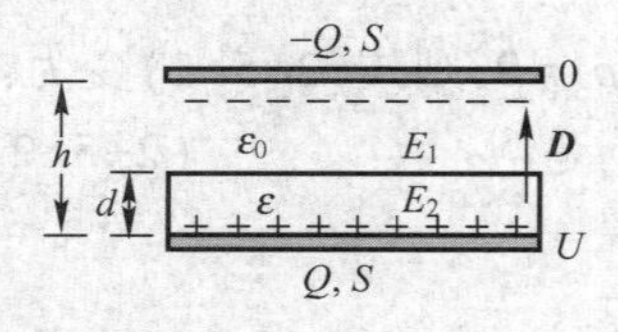

图 2-5-3 部分填充介质的平板电容

注意,上述所有边界条件方程式的两边其实都应写成$(\cdots)|_S$,只是为书写方便而省略了。

【例 2-5-1】 如图 2-5-3 所示,平行板电容器的极板面积为 S,带电量分别为 Q 和 $-Q$。电容器的一部分用电容率为 ε 的介质填充,另一部分为空气。求电容器的电容量。

【解】　平行板电容器内若充满同一种线性、各向同性的均匀介质,电场强度将均匀分布。本题中,电场和电位移处于导体表面及介质分界面的法线方向,因此,在介质与空气分界面应满足:

$$D_1 = D_2$$

在介质与导体分界面,应满足:

$$D_2 = \rho_S$$

在空气与导体分界面,应满足:

$$D_1 = \rho_S$$

因此,空气和介质中的电场强度分别为:

$$E_1 = \frac{D_1}{\varepsilon_0} = \frac{\rho_S}{\varepsilon_0} = \frac{Q}{\varepsilon_0 S}$$

$$E_2 = \frac{D_2}{\varepsilon} = \frac{\rho_S}{\varepsilon} = \frac{Q}{\varepsilon S}$$

上下两极板间电压为:

$$U = E_1(h-d) + E_2 d = \frac{Q}{S}\left(\frac{h-d}{\varepsilon_0} + \frac{d}{\varepsilon}\right)$$

电容量为:

$$C = \frac{Q}{U} = \frac{\varepsilon_0 \varepsilon S}{\varepsilon(h-d) + \varepsilon_0 d}$$

【例 2-5-2】　两同轴导体圆柱,半径分别为 a 和 b,圆柱间在 θ 角部分填充电容率为 ε 的介质,其余部分为空气,其截面如图 2-5-4 所示。若外加电压 U,求介质和空气中的电场及单位长度的电容。

【解】　同轴内若充满同一种线性、各向同性、均匀介质,则由例 2-3-3 可知,电场强度将沿径向分布,即:

$$E_\rho = \frac{U}{\rho \ln \dfrac{b}{a}}$$

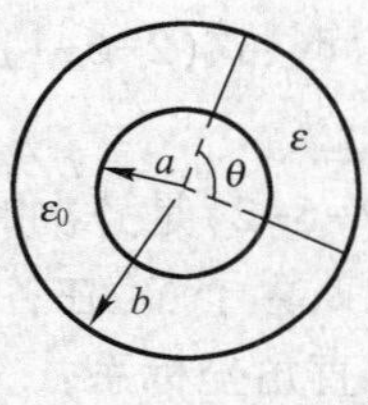

本题中,$\boldsymbol{a}_\rho$处在介质与空气分界面的切向上,而电场强度应满足切向连续,因此有:

$$\boldsymbol{E}_1 = \boldsymbol{E}_2 = \boldsymbol{a}_\rho E_\rho = \boldsymbol{a}_\rho \frac{U}{\rho \ln \dfrac{b}{a}}$$

图 2-5-4　部分填充介质的同轴电缆

空气和介质中的电位移分别为:

$$\boldsymbol{D}_1 = \varepsilon_0 \boldsymbol{E}_1 = \boldsymbol{a}_\rho \frac{\varepsilon_0 U}{\rho \ln \dfrac{b}{a}}, \qquad \boldsymbol{D}_2 = \varepsilon \boldsymbol{E}_2 = \boldsymbol{a}_\rho \frac{\varepsilon U}{\rho \ln \dfrac{b}{a}}$$

内导体与空气分界面上及内导体与介质分界面上的电荷面密度分别为：

$$\rho_{S1}=D_1(a)=\frac{\varepsilon_0 U}{a\ln\frac{b}{a}},\qquad \rho_{S2}=D_2(a)=\frac{\varepsilon U}{a\ln\frac{b}{a}}$$

内导体上单位长度的带电量为：

$$\rho_1=\rho_{S1}(2\pi-\theta)a+\rho_{S2}\theta a=\frac{U}{\ln\frac{b}{a}}[\varepsilon\theta+\varepsilon_0(2\pi-\theta)]$$

单位长度的电容为：

$$C_0=\frac{\rho_1}{U}=\frac{\varepsilon\theta+\varepsilon_0(2\pi-\theta)}{\ln\frac{b}{a}}$$

2.6 泊松方程　拉普拉斯方程

按照亥姆霍兹定理,矢量场由其散度和旋度唯一地确定。静电场的基本方程为：

$$\nabla\cdot\boldsymbol{D}=\rho_f$$

$$\nabla\times\boldsymbol{E}=\boldsymbol{0}\quad(\boldsymbol{E}=-\nabla\Phi)$$

若体电荷是分布在线性、均匀、各向同性介质中,则 $\boldsymbol{D}=\varepsilon\boldsymbol{E}$,且 ε 为常数。联立两个方程,可得电位 Φ 的方程：

$$\nabla\cdot(\varepsilon\nabla\Phi)=-\rho_f$$

$$\nabla^2\Phi=-\frac{\rho_f}{\varepsilon}\tag{2-6-1}$$

$\rho_f\neq0$ 时,式(2-6-1)是非齐次的二阶微分方程,称为电位的泊松方程;$\rho_f=0$ 时,式(2-6-1)变为：

$$\nabla^2\Phi=0\tag{2-6-2}$$

式(2-6-2)是齐次的二阶微分方程,称为电位的拉普拉斯方程。按照对梯度求散度的运算,拉普拉斯算子 ∇^2 在各坐标系中的表达式如下。

直角坐标系：

$$\nabla^2\Phi=\frac{\partial^2\Phi}{\partial x^2}+\frac{\partial^2\Phi}{\partial y^2}+\frac{\partial^2\Phi}{\partial z^2}\tag{2-6-3}$$

圆柱坐标系：

$$\nabla^2\Phi=\frac{1}{\rho}\frac{\partial}{\partial\rho}\left(\rho\frac{\partial\Phi}{\partial\rho}\right)+\frac{1}{\rho^2}\frac{\partial^2\Phi}{\partial\varphi^2}+\frac{\partial^2\Phi}{\partial z^2}\tag{2-6-4}$$

球坐标系：

$$\nabla^2\Phi=\frac{1}{r^2}\frac{\partial}{\partial r}\left(r^2\frac{\partial\Phi}{\partial r}\right)+\frac{1}{r^2\sin\theta}\frac{\partial}{\partial\theta}\left(\sin\theta\frac{\partial\Phi}{\partial\theta}\right)+\frac{1}{r^2\sin^2\theta}\frac{\partial^2\Phi}{\partial\varphi^2}\tag{2-6-5}$$

对于电荷分布已知、无边界的静电场问题,可利用场源积分法由式(2-3-7)~式(2-3-9)直接求得电位;对于体电荷分布已知、有边界的静电场问题,在体电荷分布区域,电位满足泊松方程,在没有电荷分布的区域,电位满足拉普拉斯方程,在分界面上,电位还应满足边界条件,这类问题的求解称为边值问题。

【例 2-6-1】 如图 2-6-1 所示,两个无限大平面电极,相距 d,电位分别为 0 和 V,板间充满密度为 $\rho_0 x/d$ 的体电荷,求极板间的电位分布、电场强度和极板上的电荷面密度。

【解】 极板间充满体电荷,电位应满足泊松方程,且仅是 x 的函数,则:

$$\nabla^2 \Phi = \frac{\mathrm{d}^2 \Phi}{\mathrm{d}x^2} = -\frac{\rho_0 x}{\varepsilon_0 d}$$

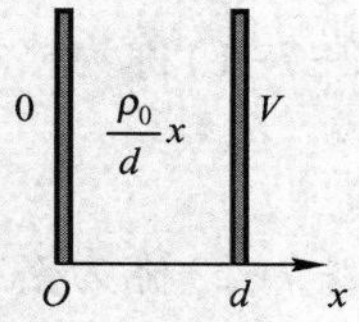

图 2-6-1 例 2-6-1 图

直接积分,得:

$$\Phi = -\frac{\rho_0 x^3}{6\varepsilon_0 d} + C_1 x + C_2$$

代入边界条件 $x=0$ 时,$\Phi=0$,得:

$$C_2 = 0$$

$x=d$ 时,$\Phi=V$,得:

$$C_1 = \frac{V}{d} + \frac{\rho_0 d}{6\varepsilon_0}$$

因而

$$\Phi = -\frac{\rho_0 x^3}{6\varepsilon_0 d} + \left(\frac{V}{d} + \frac{\rho_0 d}{6\varepsilon_0}\right) x$$

$$\boldsymbol{E} = -\nabla \Phi = -\boldsymbol{a}_x \frac{\partial \Phi}{\partial x} = \boldsymbol{a}_x \left[\frac{\rho_0 x^2}{2\varepsilon_0 d} - \left(\frac{V}{d} + \frac{\rho_0 d}{6\varepsilon_0}\right)\right]$$

$x=0$ 处极板内侧的法向 $\boldsymbol{n}=\boldsymbol{a}_x$,故有:

$$\rho_{S1} = \varepsilon_0 E \Big|_{x=0} = -\varepsilon_0 \left(\frac{V}{d} + \frac{\rho_0 d}{6\varepsilon_0}\right) = -\frac{\varepsilon_0 V}{d} - \frac{\rho_0 d}{6}$$

$x=d$ 处极板内侧的法向 $\boldsymbol{n}=-\boldsymbol{a}_x$,故有:

$$\rho_{S2} = -\varepsilon_0 E \Big|_{x=d} = \frac{\varepsilon_0 V}{d} - \frac{\rho_0 d}{3}$$

2.7 静态场的边值问题和基本定理

2.7.1 格林定理

设矢量场 $\boldsymbol{A}$ 可以定义成在体积 τ 内和它的表面 $\boldsymbol{S}$ 上是处处连续可微的单值函数 Φ 和 $\nabla\Psi$

的乘积,则根据散度定理

$$\int_{\tau} \nabla \cdot \boldsymbol{A} \, \mathrm{d}\tau = \oint_{S} \boldsymbol{A} \cdot \mathrm{d}\boldsymbol{S}$$

及

$$\nabla \cdot \boldsymbol{A} = \nabla \cdot (\Phi \nabla \Psi) = \nabla \Phi \cdot \nabla \Psi + \Phi \nabla^2 \Psi$$

可得:

$$\int_{\tau} \nabla \Phi \cdot \nabla \Psi \mathrm{d}\tau + \int_{\tau} \Phi \nabla^2 \Psi \mathrm{d}\tau = \oint_{S} \Phi \nabla \Psi \cdot \mathrm{d}\boldsymbol{S} \tag{2-7-1}$$

式(2-7-1)称为格林第一恒等式。将该式中的 Φ 和 Ψ 对调,并与式(2-7-1)相减,得

$$\int_{\tau} \Phi \nabla^2 \Psi \mathrm{d}\tau - \int_{\tau} \Psi \nabla^2 \Phi \, \mathrm{d}\tau = \oint_{S} (\Phi \nabla \Psi - \Psi \nabla \Phi) \cdot \mathrm{d}\boldsymbol{S} \tag{2-7-2}$$

式(2-7-2)称为格林第二恒等式即格林定理(Green's theorem)。

特别地,当 $\Phi=\Psi$ 时,式(2-7-1)变为:

$$\int_{\tau} |\nabla \Phi|^2 \mathrm{d}\tau + \int_{\tau} \Phi \nabla^2 \Phi \, \mathrm{d}\tau = \oint_{S} \Phi \nabla \Phi \cdot \mathrm{d}\boldsymbol{S} = \oint_{S} \Phi \nabla \Phi \cdot \boldsymbol{n} \mathrm{d}S = \oint_{S} \Phi \frac{\partial \Phi}{\partial n} \mathrm{d}S \tag{2-7-3}$$

我们将用此公式证明唯一性定理。

2.7.2 唯一性定理

某一区域 τ 中电位的泊松方程或拉普拉斯方程,对于给定的边界面 S,若满足下列条件之一,即:

(1) 在全部 S 上电位函数已知—— 称为第一类边界条件(Dirichlet 边界条件);

(2) 在全部 S 上电位的法向导数已知——称为第二类边界条件(Neumann 边界条件);

(3) 在一部分 S 上电位函数已知,在其余 S 上电位的法向导数已知——称为第三类边界条件(Robbin 边界条件),则电位函数在该区域中的解除了任意常数外是唯一确定的。这一结论称为静态场的唯一性定理。

采用反证法,假定满足上述条件的电位函数有 Φ_1 和 Φ_2,只要证明 $\Phi_1=\Phi_2$ 或 $\Phi_1-\Phi_2=c$,则完成定理证明。由于拉普拉斯微分是线性运算,因此,$\Phi=\Phi_1-\Phi_2$ 在区域 τ 中一定满足拉普拉斯方程。将 $\nabla^2\Phi=0$ 代入式(2-7-3),得:

$$\int_{\tau} |\nabla \Phi|^2 \mathrm{d}\tau = \oint_{S} \Phi \frac{\partial \Phi}{\partial n} \mathrm{d}S \tag{2-7-4}$$

对第一类边界条件,已知 $\Phi_1|_S=\Phi_2|_S$,则有 $\Phi|_S=0$,代入式(2-7-4),得:

$$\int_{\tau} |\nabla \Phi|^2 \mathrm{d}\tau = 0 \tag{2-7-5}$$

式(2-7-5)中被积函数 $|\nabla\Phi|^2 \geqslant 0$,若要满足积分为零,只有 $\nabla\Phi=0$,即 $\Phi=c$。又由于 $\Phi|_S=0$,因此,$c=0$,即 $\Phi_1=\Phi_2$。

对第二类边界条件，已知$\left.\frac{\partial \Phi_1}{\partial n}\right|_S=\left.\frac{\partial \Phi_2}{\partial n}\right|_S$，则有$\left.\frac{\partial \Phi}{\partial n}\right|_S=0$，代入式(2-7-4)，同样可得式(2-7-5)，因此有 $\Phi_1-\Phi_2=c$。

对第三类边界条件，只要将式(2-7-4)等号右边分成两部分积分便可得到同样的结论。因此，定理得证。

静态场的唯一性定理为研究求解静态场的方法提供了理论依据，即只要在求解区域内，标量场满足泊松方程或拉普拉斯方程，且区域的边界条件已知，则无论采用何种求解方法，所求得的区域内的场解都是唯一的。

2.7.3　静态场的边值问题

在给定的三类边界条件下求解拉普拉斯方程或泊松方程的定解问题称为边值问题。边值问题分为解析法和数值法两大类。常用的解析法有分离变量法、镜像法、复变函数法、保角变换法、格林函数法等，通常可以得到用解析函数表示的闭合解，适于求解各种形状规则的边界下的电位函数。数值法如有限差分法、有限元法等采用近似的计算方法，可以得到任意边界形状下的场分布，但由于数据离散，通常需借助于计算机方可直观展示场分布。

【例 2-7-1】　半径为 R 的孤立导体球一半埋入介电常数为 ε 的半无限大介质中，另一半在空气中，如图 2-7-1 所示。设导体球电位为 V，求介质和空气中的电位、电场强度和该导体球的电容。

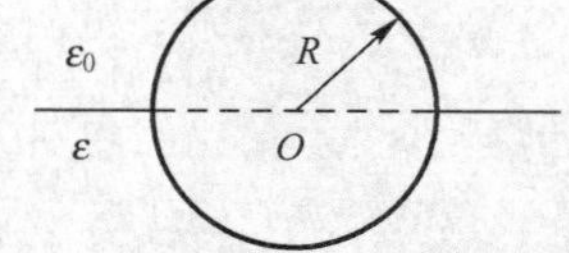

图 2-7-1　一半埋入介质中的导体球

【解】　球外无自由电荷，两区域电位均满足$\nabla^2\Phi=0$，$\Phi(a)=V$，因此，两区域中的电位和电场强度具有相同的解。取无穷远为电位零参考点，则电位和电场强度分别为：

$$\Phi=\frac{R}{r}V$$

$$\boldsymbol{E}_1=\boldsymbol{E}_2=-\nabla\Phi=\boldsymbol{a}_r\frac{R}{r^2}V$$

显然，该解满足介质分界面边界条件 $E_{1t}=E_{2t}$。导体表面电荷密度为：

$$\rho_{S1}=\varepsilon_0E_1(R),\quad \rho_{S2}=\varepsilon E_2(R)$$

导体球带电量为：

$$Q=2\pi R^2(\rho_{S1}+\rho_{S2})=2\pi R^2(\varepsilon_0+\varepsilon)\frac{V}{R}=2\pi R(\varepsilon_0+\varepsilon)V$$

因此导体球对无穷远大地的电容为：

$$C=\frac{Q}{V}=2\pi R(\varepsilon_0+\varepsilon)$$

2.8　分离变量法

在求解拉普拉斯方程的边值问题中，若给定边界面与某个坐标系的坐标面相合，或者至少分段地与坐标面相合,并且待求电位解可表示为三个函数的乘积,其中每个函数分别仅含有一个坐标变量,则这类边值问题可用分离变量法求解。

2.8.1 直角坐标分离变量法

在直角坐标系中,电位的拉普拉斯方程可展开为:

$$\nabla^2\Phi=\frac{\partial^2\Phi}{\partial x^2}+\frac{\partial^2\Phi}{\partial y^2}+\frac{\partial^2\Phi}{\partial z^2}=0 \tag{2-8-1}$$

当给定边界限于长方体区域时,设电位 Φ 可表示为三个一维坐标函数的乘积:

$$\Phi=X(x)Y(y)Z(z) \tag{2-8-2}$$

将式(2-8-2)代入式(2-8-1),并在方程两边同除以非零解 Φ,得:

$$\frac{X''(x)}{X(x)}+\frac{Y''(y)}{Y(y)}+\frac{Z''(z)}{Z(z)}=0 \tag{2-8-3}$$

方程左边的三项分别是 x、y 和 z 的函数,对任何 x、y 和 z 的值,若要方程恒为零,只有每一项都等于常数,即:

$$\frac{X''(x)}{X(x)}=-k_x^2 \tag{2-8-4}$$

$$\frac{Y''(y)}{Y(y)}=-k_y^2 \tag{2-8-5}$$

$$\frac{Z''(z)}{Z(z)}=-k_z^2 \tag{2-8-6}$$

且满足:

$$k_x^2+k_y^2+k_z^2=0 \tag{2-8-7}$$

式中 k_x、k_y和 k_z称为分离常数。由式(2-8-7)可知,三个分离常数中只有两个是独立的,且它们不可能全是实数,也不可能全是虚数。微分方程(2-8-4)~(2-8-6)解的形式由分离常数值决定,以 $X(x)$的解为例,当 k_x 为实数时,$X(x)$解的形式为三角函数,即:

$$X(x)=A_1\sin k_x x+B_1\cos k_x x \tag{2-8-8}$$

当 k_x 为虚数时,即 $k_x=\mathrm{j}\alpha_x$,其中 α_x 是实数,$X(x)$解的形式为双曲函数或指数函数,即:

$$X(x)=A_2\sinh\alpha_x x+B_2\cosh\alpha_x x \tag{2-8-9}$$

或

$$X(x)=A_3\mathrm{e}^{\alpha_x x}+B_3\mathrm{e}^{-\alpha_x x} \tag{2-8-10}$$

当 $k_x=0$ 时,$X(x)$解的形式为:

$$X(x)=A_4x+B_4 \tag{2-8-11}$$

这些解函数具有不同的特征,如图 2-8-1 所示。对于具体的边界,可从中选取相符的函数形式,并确定分离常数。

$Y(y)$和 $Z(z)$的解的形式与上述对 $X(x)$的讨论相类似,而 Φ 的通解中的积分常数则由边界条件中的非零值来决定。

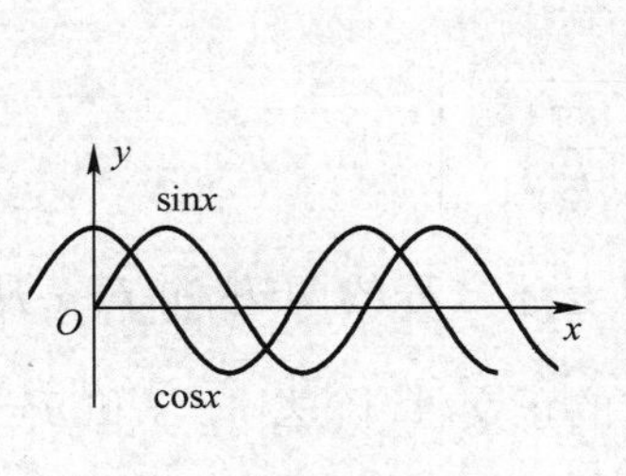

（a）正弦函数

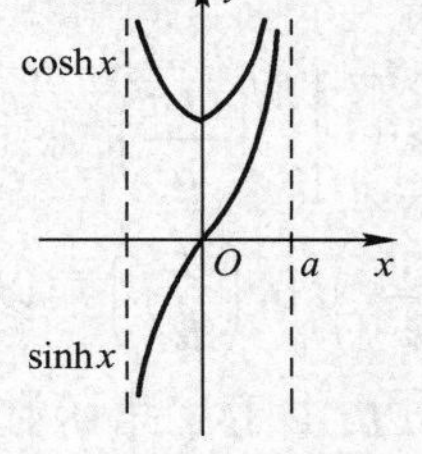

（b）双曲函数

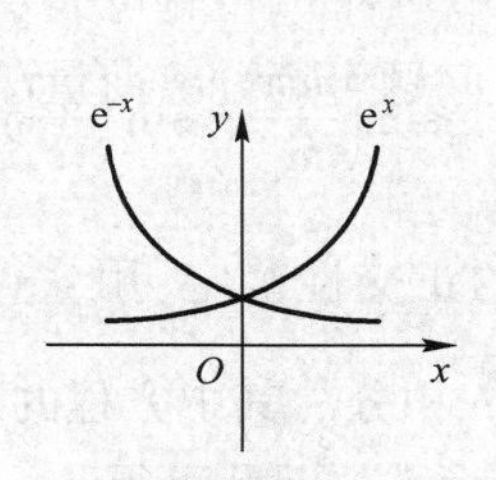

（c）指数函数

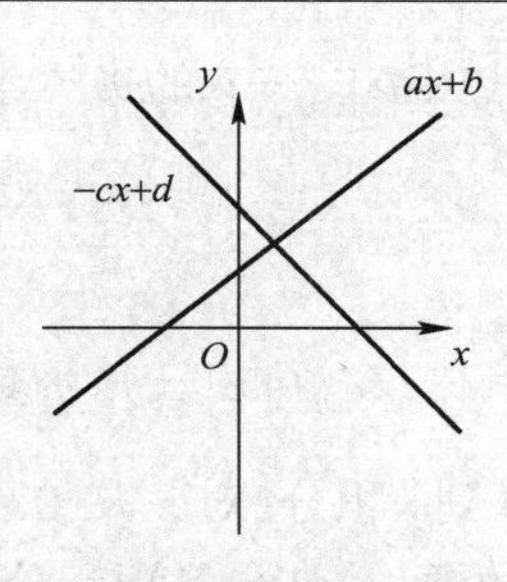

（d）线性函数

图 2-8-1　分离函数对应的曲线形式

【例 2-8-1】　求图 2-8-2 中一个长方体边界内的电位。设 $z=c$ 面的电位 $\Phi=V$, V 为常数,其他各表面电位都为零。

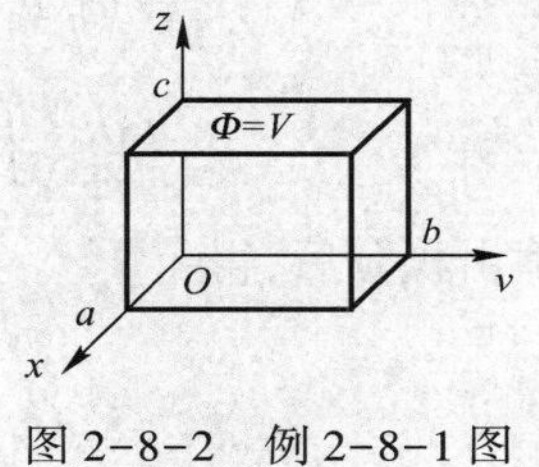

图 2-8-2　例 2-8-1 图

【解】　为了满足 $\Phi|_{x=0}=0$ 和 $\Phi|_{x=a}=0$ 的边界条件,只有取

$$X(x)=A\sin k_x x$$

且 k_x 必须满足

$$\sin k_x a=0$$

即

$$k_x=\frac{m\pi}{a}\quad (m=1,\ 2,\ 3,\ \cdots)$$

$k_x=\frac{m\pi}{a}$称为本征值,它的意义是,在上述边界条件下,只有取这些特定的值,微分方程才有非零解。与之对应的函数 $\sin\left(\frac{m\pi}{a}x\right)$称为本征函数。因此,$X(x)$具有如下本征解:

$$X(x)=\sum_{m=1}^{\infty}A_m\sin\left(\frac{m\pi}{a}x\right)$$

其中,A_m为待定系数。同理,可求得 $Y(y)$ 的本征解:

$$Y(y)=\sum_{n=1}^{\infty}B_n\sin\left(\frac{n\pi}{b}y\right)$$

为满足$\Phi|_{z=0}=0$ 的边界条件,$Z(z)$ 必须选择 $\sinh\alpha z$,即:$Z(z)=\sinh\alpha z$。
其中:

$$\alpha=\sqrt{k_x^2+k_y^2}=\sqrt{\left(\frac{m\pi}{a}\right)^2+\left(\frac{n\pi}{b}\right)^2}$$

这样,由电位的通解形式

$$\Phi=X(x)Y(y)Z(z)$$

可得:

$$\Phi=\sum_{m=1}^{\infty}\sum_{n=1}^{\infty}C_{mn}\sin\left(\frac{m\pi}{a}x\right)\sin\left(\frac{n\pi}{b}y\right)\sinh\left[\sqrt{\left(\frac{m\pi}{a}\right)^2+\left(\frac{n\pi}{b}\right)^2}\,z\right]$$

代入$\Phi|_{z=c}=V$的边界条件,得:

$$\sum_{m=1}^{\infty}\sum_{n=1}^{\infty}C_{mn}\sin\left(\frac{m\pi}{a}x\right)\sin\left(\frac{n\pi}{b}y\right)\sinh\left[\sqrt{\left(\frac{m\pi}{a}\right)^2+\left(\frac{n\pi}{b}\right)^2}\,c\right]=V$$

其中,C_{mn}可由三角函数的正交性确定:用$\sin\left(\frac{s\pi}{a}x\right)\sin\left(\frac{t\pi}{b}y\right)$乘以上述方程的两边,并对 x 从 0 到a 积分,对 y 从 0 到 b 积分。其中方程的左边,由于三角函数的正交性,除去 $m=s$ 和 $n=t$ 的项外,其余各项积分均为零。因此可得:

$$\int_0^b\int_0^a C_{st}\sin^2\left(\frac{s\pi}{a}x\right)\sin^2\left(\frac{t\pi}{b}y\right)\sinh\left[\sqrt{\left(\frac{s\pi}{a}\right)^2+\left(\frac{t\pi}{b}\right)^2}\,c\right]\mathrm{d}x\mathrm{d}y$$

$$=V\int_0^b\int_0^a\sin\left(\frac{s\pi}{a}x\right)\sin\left(\frac{t\pi}{b}y\right)\mathrm{d}x\mathrm{d}y$$

算出积分后,得:

$$C_{st}=\begin{cases}\dfrac{16V}{st\pi^2}\Big/\sinh\left[\sqrt{\left(\dfrac{s\pi}{a}\right)^2+\left(\dfrac{t\pi}{b}\right)^2}\,c\right] & (s、t\text{ 均为奇数})\\ 0 & (s、t\text{ 均为偶数})\end{cases}$$

最后,电位的通解为:

$$\Phi=\frac{16V}{\pi^2}\sum_{m=1}^{\infty}\sum_{n=1}^{\infty}\frac{\sin\left[\dfrac{(2m-1)\pi}{a}x\right]}{2m-1}\frac{\sin\left[\dfrac{(2n-1)\pi}{b}y\right]}{2n-1}\frac{\sinh\left[\sqrt{\left(\dfrac{2m-1}{a}\pi\right)^2+\left(\dfrac{(2n-1)}{b}\pi\right)^2}\,z\right]}{\sinh\left[\sqrt{\left(\dfrac{2m-1}{a}\pi\right)^2+\left(\dfrac{(2n-1)}{b}\pi\right)^2}\,c\right]}$$

长方体内的等电位面如图 2-8-3 所示。

图 2-8-3 例 2-8-1 等电位面

【例 2-8-2】 如图 2-8-4 所示,无限长金属槽,两平行侧壁相距为 a,高度向上方无限延伸,两侧壁的电位为零,槽底电位为 $\Phi=\Phi_0$。求槽内电位分布。

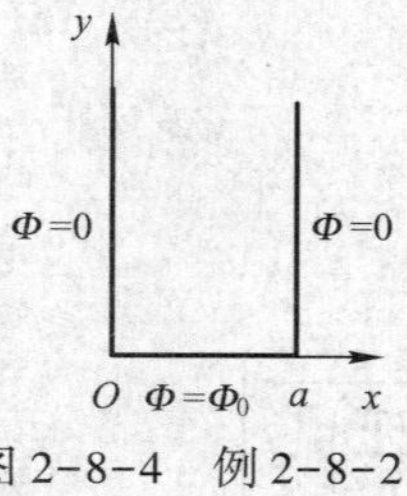

图 2-8-4 例 2-8-2 图

【解】 由边界条件容易写出槽内的电位解的形式:

$$\Phi(x,y)=\sum_{m=1}^{\infty}C_m\sin\left(\frac{m\pi}{a}x\right)\mathrm{e}^{-\frac{m\pi}{a}y}$$

利用边界条件$\Phi|_{y=0}=\Phi_0$,得:

$$\sum_{m=1}^{\infty} C_m \sin\left(\frac{m\pi}{a}x\right) = \Phi_0$$

对上述方程两边乘以 $\sin\left(\frac{n\pi}{a}x\right)$，并对 x 从 0 到 a 积分，得：

$$\int_0^a \sin\left(\frac{n\pi}{a}x\right) \sum_{m=1}^{\infty} C_m \sin\left(\frac{m\pi}{a}x\right) \mathrm{d}x = \int_0^a \Phi_0 \sin\left(\frac{n\pi}{a}x\right) \mathrm{d}x$$

$$\frac{a}{2}C_n = -\Phi_0 \frac{a}{n\pi}\cos\left(\frac{n\pi}{a}x\right)\Bigg|_0^a = \Phi_0 \frac{a}{n\pi}(1-\cos n\pi)$$

当 n 为奇数时，得：

$$C_n = \frac{4\Phi_0}{n\pi}$$

最后得到槽内电位的解：

$$\Phi = \frac{4\Phi_0}{\pi}\sum_{m=1}^{\infty}\frac{1}{(2m-1)}\sin\left[\frac{(2m-1)\pi}{a}x\right]\mathrm{e}^{-\frac{(2m-1)\pi}{a}y}$$

槽内的电位分布如图 2-8-5 所示。

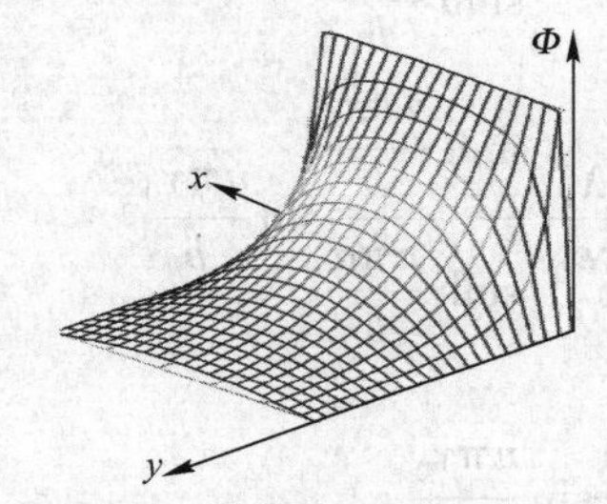

图 2-8-5 例 2-8-2 电位分布

【例 2-8-3】 一接地无限长矩形金属管如图 2-8-6 所示，有一线电荷密度为 λ 的直线位于管内 (x_0, y_0) 处，且与 z 轴平行。求管内电位分布。

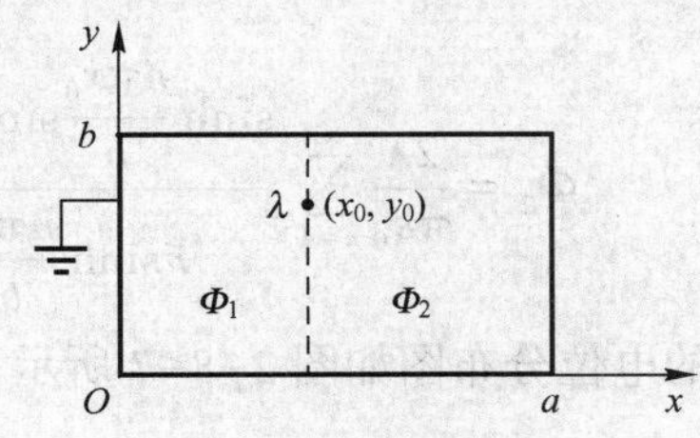

图 2-8-6 例 2-8-3 图

【解】 在管内做 $x=x_0$ 的纵截面，设此纵截面两侧的电位函数分别为 Φ_1 和 Φ_2，根据边界条件，电位的通解必须具有如下的形式：

$$\Phi_1 = \sum_{m=1}^{\infty} A_m \sin\left(\frac{m\pi}{b}y\right)\sinh\left(\frac{m\pi}{b}x\right)$$

$$\Phi_2 = \sum_{m=1}^{\infty} B_m \sin\left(\frac{m\pi}{b}y\right)\sinh\left[\frac{m\pi}{b}(a-x)\right]$$

当 $x=x_0$ 时，电位 Φ_1 和 Φ_2 应该满足边界条件：

$$\Phi_1 = \Phi_2$$

$$\frac{\partial \Phi_1}{\partial x} - \frac{\partial \Phi_2}{\partial x} = \frac{\lambda\delta(y-y_0)}{\varepsilon_0}$$

将 Φ_1 和 Φ_2 的表达式代入,得:

$$\sum_{m=1}^{\infty} A_m \sin\left(\frac{m\pi}{b}y\right)\sinh\left(\frac{m\pi}{b}x_0\right) = \sum_{m=1}^{\infty} B_m \sin\left(\frac{m\pi}{b}y\right)\sinh\left[\frac{m\pi}{b}(a-x_0)\right]$$

$$\sum_{m=1}^{\infty} A_m \frac{m\pi}{b}\sin\frac{m\pi y}{b}\cosh\frac{m\pi x_0}{b} + \sum_{m=1}^{\infty} B_m \frac{m\pi}{b}\sin\frac{m\pi y}{b}\cosh\frac{m\pi(a-x_0)}{b} = \frac{\lambda\delta(y-y_0)}{\varepsilon_0}$$

对以上两个方程两边同乘以 $\sin\left(\frac{n\pi}{b}y\right)$,并对 y 从 0 到 b 积分,得:

$$A_n \sinh\frac{n\pi x_0}{b} = B_n \sinh\frac{n\pi(a-x_0)}{b}$$

$$A_n \cosh\frac{n\pi x_0}{b} + B_n \cosh\frac{n\pi(a-x_0)}{b} = \frac{2\lambda}{n\pi\varepsilon_0}\sin\frac{n\pi y_0}{b}$$

联立以上两方程,解出:

$$A_n = \frac{2\lambda}{n\pi\varepsilon_0}\frac{\sinh\dfrac{n\pi(a-x_0)}{b}}{\sinh\dfrac{n\pi a}{b}}\sin\frac{n\pi y_0}{b}$$

$$B_n = \frac{2\lambda}{n\pi\varepsilon_0}\frac{\sinh\dfrac{n\pi x_0}{b}}{\sinh\dfrac{n\pi a}{b}}\sin\frac{n\pi y_0}{b}$$

最后得到管内电位:

$$\Phi_1 = \frac{2\lambda}{\pi\varepsilon_0}\sum_{n=1}^{\infty}\frac{\sinh\dfrac{n\pi(a-x_0)}{b}\sin\dfrac{n\pi y_0}{b}}{n\sinh\dfrac{n\pi a}{b}}\sin\frac{n\pi y}{b}\sinh\left(\frac{n\pi}{b}x\right) \quad (0 \leqslant x \leqslant x_0)$$

$$\Phi_2 = \frac{2\lambda}{\pi\varepsilon_0}\sum_{n=1}^{\infty}\frac{\sinh\dfrac{n\pi x_0}{b}\sin\dfrac{n\pi y_0}{b}}{n\sinh\dfrac{n\pi a}{b}}\sin\frac{n\pi y}{b}\sinh\left[\frac{n\pi}{b}(a-x)\right] \quad (x_0 \leqslant x \leqslant a)$$

管内的电位分布图如图 2-8-7 所示。

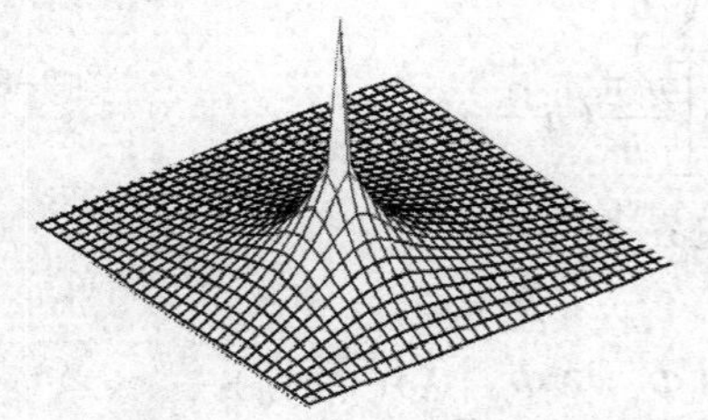

图 2-8-7　例 2-8-3 电位分布图

2.8.2　圆柱坐标分离变量法

对于圆柱边界限定的区域,拉普拉斯方程展开为:

$$\nabla^2 \Phi = \frac{1}{\rho}\frac{\partial}{\partial \rho}\left(\rho \frac{\partial \Phi}{\partial \rho}\right) + \frac{\partial^2 \Phi}{\rho^2 \partial \varphi^2} + \frac{\partial^2 \Phi}{\partial z^2} = 0 \tag{2-8-12}$$

这里,仅考虑当电位 Φ 沿 z 方向没有变化的二维场的情形,此时电位 Φ 与坐标 z 无关,拉普拉斯方程简化为:

$$\rho \frac{\partial}{\partial \rho}\left(\rho \frac{\partial \Phi}{\partial \rho}\right) + \frac{\partial^2 \Phi}{\partial \varphi^2} = 0 \tag{2-8-13}$$

令方程有如下的分离变量解:

$$\Phi(\rho, \varphi) = f(\rho) g(\varphi) \tag{2-8-14}$$

将式(2-8-14)代入方程式(2-8-13),并对方程两边同除以非零解 $f(\rho)g(\varphi)$,得:

$$\frac{\rho}{f(\rho)}\frac{\partial}{\partial \rho}\left(\rho \frac{\partial f(\rho)}{\partial \rho}\right) + \frac{1}{g(\varphi)}\frac{\partial^2 g(\varphi)}{\partial \varphi^2} = 0 \tag{2-8-15}$$

显然,要使上述方程成立,其左边的两项都必须是常数。

令

$$\frac{\rho}{f(\rho)}\frac{\partial}{\partial \rho}\left(\rho \frac{\partial f(\rho)}{\partial \rho}\right) = \nu^2 \tag{2-8-16}$$

$$\frac{1}{g(\varphi)}\frac{\partial^2 g(\varphi)}{\partial \varphi^2} = -\nu^2 \tag{2-8-17}$$

由式(2-8-17),可以解得:

$$g(\varphi) = A\sin \nu\varphi + B\cos \nu\varphi \tag{2-8-18}$$

由于电位是单值函数,必有:

$$\Phi[\nu(\varphi + 2\pi)] = \Phi(\nu\varphi)$$

上式成立的条件是:ν 必须为整数 m。当 $m \neq 0$ 时,方程式(2-8-18)的解为:

$$g(\varphi) = A_m \sin m\varphi + B_m \cos m\varphi$$

方程式(2-8-16)则变为:

$$\frac{\rho}{f(\rho)}\frac{\partial}{\partial \rho}\left(\rho \frac{\partial f(\rho)}{\partial \rho}\right) = m^2$$

上式展开即为欧拉方程:

$$\rho^2 \frac{\partial^2 f(\rho)}{\partial \rho} + \rho \frac{\partial f(\rho)}{\partial \rho} - m^2 f(\rho) = 0 \tag{2-8-19}$$

其解为:

$$f(\rho) = C_m \rho^m + D_m \rho^{-m} \tag{2-8-20}$$

故拉普拉斯方程(2-8-13)的通解为:

$$\Phi(\rho, \varphi) = \sum_{m=1}^{\infty} (A_m \rho^m + B_m \rho^{-m})(C_m \sin m\varphi + D_m \cos m\varphi) \tag{2-8-21}$$

式(2-8-21)中的各特征值及积分常数由具体边界条件确定。

【例 2-8-4】 半径为 b 的中空长圆柱形导体,等分成 4 块,轴线为 z 轴,导体上的电位如图 2-8-8 所示,求圆筒内电位分布。

【解】 由图 2-8-8 可以看出,电位函数 $\Phi(\rho,\varphi)$ 应该是圆柱坐标 φ 的奇函数,且包括 $\rho=0$ 点,因此由式(2-8-21),圆筒内电位的解的形式应为:

$$\Phi=\sum_{m=1}^{\infty}A_m\rho^m\sin m\varphi$$

边界上电位满足

$$\Phi(b,\varphi)=\sum_{m=1}^{\infty}A_m b^m\sin m\varphi=\begin{cases}V & (0<\varphi<\pi/2)\\ -V & (\pi/2<\varphi<\pi)\\ V & (\pi<\varphi<3\pi/2)\\ -V & (3\pi/2<\varphi<2\pi)\end{cases}$$

对以上方程左右两边同乘以 $\sin n\varphi$,并对 φ 从 0 到 2π 积分,得:

$$A_n=\frac{8V}{n\pi}b^{-n}\quad(n=4m-2,m=1,2,3,\cdots)$$

因此圆筒内的电位为:

$$\Phi(\rho,\varphi)=\frac{4V}{\pi}\sum_{m=1}^{\infty}\left(\frac{\rho}{b}\right)^{4m-2}\frac{\sin(4m-2)\varphi}{2m-1}$$

电位分布示意图如图 2-8-9 所示。

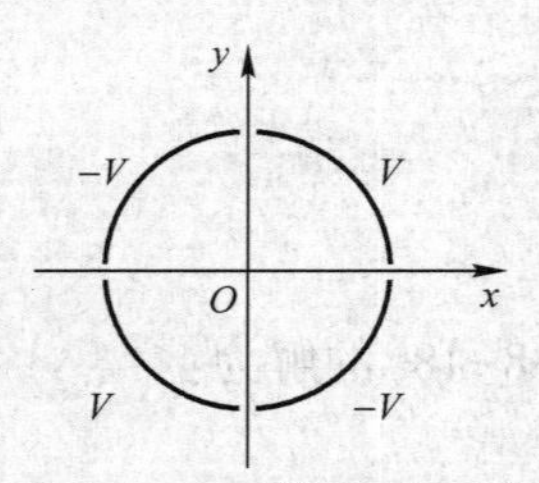

图 2-8-8　例 2-8-4 图

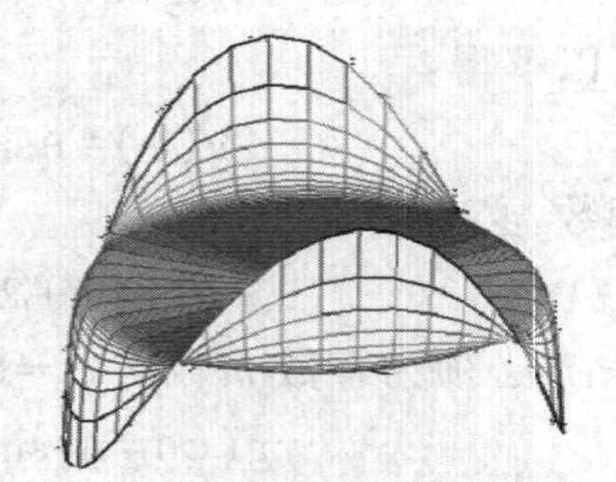

图 2-8-9　圆筒内电位分布

【例 2-8-5】 在均匀外加电场 $\boldsymbol{E}_0$ 中,垂直于电场方向放置一个半径为 a 的无限长介质圆柱。柱内外的介电常数分别为 ε_1 和 ε_2,如图 2-8-10 所示。求此介质圆柱体内外的电位函数。

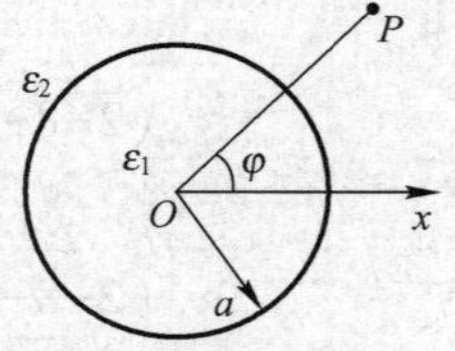

图 2-8-10　例 2-8-5 图

【解】 选取圆柱坐标系,且圆柱体的轴线和 z 轴重合,并使 x 轴的正方向和外加的电场方向一致,如图 2-8-10 所示。在圆柱坐标系中,$x=\rho\cos\varphi$,外加电场可以用电位函数 $\Phi_0=-E_0x$ 来表示,故

$$\Phi_0=-E_0\rho\cos\varphi$$

由于电位满足拉普拉斯方程,且与 z 坐标无关,因此电位具有式(2-8-21)的通解形式。又由于电位分布关于 x 轴对称,因而电位 Φ 是坐标 φ 的偶函数,故

介质圆柱内外的电位 Φ_1 和 Φ_2 可表示为：

$$\Phi_1 = \sum_{m=1}^{\infty} (A_m \rho^m + B_m \rho^{-m}) \cos m\varphi \quad (\rho \leqslant a)$$

$$\Phi_2 = \sum_{m=1}^{\infty} (C_m \rho^m + D_m \rho^{-m}) \cos m\varphi \quad (\rho \geqslant a)$$

（1）$\rho=0$ 时，Φ_1 的值有限，必有 $B_m=0$，因此

$$\Phi_1 = \sum_{m=1}^{\infty} A_m \rho^m \cos m\varphi$$

（2）$\rho\to\infty$ 时，$\Phi_2\to\Phi_0=-E_0\rho\cos\varphi$，

可见，当 $m\neq1$ 时，$C_m=0$；当 $m=1$ 时，$C_1=-E_0$，故有：

$$\Phi_2 = -E_0\rho\cos\varphi + \sum_{m=1}^{\infty} D_m \rho^{-m} \cos m\varphi$$

（3）$\rho=a$ 时，电位 Φ_1 和 Φ_2 应满足介质分界面上的边界条件：

$$\Phi_1(a) = \Phi_2(a)$$

$$\varepsilon_1 \left.\frac{\partial \Phi_1}{\partial \rho}\right|_{\rho=a} = \varepsilon_2 \left.\frac{\partial \Phi_2}{\partial \rho}\right|_{\rho=a}$$

将 Φ_1 和 Φ_2 代入上面两式，得：

$$\sum_{m=1}^{\infty} A_m a^m \cos m\varphi = -E_0 a\cos\varphi + \sum_{m=1}^{\infty} D_m a^{-m} \cos m\varphi$$

$$\varepsilon_1 \sum_{m=1}^{\infty} A_m m a^{m-1} \cos m\varphi = \varepsilon_2 \left(-E_0\cos\varphi - \sum_{m=1}^{\infty} D_m m a^{-m-1} \cos m\varphi\right)$$

以上两个方程对任意坐标 φ 都成立，因而方程两边同类项的系数必相等。

当 $m=1$ 时，有：

$$A_1 a = -E_0 a + D_1 a^{-1}$$

$$\varepsilon_1 A_1 = -\varepsilon_2 E_0 - \varepsilon_2 D_1 a^{-2}$$

当 $m\neq1$ 时，有：

$$A_m a^m = D_m a^{-m}$$

$$\varepsilon_1 A_m m a^{m-1} = -\varepsilon_2 D_m m a^{-m-1}$$

由以上四个方程联立求解，得：

$$A_1 = -\frac{2\varepsilon_2}{\varepsilon_1+\varepsilon_2} E_0$$

$$D_1 = \frac{\varepsilon_1-\varepsilon_2}{\varepsilon_1+\varepsilon_2} a^2 E_0$$

$$A_m = 0 \quad (m\neq1)$$

$$D_m = 0 \quad (m\neq1)$$

将以上所得常数代入圆柱体内、外电位函数的表达式，可得：

$$\Phi_1=-\frac{2\varepsilon_2}{\varepsilon_1+\varepsilon_2}E_0\rho\cos\varphi \quad (\rho\leqslant a)$$

$$\Phi_2=-E_0\rho\cos\varphi+\frac{\varepsilon_1-\varepsilon_2}{\varepsilon_1+\varepsilon_2}\frac{a^2E_0}{\rho}\cos\varphi \quad (\rho\geqslant a)$$

若用直角坐标表示,由 $x=\rho\cos\varphi$,得:

$$\Phi_1=-\frac{2\varepsilon_2}{\varepsilon_1+\varepsilon_2}E_0x$$

$$\Phi_2=-E_0x+\frac{\varepsilon_1-\varepsilon_2}{\varepsilon_1+\varepsilon_2}\frac{a^2E_0x}{x^2+y^2}$$

可见,圆柱内的电场是与外加电场方向相同的匀强场,且 $\varepsilon_1>\varepsilon_2$ 时,小于外电场,$\varepsilon_1<\varepsilon_2$ 时,大于外电场;而圆柱外的电场,在圆柱附近,场线有弯曲;在远离圆柱时,介质圆柱的影响将消失,如图 2-8-11 所示。这是由于介质被极化后形成的极化电荷与外电场共同作用的结果。

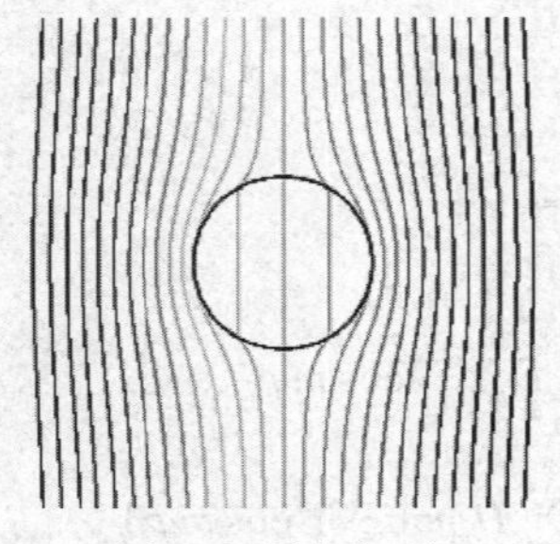
(a) $\varepsilon_1>\varepsilon_2$时电位分布

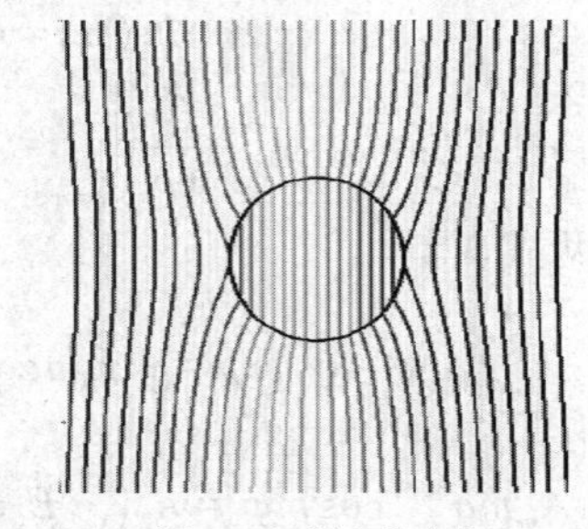
(b) $\varepsilon_1<\varepsilon_2$时电位分布

图 2-8-11　匀强场中的介质圆柱的电位分布

2.8.3　球坐标系的分离变量法

在求解球空间或有球面边界的场问题时,采用球坐标比较方便,球坐标中电位的拉普拉斯方程为:

$$\nabla^2\Phi=\frac{1}{r^2}\frac{\partial}{\partial r}\left(r^2\frac{\partial\Phi}{\partial r}\right)+\frac{1}{r^2\sin\theta}\frac{\partial}{\partial\theta}\left(\sin\theta\frac{\partial\Phi}{\partial\theta}\right)+\frac{1}{r^2\sin^2\theta}\frac{\partial^2\Phi}{\partial\varphi^2}=0 \tag{2-8-22}$$

1. 二维场的变量分离

这里仅讨论球坐标下具有轴对称的二维场情形,即场分布与坐标 φ 无关,此时拉普拉斯方程简化为:

$$\nabla^2\Phi=\frac{1}{r^2}\frac{\partial}{\partial r}\left(r^2\frac{\partial\Phi}{\partial r}\right)+\frac{1}{r^2\sin\theta}\frac{\partial}{\partial\theta}\left(\sin\theta\frac{\partial\Phi}{\partial\theta}\right)=0 \tag{2-8-23}$$

设待求电位函数的分离变量解为:

$$\Phi=f(r)g(\theta) \tag{2-8-24}$$

将式(2-8-24)代入方程式(2-8-23),并经整理,得:

$$\frac{1}{f(r)}\frac{\partial}{\partial r}\left[r^2\frac{\partial f(r)}{\partial r}\right]+\frac{1}{g(\theta)\sin\theta}\frac{\partial}{\partial\theta}\left[\sin\theta\frac{\partial g(\theta)}{\partial\theta}\right]=0 \tag{2-8-25}$$

显然,方程(2-8-25)成立的条件是左边的两项都必须是常数,并且符号相反。令这两个常数分别为 λ 和$-\lambda$,得到关于 $f(r)$ 和 $g(\theta)$ 的微分方程:

$$\frac{1}{f(r)}\frac{\partial}{\partial r}\left(r^2\frac{\partial f}{\partial r}\right)=\lambda \tag{2-8-26}$$

$$\frac{1}{g(\theta)\sin\theta}\frac{\partial}{\partial\theta}\left(\sin\theta\frac{\partial g}{\partial\theta}\right)=-\lambda \tag{2-8-27}$$

做变换 $x=\cos\theta$,有:

$$\frac{\mathrm{d}}{\mathrm{d}\theta}=\frac{\mathrm{d}}{\mathrm{d}x}\frac{\mathrm{d}x}{\mathrm{d}\theta}=-\sin\theta\frac{\mathrm{d}}{\mathrm{d}x}$$

方程式(2-8-27)可写为:

$$\frac{\mathrm{d}}{\mathrm{d}x}(1-x^2)\frac{\mathrm{d}g(x)}{\mathrm{d}x}+\lambda g(x)=0 \tag{2-8-28}$$

式(2-8-28)称为勒让德方程。根据数理方程的知识,方程在 $0\leqslant\theta\leqslant\pi$,即$-1\leqslant x\leqslant 1$ 的区间具有有界解的条件是常数 $\lambda=m(m+1)$,$m=0,1,2,\cdots$,此时勒让德方程的有界解是一个 m 阶多项式,称为勒让德多项式,其通式为:

$$P_m(x)=\frac{1}{2^m m!}\frac{\mathrm{d}^m}{\mathrm{d}x^m}(x^2-1)^m \tag{2-8-29}$$

2. 勒让德多项式的特性

关于勒让德多项式,这里仅列举出几个有用的特性。

(1) 奇偶性。

当 m 为奇数时,$P_m(x)$ 只有奇次项;当 m 为偶数时,$P_m(x)$ 只有偶次项。下面是勒让德多项式的前几项:

$$P_0(x)=1$$

$$P_1(x)=x=\cos\theta$$

$$P_2(x)=\frac{1}{2}(3x^2-1)=\frac{1}{2}(3\cos^2\theta-1)$$

$$P_3(x)=\frac{1}{2}(5x^3-3x)=\frac{1}{2}(5\cos^3\theta-3\cos\theta)$$

$$P_4(x)=\frac{1}{8}(35x^4-30x^2+3)=\frac{1}{8}(35\cos^4\theta-30\cos^2\theta+3)$$

$$\vdots$$

(2) 特殊值。

当 $x=1$ 时, $P_m(1)=1$

当 $x=-1$ 时, $P_m(-1)=(-1)^m$

当 $x=0$ 时，$$P_m(0)=0(m\ \text{为奇数})$$

$$P_m(0)=(-1)^{\frac{m}{2}}\frac{(m-1)!!}{m!!}\quad (m\ \text{为偶数})$$

式中，

$$(m-1)!!=(m-1)(m-3)\cdots 5\times 3\times 1$$
$$m!!=m(m-2)(m-4)\cdots 6\times 4\times 2$$

并约定

$$0!!=1$$
$$(-1)!!=1$$

(3) 正交性。

$$\int_{-1}^{1}P_m(x)P_n(x)\mathrm{d}x=\int_0^{\pi}P_m(\cos\theta)P_n(\cos\theta)\sin\theta\mathrm{d}\theta=\begin{cases}\dfrac{2}{2m+1} & (m=n)\\ 0 & (m\neq n)\end{cases}\tag{2-8-30}$$

(4) 傅里叶-勒让德级数。

对满足一定条件的函数 $f(x)$，可展开为傅里叶-勒让德级数，即：

$$f(x)=\sum_0^{\infty}c_mP_m(x)\quad(-1\leqslant x\leqslant 1)\tag{2-8-31}$$

其中系数 $$c_m=\frac{2m+1}{2}\int_{-1}^{1}f(x)P_m(x)\mathrm{d}x\tag{2-8-32}$$

(5) 递推公式($m\geqslant 1$)。

$$(m+1)P_{m+1}(x)=(2m+1)xP_m(x)-mP_{m-1}(x)\tag{2-8-33}$$
$$P'_{m+1}(x)-2xP'_m(x)+P'_{m-1}(x)=P_m(x)\tag{2-8-34}$$
$$(2m+1)P_m(x)=P'_{m+1}(x)-P'_{m-1}(x)\tag{2-8-35}$$

3. 二维场的分离变量解

将 $\lambda=m(m+1)$ 代入方程式(2-8-26)，得到欧拉方程：

$$\frac{\mathrm{d}}{\mathrm{d}r}\left(r^2\frac{\mathrm{d}f}{\mathrm{d}r}\right)-m(m+1)f(r)=0$$

其解为：

$$f(r)=Ar^m+Br^{-(m+1)}\tag{2-8-36}$$

因此得到球坐标系二维场的电位函数的通解为：

$$\Phi(r,\theta)=\sum_{m=0}^{\infty}[A_mr^m+B_mr^{-(m+1)}]P_m(\cos\theta)\tag{2-8-37}$$

式(2-8-37)中的各特征值及积分常数由具体边界条件确定。

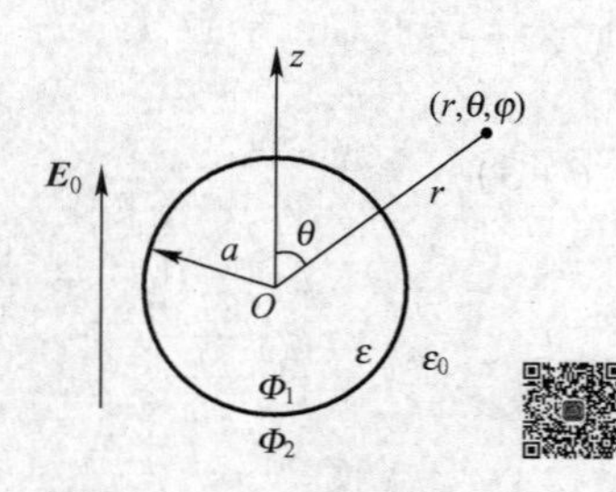

图 2-8-12　例 2-8-6 图

【例 2-8-6】 半径为 a，介电常数为 ε 的介质球置于匀强电场 $\boldsymbol{E}_0$ 中，求球内外电位分布。

【解】 设 $\boldsymbol{E}_0=\boldsymbol{a}_zE_0$，如图 2-8-12 所示。若取 $z=0$ 为零电位

点,则匀强电场的电位可表示为:

$$\Phi_0=-E_0z=-E_0r\cos\theta$$

球内外的电位由匀强场和球表面极化电荷共同产生,满足拉普拉斯方程。根据式(2-8-37),球内、外的电位解可分别写为:

$$\Phi_1(r,\theta)=\sum_{m=0}^{\infty}\left[A_mr^m+B_mr^{-(m+1)}\right]P_m(\cos\theta)\quad(r\leqslant a)$$

$$\Phi_2(r,\theta)=\sum_{m=0}^{\infty}\left[C_mr^m+D_mr^{-(m+1)}\right]P_m(\cos\theta)\quad(r\geqslant a)$$

(1) $r=0$ 时,$\Phi_1(0,\theta)=0$,可得 $B_m=0$。因此

$$\Phi_1(r,\theta)=\sum_{m=0}^{\infty}A_mr^mP_m(\cos\theta)\tag{2-8-38}$$

(2) $r\to\infty$ 时,$\Phi_2\to\Phi_0=-E_0r\cos\varphi$,得:

$$C_1=-E_0$$
$$C_m=0\quad(m\neq1)$$

故

$$\Phi_2(r,\theta)=-E_0r\cos\theta+\sum_{m=0}^{\infty}D_mr^{-(m+1)}P_m(\cos\theta)\tag{2-8-39}$$

(3) 在介质分界面 $r=a$ 上,电位 Φ_1 和 Φ_2 满足边界条件:

$$\Phi_1(a)=\Phi_2(a)$$

$$\varepsilon\frac{\partial\Phi_1}{\partial r}\bigg|_{r=a}=\varepsilon_0\frac{\partial\Phi_2}{\partial r}\bigg|_{r=a}$$

将式(2-8-38)和式(2-8-39)代入上面的边界条件,按照同类项系数相等的原则,得:

$$A_1a=-E_0a+D_1a^{-2}$$
$$\varepsilon A_1=-\varepsilon E_0-2\varepsilon_0D_1a^{-3}$$
$$A_ma^m=D_ma^{-(m+1)}\quad(m\neq1)$$
$$\varepsilon A_mma^{m-1}=-\varepsilon_0(m+1)D_ma^{-(m+2)}\quad(m\neq1)$$

联立以上方程求解,得:

$$A_1=-\frac{3\varepsilon_0}{\varepsilon+\varepsilon_0}E_0$$

$$D_1=\frac{\varepsilon-\varepsilon_0}{\varepsilon+\varepsilon_0}a^3E_0$$

$$A_m=D_m=0\quad(m\neq1)$$

于是得球内外电位解为:

$$\Phi_1=-\frac{3\varepsilon_0}{\varepsilon+2\varepsilon_0}E_0r\cos\theta=-\frac{3\varepsilon_0}{\varepsilon+2\varepsilon_0}E_0z\quad(r\leqslant a)$$

$$\Phi_2=-E_0r\cos\theta+\frac{\varepsilon-\varepsilon_0}{\varepsilon+2\varepsilon_0}a^3E_0\frac{1}{r^2}\cos\theta\quad(r\geqslant a)$$

可见,球内的电场是与外加电场方向相同的匀强场,且小于外电场;而球外的电场,在球表面附近,场线有弯曲,在远离介质球时,介质球的影响将消失,其场分布的截面示意图与图 2-8-11 类似,只是介质球对外部电位的影响比介质圆柱弱。

2.9 镜像法

镜像法是利用唯一性定理对一些特殊边界的边值问题进行分析和处理的方法。具体做法如下。

(1) 消除边界,统一媒质。把导体表面的感应面电荷或介质表面的极化面电荷用虚设的电荷(点电荷或线电荷)等效,同时把这些区域的媒质换成所求场域中的媒质。这些虚设的电荷称为镜像电荷。

(2) 配置镜像电荷,满足边界条件。根据边界面必须满足的条件在求解区域之外确定镜像电荷的个数、位置以及镜像电荷的大小,使求解区域中的场与原系统的场分布相同。

2.9.1 平面镜像法

【例 2-9-1】 如图 2-9-1(a)所示,无限大接地导体平面上方 $z=h$ 处有一点电荷 q,求上半空间电位。

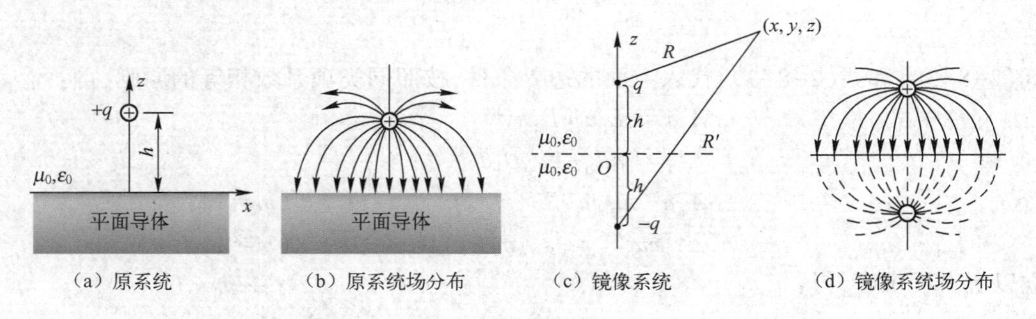

(a) 原系统　(b) 原系统场分布　(c) 镜像系统　(d) 镜像系统场分布

图 2-9-1 平面镜像法

【解】 显然,上半空间的电位由点电荷 q 和 q 在导体表面的感应电荷 ρ_S 共同产生,但 ρ_S 未知,因此,不能用直接积分的方法来求解电场。若构造一个如图 2-9-1(c)所示的镜像系统,即将导体平面撤去,在 $z=-h$ 处添加电荷 $-q$,则易验证:在 $z=0$ 平面,$\Phi=0$,与原边界条件相同;而在 $z>0$ 空间,由于未添加电荷,电位方程也与原方程相同,因此,两系统在 $z>0$ 空间同解。

在图 2-9-1(c)中求解上半空间电位,得:

$$\Phi=\frac{q}{4\pi\varepsilon_0 R}-\frac{q}{4\pi\varepsilon_0 R'}=\frac{q}{4\pi\varepsilon_0}\left[\frac{1}{\sqrt{x^2+y^2+(z-h)^2}}-\frac{1}{\sqrt{x^2+y^2+(z+h)^2}}\right]\quad (z>0)\qquad(2-9-1)$$

另外,可求出导体表面的电荷密度:

$$\rho_S = -\varepsilon_0 \left. \frac{\partial \Phi}{\partial z} \right|_{z=0} = -\frac{q}{2\pi\ (x^2+y^2+h^2)^{3/2}} \tag{2-9-2}$$

电位的等位面分布如图 2-9-2 所示。

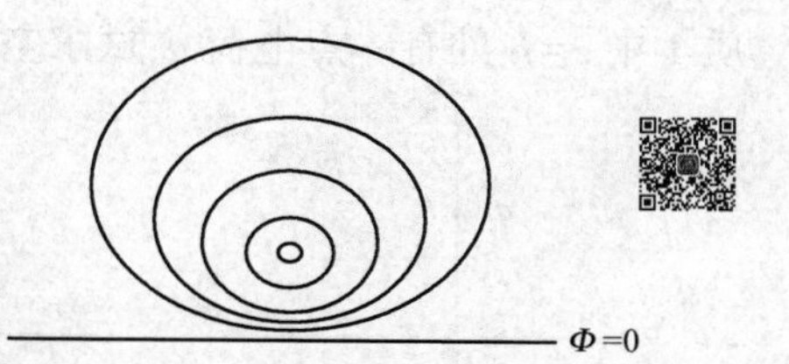

图 2-9-2　例 2-9-1 等位面分布

【例 2-9-2】　如图 2-9-3(a)所示，两个相交成直角的接地导电平板所形成的角域中有一点电荷 q，求电荷 q 所受到的作用力。

【解】　利用镜像法，图 2-9-3(a)的镜像系统如图 2-9-3(b) 所示。可以看出，所求解空间角域中未添加电荷，电位方程与原系统在此区域中的相同；而四个正负相间的点电荷刚好能使 $x=0$ 和 $y=0$ 平面电位为零，与原系统边界条件相同。因此，两系统在角域中同解。

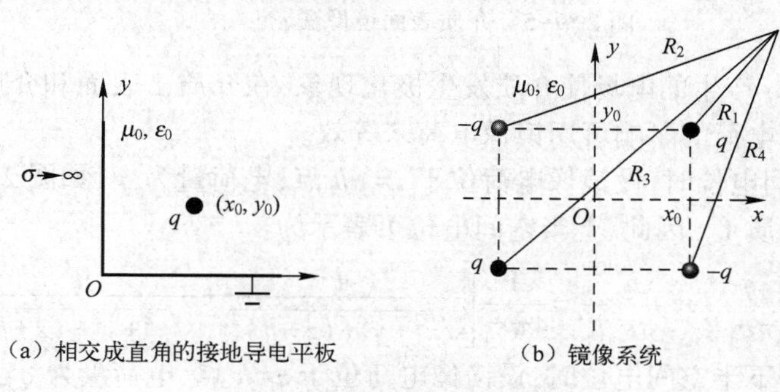

图 2-9-3　例 2-9-2 图

由库仑定律和叠加原理，得：

$$\begin{aligned}
\boldsymbol{F}_1 &= \boldsymbol{F}_{21}+\boldsymbol{F}_{31}+\boldsymbol{F}_{41} \\
&= \frac{q^2}{4\pi\varepsilon_0}\left\{-\boldsymbol{a}_x \frac{1}{(2x_0)^2}+\frac{\boldsymbol{a}_x 2x_0+\boldsymbol{a}_y 2y_0}{[(2x_0)^2+(2y_0)^2]^{3/2}}-\boldsymbol{a}_y \frac{1}{(2y_0)^2}\right\} \\
&= \frac{q^2}{16\pi\varepsilon_0}\left\{\boldsymbol{a}_x\left[\frac{x_0}{(x_0^2+y_0^2)^{3/2}}-\frac{1}{x_0^2}\right]+\boldsymbol{a}_y\left[\frac{y_0}{(x_0^2+y_0^2)^{3/2}}-\frac{1}{y_0^2}\right]\right\}
\end{aligned}$$

角域内任一点的电位为：

$$\Phi = \frac{q}{4\pi\varepsilon_0}\left(\frac{1}{R_1}-\frac{1}{R_2}+\frac{1}{R_3}-\frac{1}{R_4}\right)$$

其等位面分布如图 2-9-4 所示。

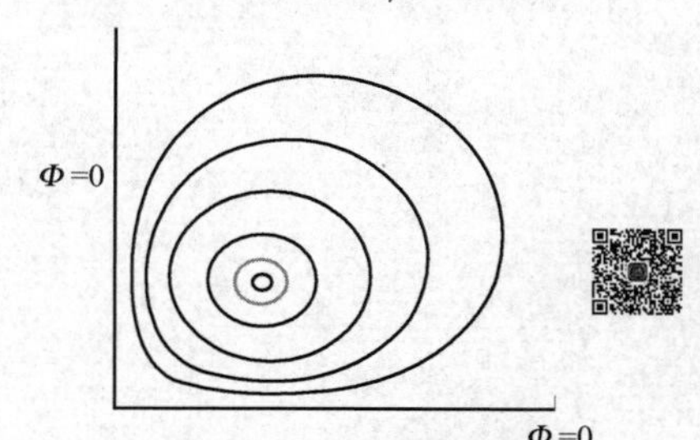

图 2-9-4　直角导体域内的等位面分布

可以证明，此类问题中，若两半无限大接地平面间的夹角 α 能被 π 整除，则角域中的电场可用镜像法求解，镜像电荷与原电荷个数之和为 $2\pi/\alpha$ 个。

从以上两例可以看出导体平面镜像法的特点是：镜

像电荷应在求解区域之外;镜像电荷的位置与原电荷关于导体平面对称;镜像电荷与原电荷等值异号。

【例 2-9-3】 如图 2-9-5(a)所示,两个半无限大介质 ε_1 和 ε_2 的分界面为 $z=0$ 平面,介质 1 中 $z=h$ 处有一点电荷 q,试求空间电位分布。

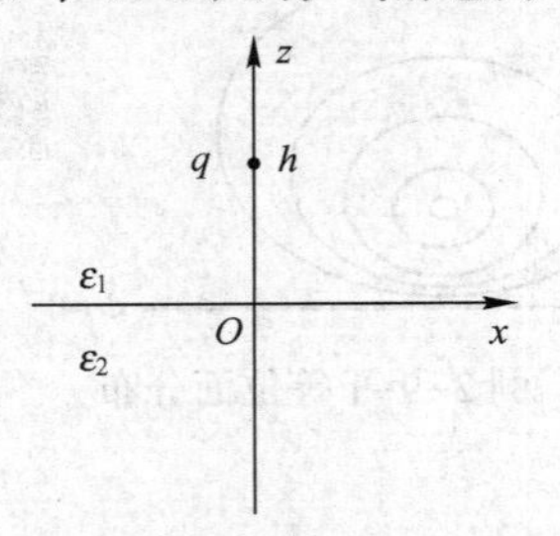

(a) 点电荷位于介质1中的系统

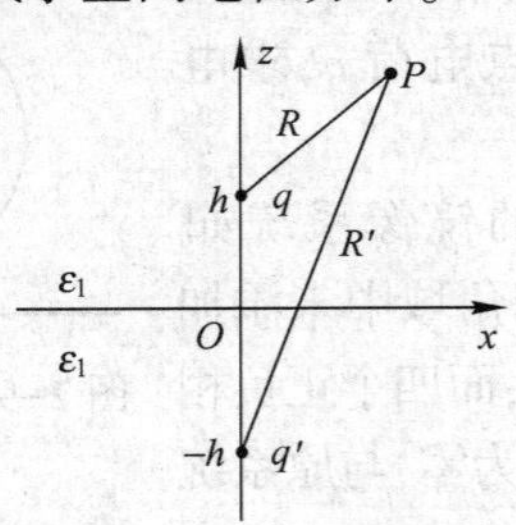

(b) 介质1中电位对应的镜像系统

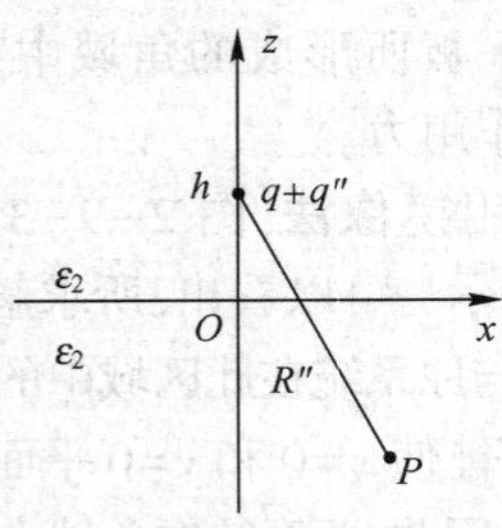

(c) 介质2中电位对应的镜像系统

图 2-9-5 介质表面镜像法

【解】 点电荷 q 产生的电场使介质发生极化现象,在介质 1 表面和介质 2 表面均产生极化电荷,这些极化面电荷的影响可用镜像电荷来等效。

在求解上半空间电位时,设镜像电荷位于 $z=-h$ 点,电荷量为 q',如图 2-9-5(b)所示。同时,把介质 2 换成介质 1。因此,上半空间电位可表示为:

$$\Phi_1=\frac{q}{4\pi\varepsilon_1 R}+\frac{q'}{4\pi\varepsilon_1 R'}=\frac{1}{4\pi\varepsilon_1}\left[\frac{q}{\sqrt{x^2+y^2+(z-h)^2}}+\frac{q'}{\sqrt{x^2+y^2+(z+h)^2}}\right]$$

类似地,在求解下半空间电位时,设镜像电荷位于 $z=h$ 点,电荷量为 q'',如图 2-9-5(c)所示。同时,把介质 1 换成介质 2,则下半空间电位可表示为:

$$\Phi_2=\frac{q+q''}{4\pi\varepsilon_2 R''}=\frac{1}{4\pi\varepsilon_2}\ \frac{q+q''}{\sqrt{x^2+y^2+(z-h)^2}}$$

在 $z=0$ 分界面上,电位应满足边界条件:

$$\Phi_1\big|_{z=0}=\Phi_2\big|_{z=0}$$

$$\varepsilon_1\frac{\partial\Phi_1}{\partial z}\bigg|_{z=0}=\varepsilon_2\frac{\partial\Phi_2}{\partial z}\bigg|_{z=0}$$

将 Φ_1 和 Φ_2 代入以上两式,得:

$$\frac{q+q'}{\varepsilon_1}=\frac{q+q''}{\varepsilon_2}$$

$$q'=-q''$$

联立以上两式,解得:

$$q'=\frac{\varepsilon_1-\varepsilon_2}{\varepsilon_1+\varepsilon_2}q$$

$$q''=\frac{-\varepsilon_1+\varepsilon_2}{\varepsilon_1+\varepsilon_2}q$$

最后得各部分空间电位：

$$\Phi_1=\frac{q}{4\pi\varepsilon_1[x^2+y^2+(z-h)^2]^{1/2}}+\frac{(\varepsilon_1-\varepsilon_2)q}{4\pi\varepsilon_1(\varepsilon_1+\varepsilon_2)[x^2+y^2+(z+h)^2]^{1/2}}\quad(z\geqslant 0)$$

$$\Phi_2=\frac{2q}{4\pi(\varepsilon_1+\varepsilon_2)[x^2+y^2+(z-h)^2]^{1/2}}\quad(z\leqslant 0)$$

以上分析方法可以推广到线电荷对导体平面或介质分界面的镜像。

2.9.2　球面镜像法

【例 2-9-4】　半径为 a 的接地导体球外有一点电荷 q，距离球心 $h(h>a)$，求球外电位。

【解】　与平面镜像法类似，点电荷在球面一侧感应出异性电荷，该部分电荷与点电荷一起决定球外空间的电场。因此，镜像电荷应位于球心与点电荷的连线上，且靠近点电荷一侧。设镜像电荷带电量为 q'，位于 $z=h'$ 处，如图 2-9-6(a)所示，则 q 与 q' 在球外产生的电位为：

$$\begin{aligned}\Phi&=\frac{q}{4\pi\varepsilon_0 R}+\frac{q'}{4\pi\varepsilon_0 R'}\\&=\frac{1}{4\pi\varepsilon_0}\left[\frac{q}{\sqrt{r^2+h^2-2rh\cos\theta}}+\frac{q'}{\sqrt{r^2+h'^2-2rh'\cos\theta}}\right]\quad(r>a)\end{aligned}\tag{2-9-3}$$

式中，q' 和 h' 的大小应满足边界条件即球面电位为零：

$$\Phi(a)=\frac{1}{4\pi\varepsilon_0}\left[\frac{q}{\sqrt{a^2+h^2-2ah\cos\theta}}+\frac{q'}{\sqrt{a^2+h'^2-2ah'\cos\theta}}\right]=0$$

整理，得：

$$q^2(a^2+h'^2-2ah'\cos\theta)=q'^2(a^2+h^2-2ah\cos\theta)$$

上式对任意 θ 都成立，因此，必须有：

$$\begin{cases}q^2(a^2+h'^2)=q'^2(a^2+h^2)\\q^2h'=q'^2h\end{cases}$$

解之，得：

$$h'=\frac{a^2}{h},\qquad q'=-\frac{a}{h}q\tag{2-9-4}$$

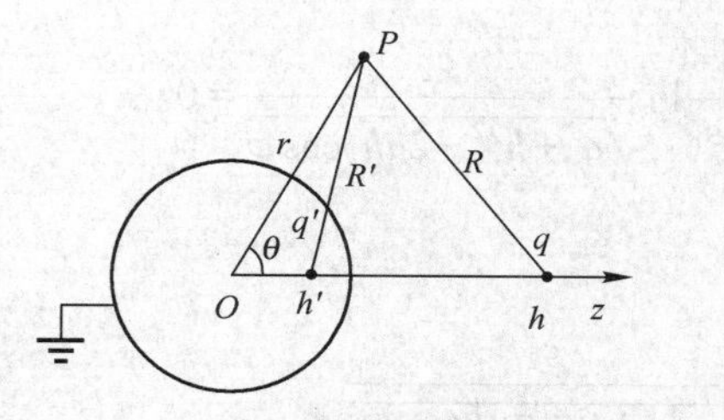

(a) 球面镜像原理

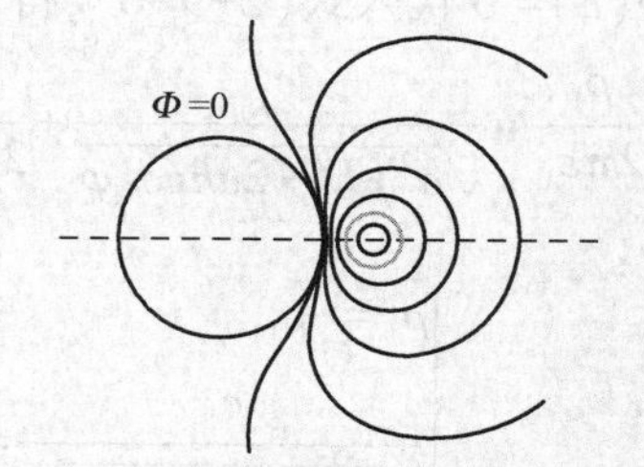

(b) 导体球外的等位面分布

图 2-9-6　球面镜像法原理图

因此可得球外空间的电位：

$$\Phi=\frac{q}{4\pi\varepsilon_0}\left[\frac{1}{\sqrt{r^2+h^2-2rh\cos\theta}}-\frac{1}{\sqrt{a^2+(rh/a)^2-2rh\cos\theta}}\right]\quad(r>a)\qquad(2-9-5)$$

球外电位的等位面分布如图 2-9-6(b)所示。

2.9.3　圆柱面镜像法

【例 2-9-5】　半径为 a 的接地导体圆柱外有一与圆柱轴线平行的直线电荷，单位长度带电量为 ρ_1，距离圆柱轴线 $h(h>a)$，求圆柱外空间的电位。

【解】　与球面镜像类似，圆柱外的线电荷在圆柱面一侧感应出异性电荷，其对应的镜像直线电荷应位于轴线与线电荷所构成的平面上并与轴线平行，且靠近线电荷一侧。设镜像电荷线密度为 ρ_1'，位于 $z=h'$ 处，如图 2-9-7(a)所示。该系统的电位参考面是导体圆柱面。

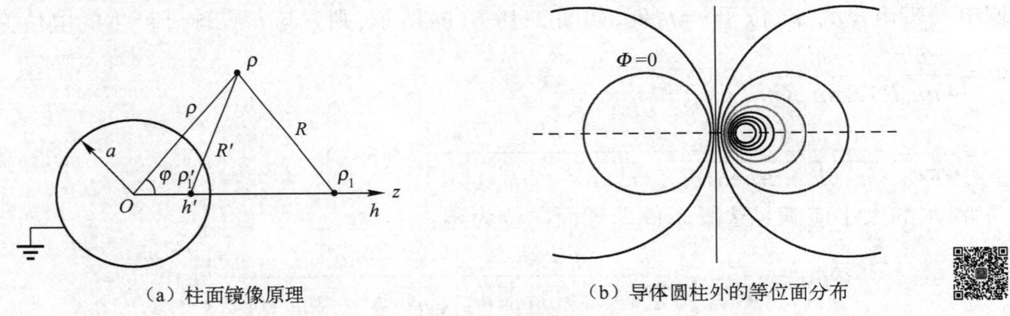

(a) 柱面镜像原理　　(b) 导体圆柱外的等位面分布

图 2-9-7　圆柱面镜像法

两个直线电荷在圆柱区域外任意一点的电位可写为：

$$\begin{aligned}\Phi&=\frac{1}{2\pi\varepsilon_0}\left(\rho_1\ln\frac{c_1}{R}+\rho_1'\ln\frac{c_2}{R'}\right)\\&=\frac{\rho_1}{2\pi\varepsilon_0}\ln\frac{c_1}{\sqrt{\rho^2+h^2-2\rho h\cos\varphi}}+\frac{\rho_1'}{2\pi\varepsilon_0}\ln\frac{c_2}{\sqrt{\rho^2+h'^2-2\rho h'\cos\varphi}}\end{aligned}\qquad(2-9-6)$$

式中，c_1、c_2是与参考电位面有关的常数。

把边界条件 $\Phi(a)=0$ 代入式(2-9-6)，得：

$$\frac{\rho_1}{2\pi\varepsilon_0}\ln\frac{c_1}{\sqrt{a^2+h^2-2ah\cos\varphi}}+\frac{\rho_1'}{2\pi\varepsilon_0}\ln\frac{c_2}{\sqrt{a^2+h'^2-2ah'\cos\varphi}}=0$$

上式成立的条件为：

$$\begin{cases}\rho_1'=-\rho_1\\ \dfrac{c_1}{\sqrt{a^2+h^2-2ah\cos\varphi}}=\dfrac{c_2}{\sqrt{a^2+h'^2-2ah'\cos\varphi}}\end{cases}$$

若令 $c_1/c_2=c$，则有：

$$c\sqrt{a^2+h'^2-2ah'\cos\varphi}=\sqrt{a^2+h^2-2ah\cos\varphi}$$

要使上式对任意 φ 都成立,必须有:

$$\begin{cases}c^2(a^2+h'^2)=a^2+h^2\\ c^2ah'=ah\end{cases}$$

联立求解,合理的一组解为:

$$h'=\frac{a^2}{h},\quad c=\frac{h}{a}$$

于是镜像电荷的线密度和所在位置分别为:

$$\rho_1'=-\rho_1,\quad h'=\frac{a^2}{h} \tag{2-9-7}$$

代入式(2-9-6),可得圆柱外的电位:

$$\Phi=\frac{1}{2\pi\varepsilon_0}\left(\rho_1\ln\frac{c_1}{R}-\rho_1\ln\frac{c_2}{R'}\right)=\frac{1}{2\pi\varepsilon_0}\rho_1\ln\frac{cR'}{R}=\frac{\rho_1}{2\pi\varepsilon_0}\ln\frac{R'h}{Ra} \tag{2-9-8}$$

导体圆柱外电位的等位面分布如图 2-9-7(b)所示。

【例 2-9-6】　平行双线传输线是两根无限长平行导体圆柱,设其半径均为 a,轴线间距离为 D,两导体单位长度带电量分别为 ρ_1 和 $-\rho_1$,如图 2-9-8 所示。求两导体圆柱间单位长度的电容。

【解】　当 $D\gg a$ 时,可认为电荷在导体表面均匀分布,传输线外的场等于两根导体单独作用时产生的场的叠加,其解见式(2-3-18)。当两圆柱导体互相靠近时,由于临近效应,导体表面电荷分布将不再均匀,但可利用镜像原理把导体表面的电荷分布等效成直线电荷(称为电轴),使这两个直线电荷与彼此的导体圆柱面互为镜像,因此镜像电荷与各自所属圆柱单位长度的带电量相等。通过调整两个电轴的位置,使其满足边界条件(两导体表面均为等位面),即可求出圆柱外的电位。

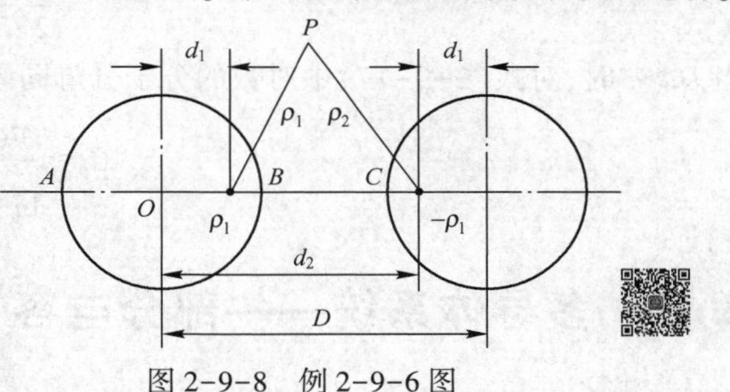

图 2-9-8　例 2-9-6 图

利用式(2-3-18)结果,圆柱外的电位为:

$$\Phi=\frac{\rho_1}{2\pi\varepsilon_0}\ln\frac{\rho_0}{\rho_1}-\frac{\rho_1}{2\pi\varepsilon_0}\ln\frac{\rho_0}{\rho_2}=\frac{\rho_1}{2\pi\varepsilon_0}\ln\frac{\rho_2}{\rho_1} \tag{2-9-9}$$

其中,零电位参考点取在两圆柱轴线的垂直平分面上。由边界条件:两个圆柱面均为等位面,可取两个特殊点来确定电轴的位置,即利用图 2-9-8 中 A、B 两点电位相等可得:

$$\Phi_A=\frac{\rho_1}{2\pi\varepsilon_0}\ln\frac{d_2+a}{d_1+a}=\Phi_B=\frac{\rho_1}{2\pi\varepsilon_0}\ln\frac{d_2-a}{a-d_1} \tag{2-9-10}$$

整理,得:

$$d_1d_2=a^2 \tag{2-9-11}$$

$$d_1+d_2=D \tag{2-9-12}$$

联立求解,得:

$$d_1=\frac{D}{2}-\sqrt{\frac{D^2}{4}-a^2} \tag{2-9-13}$$

$$d_2=\frac{D}{2}+\sqrt{\frac{D^2}{4}-a^2} \tag{2-9-14}$$

两导体间的电压 U 可由 B、C 两点间的电位差来求出,即:

$$U=\Phi_B-\Phi_C=\frac{\rho_1}{2\pi\varepsilon_0}\left(\ln\frac{d_2-a}{a-d_1}-\ln\frac{a-d_1}{d_2-a}\right)=\frac{\rho_1}{2\pi\varepsilon_0}\ln\frac{(d_2-a)^2}{(a-d_1)^2} \tag{2-9-15}$$

利用式(2-9-11),得:

$$U=\frac{\rho_1}{2\pi\varepsilon_0}\ln\frac{d_2}{d_1} \tag{2-9-16}$$

因此传输线单位长度的电容为:

$$C_0=\frac{\rho_1}{U}=\frac{2\pi\varepsilon_0}{\ln\dfrac{\dfrac{D}{2}+\sqrt{\dfrac{D^2}{4}-a^2}}{\dfrac{D}{2}-\sqrt{\dfrac{D^2}{4}-a^2}}} \tag{2-9-17}$$

当 $D\gg a$ 时,对式(2-9-17)中对数的分子分母同乘以分子项,并对平方根取一阶近似,得:

$$C_0\approx\frac{\pi\varepsilon_0}{\ln\dfrac{D}{a}} \tag{2-9-18}$$

2.10 多导体系统——部分电容

2.10.1 电容的概念

1. 两导体间的电容

常用的电容器一般由两个导体构成一个独立系统,两导体之间电压为 U 时,两导体分别带等值异号电荷 $+Q$ 和 $-Q$,且 Q 与 U 成正比,其比值

$$C=\frac{Q}{U} \tag{2-10-1}$$

定义为两导体的电容,它的大小取决于两导体的形状、尺寸及两导体间介质的性质,而与它是否带电及带电量多少无关。

例如,面积为 S、间距为 d 的平板电容为 ε_0S/d;半径为 a,轴间距为 D 的平行双线传输线间单位长度的电容约为 $\pi\varepsilon_0/\ln\dfrac{D}{a}$。

2. 孤立导体的电容

孤立导体的电容可看作是导体与无穷远大地(零电位)之间的电容,表示为:

$$C=\frac{Q}{\Phi} \tag{2-10-2}$$

例如,半径为 a 的导体球对无穷远大地的电容为 $4\pi\varepsilon_0 a$。

【例 2-10-1】 半径为 R 的长直圆柱导体平行于地面,轴线与地面间距离为 h,如图 2-10-1 所示。求单位长度的电容。

【解】 考虑到地面感应电荷对圆柱导体外电场的影响,本题实际要求的是单位长度圆柱导体与地面之间的电容。

利用镜像法可得出图 2-10-1 的镜像系统,如图 2-10-2 所示。对照图 2-9-8 和图 2-10-2,利用式(2-9-13),得:

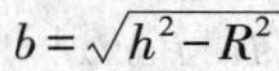

$$b=\sqrt{h^2-R^2}$$

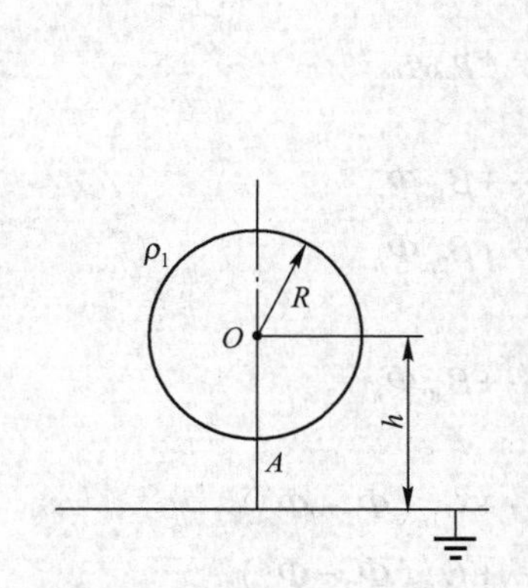

图 2-10-1　例 2-10-1 图

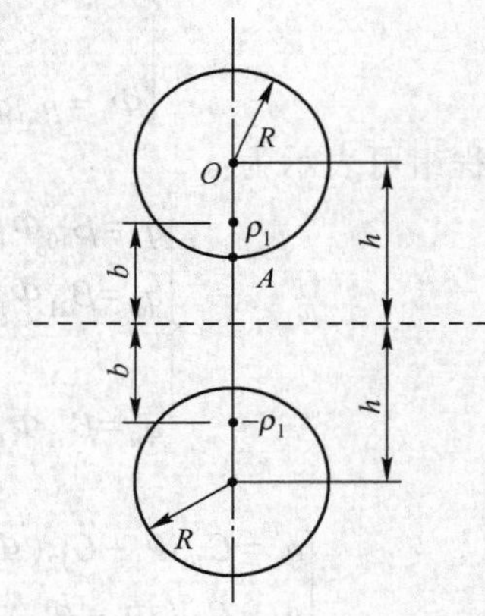

图 2-10-2　镜像系统

参照式(2-9-10),两直线电荷在圆柱表面 A 点产生的电位为:

$$\Phi_A=\frac{\rho_1}{2\pi\varepsilon_0}\ln\frac{b+(h-R)}{b-(h-R)}$$

因此单位长度圆柱导体对地的电容为

$$C_0=\frac{\rho_1}{\Phi_A}=\frac{2\pi\varepsilon_0}{\ln\dfrac{b+(h-R)}{b-(h-R)}}=\frac{2\pi\varepsilon_0}{\ln\dfrac{\sqrt{h+R}+\sqrt{h-R}}{\sqrt{h+R}-\sqrt{h-R}}}$$

当 $h \gg R$ 时,

$$C_0\approx\frac{2\pi\varepsilon_0}{\ln\dfrac{2h}{R}}$$

对比式(2-9-18)可知,单位长度单根圆柱导体对地的电容是平行双线间单位长度电容的两倍。

2.10.2 多导体系统间的部分电容

三个及三个以上的导体构成多导体系统。多导体系统中若其中一个导体是大地,则静电平衡时该系统所有导体表面的电荷总量为零,而每个导体上的电位(大地除外)和电荷分布取决于导体间的介质、导体的形状、尺寸及相对位置。

设线性介质 ε 中有 n 个导体,另设大地为第 $n+1$ 个导体,标号为"0",n 个导体的带电量分别为 $q_1,q_2,\cdots,q_n$,电位分别为 $\Phi_1,\Phi_2,\cdots,\Phi_n$,则每个导体上的电位应等于各个导体上的电荷单独存在时所产生的电位的叠加,即:

$$\begin{cases}\Phi_1=p_{10}q_1+p_{12}q_2+\cdots+p_{1n}q_n\\ \Phi_2=p_{21}q_1+p_{20}q_2+\cdots+p_{2n}q_n\\ \vdots\\ \Phi_n=p_{n1}q_1+p_{n2}q_2+\cdots+p_{n0}q_n\end{cases} \tag{2-10-3}$$

通过求解,该方程组可表示为:

$$\begin{cases}q_1=\beta_{10}\Phi_1+\beta_{12}\Phi_2+\cdots+\beta_{1n}\Phi_n\\ q_2=\beta_{21}\Phi_1+\beta_{20}\Phi_2+\cdots+\beta_{2n}\Phi_n\\ \vdots\\ q_n=\beta_{n1}\Phi_1+\beta_{n2}\Phi_2+\cdots+\beta_{n0}\Phi_n\end{cases} \tag{2-10-4}$$

也可写成:

$$\begin{cases}q_1=C_{10}\Phi_1+C_{12}(\Phi_1-\Phi_2)+\cdots+C_{1n}(\Phi_1-\Phi_n)\\ q_2=C_{21}(\Phi_2-\Phi_1)+C_{20}\Phi_2+\cdots+C_{2n}(\Phi_2-\Phi_n)\\ \vdots\\ q_n=C_{n1}(\Phi_n-\Phi_1)+C_{n2}(\Phi_n-\Phi_2)+\cdots+C_{n0}\Phi_n\end{cases} \tag{2-10-5}$$

或:

$$\begin{cases}q_1=C_{10}U_{10}+C_{12}U_{12}+\cdots+C_{1n}U_{1n}\\ q_2=C_{21}U_{21}+C_{20}U_{20}+\cdots+C_{2n}U_{2n}\\ \vdots\\ q_n=C_{n1}U_{n1}+C_{n2}U_{n2}+\cdots+C_{n0}U_{n0}\end{cases} \tag{2-10-6}$$

该式表明,任一导体上的电量由 n 部分构成。将这些部分电量与式(2-10-1)和式(2-10-2)对比,可看出 $C_{i0}(i=1,\ 2,\cdots,\ n)$ 为导体 i 对地的电容,称为自有部分电容;C_{ij} 为导体 i 对导体 j 的电容,且有 $C_{ij}=C_{ji}$,称为互有部分电容。它们的大小取决于系统内所有导体的几何尺寸、相对位置及导体间介质的性质。

另外,在多导体静电独立系统中,有时会用到两导体间等效电容的概念。任意两导体间的等效电容是指从这两导体看进去的入端等效电容，与电路理论中二端网络的输入电容或等效电容意义相同。

部分电容的意义如下。

(1) 揭示了电容概念的本质。不只是电容器才具有电容，任何导体与地、导体与导体之间都可能存在电容。而消除两导体间电容的唯一方法是采用静电屏蔽措施，用屏蔽导体包围所要屏蔽的区域，且屏蔽导体接地。

(2) 利用部分电容的概念可以把"场"的问题转化为"路"的问题来简化分析和计算。

【例 2-10-2】 试计算考虑大地影响时，平行双线传输线间的等效电容。已知 $d \gg a$，$a \ll h$，如图 2-10-3(a)所示。

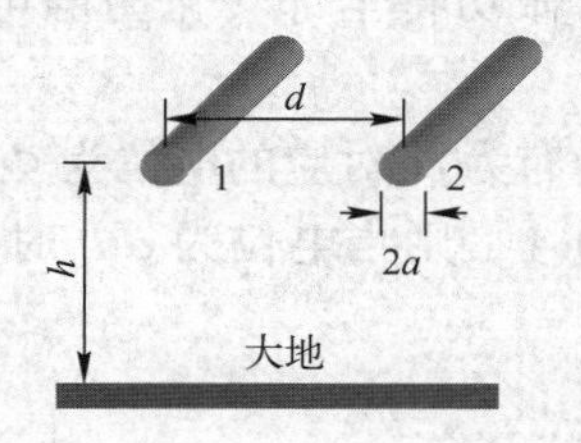

(a) 地表上方的平行双线

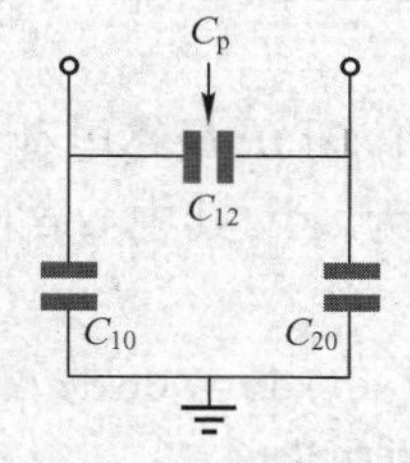

(b) 分布电容的等效电路

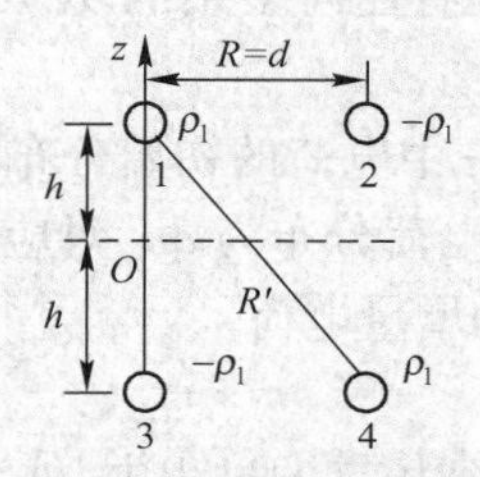

(c) 平行双线对大地的镜像系统

图 2-10-3　地上架空双线传输线

【解】 双线传输线的电容网络如图 2-10-3(b)所示，由对称性知：

$$C_{10}=C_{20},\quad C_{12}=C_{21}$$

因此，从传输线两端看进去的等效电容为：

$$C_P=C_{12}+\frac{C_{10}C_{20}}{C_{10}+C_{20}}=C_{12}+\frac{C_{10}}{2} \tag{2-10-7}$$

设两线单位长度带电量分别为 ρ_1 和 $-\rho_1$，由式(2-10-5)，得：

$$\rho_1=C_{10}\Phi_1+C_{12}(\Phi_1-\Phi_2) \tag{2-10-8}$$

其中，Φ_1 和 Φ_2 的计算应考虑大地的影响，在其镜像系统图 2-10-3(c)中，利用叠加原理来求解。由式(2-9-9)平行双线外电位的表达式，可写出导体 1、3 和导体 2、4 在导体 1 上的电位约为：

$$\Phi_1=\frac{\rho_1}{2\pi\varepsilon_0}\ln\frac{2h}{a}+\frac{\rho_1}{2\pi\varepsilon_0}\ln\frac{d}{\sqrt{4h^2+d^2}}=-\Phi_2 \tag{2-10-9}$$

式中利用 $d \gg a$ 和 $a \ll h$ 在计算导体间距离时做了近似。代入式(2-10-8)，得：

$$\frac{\rho_1}{\Phi_1}=C_{10}+2C_{12}$$

因此从平行双线两端看进去的单位长度的等效电容为：

$$C_p=C_{12}+\frac{C_{10}}{2}=\frac{\rho_1}{2\Phi_1}=\frac{\pi\varepsilon_0}{\ln\dfrac{2hd}{a\sqrt{4h^2+d^2}}}$$

2.11 静电场能量 静电力

电场最基本的特征是对电荷有作用力,使电荷产生位移而做功,因此电场具有能量,且这种静电能存在于有电场强度分布的全部空间。

2.11.1 静电场能量

静电能量是在静电场建立的过程中,由外源做功转化而来。若将静电场建立的过程充分理想化,假使没有任何多余的功,当电场建立完成后,外源所做功将全部转化为静电能储存起来。

假设体积τ中电荷的初始分布为0,电位为0,最终电荷分布为ρ,对应的电位为Φ,建立过程中任意时刻电荷分布为$\alpha\rho$,对应的电位为$\alpha\Phi$,其中$\alpha\in[0,1]$,则当电位为$\alpha\Phi$时,把添加到$\mathrm{d}\tau$体积内的增量电荷

$$\mathrm{d}q=\mathrm{d}(\alpha\rho)\mathrm{d}\tau=\rho\mathrm{d}\alpha\mathrm{d}\tau$$

从无穷远处移到场点的过程中,外源所做的功为:

$$\mathrm{d}W=\mathrm{d}q(\alpha\Phi)=\rho\Phi\alpha\mathrm{d}\alpha\mathrm{d}\tau$$

这部分功全部转化为静电能时,整个体积τ中的静电能增量为:

$$\mathrm{d}W_{\mathrm{e}}=\int_{\tau}\mathrm{d}W=\int_{\tau}\rho\Phi\alpha\mathrm{d}\alpha\mathrm{d}\tau$$

当电场建立完成后,整个系统具有的静电能为:

$$W_{\mathrm{e}}=\int_{0}^{1}\alpha\mathrm{d}\alpha\int_{V}\rho\Phi\mathrm{d}\tau=\frac{1}{2}\int_{V}\rho\Phi\mathrm{d}\tau \tag{2-11-1}$$

类似地,N个导体系统的静电能为:

$$W_{\mathrm{e}}=\frac{1}{2}\sum_{i=1}^{N}\Phi_{i}\int_{S_i}\rho_{\mathrm{S}_i}\mathrm{d}S_{i}=\frac{1}{2}\sum_{i=1}^{N}q_{i}\Phi_{i} \tag{2-11-2}$$

当$N=2$时,即为电容器情形,由式(2-11-2),得:

$$W_{\mathrm{e}}=\frac{1}{2}q(\Phi_{1}-\Phi_{2})=\frac{1}{2}qU=\frac{1}{2}CU^{2}=\frac{q^{2}}{2C} \tag{2-11-3}$$

由式(2-11-1)还可导出用场矢量表示的静电能,并引出能量密度的概念。将$\rho=\nabla\cdot\boldsymbol{D}$代入式(2-11-1)中,得:

$$W_{\mathrm{e}}=\frac{1}{2}\int_{\tau}(\nabla\cdot\boldsymbol{D})\Phi\mathrm{d}\tau \tag{2-11-4}$$

再利用矢量恒等式

$$\nabla\cdot(\Phi\boldsymbol{D})=\Phi\nabla\cdot\boldsymbol{D}+\nabla\Phi\cdot\boldsymbol{D}$$

式(2-11-4)可写为:

$$W_e = \frac{1}{2}\int_\tau \nabla\cdot(\Phi \boldsymbol{D})\mathrm{d}\tau - \frac{1}{2}\int_\tau (\nabla\Phi)\cdot \boldsymbol{D}\mathrm{d}\tau$$

$$= \frac{1}{2}\int_S \Phi \boldsymbol{D}\cdot \mathrm{d}\boldsymbol{S} + \frac{1}{2}\int_\tau \boldsymbol{E}\cdot \boldsymbol{D}\mathrm{d}\tau$$

上式中的积分限可扩大至无穷远,并不会影响积分结果,而这时有限区域中分布的电荷与无穷大包面 S 间的距离 $R\to\infty$。由于 $\Phi\propto\frac{1}{R}, D\propto\frac{1}{R^2}, S\propto R^2$,式(2-11-4)中的面积分将趋于零。因此得到用场矢量表示的静电能:

$$W_e = \frac{1}{2}\int_\tau \boldsymbol{E}\cdot \boldsymbol{D}\mathrm{d}\tau \tag{2-11-5}$$

式(2-11-5)进一步表明,静电能存在于 $\boldsymbol{E}$ 的全部空间,并可定义单位体积的静电能为能量密度,即:

$$w_e = \frac{1}{2}\boldsymbol{E}\cdot \boldsymbol{D} \tag{2-11-6}$$

【例 2-11-1】 真空中半径为 R 的球形区域中均匀分布密度 ρ_0 的电荷,计算其静电能。

【解】 式(2-11-1)和式(2-11-5)均可用来计算该系统的静电能。

当 $r\geqslant R$,

$$\boldsymbol{E}_1 = \boldsymbol{a}_r\frac{Q}{4\pi\varepsilon_0 r^2} = \boldsymbol{a}_r\frac{\frac{4}{3}\pi R^3\rho_0}{4\pi\varepsilon_0 r^2} = \boldsymbol{a}_r\frac{R^3\rho_0}{3\varepsilon_0 r^2}$$

$$\Phi_1 = \int_r^\infty \boldsymbol{E}_1\cdot \mathrm{d}\boldsymbol{r} = \frac{R^3\rho_0}{3\varepsilon_0 r}$$

当 $r\leqslant R$,

$$\boldsymbol{E}_2 = \boldsymbol{a}_r\frac{q}{4\pi\varepsilon_0 r^2} = \boldsymbol{a}_r\frac{\frac{4}{3}\pi r^3\rho_0}{4\pi\varepsilon_0 r^2} = \boldsymbol{a}_r\frac{r\rho_0}{3\varepsilon_0}$$

$$\Phi_2 = \int_r^R \boldsymbol{E}_2\cdot \mathrm{d}\boldsymbol{r} + \Phi_1(R) = \left.\frac{r^2\rho_0}{6\varepsilon_0}\right|_r^R + \frac{R^2\rho_0}{3\varepsilon_0} = \frac{\rho_0}{6\varepsilon_0}(3R^2 - r^2)$$

若由式(2-11-1) 计算,得:

$$W_e = \frac{1}{2}\int_\tau \rho_0\Phi_2\mathrm{d}\tau = \int_0^R \frac{\rho_0}{6\varepsilon_0}(3R^2 - r^2)4\pi r^2\mathrm{d}r = \frac{4\pi\rho_0^2}{15\varepsilon_0}R^5$$

若由式(2-11-5) 计算,得:

$$W_e = \frac{1}{2}\int_\tau \varepsilon_0 E^2\mathrm{d}\tau = \frac{1}{2}\int_{\tau_2}\varepsilon_0 E_2^2\mathrm{d}\tau + \frac{1}{2}\int_{\tau_1}\varepsilon_0 E_1^2\mathrm{d}\tau$$

$$= \frac{1}{2}\varepsilon_0\int_0^R\left(\frac{r\rho_0}{3\varepsilon_0}\right)^2 4\pi r^2\mathrm{d}r + \frac{1}{2}\varepsilon_0\int_R^\infty\left(\frac{R^3\rho_0}{3\varepsilon_0 r^2}\right)^2 4\pi r^2\mathrm{d}r$$

$$= \frac{4\pi\rho_0^2}{15\varepsilon_0}R^5$$

可见,两种计算结果是一样的。

2.11.2 静电力

如前所述,静电系统中,静电力(或外力)做功将导致系统能量变化,由此可以推测静电能变化的趋势也可反映静电力做功的趋势。因此,除应用库仑定律可计算静电力之外,利用静电能的空间变化率也可计算静电力,这种方法称为虚位移法。

设静电系统由 N 个位置固定的导体组成,假使其中导体 i 沿 $\boldsymbol{l}$ 方向虚位移 $\Delta\boldsymbol{l}$ 距离,而其余导体不动,则整个系统静电能的增量 ΔW_e 与电场力所做的功 $\boldsymbol{F}\cdot\Delta\boldsymbol{l}=F_l\Delta l$ 之间的关系可分下面两种情况来讨论。

(1) 各导体上的带电量 q_i 不变,即系统中各导体均没有外接电源,不会有外源供给。按照能量守恒定律,电场力所做机械功应来源于系统能量的减少,因此有:

$$F_l\Delta l=-\Delta W_e$$

于是可得

$$F_l=-\left.\frac{\mathrm{d}W_e}{\mathrm{d}l}\right|_{q=\text{常数}} \tag{2-11-7}$$

(2) 各导体上的电位不变,即各导体均连接恒定电源,以保持电位不变。这种情况下,由于导体 i 的位移会改变系统中的各部分电容,从而使各导体上的带电量发生变化,因而电源将做功

$$\Delta W=\sum_{i=1}^{N}\Phi_i\Delta q_i$$

而各导体上由于电量变化所导致的系统静电能的增量,按照式(2-11-2)应为

$$\Delta W_e=\frac{1}{2}\sum_{i=1}^{N}\Phi_i\Delta q_i$$

可见,电源输送给系统的能量有一半作了机械功,另一半增加了系统的储能,即

$$F_l\Delta l=\Delta W-\Delta W_e=\Delta W_e$$

$$F_l=\left.\frac{\mathrm{d}W_e}{\mathrm{d}l}\right|_{\Phi=\text{常数}} \tag{2-11-8}$$

两种假设下的计算结果是完全相同的。

式(2-11-7)和式(2-11-8)表明,带电体沿 $\boldsymbol{l}$ 方向所受到的静电力是静电场能量在此方向的方向导数。因此,静电力的一般表达式可用静电能的梯度表示,即:

$$\boldsymbol{F}=-\nabla W_e\big|_{q=\text{常数}} \tag{2-11-9}$$

$$\boldsymbol{F}=\nabla W_e\big|_{\Phi=\text{常数}} \tag{2-11-10}$$

【例 2-11-2】 一个半径为 a 带电 Q 的孤立导体球被切成相等的两半,求这两半之间的作用力。

【解】 导体球切开后仍是等位体,电荷仍均匀分布在球表面。该带电系统的总能量为:

$$W_e=\frac{1}{2}Q\Phi(a)=\frac{1}{2}\left.\frac{Q^2}{4\pi\varepsilon_0 r}\right|_{r=a}$$

球表面面元 dS_r 所受的静电力为：

$$d\boldsymbol{F}=-\nabla W_e\frac{dS_r}{S}=-\boldsymbol{a}_r\left.\frac{\partial W_e}{\partial r}\right|_{r=a}\frac{1}{4\pi a^2}dS_r=\boldsymbol{a}_r\frac{Q^2}{32\pi^2\varepsilon_0 a^4}dS_r$$

设导体球切面为 $z=0$ 平面，则上半球面所受的合力为：

$$\boldsymbol{F}_{上}=\int_0^{2\pi}\int_0^{\frac{\pi}{2}}\boldsymbol{a}_r\frac{Q^2}{32\pi^2\varepsilon_0 a^4}a^2\sin\theta d\theta\, d\varphi$$

$$=\int_0^{2\pi}\int_0^{\frac{\pi}{2}}(\boldsymbol{a}_z\cos\theta+\boldsymbol{a}_\rho\sin\theta)\frac{Q^2}{32\pi^2\varepsilon_0 a^2}\sin\theta d\theta\, d\varphi$$

$$=\int_0^{\frac{\pi}{2}}\boldsymbol{a}_z\frac{Q^2}{16\pi\varepsilon_0 a^2}\sin\theta\cos\theta d\theta=\boldsymbol{a}_z\frac{Q^2}{32\pi\varepsilon_0 a^2}$$

下半球面所受的合力为：

$$\boldsymbol{F}_{下}=\int_0^{2\pi}\int_{\frac{\pi}{2}}^{\pi}\boldsymbol{a}_r\frac{Q^2}{32\pi^2\varepsilon_0 a^4}a^2\sin\theta d\theta\, d\varphi=-\boldsymbol{a}_z\frac{Q^2}{32\pi\varepsilon_0 a^2}$$

【例 2-11-3】 如图 2-11-1 所示平板电容器中填充了一部分介质，忽略边缘效应，求介质所受静电力。

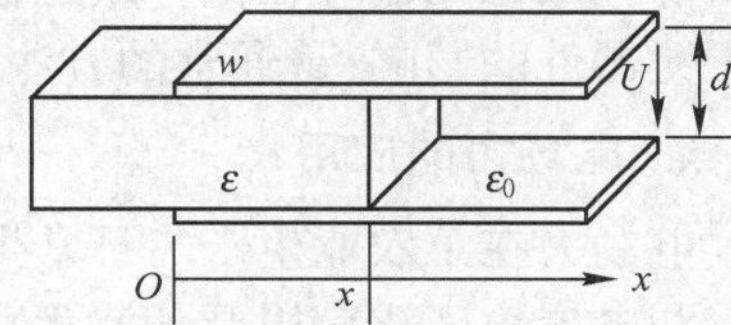

图 2-11-1 例 2-11-3 图

【解】 该电容器中的总储能为：

$$W_e=\frac{1}{2}\varepsilon_0\left(\frac{U}{d}\right)^2(l-x)wd+\frac{1}{2}\varepsilon\left(\frac{U}{d}\right)^2xwd$$

假设极板电压不变，则由式(2-11-10)，有：

$$\boldsymbol{F}=\nabla W_e=\boldsymbol{a}_x\frac{1}{2}(\varepsilon-\varepsilon_0)\left(\frac{U}{d}\right)^2wd$$

由于式中 $\varepsilon>\varepsilon_0$，表明静电力 $\boldsymbol{F}$ 沿 x 轴正方向，即介质将被吸入电容器。

2.12 静电场的应用

静电场具有静电放电、静电感应、静电屏蔽等物理现象及静电场作用力的特性，获得了广泛应用。

1. 静电放电

提起静电放电，在日常生活中几乎每个人都有这种生活经验。在干燥环境，当一个人脱衣服(尤其是含有化纤的衣物)时，能够听到噼里啪啦的静电放电声，夜晚同时还能看到电火花，在手触摸体积较大的金属物体(如门把手)时，会有电击的感觉，这就是人体静电放电造成的。静电放电是指带电体周围的场强超过介质的绝缘击穿场强时，因介质产生电离而使带电体上的静电荷部分或全部消失的现象。

静电放电现象可以用于高电压测量。例如，常用测量方法之一是采用测量球隙法，主要设备由两个导体球组成，在一定温湿度和压力下，改变两个带电球的间距，使导体球之间放电，便可根据间距计算两球之间的电压。由于温湿度对放电电压及波形影响很大，这种方法测量准确度不很高。

2. 静电感应

静电感应是指在外电场的作用下,导体中电荷在导体中重新分布的现象。例如,一个带电的物体与不带电的导体相互靠近时由于电荷间的相互作用,会使导体内部的电荷重新分布,异种电荷被吸引到带电体附近,而同种电荷被排斥到远离带电体的导体另一端。这个现象由英国科学家约翰·坎顿和瑞典科学家约翰·卡尔·维尔克分别在1753年和1762年发现。

利用静电感应现象可以使导体带电。早期的一些静电起电机就是根据这个原理制成的。

3. 静电屏蔽

封闭的导体腔可以对静电场产生影响称为静电屏蔽。屏蔽体选用良导体壳(金属板、网),静电屏蔽可以分为主动屏蔽和被动屏蔽。

主动屏蔽主要用于屏蔽干扰源,干扰源置于导体壳内,导体壳接地。被动屏蔽用于屏蔽敏感设备,原理上导体壳可以不接地,实际上一般也接地。

静电屏蔽有着广泛的应用,如电波暗室的外壳通常就是采用钢板制成,可以阻断内、外静电场的相互影响,当然还可以同时屏蔽时变电磁场。

静电敏感元器件在储存或运输过程中可能会暴露于有静电的区域中,为削弱外界静电对电子元器件的影响,最通常的方法是用静电屏蔽袋和防静电周转箱作为保护。

4. 电场力的应用

电场力在工农业生产与日常生活中有着广泛的应用。例如,基于电场力对电子作用的电偏转和电聚焦广泛应用于示波管、显像管等电子器件中。此外,在工业生产中,广泛使用了静电选矿、静电纺织、静电喷涂、离子束加工等技术;在农业生产中,利用高压静电场处理植物种子或植株,可以提高产量;在生活中,应用于静电复印和打印、空气除尘等。可以说,电场力的应用与我们息息相关。

静电选矿技术应用于矿业来分选带异种电荷的矿物。例如,在一台矿砂分选器中,磷酸盐矿砂含有磷酸盐岩石和石英。将矿砂送入振动的进料器中,在振动产生的矿砂摩擦过程中,石英颗粒得到正电荷,磷酸盐颗粒得到负电荷。再送入平板电容器中,在重力和电场的作用下,实现带异种电荷矿砂颗粒的分选。

5. 静电场的危害

静电场在生产生活中得到广泛应用,但同时也具有一定的危害性。例如,小的方面,北方冬季气候干燥,容易产生静电放电现象,当把U盘插入台式计算机前面板的接口时,由于该接口的接地线连接到后面的主板,接地线很长,接地效果较差,插入瞬间静电放电产生的电荷不能得到快速有效释放,有可能造成计算机死机。大的方面,1962年,民兵导弹Ⅰ飞行试验时,由于相互绝缘的弹头和弹体之间出现了静电放电而导致导弹提前爆炸,造成试验失败。

静电放电多数是高电位、强电场、瞬时大电流的过程,并且会产生强烈的电磁辐射形成电磁脉冲。静电放电会使电子元器件失效或存在隐患,它对电子产品的生产和组装会造成难以预测的危害。此外,静电对电子元器件的影响还包括静电吸附灰尘、改变线路间的阻抗、影响产品的功能与寿命等。

因此,必须针对静电现象的形成原因,采取适当措施实现静电防护。主要措施如下。

(1) 接地。它是指直接将静电通过一条线的连接泄放到大地,这是防静电措施中最直接最有效的方法。对于导体通常用接地的方法,如人工配戴防静电手腕带及工作台面接地等。

(2) 静电屏蔽。采用封闭的良导体空腔,使腔体内部不受外部电场的影响,也不使内部电场对外界产生影响,这种现象称为静电屏蔽。空腔导体不接地的屏蔽为外屏蔽,空腔导体接地的屏蔽为内屏蔽。

(3)离子中和。绝缘体往往易产生静电,接地方法无法消除绝缘体的静电,通常采用的方法是离子中和,即在工作环境中用离子风机等,提供一等电位的工作区域。

2.13　MATLAB 应用分析

【例 2-13-1】　已知无界真空中,有限长直线 l 上均匀分布着电荷,电荷线密度为 ρ_1,如图2-13-1所示,求此线电荷的电场强度。使用 MATLAB 中 Symbolic 数学工具箱的函数 int,采用直接积分的方法得到电场强度的解析表达式,验证答案。假定线电荷长度为 10 m,电荷密度为10^{-8} C/m,使用 MATLAB 的 quad 命令计算数值结果,画出线电荷一侧的电场强度分布。

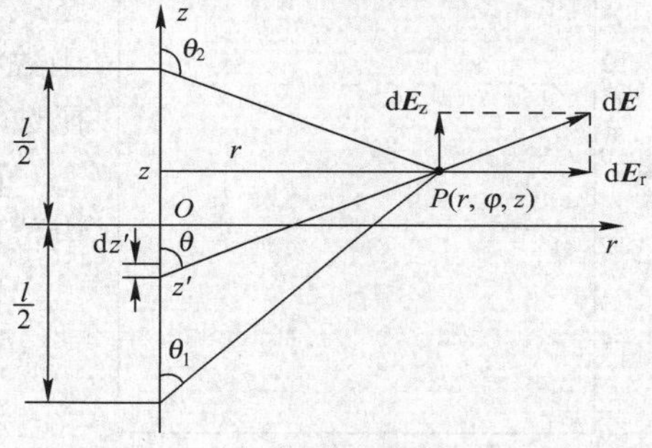

图 2-13-1　例 2-13-1 题图

【解】

采用圆柱坐标系,令 z 轴与导线重合,原点位于中点。点源 $\mathrm{d}q$ 所产生的电场 $\mathrm{d}\boldsymbol{E}(\boldsymbol{r})$ 为:

$$\mathrm{d}\boldsymbol{E}(\boldsymbol{r})=\frac{\rho_1\mathrm{d}z'}{4\pi\varepsilon_0}\frac{[\boldsymbol{a}_r r+\boldsymbol{a}_z(z-z')]}{[r^2+(z-z')^2]^{3/2}}$$

$\mathrm{d}\boldsymbol{E}(\boldsymbol{r})$ 可以分解为 $\mathrm{d}\boldsymbol{E}(\boldsymbol{r})=\boldsymbol{a}_r\mathrm{d}E_r+\boldsymbol{a}_z\mathrm{d}E_z$,然后分别计算以下两个标量积分:

$$E_r(r)=\int_{-\frac{l}{2}}^{\frac{l}{2}}\mathrm{d}E_r=\frac{\rho_1}{4\pi\varepsilon_0 r}\left\{\frac{z+l/2}{[r^2+(z+l/2)^2]^{1/2}}-\frac{z-l/2}{[r^2+(z-l/2)^2]^{1/2}}\right\}$$

$$=\frac{\rho_1}{4\pi\varepsilon_0 r}(\cos\theta_1-\cos\theta_2)$$

$$E_z(r)=\int_{-\frac{l}{2}}^{\frac{l}{2}}\mathrm{d}E_z=\frac{\rho_1}{4\pi\varepsilon_0 r}\left\{\frac{r}{[r^2+(z-l/2)^2]^{1/2}}-\frac{r}{[r^2+(z+l/2)^2]^{1/2}}\right\}$$

$$=\frac{\rho_1}{4\pi\varepsilon_0 r}(\sin\theta_2-\sin\theta_1)$$

式中:

$$\cos\theta_1=\frac{z+l/2}{[r^2+(z+l/2)^2]^{1/2}},\quad \cos\theta_2=\frac{z-l/2}{[r^2+(z-l/2)^2]^{1/2}}$$

如果均匀分布的线电荷在直线两端无限延长成为无限长线电荷,则 $\theta_1\rightarrow 0°$,$\theta_2\rightarrow 180°$,得:

$$E_r(r)=\frac{\rho_1}{2\pi\varepsilon_0 r},\quad E_z(r)=0$$

利用 MATLAB 的符号运算功能,可进行许多公式推导及微分方程求解,求解一些复杂的数学问题。执行 syms epsilon0 rohl roh r z z1 L Er Ez 语句,定义积分中要用到的符号,执行 Er =rohl/4/pi/epsilon0 * int(rho/(rho^2+(z-z1)^2)^(3/2),z1,-L/2,L/2)语句,计算积分,直接可以得到解析表达式:

1/4 * rohl/pi/epsilon0 * ((L^2+4 * rho^2+4 * z^2+4 * z * L)^(1/2) * L-2 * (L^2+4 * rho^2 +4 * z^2+4 * z * L)^(1/2) * z+(L^2+4 * rho^2+4 * z^2-4 * z * L)^(1/2) * L+2 * (L^2+4 * rho^2+4 * z^2-4 * z * L)^(1/2) * z)/(L^2+4 * rho^2+4 * z^2-4 * z * L)^(1/2)/rho/(L^2+4 * rho^2 +4 * z^2+4 * z * L)^(1/2)

解之,得:

$$E_r(r)=\frac{\rho_1}{4\pi\varepsilon_0 r}\left\{\frac{z+l/2}{[r^2+(z+l/2)^2]^{1/2}}-\frac{z-l/2}{[r^2+(z-l/2)^2]^{1/2}}\right\}$$

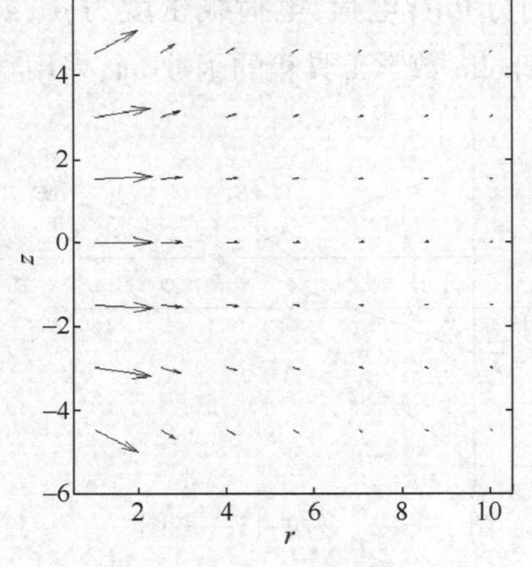

图 2-13-2　例 2-13-1 的电场分布

同理,可以求得 $E_z(r)$ 的解析式。

在 MATLAB 中使用 inline 函数定义字符形式的数学表达式。由于对 z' 积分时,z 和 r 为常量,因此可使用 num2str 函数将其转换为字符串,并嵌入 inline 函数中。使用 quad 函数计算数值积分,$\boldsymbol{E}(\boldsymbol{r})$ 的计算结果如图 2-13-2 所示。

【例 2-13-2】　使用 MATLAB 画出电偶极子附近的等电位面及电场分布。

【解】　电偶极子的电位为:

$$\Phi(\boldsymbol{r})=\frac{\boldsymbol{p}\cdot\boldsymbol{a}_r}{4\pi\varepsilon_0 r^2}=\frac{\boldsymbol{p}\cdot\boldsymbol{r}}{4\pi\varepsilon_0 r^3}=-\frac{\boldsymbol{p}}{4\pi\varepsilon_0}\cdot\nabla\frac{1}{r}$$

电偶极子的电场为:

$$\boldsymbol{E}(\boldsymbol{r})=-\nabla\Phi=\frac{p}{4\pi\varepsilon_0 r^3}(\boldsymbol{a}_r 2\cos\theta+\boldsymbol{a}_\theta\sin\theta)$$

使用 MATLAB 函数 mesh 画出电偶极子的电位图,如图 2-13-3(a)所示,其等值面如图 2-13-3(b)所示。其中图(b)中的箭头的方向、长度和分布表示电场分布。

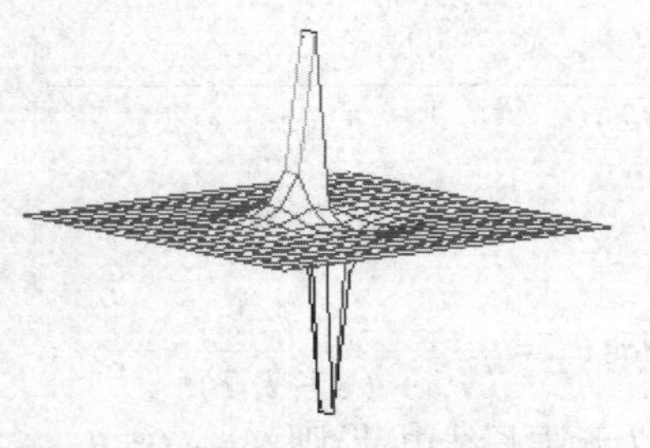
(a) 电位分布

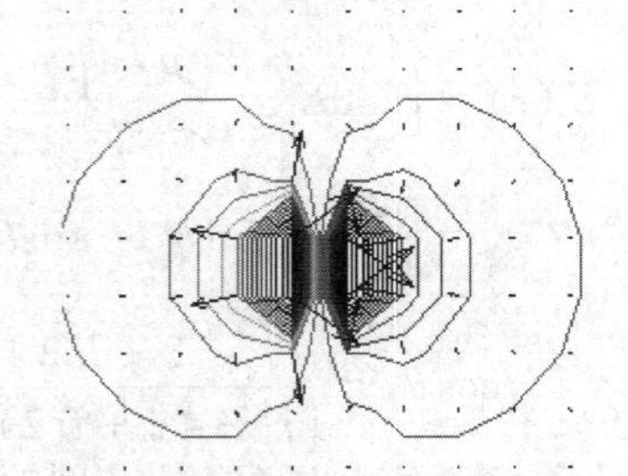
(b) 电位等值面及电场分布

图 2-13-3　电偶极子的电位及电场分布

【例 2-13-3】 两无限大平板电极相距 d，电位分别为 0 和 V，板间充满密度为 $\rho_0 x/d$ 的电荷，求板间 Φ、E 及板上电荷密度 ρ_S。使用 MATLAB 中 Symbolic 数学工具箱的函数 dsolve 和 diff 得到电位和电场分布的解析表达式，验证答案。使用 MATLAB 画出两极板间的电场和电位分布。

【解】 执行 fai=dsolve('D2fai=-rho0 * x/epsilon0/d','fai(0)=0','fai(d)=V','x')语句，可以得到解析表达式：

-1/6 * rho0 * x^3/epsilon0/d+1/6 * (rho0 * d^2+6 * V * epsilon0)/epsilon0/d * x

利用函数 dsolve 即求解拉普拉斯方程 $\nabla^2\Phi=0$，得：

$$\Phi=-\frac{\rho_0}{6\varepsilon_0 d}x^3+\left(\frac{V}{d}+\frac{\rho_0 d}{6\varepsilon_0}\right)x$$

执行 E=diff(-fai,'x')语句，可得到电场表达式：

1/2 * rho0 * x^2/epsilon0/d-1/6 * (rho0 * d^2+6 * V * epsilon0)/epsilon0/d

即：

$$E=\frac{\rho_0}{2\varepsilon_0 d}x^2-\left(\frac{V}{d}+\frac{\rho_0 d}{6\varepsilon_0}\right)$$

假定 $d=5\ \text{m}$，$\rho_0=10^{-10}\ \text{C/m}^2$，$V=1\ \text{V/m}$。使用 MATLAB 函数画出电位及电场图。电位分布如图 2-13-4(a)所示，电位的等值面和电场如图 2-13-4(b)所示，图中箭头的方向、长度和分布表示电场。由于电位是 x 的函数，使用 MATLAB 函数 ezplot 可画出电位随 x 的变化关系，如图 2-13-4(c) 所示。

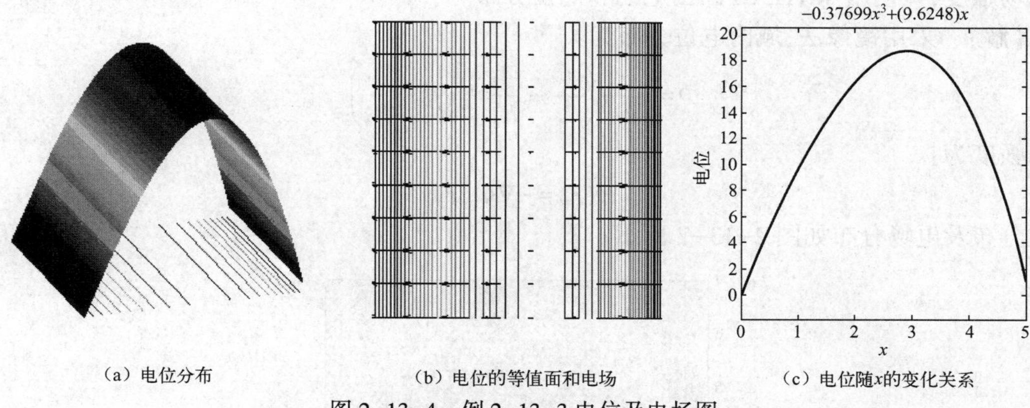

(a) 电位分布 (b) 电位的等值面和电场 (c) 电位随x的变化关系

图 2-13-4 例 2-13-3 电位及电场图

【例 2-13-4】 z 向无限长的矩形横截面场域，域内无电荷分布，如图 2-13-5 所示。求域内电位分布。

【解】 利用分离变量法可求出域内电位分布：

$$\Phi(x,y)=\frac{4\Phi_0}{\pi}\sum_{m=1}^{\infty}\frac{1}{2m-1}\sin\frac{(2m-1)\pi}{b}y\frac{\cosh\frac{(2m-1)\pi}{b}x}{\cosh\frac{(2m-1)\pi}{b}a}$$

电位分布图如图 2-13-6 所示。

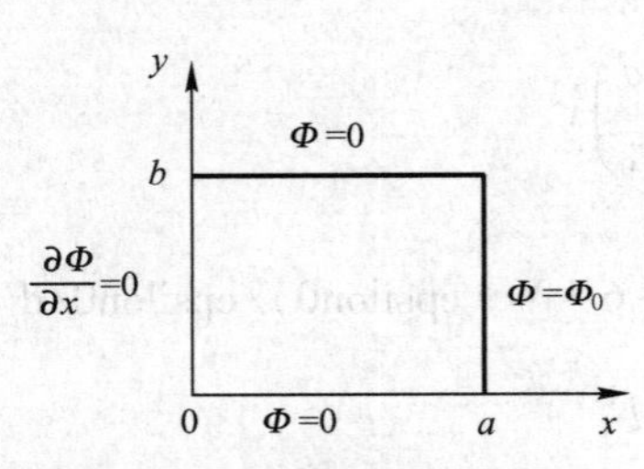

图 2-13-5　例 2-13-4 题图

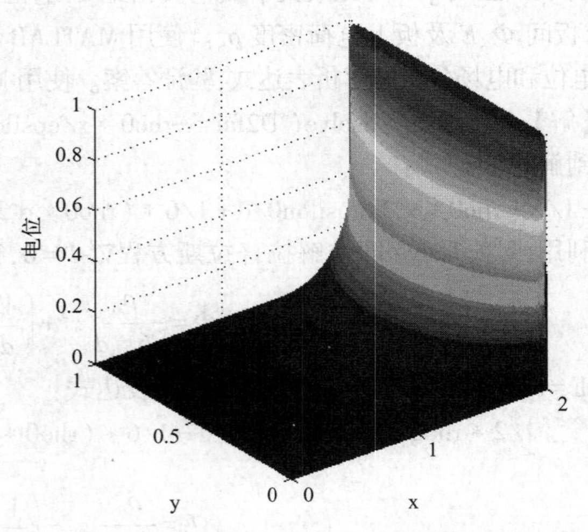

图 2-13-6　域内电位分布图

【例 2-13-5】　两个相交成直角的半无限大导体平面分别放置在直角坐标系的 x 轴和 y 轴，在第一象限(a,a)位置有一个电量为 $4\pi\varepsilon_0$ 的点电荷，计算第一象限内任意一点处的电位和电场强度，并使用 MATLAB 画出电场和电位分布。

【解】　采用镜像法，域内电位分布为：

$$\Phi=\frac{q}{4\pi\varepsilon_0}\left(\frac{1}{R_1}-\frac{1}{R_2}+\frac{1}{R_3}-\frac{1}{R_4}\right)$$

电场强度为：

$$\boldsymbol{E}(\boldsymbol{r})=-\nabla\Phi(\boldsymbol{r})$$

电位分布及电场分布如图 2-13-7 所示。

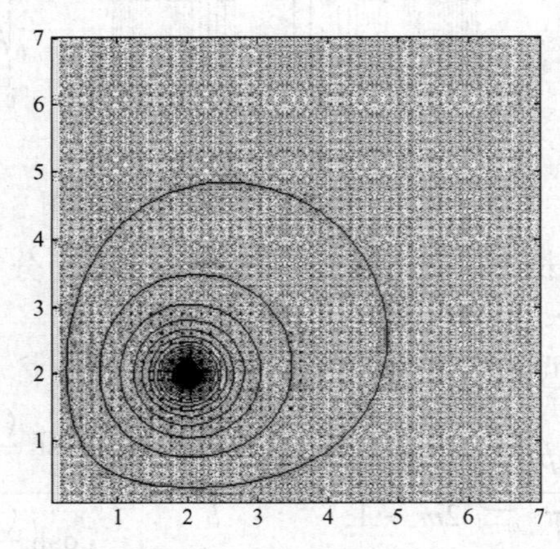

图 2-13-7　例 2-13-5 电位分布及电场分布图

小　结

1. 库仑定律

$$\boldsymbol{F}_{12}=\frac{q_1q_2}{4\pi\varepsilon_0R_{12}^2}\boldsymbol{a}_{R_{12}}=\frac{q_1q_2(\boldsymbol{r}_2-\boldsymbol{r}_1)}{4\pi\varepsilon_0\ |\boldsymbol{r}_2-\boldsymbol{r}_1|^3}$$

2. 电场强度

N个点电荷的电场强度：
$$\boldsymbol{E}=\sum_{i=1}^{N}\frac{q_i}{4\pi\varepsilon_0R_i^2}\boldsymbol{a}_{R_i}$$

体电荷的电场强度：
$$\boldsymbol{E}=\int_{\tau'}\boldsymbol{a}_R\frac{\rho(\boldsymbol{r}')}{4\pi\varepsilon_0R^2}\mathrm{d}\tau'$$

面电荷的电场强度：
$$\boldsymbol{E}=\int_{S'}\boldsymbol{a}_R\frac{\rho_{\mathrm{S}}(\boldsymbol{r}')}{4\pi\varepsilon_0R^2}\mathrm{d}S'$$

线电荷的电场强度：
$$\boldsymbol{E}=\int_{l'}\boldsymbol{a}_R\frac{\rho_{\mathrm{l}}(\boldsymbol{r}')}{4\pi\varepsilon_0R^2}\mathrm{d}l'$$

3. 静电场的基本方程

积分形式	微分形式	本构关系
$\begin{cases}\oint_S\boldsymbol{D}\cdot\mathrm{d}\boldsymbol{S}=q\\ \oint_C\boldsymbol{E}\cdot\mathrm{d}\boldsymbol{l}=0\end{cases}$	$\begin{cases}\nabla\cdot\boldsymbol{D}=\rho_{\mathrm{f}}\\ \nabla\times\boldsymbol{E}=\boldsymbol{0}\end{cases}$	$\boldsymbol{D}=\varepsilon_0\boldsymbol{E}+\boldsymbol{P}=\varepsilon\boldsymbol{E}$

4. 束缚电荷

束缚体电荷：
$$\rho_{\mathrm{P}}=-\nabla\cdot\boldsymbol{P}$$

束缚面电荷：
$$\rho_{\mathrm{PS}}=\boldsymbol{P}\cdot\boldsymbol{n}|_S$$

5. 边界条件

两种介质分界面	导体表面
$\boldsymbol{n}\cdot(\boldsymbol{D}_1-\boldsymbol{D}_2)\|_S=\rho_{\mathrm{S}}$	$\boldsymbol{n}\cdot\boldsymbol{D}\|_S=\rho_{\mathrm{S}}$
$\boldsymbol{n}\times(\boldsymbol{E}_1-\boldsymbol{E}_2)\|_S=\boldsymbol{0}$	$\nabla\times\boldsymbol{E}\|_S=\boldsymbol{0}$

6. 电位

$$\boldsymbol{E}(\boldsymbol{r})=-\nabla\Phi(\boldsymbol{r}),\quad \Phi_P=\int_P^{\text{参考点}}\boldsymbol{E}\cdot\mathrm{d}\boldsymbol{l}$$

N个点电荷的电位：
$$\Phi(\boldsymbol{r})=\sum_{i=1}^{N}\frac{q_i}{4\pi\varepsilon_0}\frac{1}{R_i}\quad(R_i=|\boldsymbol{r}-\boldsymbol{r}_i'|)$$

体电荷的电位：$$\Phi(\boldsymbol{r})=\frac{1}{4\pi\varepsilon_0}\int_{\tau'}\frac{\rho_{\mathrm{f}}(\boldsymbol{r}')}{R}\mathrm{d}\tau'+C$$

面电荷的电位：$$\Phi(\boldsymbol{r})=\frac{1}{4\pi\varepsilon_0}\int_{S'}\frac{\rho_{\mathrm{S}}(\boldsymbol{r}')}{R}\mathrm{d}S'+C$$

线电荷的电位：$$\Phi(\boldsymbol{r})=\frac{1}{4\pi\varepsilon_0}\int_{l'}\frac{\rho_{\mathrm{l}}(\boldsymbol{r}')}{R}\mathrm{d}l'+C$$

泊松方程：$$\nabla^2\Phi=-\frac{\rho_{\mathrm{f}}}{\varepsilon}$$

拉普拉斯方程：$$\nabla^2\Phi=0$$

边界条件：$$-\varepsilon_1\frac{\partial\Phi_1}{\partial n}\bigg|_S+\varepsilon_2\frac{\partial\Phi_2}{\partial n}\bigg|_S=\rho_{\mathrm{S}}$$

$$\Phi_1|_S=\Phi_2|_S$$

7. 分离变量法

直角坐标系中三维通解形式为：

$$\Phi(x,y,z)=(A_1x+A_2)(B_1y+B_2)(C_1z+C_2)+\sum[(D_1\sin k_xx+D_2\cos k_xx)(E_1\sin k_yy+E_2\cos k_yy)\times(F_1\sinh\sqrt{k_x^2+k_y^2}z+F_2\cosh\sqrt{k_x^2+k_y^2}z)]$$

圆柱坐标中二维通解形式为：

$$\Phi(\rho,\varphi)=\sum_{m=1}^{\infty}(A_m\rho^m+B_m\rho^{-m})(C_m\sin m\varphi+D_m\cos m\varphi)$$

球坐标中二维通解形式为：

$$\Phi(r,\theta)=\sum_{m=0}^{\infty}[A_mr^m+B_mr^{-(m+1)}]P_m(\cos\theta)$$

8. 镜像法

导体平面镜像：$$h'=-h,\quad q'=-q$$

导体球面镜像：$$h'=\frac{a^2}{h},\quad q'=-\frac{a}{h}q$$

导体圆柱面镜像：$$h'=\frac{a^2}{h},\quad \rho_1'=-\rho_1$$

9. 电容、静电能和静电力

平板电容：$$C=\varepsilon S/d$$

同轴电缆(单位长度)电容：$$C_0=2\pi\varepsilon/\ln\frac{b}{a}$$

导体球电容：$$C=4\pi\varepsilon a$$

同心球壳电容：　$C = 4\pi\varepsilon ab/(b - a)$

体电荷分布系统的静电能：　$W_e = \dfrac{1}{2}\int_\tau \rho\Phi \mathrm{d}\tau$

导体系统的静电能：　$W_e = \dfrac{1}{2}\sum_{i=1}^{N}\Phi_i\int_{S_i}\rho_S \mathrm{d}S_i = \dfrac{1}{2}\sum_{i=1}^{N} q_i\Phi_i$

用场矢量表示的静电能：　$W_e = \dfrac{1}{2}\int_\tau \boldsymbol{E}\cdot\boldsymbol{D}\mathrm{d}\tau$

电场能量密度：　$w_e = \dfrac{1}{2}\boldsymbol{E}\cdot\boldsymbol{D}$

虚位移法：　$\boldsymbol{F} = -\nabla W_e\big|_{q=常数}$，　$\boldsymbol{F} = \nabla W_e\big|_{\Phi=常数}$

思考与练习

1. 在例 2-1-1 中假设在某个时刻电量 Q 均匀分布在导体球中，会发生什么现象？

2. 若例题 2-2-1 中，在球形区域外部放置一个同心的金属球壳，设半径为 $b(b>a)$，那么当球壳接地（称为屏蔽）或不接地时，球内外各部分区域的电场强度和电位有何变化？

3. 由高斯定律 $\oint_S \boldsymbol{D}\cdot \mathrm{d}\boldsymbol{S} = q$ 是否可以说明，电位移是由高斯面内的电荷决定的？

4. 若空间一点电场强度为零，是否可以确定该点电位为零？

5. 直角坐标分离变量法的求解步骤是怎样的？若原边界不具有单一函数特征，该如何解决？其理论依据是什么？

6. 二维圆柱坐标和球坐标的分离变量解中都有欧拉方程的解，因此电位随半径增加或减小得非常快。分析例 2-8-4 中圆柱体外的电位，只取 $m=1$ 项的电位，求出其电场强度，分析其特点，由此可得到什么结论？

7. 什么是镜像法？其理论依据是什么？

8. 多导体系统的部分电容是如何定义的？以三导体为例，说明部分电容的测量方法。

9. 例 2-11-3 中平板电容器中的介质所受的静电力如何用库仑定律定性分析？

10. 静电场能量的计算公式 $W_e = \dfrac{1}{2}\int_\tau \rho\Phi\mathrm{d}\tau$ 和 $W_e = \dfrac{1}{2}\int_\tau \boldsymbol{E}\cdot\boldsymbol{D}\mathrm{d}\tau$ 有何区别和联系？

习　题

1. 两个点电荷 q 和 $-q$ 分别位于 $+y$ 轴和 $+x$ 轴上距原点为 a 处。求：

（1）z 轴上任一点处电场强度的方向 $\boldsymbol{a}_E$；

（2）平面 $y=x$ 上任一点的 $\boldsymbol{a}_E$。

2. xy 平面上半径为 a 圆心位于原点的半圆环关于 x 轴对称，且开口朝向 $+x$ 轴。若半环上电荷线密度为ρ_l,求位于原点的点电荷q所受到的作用力。

3. 卢瑟福在1911年采用的原子模型为:半径为r_a的球体积中均匀分布着总电量为$-ze$的电子云,球心有一正电荷ze(z为原子序数,e是质子的电量),试证明他得到的原子内的电场强度和电位的表示式为:

$$\boldsymbol{E}=\boldsymbol{a}_r\frac{ze}{4\pi\varepsilon_0}\left(\frac{1}{r^2}-\frac{r}{r_a^3}\right)$$

$$\Phi=\frac{ze}{4\pi\varepsilon_0}\left(\frac{1}{r}-\frac{3}{2r_a}+\frac{r^2}{2r_a^3}\right)$$

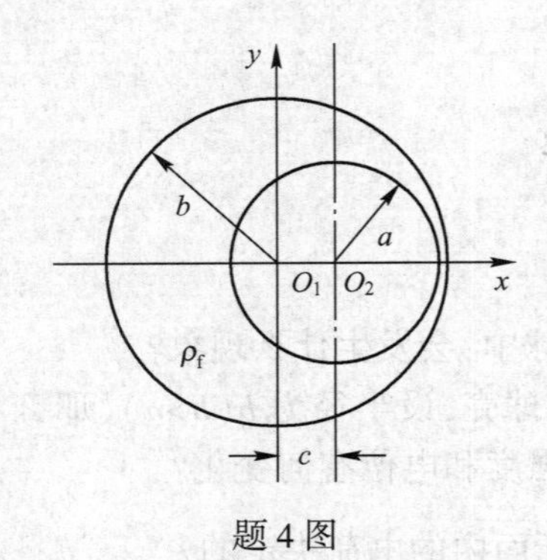

题4图

4. 如题4图所示,真空中两个轴线平行的无限长圆柱面之间有体电荷密度为ρ_f的电荷均匀分布,其余部分无电荷,$a+c<b$。求空间各点的电场强度。

5. 计算在电场$\boldsymbol{E}=\boldsymbol{a}_x y+\boldsymbol{a}_y x$中把一个$-2\mu C$的电荷沿以下两种路径从点$(2,1,-1)$移到点$(8,2,-1)$电场力所做的功:

(1) 沿曲线$x=2y^2$;

(2) 沿连接该两点的直线。

6. 大气中各点电场强度的经验分布$\boldsymbol{E}=-\boldsymbol{a}_z E_0(A\mathrm{e}^{-\alpha z}+B\mathrm{e}^{-\beta z})$,$z$为从当地的地平面算起的高度;所有的经验常数$A$、$B$、$a$、$b$皆为正数。求大气中电荷密度的经验分布,并问此电荷是正电荷还是负电荷?

7. 已知空间电场分布如下,求空间各点的电荷分布。

(1) $\boldsymbol{E}=\begin{cases}\boldsymbol{a}_\rho E_0\left(\dfrac{\rho}{a}\right)^3 & (0\leqslant\rho\leqslant a)\\ 0 & (a<\rho)\end{cases}$

(2) $E_r=2A\cos\theta/r^3$, $E_\theta=A\sin\theta/r^3$, $E_\varphi=0\quad(r>0)$

8. 以下矢量场是不是静电场的一种可能的分布?若是,找出其电位Φ的函数式。

(1) $\boldsymbol{E}=\boldsymbol{a}_x(yz-2x)+\boldsymbol{a}_y xz+\boldsymbol{a}_z xy$

(2) $\boldsymbol{E}=\boldsymbol{a}_x x^2 y+\boldsymbol{a}_y xy^2+\boldsymbol{a}_z \mathrm{e}^{-\beta y}\cos\alpha x\quad$($a$、$b$为常数)

9. 假设所讨论的空间无电荷,以下标量场是不是静电场的一种可能的电位分布?

(1) $\sin(kx)\sin(ly)\mathrm{e}^{-hz}\quad(h^2=k^2+l^2)$

(2) $\rho^n(\cos n\varphi+\sin n\varphi)$

(3) $r\cos\theta$, $r^{-2}\cos\theta$

(4) $\mathrm{e}^{-y}\cosh x\quad(y>0)$

10. 半径为a的永久极化介质球,球心在原点,均匀极化强度为$\boldsymbol{P}$,平行于z轴,球外为空气。求:

(1) 介质球表面的束缚电荷密度;

(2) z轴上任一点由束缚电荷产生的电位和电场强度。

11. 均匀极化的一大块介质极化强度为$\boldsymbol{P}$,内部有一半径为a的球形空腔,求球心处的电场强度。

12. 空气中半径为b的介质球内有一个半径为a的同心导体球,介质的介电常数为ε,极化强度$\boldsymbol{P}=\boldsymbol{a}_r kr$,其中$k$为常数。求:

(1) 束缚电荷的体密度和面密度;

(2) 自由电荷密度;

(3) 导体球面的电位。

13. 两种电介质的分界面为$z=0$的平面,已知$\varepsilon_{r1}=2$,$\varepsilon_{r2}=3$,若介质1中的电场为:

$$\boldsymbol{E}=\boldsymbol{a}_x 2y-\boldsymbol{a}_y 3x+\boldsymbol{a}_z(5+z)$$

求介质2中分界面处的$\boldsymbol{E}$和$\boldsymbol{D}$。

14. 在$y=0$的介质分界面上电场强度的矢线若如题14图所示,问介质分界面上的束缚电荷ρ_{PS}是正是负?证明之。

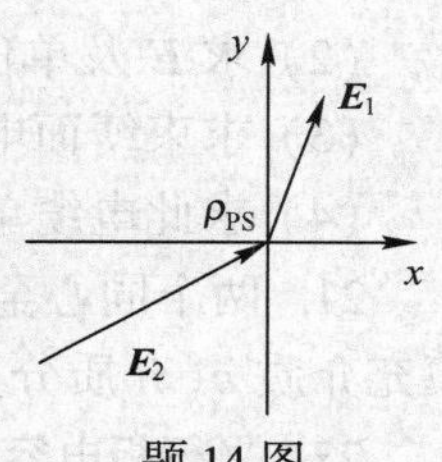

题14图

15. 半径为a的薄导体球壳的内表面涂了一层绝缘膜,球内充满总电量为Q的电荷,球壳的外表面上又另充了电量Q。已知球壳内部电场$\boldsymbol{E}=\boldsymbol{a}_r(r/a)^4$,求:

(1) 球内电荷分布;

(2) 球壳外表面上的电荷分布;

(3) 球壳的电位;

(4) 球心的电位。

16. 电场中有一半径为a的圆柱体,已知圆柱内外的电位分布为:

$$\Phi=0 \quad (\rho\leqslant a)$$

$$\Phi=A\left(\rho-\frac{a^2}{\rho}\right)\cos\varphi \quad (\rho\geqslant a)$$

(1) 求圆柱内外的电场强度;

(2) 这个圆柱是用什么材料制成的?表面有电荷吗?试求之。

17. 厚度为d的无限大介质平板,电容率$\varepsilon=4\varepsilon_0$,放置于均匀电场$\boldsymbol{E}_0$之中,$\boldsymbol{E}_0$向板的入射角为$\theta_1$,如题17图所示。求:

(1) 使$\theta_2=\pi/4$的θ_1的值;

(2) 板的两表面的束缚电荷密度。

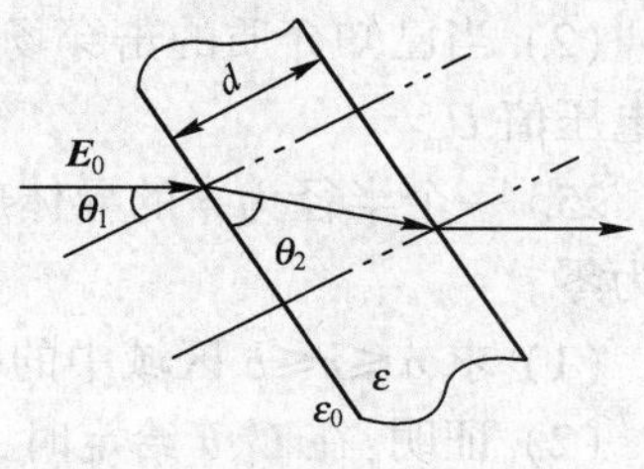

题17图

18. 匀强电场$\boldsymbol{E}_0$中放入一个半径为a的介质球(介电常数为ε)后,球内外的电场分布变为:

$$\Phi_1=-\frac{3\varepsilon_0}{\varepsilon+2\varepsilon_0}E_0 r\cos\theta \quad (r\leqslant a)$$

$$\Phi_2=-E_0 r\cos\theta+\frac{\varepsilon-\varepsilon_0}{\varepsilon+2\varepsilon_0}a^3 E_0\frac{1}{r^2}\cos\theta \quad (r\geqslant a)$$

（1）验证球表面的边界条件；

（2）计算球表面的束缚电荷密度；

（3）计算球内外的电场强度。

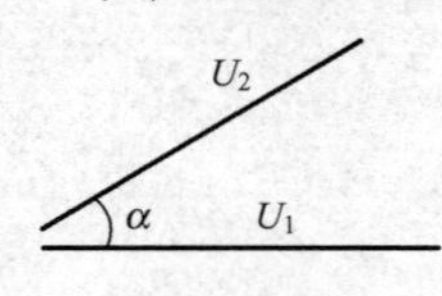

题 19 图

19. 两个无限大导体平板相交成 α 角，但不接触，电位分别为 U_1 和 U_2（$U_1<U_2$），如题 19 图所示。求两板之间的电位分布、电场强度和板上的电荷分布。

20. 同轴电缆内、外导体半径分别为 a、b，电位分别为 U、0，内、外导体之间充满不均匀介质，介电常数为 $\varepsilon(\rho)=k/\rho$（k 为常数），已知介质中没有自由电荷。

（1）推导出该介质中的电位方程，并求解；

（2）求 $\boldsymbol{E}$ 及单位长度上内外导体表面的自由电荷电量；

（3）求束缚面电荷分布；

（4）求此电缆单位长度的电容量。

21. 两个同心金属球壳组成一电容器。内、外壳半径分别为 a、b，在两壳之间一半的空间填充介质 ε（介质分界面是过球心的平面），求此电容器的电容。

22. 平行板电容器中放入一层 $\varepsilon>\varepsilon_0$ 的介质后，电容是增大还是减小了？就以下两种情况作出解释：

（1）保持极板上的电量不变；

（2）保持极板间电压不变。

23. 平行板极板间相距 2 cm，其中有 1 cm 厚的玻璃，$\varepsilon=7\varepsilon_0$，击穿场强为 50 kV/cm；其余为空气，击穿场强为 30 kV/cm。试问：

（1）若在极间加电压 40 kV，此电容器会不会击穿？

（2）若将玻璃片取出，会不会击穿？

24. 同轴圆柱形电容器内、外导体半径分别为 a 和 b，b 为给定值。

（1）当外加电压 U 固定时，问 a 为何值时可使电容器中的最大电场强度取得极小值，并求出该极小值；

（2）当已知介质的击穿场强 E_{max} 时，问 a 为何值时电容器能承受极大电压？并求出该极大电压值 U_{max}。

25. 一个半径为 a 的导体球位于半径为 b 的导体球壳内，两球同心，内球电位为 U，外壳电位为零。

（1）求 $a\leqslant r\leqslant b$ 区域中的电位分布及内外球之间的电容；

（2）证明：在 U、b 给定时，$a=b/2$ 可使内球表面处场强达到极小值，并求出该极小值。

26. 如题 26 图所示，有一长方形的导体槽，设槽的长度为无限长，电位为 0，槽上有一块与槽绝缘的盖板，电位为 U_0，求槽内的电位分布。

27. 如题 27 图所示，两无限大平行导体平面，相距 b，在 $x=0$ 平面上 $d\leqslant y\leqslant b$ 处有一厚度可视为零的导体薄片与上极板相连，整个 T 型板的电位为 U_0，下极板电位为 0。若已知 $x=0$ 平面上$0\leqslant y\leqslant d$ 范围内的电位 $\Phi=U_0y/d$，求板间的电位分布。

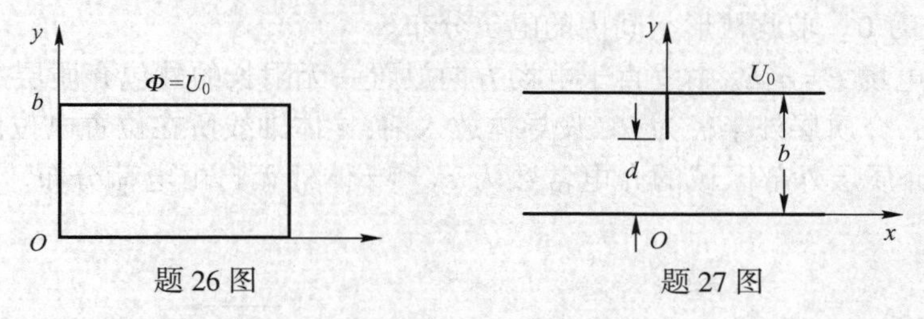

题 26 图　　题 27 图

28. 如题 28 图所示，两无限大平行导体平面，相距 a，上下极板电位均为 0。它们之间有一与 z 轴平行的线电荷 λ(C/m)，位于$(0,d)$处。求板间的电位分布。

29. z 方向无限长的矩形横截面场域如题 29 图所示，域内无电荷分布。已知边界条件为：$\Phi|_{y=0}=\Phi|_{y=b}=0,\left.\dfrac{\partial\Phi}{\partial x}\right|_{x=0}=0,\Phi|_{x=a}=\Phi_0$。求场域内的电位分布。

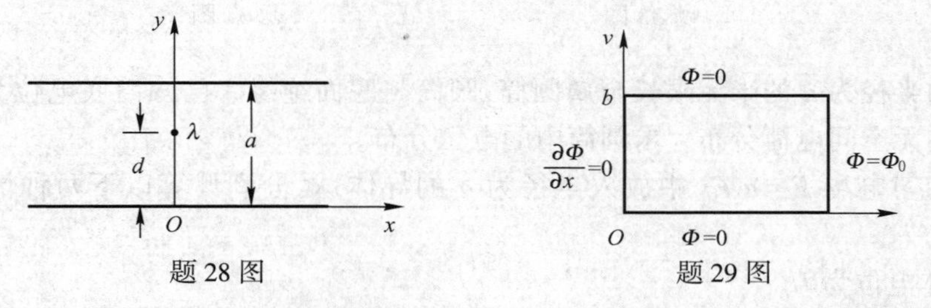

题 28 图　　题 29 图

30. 两块相互平行的半无限大导体平板，板间距离为 a。在同一端各取 $a/2$ 长，折成直角相对，但二者绝缘，其横截面如题 30 图所示。域内无空间电荷分布。已知上板电位为 Φ_0，下板电位为 0。求板间电位分布。

31. 在均匀电场 $\boldsymbol{E}=\boldsymbol{a}_xE_0$ 中垂直于电场方向放置一不带电导体圆柱，圆柱半径为 a。设导体放入前，导体轴线所在位置电位为 0。导体外无电荷分布。求圆柱外的电位函数和电场强度。

32. 一无限长圆柱形空间的横截面为扇形，扇形的圆心角为 β，圆弧半径为 b，如题 32 图所示。柱形空间内无空间电荷分布。已知圆柱面电位为 Φ_0，两侧面电位为 0。求此柱形空间内的电位分布。

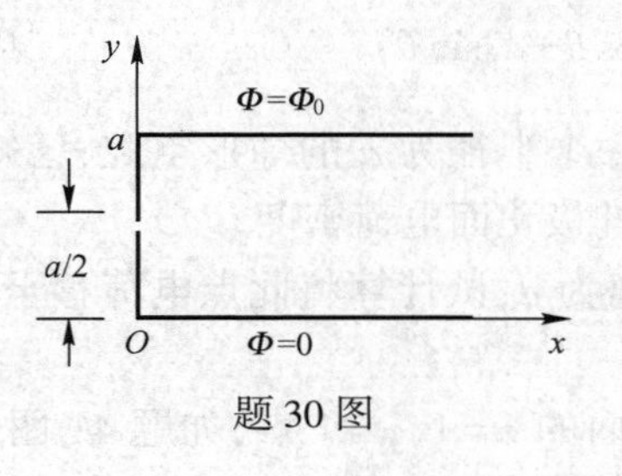

题 30 图

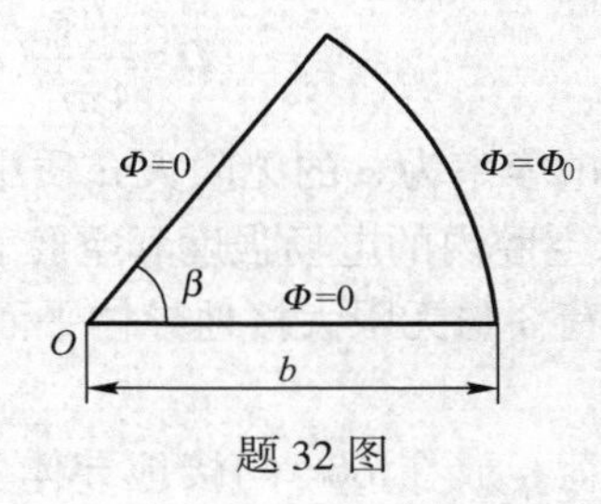

题 32 图

33. 一无限长圆柱形空间的横截面为部分圆环,部分圆环的圆心角为β,内、外圆弧半径分别为a和b,如题33图所示。柱形空间内无空间电荷分布。已知外圆柱面电位为Φ_0,内圆柱面和两侧面电位为0。求此柱形空间内的电位分布。

34. 在均匀电场$\boldsymbol{E}=\boldsymbol{a}_x E_0$中垂直于电场方向放置一无限长的外包介质层的不带电导体圆柱,圆柱半径为a,介质层外半径为b。设导体放入前,导体轴线所在位置电位为0。介质层的介电常数为ε_1,介质层外部区域的介电常数为ε_2。导体外无自由电荷分布。求介质层内、外区域的电位分布。

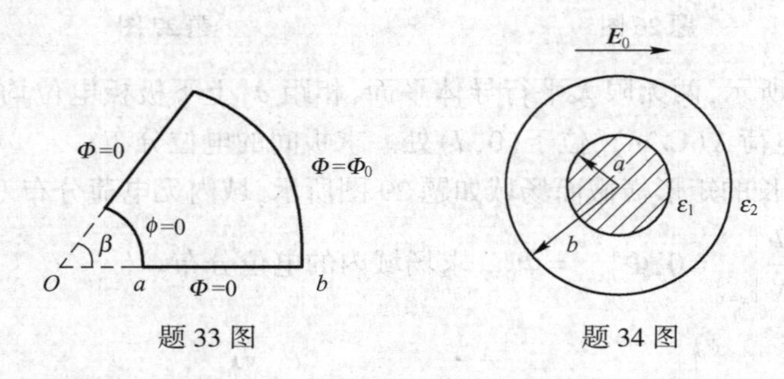

题33图　　题34图

35. 一内半径为a的半无限长金属圆筒,圆筒与底面绝缘。已知筒底电位为Φ_0,圆筒电位为0。筒内无空间电荷分布。求圆筒内的电位分布。

36. 在均匀电场$\boldsymbol{E}=\boldsymbol{a}_z E_0$中放入半径为$a$的导体球,分别计算以下两种情形下球外的电位:

(1) 导体电位为U_0;

(2) 导体带电量为Q。

37. 在一个半径为a的球面上,给定电位分布$\Phi(a,\theta)=\Phi_0(1+\cos\theta)$。球内外均无空间电荷分布。求球内外的电位分布。

38. 一个半径为a的介质球被永久极化,极化强度为$\boldsymbol{P}$,求证:

(1) 球内的电场是均匀的,且$\boldsymbol{D}=\frac{2}{3}\boldsymbol{P}$;

(2) 球外的电场同一个位于球心的电偶极子$P\tau\left(\tau=\frac{4\pi a^3}{3}\right)$产生的电场相同,且

$$\boldsymbol{D}=\frac{P\tau}{4\pi r^3}(\boldsymbol{a}_r 2\cos\theta+\boldsymbol{a}_\theta\sin\theta)$$

39. 在一个电容率为ε的无限大介质中开一个半径为a的球形空腔,已知介质中为匀强电场$\boldsymbol{E}=\boldsymbol{a}_z E_0$,求空腔内的电场强度和空腔表面的极化面电荷密度。

40. 一点电荷q与无限大接地导体平面距离为d,试计算将此点电荷移至无穷远处,电场力所做的功。

41. 一点电荷q放在60°的接地导体角域内的$x=1,y=1$点,如题41图所示。求$x=2$,

$y=1$ 点的电位。

42. 半径为 a 的导体球外有一点电荷 q,距离球心 $h(h>a)$,求下列情况下球外空间的电位:

(1) 导体球不接地不带电;

(2) 导体球不接地带电量为 Q;

(3) 导体球电位为 U。

43. 如题43图所示,在接地导体平面上,有一半径为 a 的半球形凸起,半球的球心在导体平面上。设在半球对称轴上距球心 $h(h>a)$ 处有一点电荷 q。求:

(1) 空间任意一点的电位;

(2) 半球表面的感应电荷总量。

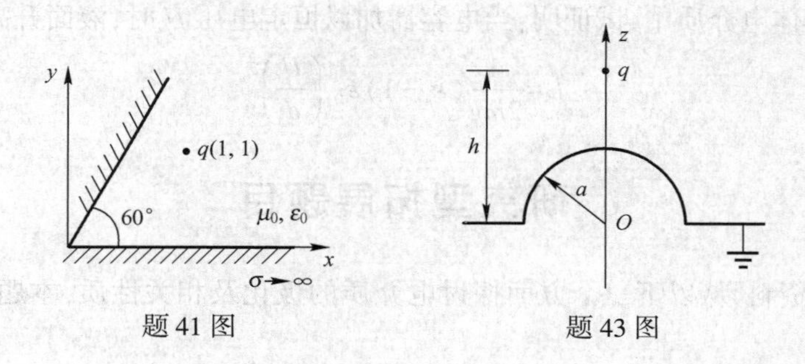

题41图　　题43图

44. 线电荷密度为 ρ_1 的无限长直线电荷,与半径为 a 的无限长导体圆柱平行放置,直线到圆柱轴线的距离为 $h(h>a)$,分别求以下两种情况下导体圆柱外的电位:

(1) 导体不接地不带电;

(2) 导体不接地但单位长度带电量为 ρ_{l0}。

45. 试利用式(2-9-9)证明平行双线传输线的等位面是一族圆。

46. 半径分别为 R_1 和 R_2 的两长直圆柱导线平行放置,轴间距离为 d,单位长度分别带电 ρ_1 和 $-\rho_1$,求导线外的电位分布和单位长度的电容。

47. 半径为 a 的接地圆柱管内,关于管轴对称地放置两根导线,当导线带有等值异号电荷时,要使它们之间不受作用力,试证明它们的间距为 $2(\sqrt{5}-2)^{1/2}$。

48. 半径均为 a 的两个导体小球,距离地面 $h(h\gg a)$,两球心相距 $d(d\gg a)$,如题48图所示。求该导体系统的各部分电容及两小球之间的等效电容。

49. 求内导体半径为 a,外导体内半径为 b 的同轴线单位长度所储存的电能。

50. 在半径分别为 a 和 b 的两个同心金属球壳构成的电容器中填充两层介质,$a\leqslant r\leqslant r_0$ 中填充介质 ε_1,$r_0\leqslant r\leqslant b$ 中填充介质 ε_2,试利用静电能求出该电容器的电容。

51. 平行板电容器中有一层介质,厚度为 b,其余为空气隙,厚度为 t,如题51图所示。设 $b+t$ 远小于极板线度,边缘效应可忽略。两极间加直流电压 U。求:

(1) 单位面积的上极板所受的力;

(2) 受力的方向与 U 的极性有无关系?

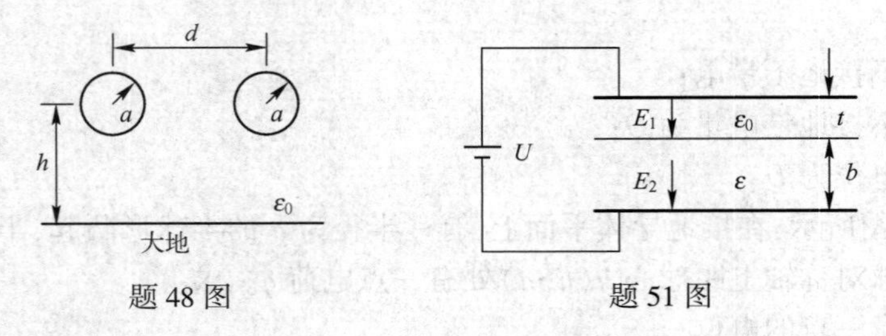

题 48 图　　　　题 51 图

52. 平行板电容器的极板为正方形,边长 L、板间距离 d,将其竖直地插入相对电容率为 ε_r、密度为 m 的液体电介质中,试证明:当电容器加以恒定电压 U 时,液面升高

$$h=\frac{1}{2mg}(\varepsilon_r-1)\varepsilon_0\left(\frac{U}{d}\right)^2$$

研究型拓展题目

1. 查找相关资料,从以下三个方面探讨电介质的极化及相关性质,本题可参考第 2 章电介质的极化特性。

(1) 恒定电场引起的极化。

(2) 交变电场引起的极化。

(3) 电介质的特殊效应。

2. 比较用高斯定律和库仑定律求解静电场的优劣。

第3章 恒定电场

当恒定电压源加在充满导电媒质的两导体间时，媒质中的自由电子或离子在电场的作用下定向运动形成电流，当电流恒定不变时，媒质中的电场称为恒定电场。本章将从电流的角度来讨论导电媒质中恒定电场的分析方法和计算方法。文中提到的导体都是广义的，泛指一切导电媒质，既包括金属导体，也包括漏电的介质。

3.1 电流密度

电荷的运动形成电流，在导电媒质中做定向运动的电子(或空穴)或离子形成的电流称为传导电流；在气体或真空中做定向运动的带电粒子束形成的电流称为运流电流。导电媒质中的传导电流服从欧姆定律；而气体或真空中的运流电流则不服从。

3.1.1 电流强度和电流密度

电路中常见的电流是沿着一根导线流动的电流，其强度定义为单位时间内通过导线某一截面的电量。若在 Δt 时间内流过某一截面 S 的电量为 Δq，则通过该截面的电流 I 为：

$$I=\lim_{\Delta t\to 0}\frac{\Delta q}{\Delta t} \tag{3-1-1}$$

单位是安(A)。1 A=1 C/s，这表明，电流代表电荷穿过某一截面的速率。

当电流流过的区域相对较大时，可引入电流密度的概念来描述某一点的电流分布情况。对于导电媒质中流动的体电流，若垂直流过包含某点的面积 ΔS 的电流为 ΔI，则可定义该点的电流(面)密度矢量为

$$\boldsymbol{J}=\boldsymbol{a}_v\lim_{\Delta S\to 0}\frac{\Delta I}{\Delta S}\quad (\mathrm{A/m^2}) \tag{3-1-2}$$

其中，$\boldsymbol{a}_v$为正电荷的运动方向。

类似地，对流过理想表面的面电流，若垂直流过包含某点的线元 Δl 的电流为 ΔI，则可定义该点的面电流(线)密度矢量为

$$\boldsymbol{J}_{\mathrm{S}}=\boldsymbol{a}_v\lim_{\Delta l\to 0}\frac{\Delta I}{\Delta l}\quad (\mathrm{A/m}) \tag{3-1-3}$$

电流密度是点的函数，按照式(3-1-2)和式(3-1-3)的定义，显然，体电流和面电流的电流强度可由下式计算：

$$I=\int_S \boldsymbol{J}\cdot \mathrm{d}\boldsymbol{S} \tag{3-1-4}$$

$$I=\int_C \boldsymbol{J}_{\mathrm{S}}\cdot \boldsymbol{a}_n \mathrm{d}l \tag{3-1-5}$$

注意:式中 $\boldsymbol{a}_n$ 是线元 $\mathrm{d}\boldsymbol{l}$ 的法线方向。

3.1.2 电流密度和电荷密度

对一段导体中的传导电流或者真空(空气)中的运流电流,若已知某点电流密度 $\boldsymbol{J}$、载流子或带电粒子的电荷密度 ρ 和运动速度 $\boldsymbol{v}$,则图 3-1-1 所示的小体积内的电荷在 Δt 时间内将全部穿过截面 ΔS,由式(3-1-1)和式(3-1-2),得:

$$\boldsymbol{J}=\boldsymbol{a}_v \frac{\Delta I}{\Delta S}=\boldsymbol{a}_v \frac{\Delta q}{\Delta S\Delta t}=\boldsymbol{a}_v \frac{\rho v\Delta t\Delta S}{\Delta S\Delta t}$$

即

$$\boldsymbol{J}=\rho\boldsymbol{v} \tag{3-1-6}$$

类似地,对面电流和线电流,有:

$$\boldsymbol{J}_{\mathrm{S}}=\rho_{\mathrm{S}}\boldsymbol{v} \tag{3-1-7}$$

$$I=\rho_{l}v \tag{3-1-8}$$

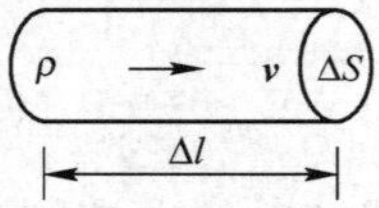

图 3-1-1 电流密度与电荷密度

若图 3-1-1 所示的小体积中有多种带电粒子,电荷密度为 ρ_i,运动速度为 $\boldsymbol{v}_i$,则电流密度为:

$$\boldsymbol{J}=\sum_i \rho_i \boldsymbol{v}_i \tag{3-1-9}$$

例如,金属导体中,设正离子密度为 ρ,则自由电子密度为 $-\rho$,由于正离子运动速度 $v^+\approx 0$,自由电子运动速度 $v^-\neq 0$,因此电流密度为:

$$\boldsymbol{J}=\rho^+\boldsymbol{v}^+ +\rho^-\boldsymbol{v}^- \approx -\rho\,\boldsymbol{v}^-$$

3.1.3 欧姆定律

根据经典的金属电子理论,导体外加电场后,自由电子具有逆电场方向运动的加速度,但在加速过程中会不断地与晶体点阵碰撞而失去动能,同时又受电场力作用而再次获得动能,此过程连续不断,从而形成传导电流。实验证明,传导电流与导电体中的电场具有如下关系:

$$\boldsymbol{J}=\sigma\boldsymbol{E} \tag{3-1-10}$$

式中,σ 是导体的电导率(单位是 S/m),它是电阻率(单位是 $\Omega\cdot$m)的倒数,表 3-1-1 给出了一些常用材料的电导率。

表 3-1-1 常用材料的电导率

材 料	电导率 σ/(S/m)	材 料	电导率 σ/(S/m)
银	6.14×10^{7}	清水	10^{-3}
铜(退火的)	5.80×10^{7}	酒精	3.3×10^{-4}
金	4.10×10^{7}	蒸馏水	2×10^{-4}
铝	3.54×10^{7}	干土	10^{-5}
钨	1.81×10^{7}	变压器油	10^{-11}
铁	10^{7}	普通玻璃	10^{-12}
钢	$(0.5\sim1.0)\times10^{7}$	硬橡皮	$10^{-14}\sim10^{-16}$
铅	0.48×10^{7}	聚四氯乙烯	$<10^{-16}$
水银,镍洛合金	0.1×10^{7}	熔凝石英	$<10^{-17}$

式(3-1-10)称为导体的本构关系,对于常温下均匀的性线的各向同性媒质,σ 是实常数。对于此类媒质,式(3-1-10)表明,在导体中 $\boldsymbol{J}$ 和 $\boldsymbol{E}$ 方向相同,且大小成正比。满足式(3-1-10)的材料称为欧姆材料,式(3-1-10)也称为欧姆定律的微分形式。对长度为 l、截面积为 S 的一段均匀导体,把 $J=\dfrac{I}{S}$、$E=\dfrac{U}{l}$ 和 $R=\dfrac{l}{\sigma S}$ 代入式(3-1-10)中,即可得到欧姆定律的积分形式:

$$U=RI \tag{3-1-11}$$

3.1.4 焦耳定律

若在电场 $\boldsymbol{E}$ 中电荷 $\rho\Delta\tau$ 受到力的作用,在 Δt 时间内以平均速度 $\boldsymbol{v}$ 位移了 $\Delta\boldsymbol{l}$,则电场力为:

$$\Delta\boldsymbol{F}=\rho\Delta\tau\,\boldsymbol{E}$$

电场对这部分电荷所做的功为:

$$\Delta W=\Delta\boldsymbol{F}\cdot\Delta\boldsymbol{l}=\rho\Delta\tau\,\boldsymbol{E}\cdot\boldsymbol{v}\Delta t=\boldsymbol{J}\cdot\boldsymbol{E}\Delta\tau\,\Delta t$$

功率为:

$$\Delta P=\frac{\Delta W}{\Delta t}=\boldsymbol{J}\cdot\boldsymbol{E}\Delta\tau$$

定义功率密度 p 为单位体积的功率(W/m^3),即 $\Delta P=p\Delta\tau$,则由上式可得:

$$p=\boldsymbol{J}\cdot\boldsymbol{E} \tag{3-1-12}$$

式(3-1-12)对传导电流和运流电流都成立。

对传导电流,有 $\boldsymbol{J}=\sigma\boldsymbol{E}$,则式(3-1-12)可写为:

$$p=\sigma\boldsymbol{E}\cdot\boldsymbol{E}=\sigma E^2=\frac{J^2}{\sigma} \tag{3-1-13}$$

式(3-1-13)称为焦耳定律(Joule's law)的微分形式。

整个体积τ内的功率为:

$$P=\int_{\tau}p\mathrm{d}\tau=\int_{\tau}\boldsymbol{J}\cdot\boldsymbol{E}\mathrm{d}\tau \tag{3-1-14}$$

式(3-1-14)称为焦耳定律的积分形式。

功率密度的物理意义:自由电子在导电媒质中运动时,不断地与晶体点阵碰撞而失去动能,又在电场的作用下重新获得动能,继而又由于碰撞而失去动能,如此反复。也就是说,电场供给的功率以热的形式消耗在导电媒质中。因此,功率密度p表示电场作用于导电媒质在单位体积内热损耗(焦耳损耗)的速率。

3.2 恒定电场的基本方程和电动势

3.2.1 电流连续性方程

按照通量的定义,电流密度对任意一个闭合曲面的积分:

$$I=\oint_{S}\boldsymbol{J}\cdot\mathrm{d}\boldsymbol{S} \tag{3-2-1}$$

表示净流出该闭合面的电流,也就是单位时间内流出闭合面的净正电荷的电量。根据电荷守恒定律,流出闭合面的电量应等于闭合面内减少的电量,即:

$$\oint_{S}\boldsymbol{J}\cdot\mathrm{d}\boldsymbol{S}=-\frac{\mathrm{d}Q}{\mathrm{d}t} \tag{3-2-2}$$

式(3-2-2)也称电流连续性方程的积分形式。它表明,闭合面内电荷量的减小率等于流出闭合面的电流强度。

若闭合面内充满密度为ρ的体电荷,则电流连续性方程的微分形式为:

$$\nabla\cdot\boldsymbol{J}=-\frac{\partial\rho}{\partial t} \tag{3-2-3}$$

3.2.2 恒定电场的基本方程

对于恒定电场,有$\frac{\partial\boldsymbol{E}}{\partial t}=0$,代入高斯定律中,即有:

$$\frac{\partial\rho}{\partial t}=0 \tag{3-2-4}$$

因此,式(3-2-2)和式(3-2-3)简化为:

$$\oint_{S}\boldsymbol{J}\cdot\mathrm{d}\boldsymbol{S}=0 \tag{3-2-5}$$

$$\nabla\cdot\boldsymbol{J}=0 \tag{3-2-6}$$

以上两式表明,导电媒质中流过的恒定电流是无散的或称为连续的,恒定电流从闭合面的一侧流入，必从另一侧全部流出，也就是说，通过任意闭合面的净电流为零。

若将闭合面分成 n 片，穿过每一片面积的电流强度设为 I_i，则式(3-2-5)可写为：

$$\sum_{i=1}^{n} I_i = 0 \tag{3-2-7}$$

这正是电路理论中的基尔霍夫电流定律，表明流出任意广义节点的电流代数和为零。实际上，电路理论就是电磁理论的一个分支，是在集总参数条件下应用的电磁理论的积分形式。

另外，式(3-2-4)表明，恒定电场具有和静电场相似的特征，即恒定电场也是无旋场，仍有 $\nabla\times\boldsymbol{E}=0$ 成立。

综上所述，导电媒质中恒定电场的基本方程可总结如下。

微分形式：

$$\begin{cases}\nabla\cdot\boldsymbol{J}=0\\ \nabla\times\boldsymbol{E}=0\\ (\boldsymbol{J}=\sigma\boldsymbol{E})\end{cases} \tag{3-2-8}$$

积分形式：

$$\begin{cases}\oint_S \boldsymbol{J}\cdot \mathrm{d}\boldsymbol{S}=0\\ \oint_C \boldsymbol{E}\cdot \mathrm{d}\boldsymbol{l}=0\\ (\boldsymbol{J}=\sigma\boldsymbol{E})\end{cases} \tag{3-2-9}$$

需要说明的是，恒定电场中，虽然高斯定律依然成立，但不能作为求解导电媒质中恒定电场的基本方程使用。因为媒质的电导率 σ 决定了 $\boldsymbol{J}$ 和 $\boldsymbol{E}$ 的关系，而 $\boldsymbol{D}$ 是由 ε 和 $\boldsymbol{E}$ 联系的，只有利用恒定电场的基本方程解出 $\boldsymbol{E}$ 后，才可以应用高斯定律求出净电荷分布。

由于恒定电场是无旋场，同样可以引入电位 Φ。令：

$$\boldsymbol{E}=-\nabla\Phi$$

代入散度方程 $\nabla\cdot\boldsymbol{J}=0$，并利用本构关系 $\boldsymbol{J}=\sigma\boldsymbol{E}$，有：

$$\nabla\cdot(\sigma\boldsymbol{E})=\nabla\sigma\cdot\boldsymbol{E}+\sigma\nabla\cdot\boldsymbol{E}=0$$

对均匀导体，$\nabla\sigma=0$，这时有：

$$\begin{cases}\nabla\cdot\boldsymbol{E}=0\\ \nabla^2\Phi=0\end{cases} \tag{3-2-10}$$

可见，在均匀导电媒质中净电荷密度 $\rho=\varepsilon\nabla\cdot\boldsymbol{E}=0$，且电位满足拉普拉斯方程。

【例 3-2-1】 两同心导体球壳，内、外半径分别为 a 和 b，内外导体间加电压 U。两球壳之间填充电容率 ε、电导率 σ 的媒质。求媒质中的电位分布和电流密度，并求该电容器储存的电能和媒质消耗的功率。

【解】 两球壳之间电位满足拉普拉斯方程：

$$\nabla^2\Phi=\frac{1}{r^2}\frac{\partial}{\partial r}\left(r^2\frac{\partial\Phi}{\partial r}\right)=0$$

解之,得：
$$\Phi=-\frac{C_1}{r}+C_2$$

代入边值 $\Phi(a)=U,\Phi(b)=0$,得：

$$\Phi=\frac{abU}{(b-a)r}+\frac{aU}{a-b}$$

因此两球壳间的电场强度为：

$$\boldsymbol{E}=-\nabla\Phi=\boldsymbol{a}_r\frac{abU}{(b-a)r^2}$$

电流密度为：

$$\boldsymbol{J}=\sigma\boldsymbol{E}=\boldsymbol{a}_r\frac{\sigma abU}{(b-a)r^2}$$

该电容器储存的电场能量为：

$$W_e=\frac{1}{2}\int_\tau\varepsilon E^2\mathrm{d}\tau=\frac{1}{2}\varepsilon\int_a^b\frac{a^2b^2U^2}{(b-a)^2r^4}4\pi r^2\mathrm{d}r=\frac{2\varepsilon abU^2}{b-a}$$

该电容器中媒质消耗的功率为：

$$P=\int_\tau\boldsymbol{J}\cdot\boldsymbol{E}\mathrm{d}\tau=\sigma\int_a^b\frac{a^2b^2U^2}{(b-a)^2r^4}4\pi r^2\mathrm{d}r=\frac{4\pi\sigma abU^2}{b-a}$$

3.2.3 电动势

恒定电场的基本方程式(3-2-8)和式(3-2-9)表明,在导电媒质中恒定电[流]场无散也无旋。因此,导电媒质中的电[流]场并不能独立存在,必须有外加的电源。外加电源可由多种形式的能源转化而来,如化学反应(电池)、机械驱动(直流发电机)、光激发源(太阳能电池)、热敏装置(热电偶)等。这些装置把非电能转化为电能,在装置内部建立起局外场(非保守电场)$\boldsymbol{E}'$。

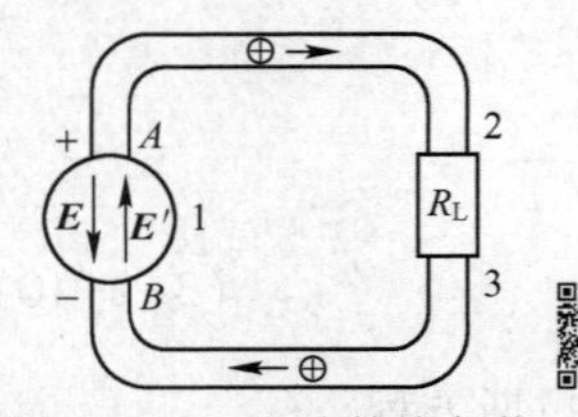

图 3-2-1 电池外接负载电阻的简单电路

例如,电池外接负载电阻的简单电路如图 3-2-1 所示。在电池内部,化学反应结果是非保守场 $\boldsymbol{E}'$ 把正电荷从 B 端搬移到 A 端,从而在 A、B 端建立并维持动态平衡的场源电荷。此电荷分布在电池内部形成库仑场 $\boldsymbol{E}$,在电池外部的导体回路中形成恒定电(流)场。因此,电池内部总场为($\boldsymbol{E}'+\boldsymbol{E}$),达到动态平衡时,$\boldsymbol{E}'=-\boldsymbol{E}$;电池外部的导线和负载电阻中则是传导电流的恒定电场。

若沿电流回路并经电源内部选取积分路径,则电场的环量可表示为：

$$\oint_C(\boldsymbol{E}+\boldsymbol{E}')\cdot\mathrm{d}\boldsymbol{l}=\oint_C\boldsymbol{E}\cdot\mathrm{d}\boldsymbol{l}+\oint_C\boldsymbol{E}'\cdot\mathrm{d}\boldsymbol{l}\tag{3-2-11}$$

式(3-2-11)中库仑场的环量为零,非保守场的环量 $\oint_C\boldsymbol{E}'\cdot\mathrm{d}\boldsymbol{l}=\int_{B1A}\boldsymbol{E}'\cdot\mathrm{d}\boldsymbol{l}$ 则定义为电动势,即：

$$e = \oint_C \boldsymbol{E}' \cdot \mathrm{d}\boldsymbol{l} \tag{3-2-12}$$

可见,电动势的存在维持了闭合回路中的恒定电[流]场。

由库仑场的环量为零可写出:

$$\oint_C \boldsymbol{E} \cdot \mathrm{d}\boldsymbol{l} = \int_{B1A} \boldsymbol{E} \cdot \mathrm{d}\boldsymbol{l} + \int_{A2} \boldsymbol{E} \cdot \mathrm{d}\boldsymbol{l} + \int_{23} \boldsymbol{E} \cdot \mathrm{d}\boldsymbol{l} + \int_{3B} \boldsymbol{E} \cdot \mathrm{d}\boldsymbol{l} = 0$$

在电源内部,有 $\boldsymbol{E}' = -\boldsymbol{E}$,代入上式,得:

$$-\int_{B1A} \boldsymbol{E}' \cdot \mathrm{d}\boldsymbol{l} + \int_{A2} \boldsymbol{E} \cdot \mathrm{d}\boldsymbol{l} + \int_{23} \boldsymbol{E} \cdot \mathrm{d}\boldsymbol{l} + \int_{3B} \boldsymbol{E} \cdot \mathrm{d}\boldsymbol{l} = 0$$

即:

$$e = U_{A2} + U_{23} + U_{3B} = \sum U_i \tag{3-2-13}$$

式(3-2-13)正是电路理论中的基尔霍夫电压定律,表明(在集总电路中)沿任一回路的电动势等于电压降的代数和。

3.3　恒定电场的边界条件

在不同媒质的分界面处,由于分界面两侧电导率不同,在恒定电[流]场的建立过程中,通常会在分界面上积聚一层自由面电荷。另外,媒质也会发生极化现象,在分界面出现极化面电荷。这些电荷使电场和电流经过分界面时发生突变,突变的原则应满足恒定电场基本方程的积分形式。

采用与静电场边界条件相同的分析方法,由基本方程式(3-2-10)可得到两种不同媒质的分界面上恒定电[流]场的法向和切向边界条件:

$$J_{1\mathrm{n}} = J_{2\mathrm{n}} \quad 或 \quad \sigma_1 E_{1\mathrm{n}} = \sigma_2 E_{2\mathrm{n}} \tag{3-3-1}$$

$$E_{1\mathrm{t}} = E_{2\mathrm{t}} \tag{3-3-2}$$

用电位表示的法向和切向边界条件分别为:

$$\sigma_1 \frac{\partial \Phi_1}{\partial n} = \sigma_2 \frac{\partial \Phi_2}{\partial n} \tag{3-3-3}$$

$$\Phi_1 = \Phi_2 \tag{3-3-4}$$

另外,应用高斯定律还可计算出分界面上的自由电荷面密度:

$$\rho_\mathrm{S} = D_{1\mathrm{n}} - D_{2\mathrm{n}} \tag{3-3-5}$$

恒定电场中不同媒质分界面上电[流]场的折射关系则可参照图 3-3-1 得出:

$$\frac{\tan\theta_1}{\tan\theta_2} = \frac{J_{1\mathrm{t}}/J_{1\mathrm{n}}}{J_{2\mathrm{t}}/J_{2\mathrm{n}}} = \frac{\sigma_1 E_{1\mathrm{t}}}{\sigma_2 E_{2\mathrm{t}}} = \frac{\sigma_1}{\sigma_2} \tag{3-3-6}$$

【例 3-3-1】　如图 3-3-2 所示平行板电容器极板面积为 S,内充两层漏电介质,厚度分别为 d_1 和 d_2,电容率分别为 ε_1 和 ε_2,电导率分别为 σ_1 和 σ_2,求:(1)外加电压 U 时,电容器

中的电流密度;(2)该电容器的漏电导;(3)两介质分界面上的自由电荷密度 $\boldsymbol{\rho}_{\mathrm{S}}$ 和束缚电荷密度 $\boldsymbol{\rho}_{\mathrm{PS}}$。

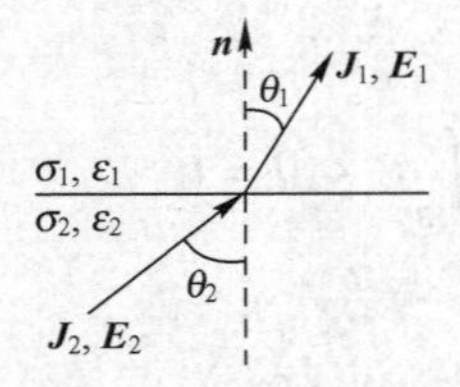

图 3-3-1　不同媒质分界面上的边界条件

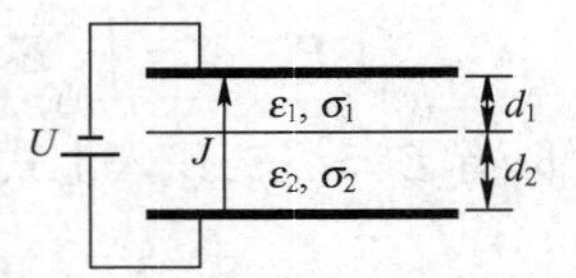

图 3-3-2　填充两层漏电介质的平行板电容器

【解】　极板间电位方程与静电场情形相同,场量 $\boldsymbol{D}$、$\boldsymbol{P}$、$\boldsymbol{E}$、$\boldsymbol{J}$ 方向均向上,设介质分界面法线方向 $\boldsymbol{n}$ 由 2 指向 1。由恒定电场的边界条件和极板间的电位关系,可列出方程组:

$$\begin{cases}\sigma_1 E_1=\sigma_2 E_2\\ E_1 d_1+E_2 d_2=U\end{cases}$$

从而求出:

$$E_1=\frac{\sigma_2 U}{\sigma_2 d_1+\sigma_1 d_2},\quad E_2=\frac{\sigma_1 U}{\sigma_2 d_1+\sigma_1 d_2}$$

(1) 电容器中的电流密度为:

$$J=\sigma_1 E_1=\sigma_2 E_2=\frac{\sigma_1\sigma_2 U}{\sigma_2 d_1+\sigma_1 d_2}$$

(2) 电容器的漏电导为:

$$G=\frac{JS}{U}=\frac{\sigma_1\sigma_2 S}{\sigma_2 d_1+\sigma_1 d_2}$$

(3) 介质分界面的自由电荷密度为:

$$\rho_{\mathrm{S}}=D_1-D_2=\left(\frac{\varepsilon_1}{\sigma_1}-\frac{\varepsilon_2}{\sigma_2}\right)J=\frac{\sigma_2\varepsilon_1-\sigma_1\varepsilon_2}{\sigma_2 d_1+\sigma_1 d_2}U$$

介质 1 在分界面上的束缚电荷为:

$$\rho_{\mathrm{PS1}}=-\boldsymbol{n}\cdot\boldsymbol{P}_1=-(\varepsilon_1-\varepsilon_0)E_1=-(\varepsilon_1-\varepsilon_0)\frac{J}{\sigma_1}$$

介质 2 在分界面上的束缚电荷为:

$$\rho_{\mathrm{PS2}}=\boldsymbol{n}\cdot\boldsymbol{P}_2=(\varepsilon_2-\varepsilon_0)E_2=(\varepsilon_2-\varepsilon_0)\frac{J}{\sigma_2}$$

则介质分界面上的束缚电荷为:

$$\rho_{\mathrm{PS}}=\rho_{\mathrm{PS1}}+\rho_{\mathrm{PS2}}=\left(-\frac{\varepsilon_1-\varepsilon_0}{\sigma_1}+\frac{\varepsilon_2-\varepsilon_0}{\sigma_2}\right)J=\frac{\sigma_1(\varepsilon_2-\varepsilon_0)-\sigma_2(\varepsilon_1-\varepsilon_0)}{\sigma_2 d_1+\sigma_1 d_2}U$$

3.4 恒定电场与静电场的比拟

从例3-3-1的分析和计算中,可以对恒定电场和静电场的异同点做以下比较。

(1) 相同边界限定的区域中,在外加恒定电压的条件下,区域内是恒定电场还是静电场取决于媒质的导电性。$\sigma=0$ 的介质中形成静电场,静电场建立起来后,即使撤掉外加电源,静电场仍然能够保持不变;$\sigma\neq0$ 的导电媒质中形成恒定电(流)场,但是一旦撤掉电源,恒定电(流)场即不复存在,极板上的自由电荷受力位移形成暂态电流并中和各个界面上的自由电荷,最终电场消失殆尽。

(2) 静电场中,在两种不同(完纯)介质分界面上,$\rho_S=0$;恒定电场中,在两种不同(导电)媒质分界面上,$\rho_S=D_{1n}-D_{2n}=\rho_{S上极板}+\rho_{S下极板}$。这些电荷是在接通电源后的暂态过程中扩散到表面或分界面上去的。对于不良电介质,虽然其电导率大约仅是金属电导率的 $1/10^{20}$,但其漏电流与金属导体中的电流同属传导电流,因而呈现出与金属导体类似地电荷向表面扩散的现象,只不过电荷驰豫时间上与金属有量的差别。

(3) 例3-3-1在静电场情形($\sigma_1=\sigma_2=0$),极板上电荷分布为:$\rho_{S上极板}=\dfrac{\varepsilon_1\varepsilon_2U}{\varepsilon_2d_1+\varepsilon_1d_2}=-\rho_{S下极板}$,极板上的电荷分布与介质的介电常数有关;而在恒定电场情形($\sigma_1\neq\sigma_2\neq0$),极板上电荷分布为:$\rho_{S上极板}=\dfrac{\sigma_1\varepsilon_2U}{\sigma_2d_1+\sigma_1d_2}$,$\rho_{S下极板}=-\dfrac{\sigma_2\varepsilon_1U}{\sigma_2d_1+\sigma_1d_2}$,既与介电常数有关,也与电导率有关,且 $\rho_{S上极板}\neq-\rho_{S下极板}$。

(4) 例3-3-1在静电场情形相当于两个电容串联,等效电路如图3-4-1(a)所示,C_1、C_2 上的电压取决于 C_1、C_2 本身;而在恒定电场中,漏电导:

$$G=\frac{JS}{U}=\frac{\sigma_1\sigma_2S}{\sigma_2d_1+\sigma_1d_2}=\frac{1}{d_1/(\sigma_1S)+d_2/(\sigma_2S)}=\frac{1}{1/G_1+1/G_2}$$

相当于两个电导的串联,因而等效电路如图3-4-1(b)所示,其中 C_1、C_2 上的电压取决于 G_1、G_2 上的分压。

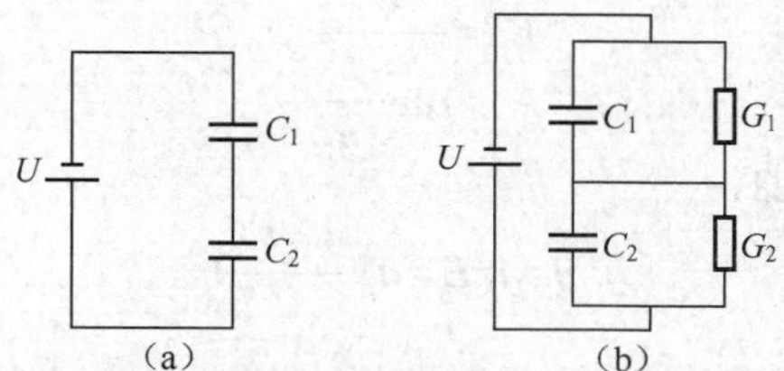

图3-4-1 双层漏电介质平板电容器的等效电路

(5) 例3-3-1所示的电容器中,无论是静电场情形还是恒定电场情形,电位均满足拉普拉斯方程,因此,电位的通解形式是相同的。但恒定电场中电位的边界条件满足式(3-3-3)和式(3-3-4),只与 σ 有关;而静电场中电位的边界条件满足式(2-5-4)和式(2-5-8),只与

ε 有关。

综上所述,相同边界情况下,恒定电场的解可通过静电场的解比对得出,只要将 ε 换成 σ 即可。这种方法称为静电比拟法。

恒定电场与静电场可比拟的数学公式如下。

恒定电场	静电场
$\nabla\times\boldsymbol{E}=0$	$\nabla\times\boldsymbol{E}=0$
$\nabla\cdot\boldsymbol{J}=0$	$\nabla\cdot\boldsymbol{D}=0$
$\nabla^2\Phi=0$	$\nabla^2\Phi=0$
$\boldsymbol{J}=\sigma\boldsymbol{E}$	$\boldsymbol{D}=\varepsilon\boldsymbol{E}$
$I=\oint_S\boldsymbol{J}\cdot\mathrm{d}\boldsymbol{S}$	$q=\oint_S\boldsymbol{D}\cdot\mathrm{d}\boldsymbol{S}$
$G=\dfrac{I}{U}$	$C=\dfrac{q}{U}$

其中,闭合面积分是指包围电容器的一个电极的闭合面。从上述公式中可看出恒定电场与静电场的各个物理量之间的一一对应关系如下。

恒定电场: $\boldsymbol{E}$　$\boldsymbol{J}$　Φ　I　σ　G

静电场: $\boldsymbol{E}$　$\boldsymbol{D}$　Φ　q　ε　C

利用静电比拟关系可以用静电场来比拟恒定电场,从而简化静电场的计算,也可以用恒定电流场来模拟静电场,从而便于实验测量。

【例 3-4-1】 同轴线内外导体半径分别为 a 和 b,填充的介质略有漏电,电导率为 σ,求单位长度的漏电导。

【解】 内外导体间的电位和电场强度分布均与介质不漏电时的静电场相同,分别为:

$$\Phi=\frac{U}{\ln\dfrac{b}{a}}\ln\frac{b}{\rho}$$

$$E_\rho=\frac{U}{\rho\ln\dfrac{b}{a}}$$

不同的是,介质中有漏电流,即:

$$\boldsymbol{J}=\sigma\boldsymbol{E}=\boldsymbol{a}_\rho\frac{\sigma U}{\rho\ln\dfrac{b}{a}}$$

单位长度的漏电流为:

$$I_0=\int_S\boldsymbol{J}\cdot\mathrm{d}\boldsymbol{S}=\frac{\sigma U}{\rho\ln\dfrac{b}{a}}2\pi\rho=\frac{2\pi\sigma U}{\ln\dfrac{b}{a}}$$

单位长度的漏电导为:

$$G_0=\frac{I_0}{U}=\frac{2\pi\sigma}{\ln\dfrac{b}{a}}$$

若采用静电比拟法，则不必计算电流，直接由单位长度的电容得到电导：

$$C_0=\frac{2\pi\varepsilon_0}{\ln\dfrac{b}{a}}\xrightarrow{\varepsilon_0\to\sigma}G_0=\frac{2\pi\sigma}{\ln\dfrac{b}{a}}$$

【例3-4-2】 半径为a的半球形浅埋接地器如图3-4-2(a)所示，土壤电导率为σ，求接地电阻。

【解】 接地电阻是指接地器至无穷远的大地电阻。经该接地器流向大地的电流场与同样形状电极的静电场相似，考虑到地面的影响，半球形接地器的镜像系统如图3-4-2(b)所示（在$r>a$区域的地面上满足恒定电场边界条件$J_{1n}=J_{2n}=0$，$E_{1t}=E_{2t}$）。图(b)所示的孤立导体球的电容为$4\pi\varepsilon a$，故图(a)所示半球的电容$C=2\pi\varepsilon a$，接地电导$G=2\pi\sigma a$，从而$R=1/2\pi\sigma a$。

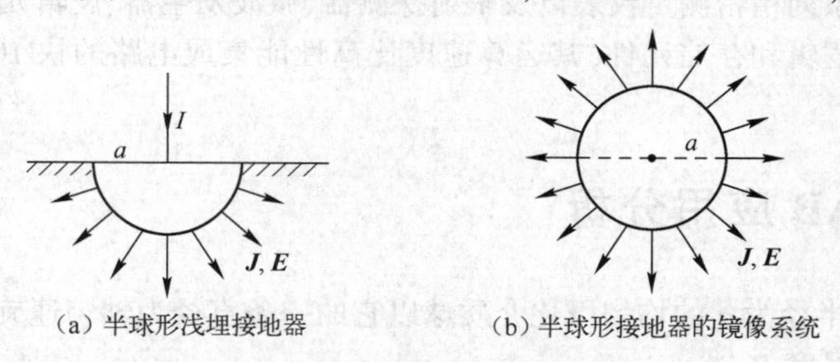

(a) 半球形浅埋接地器　　(b) 半球形接地器的镜像系统

图3-4-2 半球形接地器

3.5 恒定电场的应用

恒定电流产生的动态恒定电场的特性，在科研、生产中得到广泛的应用。

1. 位场的特性

由于无外源的均匀导电介质中的恒定电场与简单介质中无源区的静电场特性相同，即二者都是无源无散的场。因此，如果二者具有相同的边界条件，其场分布就一定相同。因此，可以利用恒定电场来研究静电场的特性，这也是静电比拟试验的原理。

2. 电导率的应用

水中的可电离物质含量不同时，电导率也有所变化，水溶液电导率的大小不仅仅是衡量水质的一种常用指标，由于测试简便，也被广泛应用于地震监测中的水质分析。

当地层中含有水分、矿物或油气时，土壤的电导率将有所不同，这就是电法勘探的基本依据。向岩层通入一定的电流，然后研究岩石电阻率不同对电场分布的影响，从而进一步找出电位与电阻率之间的关系，从而确定矿物的类型和分布。

3. 超导技术

超导现象,是指当物质的温度降到某一临界点时,其电阻突变为零,成为理想导电体。

超导磁悬浮列车就是依据超导原理制造的,其最主要特征就是超导元件在相当低的温度下所具有的完全导电性和完全抗磁性。超导磁铁由超导材料制成的超导线圈构成,它不仅电流阻力为零,而且可以传导普通导线根本无法比拟的强大电流,这种特性使其能够制成体积小功率强大的电磁铁,从而利用磁场力对抗重力,使列车悬浮。此外,利用超导悬浮可制造无磨损轴承,将轴承转速提高到 10^5 r/min 以上。

此外,超导材料的应用还有:

(1) 利用材料的超导电性可制作磁体,应用于电机、高能粒子加速器、磁悬浮运输、受控热核反应、储能等;可制作电力电缆,用于大容量输电(功率可达 10 000 MVA);可制作通信电缆和天线,其性能优于常规材料;

(2) 利用材料的完全抗磁性可制作无摩擦陀螺仪和轴承;

(3) 可制作一系列精密测量仪表以及辐射探测器、微波发生器、逻辑元件等。利用超导技术制作的计算机的逻辑和存储元件,其运算速度比高性能集成电路的快 10~20 倍,功耗只有其四分之一。

3.6 MATLAB 应用分析

【例 3-6-1】 半径为 a 的均匀极化介质球以它的一条直径为轴匀速旋转,角速度为 ω,该轴平行于球的极化强度 $\boldsymbol{P}$,求:

(1) 由于旋转形成的面电流密度分布,并使用 MATLAB 画出面电流分布;

(2) 通过球面上 $\varphi=\varphi_0$ 的半圆周也即球的一条“经线”的总电流;

(3) 通过这条“经线”的上半段($0\leqslant\theta\leqslant\pi/2$)和下半段($\pi/2\leqslant\theta\leqslant\pi$)的电流分别是多少?

【解】 由于介质球均匀极化,极化强度为常矢量,可设 $\boldsymbol{P}=\boldsymbol{a}_zP$。

(1) 介质球表面的极化面电荷密度为:

$$\rho_{\mathrm{PS}}=\boldsymbol{P}\cdot\boldsymbol{n}=\boldsymbol{a}_zP\cdot\boldsymbol{a}_r=P\cos\theta$$

球面上任一点的线速度为:

$$\boldsymbol{v}=\boldsymbol{\omega}\times\boldsymbol{r}=\boldsymbol{a}_z\omega\times\boldsymbol{a}_ra=\boldsymbol{a}_\varphi\omega a\sin\theta$$

旋转时介质球表面的极化电荷形成面电流,其密度为:

$$\boldsymbol{J}_{\mathrm{S}}=\rho_{\mathrm{PS}}\boldsymbol{v}=\boldsymbol{a}_\varphi\omega a\sin\theta P\cos\theta=\boldsymbol{a}_\varphi\frac{1}{2}P\omega a\sin 2\theta$$

(2) 通过球面上 $\varphi=\varphi_0$ 的半圆周的总电流为:

$$I=\int_0^\pi\boldsymbol{J}_{\mathrm{S}}\cdot\boldsymbol{a}_\varphi a\mathrm{d}\theta=\frac{1}{2}P\omega a^2\int_0^\pi\sin 2\theta\mathrm{d}\theta=0$$

(3) 通过上半段($0\leqslant\theta\leqslant\pi/2$)的电流为:

$$I = \frac{1}{2}P\omega a^2 \int_0^{\frac{\pi}{2}} \sin 2\theta \mathrm{d}\theta = \frac{1}{2}P\omega a^2$$

通过下半段（$\pi/2 \leqslant \theta \leqslant \pi$）的电流为：

$$I = \frac{1}{2}P\omega a^2 \int_{\frac{\pi}{2}}^{\pi} \sin 2\theta \mathrm{d}\theta = -\frac{1}{2}P\omega a^2$$

使用 MATLAB 函数画出电流密度分布，使用 MATLAB 函数 sphere 产生球面坐标，再使用 surf(x,y,z,c) 画出电流密度在球面上的分布，如图 3-6-1(a) 所示，其中 c 是 MATLAB 中 colormap 的索引值，将电流密度量化后为 c 赋值。使用 MATLAB 函数 ezplot 可画出电流密度随 θ 的变化关系，如图 3-6-1(b) 所示。

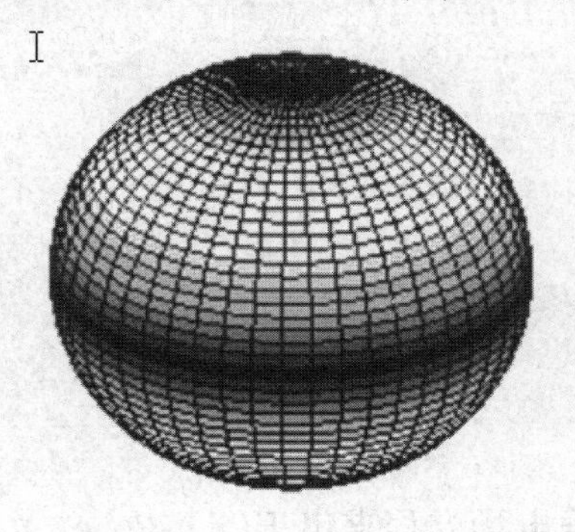

(a) 球面上电流密度分布

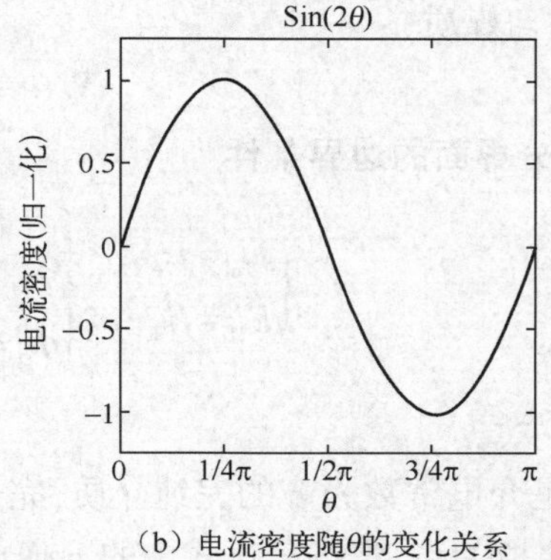

(b) 电流密度随θ的变化关系

图 3-6-1　例 3-6-1 题图

小　结

1. 电流密度

(1) 电流密度与电流强度。

体电流：
$$I = \int_S \boldsymbol{J} \cdot \mathrm{d}\boldsymbol{S}$$

面电流：
$$I = \int_C \boldsymbol{J}_{\mathrm{S}} \cdot \boldsymbol{a}_n \mathrm{d}l$$

(2) 电流密度与电荷密度。

体电荷：
$$\boldsymbol{J} = \rho \boldsymbol{v}$$

面电荷：
$$\boldsymbol{J}_{\mathrm{S}} = \rho_{\mathrm{S}} \boldsymbol{v}$$

线电荷：
$$I = \rho_1 v$$

多种电荷：
$$\boldsymbol{J} = \sum_i \rho_i \boldsymbol{v}_i$$

(3) 电流密度与电场强度：
$$\boldsymbol{J} = \sigma \boldsymbol{E}$$

(4) 电流密度与功率密度：$p = \boldsymbol{J} \cdot \boldsymbol{E}$

2. 恒定电场的基本方程

积分形式：
$$\begin{cases} \oint_S \boldsymbol{J} \cdot \mathrm{d}\boldsymbol{S} = 0 \\ \oint_C \boldsymbol{E} \cdot \mathrm{d}\boldsymbol{l} = 0 \end{cases}$$

微分形式：
$$\begin{cases} \nabla \cdot \boldsymbol{J} = 0 \\ \nabla \times \boldsymbol{E} = 0 \end{cases}$$

本构关系：$\boldsymbol{J} = \sigma \boldsymbol{E}$

电位方程(均匀媒质)：

$$\nabla^2 \Phi = 0$$

3. 不同媒质分界面的边界条件

$$\begin{cases} J_{1\mathrm{n}} = J_{2\mathrm{n}} \\ E_{1\mathrm{t}} = E_{2\mathrm{t}} \end{cases}, \quad \begin{cases} \sigma_1 \dfrac{\partial \Phi_1}{\partial n} = \sigma_2 \dfrac{\partial \Phi_2}{\partial n} \\ \Phi_1 = \Phi_2 \end{cases}$$

4. 静电比拟法

将媒质看作是介电常数为 ε 的完纯介质,完全按静电场方程求出 $\boldsymbol{E}(\varepsilon)$、$\Phi(\varepsilon)$ 及 $\boldsymbol{D}(\varepsilon)$、$C(\varepsilon)$,再由静电比拟关系,将各表达式中的 ε 换成 σ,即可得到恒定电场中的 $\boldsymbol{E}(\sigma)$、$\Phi(\sigma)$ 及 $\boldsymbol{J}(\sigma)$、$G(\sigma)$。

思考与练习

1. 恒定电场的基本方程与静电场的基本方程有何异同点？恒定电场的场源是什么？
2. 不同导电媒质分界面上的边界条件由 $\boldsymbol{E}$、$\boldsymbol{J}$、$\boldsymbol{D}$ 哪些场量决定？如何决定？
3. 恒定电场的哪些物理量可以和静电场比拟？如何比拟？
4. 接地电阻是指什么？

习　题

1. 半径为 a 的均匀极化介质球以它的一条直径为轴匀速旋转,角速度为 ω,该轴平行于球的极化强度为 $\boldsymbol{P}$,求：

(1) 由于旋转形成的面电流密度分布；

(2) 通过球面上 $\varphi=\varphi_0$ 的半圆周也即球的一条“经线”的总电流；

(3) 通过这条“经线”的上半段($0 \leqslant \theta \leqslant \pi/2$)和下半段($\pi/2 \leqslant \theta \leqslant \pi$)的电流分别是多少？

2. 设 xy 面上存在着密度 $\boldsymbol{J}_S=\boldsymbol{a}_x y+\boldsymbol{a}_y x$（A/m）的面电流，计算穿过表面上两点（2，1）和（5，1）之间的线段上的电流。

3. 如题 3 图所示的平行板电容器中充满线性介质，σ 是常数，$\dfrac{\varepsilon}{\sigma}=ax+b$（$a$、$b$ 为常数）。若已知电容器中恒定漏电流为 J_x，求电容器中的电荷密度 ρ_f。

4. 内、外导体半径分别为 a 和 b 的同轴电缆，内外导体之间由内而外填充两层电容率为 ε_1、电导率为 σ_1 和电容率为 ε_2、电导率为 σ_2 的媒质，媒质分界面半径为 c。当外加电压为 U 时，求两种媒质中的电场及分界面上的自由电荷密度。

5. 内、外导体半径分别为 a 和 b 的同轴电缆，内外导体之间以过轴线的平面为分界面，一半填充电容率为 ε_1、电导率为 σ_1 的媒质，一半填充电容率为 ε_2、电导率为 σ_2 的媒质，求该电缆单位长度的电容和漏电导及单位长度储存的电能和损耗功率。

6. 设半径分别为 R_1 和 R_2 的两个同心球面之间填充 $\sigma=\sigma_0\left(1+\dfrac{K}{R}\right)$ 的材料，K 为常数，求两球面之间的电阻。

7. 如题 7 图所示的平行板电容器，极板面积为 S，板间距离为 d。两极板之间正中间三分之一的空间填充电容率为 ε、电导率为 σ 的漏电介质，两边各三分之一的空间是空气。当外加电压为 U 时，求该电容器的电容和漏电导。

8. 如题 8 图所示的扇形薄金属片，电导率为 σ，厚度为 δ，扇形角为 α，内外半径分别为 r_1 和 r_2。分别求沿厚度方向的电阻 R_0、两弧面间的电阻 R 和两个直边之间的电阻 R'。

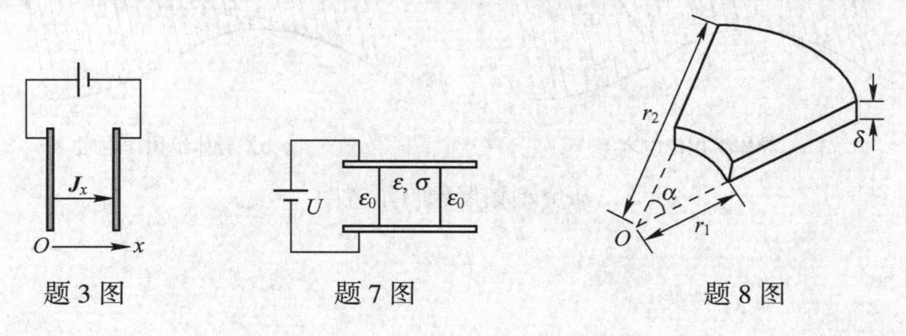

题 3 图　　题 7 图　　题 8 图

9. 闪电在 $t=0$ 时刻击中一个半径为 $a=0.1$ m 的有耗介质球（$\sigma=10$ S/m，$\varepsilon_r=1.2$），把 1 mC的电荷散落在球上。假设 $t=0$ 时刻电荷在球内均匀分布，求电荷从体积内扩散到表面上的暂态过程中任意时刻的电场强度和电流密度分布。

10. 在电导率为 σ 的无限大均匀漏电介质里有两个导体小球，半径分别为 r_1 和 r_2，小球间距为 d（$d\gg r_1$，$d\gg r_2$，即两球之间的静电感应可以忽略），求两小球间的电阻 R。

11. 一个半径为 a 的导体球接地器埋入地下，球心距地面 h（$h>a$），考虑到地面的影响，求该接地器的接地电阻，设土壤的电导率为 σ。

12. 厚度为 d 的无限大均匀导电媒质板上垂直地插有两根无限长金属圆柱形电极，两圆柱的轴线相距 D，半径为 a，$D\gg a$；两电极间电压为 U，求两电极之间的电流。

13. 半径为 a、长为 l 的管形接地器直立于电导率为 σ 的土壤中,管口与地面平齐,考虑地面影响,求该接地器的接地电阻 R。

14. 在很深的湖底上方高 h 处悬浮着一根半径为 a 的极长的直导线,导线平行于湖底,$h \gg a$。假设湖底为良导体平面,湖水电导率为 σ,求单位长度的导线与湖底之间的电阻。

15. 半球形浅埋接地器的切面与地面共面,半径为 10 cm,土壤电导率为 0.6 S/m,若一次雷电中引下来电流 100 kA,则跨步电压在安全电压范围内的安全半径是多少?(设人的跨步为 0.8 m,安全电压为 36 V)。若要将安全半径减小到 10 m,接地器周围的土壤中应掺入电导率多大的导电媒质?

研究型拓展题目

研究介质的介电性和导电性,电阻和电容的关系。设想在两导体之间充满各向同性的均匀电介质,其相对介电常数为 ε_r,使两导体带等量异号的电荷,如图研究型拓展题目示意图(a)所示,试求这导体组的电容。另一个做电阻用,设想在两导体之间充满各向同性的均匀的欧姆导电介质,其电导率为 σ,使两导体之间维持一恒定的电势差,其值与这两导体作电容器时的电势差相等,如图研究型拓展题目示意图(b)所示,试求这导体组的电阻。

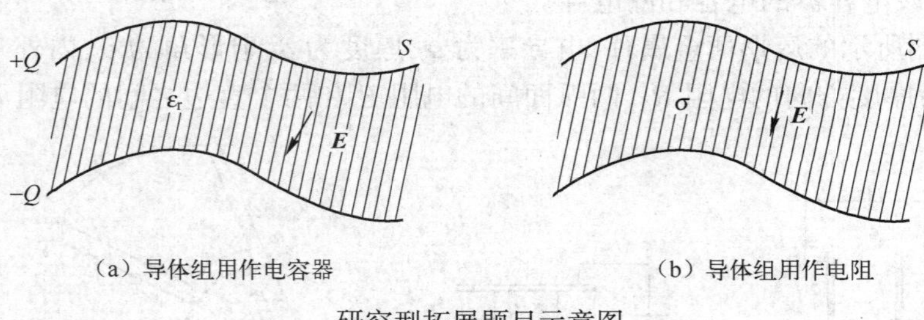

(a) 导体组用作电容器 (b) 导体组用作电阻

研究型拓展题目示意图

第4章　恒定磁场

在第2章、第3章中分别讨论了静止电荷产生的静电场及恒定电流中的恒定电场。运动电荷或电流也可以产生磁场,恒定电流产生的磁场称为恒定磁场。本章从计算两个载流回路之间的作用力——安培力定律出发,讨论恒定磁场的基本物理量、恒定磁场的基本方程和边界条件;并介绍矢量磁位和标量磁位的定义及求解;还将讨论互感和自感的计算,以及磁场能量和磁场力的计算。

4.1　安培力定律与磁感应强度

4.1.1　安培力定律

磁场最基本的特征是对运动的电荷有作用力。恒定磁场的重要定律是安培力定律,安培力定律是法国物理学家安培根据实验总结出来的一个基本定律。

对于图4-1-1所示的两个载流导线回路,安培力定律指出,在真空中载有电流 I_1 的回路 C_1 上的任一线元 $\mathrm{d}\boldsymbol{l}_1$ 对另一载有电流 I_2 的回路 C_2 上的任一线元 $\mathrm{d}\boldsymbol{l}_2$ 的作用力为:

$$\mathrm{d}\boldsymbol{F}_{12}=\frac{\mu_0}{4\pi}\frac{I_2\mathrm{d}\boldsymbol{l}_2\times(I_1\mathrm{d}\boldsymbol{l}_1\times\boldsymbol{a}_R)}{R^2} \tag{4-1-1}$$

式中,μ_0 为真空的磁导率,$\mu_0=4\pi\times10^{-7}$ H/m;$I_1\mathrm{d}\boldsymbol{l}_1$、$I_2\mathrm{d}\boldsymbol{l}_2$ 为线电流的电流元矢量;R 为 $I_1\mathrm{d}\boldsymbol{l}_1$ 到 $I_2\mathrm{d}\boldsymbol{l}_2$ 的距离;$\boldsymbol{a}_R$ 为 $I_1\mathrm{d}\boldsymbol{l}_1$ 指向 $I_2\mathrm{d}\boldsymbol{l}_2$ 的单位矢量。整个电流回路 C_2 所受到的电流回路 C_1 的作用力为:

$$\boldsymbol{F}_{12}=\frac{\mu_0}{4\pi}\oint_{C_2}\oint_{C_1}\frac{I_2\mathrm{d}\boldsymbol{l}_2\times(I_1\mathrm{d}\boldsymbol{l}_1\times\boldsymbol{a}_R)}{R^2} \tag{4-1-2}$$

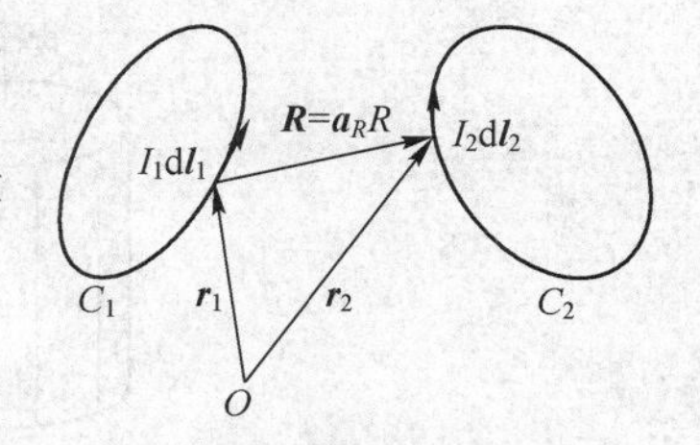

图4-1-1　载流导线回路之间的作用力

可以证明,这个作用力符合牛顿第三定律,即 $\boldsymbol{F}_{12}=-\boldsymbol{F}_{21}$。安培力定律在恒定磁场中的地位与库仑定律在静电场中的地位相当。由于安培力定律中包含一个双重矢量积分,故计算比较复杂,这主要源于电流元的矢量性。

4.1.2　磁感应强度——毕奥-萨伐尔定律

在式(4-1-2)中,二重积分的积分变量各自独立,故可将该式改写为:

$$\boldsymbol{F}_{12}=\oint_{C_2} I_2 \mathrm{d}\boldsymbol{l}_2 \times \frac{\mu_0}{4\pi}\oint_{C_1}\frac{I_1 \mathrm{d}\boldsymbol{l}_1 \times \boldsymbol{a}_R}{R^2} \tag{4-1-3}$$

用场的观点解释,力 $\boldsymbol{F}_{12}$应为第 1 个电流回路 C_1在空间产生的磁场,该磁场对第 2 个电流回路 C_2产生作用力。

令:

$$\boldsymbol{B}=\frac{\mu_0}{4\pi}\oint_{C_1}\frac{I_1 \mathrm{d}\boldsymbol{l}_1 \times \boldsymbol{a}_R}{R^2} \tag{4-1-4}$$

式(4-1-4)即为回路 C_1在 $\boldsymbol{r}_2$点处产生的磁感应强度,也称作磁通密度,单位为特斯拉(T),也可用 $\mathrm{Wb/m^2}$或 Gs。单位之间的换算关系为:$1\mathrm{T}=1\ \mathrm{Wb/m^2}=10^4\ \mathrm{Gs}$。

将式(4-1-4)写成下面一般的形式:

$$\boldsymbol{B}=\frac{\mu_0}{4\pi}\oint_{C}\frac{I\mathrm{d}\boldsymbol{l}' \times \boldsymbol{a}_R}{R^2}=\frac{\mu_0}{4\pi}\oint_{C}\frac{I\mathrm{d}\boldsymbol{l}' \times \boldsymbol{R}}{R^3} \tag{4-1-5}$$

$$\mathrm{d}\boldsymbol{B}=\frac{\mu_0}{4\pi}\frac{I\mathrm{d}\boldsymbol{l}' \times \boldsymbol{a}_R}{R^2}=-\frac{\mu_0}{4\pi}I\mathrm{d}\boldsymbol{l}' \times \nabla\left(\frac{1}{R}\right) \tag{4-1-6}$$

式(4-1-5)和式(4-1-6)都称为毕奥-萨伐尔(Biot-Sovart)定律,是毕奥和萨伐尔于 1820 年根据闭合回路的实验结果分析总结出来的。

分析式(4-1-5)和式(4-1-6)可得出以下结论。

(1) 磁感应强度与距离平方呈反比关系,与场源呈线性关系,服从场强的叠加原理。

(2) $\mathrm{d}\boldsymbol{B}$ 垂直于 $I\mathrm{d}\boldsymbol{l}\times\boldsymbol{a}_R$,即电流元 $I_1\mathrm{d}\boldsymbol{l}_1$产生的磁场是以 $I_1\mathrm{d}\boldsymbol{l}_1$的延长线为轴线的同心圆。在这点上与电场的规律完全不同,电荷产生的电场 $\mathrm{d}\boldsymbol{E}$ 是以 $\mathrm{d}q$ 为球心发出的径向射线;而电流元产生的磁场则是以 $I\mathrm{d}\boldsymbol{l}$ 为轴线的涡旋状闭合曲线。

当考虑线电流的实际分布时,毕奥-萨伐尔定律可以推广到分布电流,如图 4-1-2 所示。

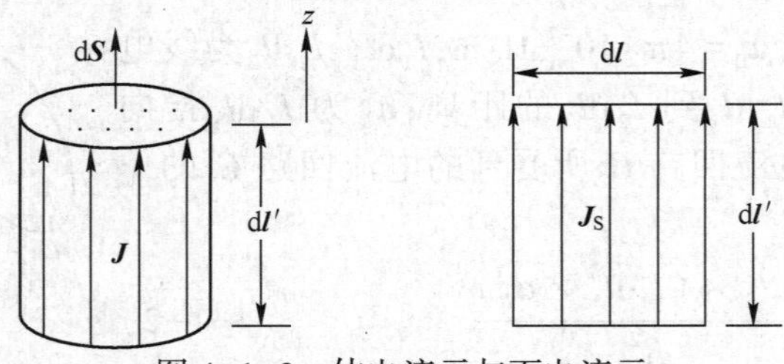

图 4-1-2 体电流元与面电流元

对体电流元,$I\mathrm{d}\boldsymbol{l}'=(\boldsymbol{J}\cdot\mathrm{d}\boldsymbol{S})\mathrm{d}\boldsymbol{l}'=\boldsymbol{J}\mathrm{d}\tau'$在无限大空间或真空中产生的磁感应强度为:

$$\mathrm{d}\boldsymbol{B}=\frac{\mu_0}{4\pi}\frac{\boldsymbol{J}\mathrm{d}\tau' \times \boldsymbol{a}_R}{R^2} \tag{4-1-7}$$

$$\boldsymbol{B}=\frac{\mu_0}{4\pi}\int_{\tau}\frac{\boldsymbol{J} \times \boldsymbol{a}_R}{R^2}\mathrm{d}\tau' \tag{4-1-8}$$

对面电流元,$I\mathrm{d}\boldsymbol{l}'=(\boldsymbol{J}_{\mathrm{S}}\cdot\mathrm{d}\boldsymbol{l})\mathrm{d}\boldsymbol{l}'=\boldsymbol{J}_{\mathrm{S}}\mathrm{d}S'$,在无限大空间或真空中产生的磁感应强度为:

$$\mathrm{d}\boldsymbol{B}=\frac{\mu_0}{4\pi}\frac{\boldsymbol{J}_{\mathrm{S}}\mathrm{d}S'\times\boldsymbol{a}_R}{R^2} \tag{4-1-9}$$

$$\boldsymbol{B}=\frac{\mu_0}{4\pi}\int_S\frac{\boldsymbol{J}_{\mathrm{S}}\times\boldsymbol{a}_R}{R^2}\mathrm{d}S' \tag{4-1-10}$$

4.1.3 洛仑兹力

从式(4-1-3)可以得出电流元 $I\mathrm{d}\boldsymbol{l}$ 在外加磁场 $\boldsymbol{B}$ 中受到的作用力为：

$$\mathrm{d}\boldsymbol{F}=I\mathrm{d}\boldsymbol{l}\times\boldsymbol{B}$$

对以速度 $\boldsymbol{v}$ 运动的点电荷 q，可由 $I\mathrm{d}\boldsymbol{l}=\boldsymbol{J}\mathrm{d}\tau=\rho\boldsymbol{v}\mathrm{d}\tau=\mathrm{d}q\boldsymbol{v}$ 推知其在外磁场中受到的力为：

$$\boldsymbol{F}=q\boldsymbol{v}\times\boldsymbol{B} \tag{4-1-11}$$

如果空间同时还存在电场，则电荷 q 还会受到电场力的作用。这样，带电量为 q 以速度 $\boldsymbol{v}$ 运动的点电荷在外加电磁场中受到的总作用力应为：

$$\boldsymbol{F}=q\boldsymbol{E}+q\boldsymbol{v}\times\boldsymbol{B}=q(\boldsymbol{E}+\boldsymbol{v}\times\boldsymbol{B}) \tag{4-1-12}$$

式(4-1-11)和式(4-1-12)均称为洛仑兹力公式。

下面通过几个例子，具体讨论毕奥-萨伐尔定律求解磁感应强度的应用。

【例 4-1-1】 一段长为 l 的直导线通有电流 I，求空间各点的磁感应强度。

【解】 采用圆柱坐标系，使 z 轴与直导线相合，原点可置于导线的中点。从对称关系可看出，场与 φ 坐标无关，因而可以将场点置于 $\varphi=0$ 的平面上。这样，场点 P 的坐标为 $(\rho,0,z)$，源点（电流元）的坐标为 $(0,0,z')$，如图 4-1-3 所示。

依据图 4-1-3 所示的几何关系，将毕奥-萨伐尔定律中的积分变量用圆柱坐标表示为：

$$I\mathrm{d}\boldsymbol{l}'=\boldsymbol{a}_zI\mathrm{d}z'$$

$$z'=z-\rho\tan\alpha$$

对上式取微分，得：

$$\mathrm{d}z'=-\rho\sec^2\alpha\mathrm{d}\alpha$$

故：

$$I\mathrm{d}\boldsymbol{l}'=-\boldsymbol{a}_zI\rho\sec^2\alpha\mathrm{d}\alpha$$

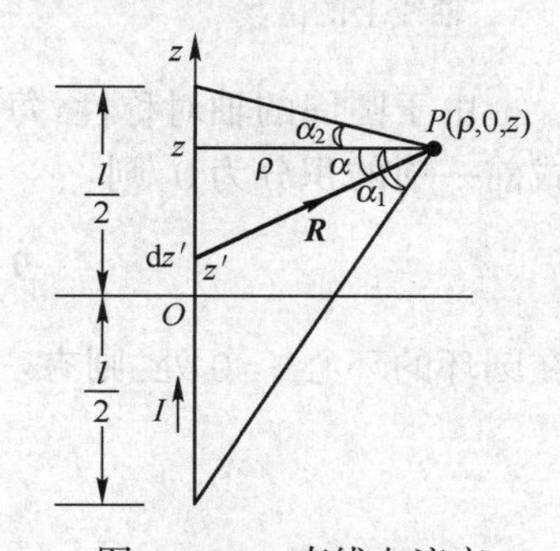

图 4-1-3 直线电流产生的 $\boldsymbol{B}$ 的计算

由图中几何关系对单位矢量 $\boldsymbol{a}_R$ 进行分解，即有：

$$\boldsymbol{a}_R=\boldsymbol{a}_\rho\cos\alpha+\boldsymbol{a}_z\sin\alpha$$

$$R=\rho\sec\alpha$$

$$I\mathrm{d}\boldsymbol{l}'\times\boldsymbol{a}_R=-\boldsymbol{a}_\varphi I\rho\sec^2\alpha\cos\alpha\mathrm{d}\alpha$$

把以上各式代入式(4-1-5)，得：

$$\boldsymbol{B}=\frac{\mu_0}{4\pi}\oint_C\frac{I\mathrm{d}\boldsymbol{l}'\times\boldsymbol{a}_R}{R^2}=\frac{\mu_0I}{4\pi}\int_{\alpha_1}^{\alpha_2}\frac{-\boldsymbol{a}_\varphi\rho\sec^2\alpha\cos\alpha\mathrm{d}\alpha}{\rho^2\sec^2\alpha}$$

$$=\boldsymbol{a}_\varphi\frac{\mu_0I}{4\pi\rho}\int_{\alpha_1}^{\alpha_2}-\cos\alpha\cdot\mathrm{d}\alpha=\boldsymbol{a}_\varphi\frac{\mu_0I}{4\pi\rho}(\sin\alpha_1-\sin\alpha_2) \tag{4-1-13}$$

对于无限长直线电流,$l\to\infty$ 、$\alpha_1\to\pi/2$、$\alpha_2\to-\pi/2$,则有:

$$\boldsymbol{B}=\boldsymbol{a}_{\varphi}\frac{\mu_0 I}{2\pi\rho} \tag{4-1-14}$$

式(4-1-14)与无限长直线电荷产生的电场 $\boldsymbol{E}=\boldsymbol{a}_{\rho}\dfrac{\rho_l}{2\pi\varepsilon_0\rho}$形式上相对应。电力线的形状是以无限长线为轴线的辐射状分布,而磁力线则是以无限长线为轴线的同心圆。二者都是平行平面场,也就是既没有 z 分量,又与 z 坐标无关的场。

【例 4-1-2】　求电流为 I 的细圆环(半径为 a)在轴线上任一点产生的磁感应强度。

【解】　采用圆柱坐标,取圆环的轴线为 z 轴,并使圆环位于 $z=0$ 的平面上。场点 P 的坐标为$(0,0,z)$,如图 4-1-4 所示。由图可得:

$$I\mathrm{d}\boldsymbol{l}'=\boldsymbol{a}_{\varphi}Ia\mathrm{d}\varphi'$$

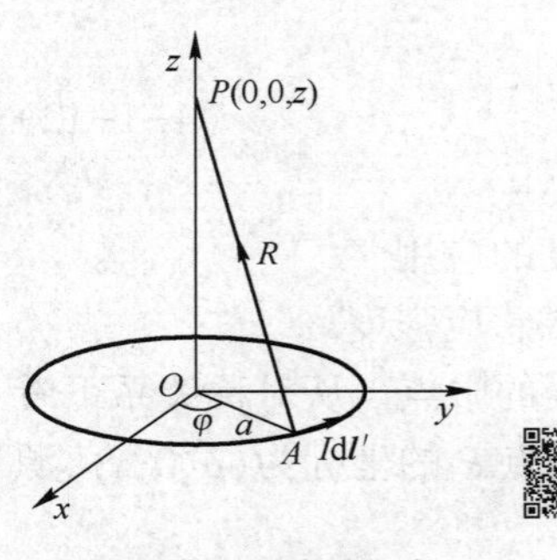

图 4-1-4　圆环电流轴线上的磁场

源点 A 处的位置矢量为:

$$\boldsymbol{r}'=\boldsymbol{a}_{\rho}a$$

场点 P 处的位置矢量为:

$$\boldsymbol{r}=\boldsymbol{a}_z z$$

由图所示的矢量三角形可得:

$$\boldsymbol{R}=\boldsymbol{r}-\boldsymbol{r}'=\boldsymbol{a}_z z-\boldsymbol{a}_{\rho}a$$

$$I\mathrm{d}\boldsymbol{l}'\times\boldsymbol{R}=\boldsymbol{a}_{\rho}Iaz\mathrm{d}\varphi'+\boldsymbol{a}_z Ia^2\mathrm{d}\varphi'$$

把以上各式代入式(4-1-5),得:

$$\boldsymbol{B}=\frac{\mu_0}{4\pi}\oint_C\frac{I\mathrm{d}\boldsymbol{l}'\times\boldsymbol{R}}{R^3}=\frac{\mu_0 I}{4\pi}\int_0^{2\pi}\frac{\boldsymbol{a}_{\rho}az\mathrm{d}\varphi'+\boldsymbol{a}_z a^2\mathrm{d}\varphi'}{R^3}$$

由于圆周的轴对称性,每个电流元产生的磁感应强度的 $\boldsymbol{a}_{\rho}$ 分量在积分时互相抵消,故上式前一项的积分为 0,则:

$$\boldsymbol{B}=\boldsymbol{a}_z\frac{\mu_0 I}{4\pi}\int_0^{2\pi}\frac{a^2\mathrm{d}\varphi'}{R^3}=\boldsymbol{a}_z\frac{\mu_0 Ia^2}{2\,(z^2+a^2)^{3/2}} \tag{4-1-15}$$

在圆环的环心 $z=0$ 处,则有:

$$\boldsymbol{B}=\boldsymbol{a}_z\frac{\mu_0 I}{2a} \tag{4-1-16}$$

4.2　真空中恒定磁场的基本方程

4.2.1　磁通连续性方程

与静电场一样,要研究恒定磁场的基本方程,首先需要研究恒定磁场的通量和环量。

磁感应强度或磁通密度 $\boldsymbol{B}$ 穿过曲面 S 的通量称为磁通量,用 $\varPhi$ 表示:

$$\Phi = \int_S \boldsymbol{B} \cdot \mathrm{d}\boldsymbol{S} \tag{4-2-1}$$

磁通的单位是 Wb(韦[伯])。磁通是电磁学中一个重要的物理量。感应电动势、电感、磁场能量及电流回路在磁场中受力的计算等,都与一个回路包围的磁通有关。

如果 S 为闭合曲面,则有:

$$\Phi = \oint_S \boldsymbol{B} \cdot \mathrm{d}\boldsymbol{S} \tag{4-2-2}$$

下面以载流回路 C 产生的磁场为例,计算恒定磁场对一个闭合曲面的通量。利用式(4-1-5),则有:

$$\boldsymbol{B} = \frac{\mu_0}{4\pi}\oint_C \frac{I\mathrm{d}\boldsymbol{l}' \times \boldsymbol{a}_R}{R^2} = -\frac{\mu_0}{4\pi}\oint_C I\mathrm{d}\boldsymbol{l}' \times \nabla\left(\frac{1}{R}\right) \tag{4-2-3}$$

将式(4-2-3)代入式(4-2-2),并利用矢量恒等式 $\boldsymbol{A}\times\boldsymbol{B}\cdot\boldsymbol{C}=\boldsymbol{A}\cdot\boldsymbol{B}\times\boldsymbol{C}$,得:

$$\Phi = \oint_S \boldsymbol{B} \cdot \mathrm{d}\boldsymbol{S} = \oint_S -\frac{\mu_0}{4\pi}\oint_C I\mathrm{d}\boldsymbol{l}' \times \nabla\left(\frac{1}{R}\right) \cdot \mathrm{d}\boldsymbol{S} = -\oint_C \frac{\mu_0 I}{4\pi}\mathrm{d}\boldsymbol{l}' \cdot \oint_S \nabla\left(\frac{1}{R}\right) \times \mathrm{d}\boldsymbol{S}$$

根据矢量恒等式

$$\int_\tau \nabla \times \boldsymbol{A}\mathrm{d}\tau = \oint_S -\boldsymbol{A} \times \mathrm{d}\boldsymbol{S}$$

得

$$\Phi = \oint_S \boldsymbol{B} \cdot \mathrm{d}\boldsymbol{S} = \oint_C \frac{\mu_0 I}{4\pi}\mathrm{d}\boldsymbol{l}' \cdot \oint_\tau \nabla \times \nabla\left(\frac{1}{R}\right)\mathrm{d}\tau$$

因为

$$\nabla\times\nabla\left(\frac{1}{R}\right) = \boldsymbol{0}$$

故:

$$\Phi = \oint_S \boldsymbol{B} \cdot \mathrm{d}\boldsymbol{S} = 0 \tag{4-2-4}$$

利用散度定理,得:

$$\nabla\cdot\boldsymbol{B} = 0 \tag{4-2-5}$$

式(4-2-4)和式(4-2-5)就是恒定磁场关于通量和散度的基本方程,也称作磁通连续性方程。磁通连续性是普遍性的原理,对时变电磁场也成立。

$\nabla\cdot\boldsymbol{B}$ 处处为零,这表明:磁场中没有“喷泉”或“漏口”,即没有散度源,是无散场。因此,磁力线是无头无尾、永不相交的闭合回线。

4.2.2 安培环路定律

为了讨论恒定磁场的旋度,从毕奥-萨伐尔定律出发,利用立体角可以推导出恒定磁场的环量和磁场的源(电流)之间的关系。

根据式(4-1-5)可知,电流回路 C'产生的磁场为:

$$\boldsymbol{B}=\frac{\mu_0}{4\pi}\oint_{C'}\frac{I\mathrm{d}\boldsymbol{l}'\times\boldsymbol{a}_R}{R^2}$$

在该磁场中任取一个积分回路 C,如图 4-2-1(a)所示,则 $\boldsymbol{B}$ 的环量为:

$$\oint_C\boldsymbol{B}\cdot\mathrm{d}\boldsymbol{l}=\frac{\mu_0}{4\pi}\oint_C\oint_{C'}\frac{I\mathrm{d}\boldsymbol{l}'\times\boldsymbol{a}_R}{R^2}\cdot\mathrm{d}\boldsymbol{l}=\frac{\mu_0 I}{4\pi}\oint_C\oint_{C'}-\frac{\boldsymbol{a}_R}{R^2}\cdot(-\mathrm{d}\boldsymbol{l}\times\mathrm{d}\boldsymbol{l}') \tag{4-2-6}$$

式(4-2-6)中利用了矢量混合积的轮换性。

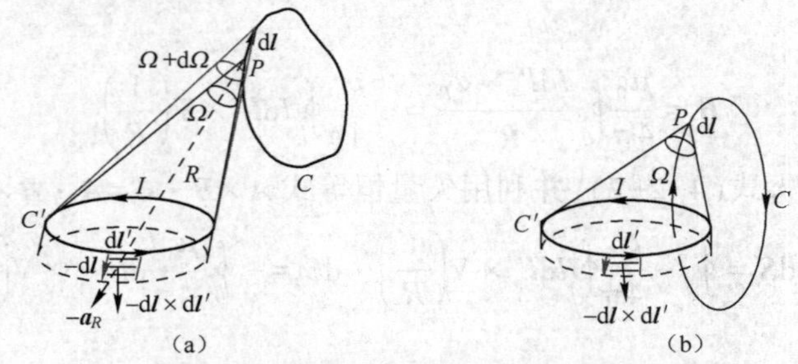

图 4-2-1　$\boldsymbol{B}$ 的环量中立体角的计算

设 P 是积分路径 C 上的场点,则载流回路 C'所包围的表面对 P 点张开一个立体角,设为 Ω。当 P 点沿着 C 位移 $\mathrm{d}\boldsymbol{l}$ 时,该立体角即会产生一个增量的 $\mathrm{d}\Omega$,如图 4-2-1(a)所示。显然,从相对运动的观点来看,若 P 点保持不动而回路 C'位移$-\mathrm{d}\boldsymbol{l}$ 引起的立体角增量也为 $\mathrm{d}\Omega$,且按照立体角的定义,这个增量立体角由增量面积确定。由于$(-\mathrm{d}\boldsymbol{l}\times\mathrm{d}\boldsymbol{l}')$即是 $\mathrm{d}\boldsymbol{l}'$位移$-\mathrm{d}\boldsymbol{l}$ 所形成的有向面积增量,则有:

$$\mathrm{d}\Omega=-\oint_{C'}\frac{\boldsymbol{a}_R}{R^2}\cdot(-\mathrm{d}\boldsymbol{l}\times\mathrm{d}\boldsymbol{l}')$$

将上式对回路 C 积分,即可得到 P 点沿回路 C 位移 $\mathrm{d}\boldsymbol{l}$ 时所增加的立体角。因此式(4-2-6)可表示为:

$$\oint_C\boldsymbol{B}\cdot\mathrm{d}\boldsymbol{l}=\frac{\mu_0 I}{4\pi}\oint_C\mathrm{d}\Omega=\frac{\mu_0 I}{4\pi}\Delta\Omega \tag{4-2-7}$$

可见,$\boldsymbol{B}$ 沿 C 的环量取决于 $\Delta\Omega$,而 $\Delta\Omega$ 取决于 C 和 C'的两种相对位置。

(1) 积分回路 C 不与场源回路 C'套链,如图 4-2-1(a)所示。

可以看出,当 P 从某点开始沿 C 绕行一周回到始点时,立体角又回复到原来的值,故 $\Delta\Omega=0$,从而式(4-2-7)变为:

$$\oint_C\boldsymbol{B}\cdot\mathrm{d}\boldsymbol{l}=0$$

(2) 积分回路 C 与场源回路 C'相套链,即 C 穿过 C'包围的曲面 S',如图 4-2-1(b)所示。

当场点 P 按图示方向沿回路 C 绕行一周时,增量面积亦即 P 点不动、C'反向位移一周时所扫过的面积显然是一个包围 P 点的闭合曲面。在图 4-2-1(b)所示的 C 和 C'的绕行方向下

(C 和 C' 右手关系套链),增量面积($-\mathrm{d}\boldsymbol{l}\times\mathrm{d}\boldsymbol{l}'$)确定的方向是闭合面的外法线方向,即有 $\Delta\Omega=4\pi$。因此式(4-2-7)变为:

$$\oint_C \boldsymbol{B}\cdot\mathrm{d}\boldsymbol{l}=\frac{\mu_0 I}{4\pi}\cdot 4\pi=\mu_0 I \tag{4-2-8}$$

当穿过积分回路 C 的电流有多个时,$\sum I$ 是与回路 C 套链的电流的代数和,式(4-2-8)可改写为:

$$\oint_C \boldsymbol{B}\cdot\mathrm{d}\boldsymbol{l}=\mu_0\sum I \tag{4-2-9}$$

其中,I 的方向与 C 成右手螺旋关系。

式(4-2-9)即是安培定律的积分形式。它表明:在真空中,磁感应强度沿任意回路的环量等于真空磁导率乘以与该回路相交链的电流的代数和。对于分布电流,利用斯托克斯定理,可以得到安培环路定律的微分形式:

$$\oint_C \boldsymbol{B}\cdot\mathrm{d}\boldsymbol{l}=\int_S(\nabla\times\boldsymbol{B})\cdot\mathrm{d}\boldsymbol{S}$$

$$\sum I=\int_S \boldsymbol{J}\cdot\mathrm{d}\boldsymbol{S}$$

$$\int_S(\nabla\times\boldsymbol{B})\cdot\mathrm{d}\boldsymbol{S}=\mu_0\int_S \boldsymbol{J}\cdot\mathrm{d}\boldsymbol{S}$$

$$\nabla\times\boldsymbol{B}=\mu_0\boldsymbol{J} \tag{4-2-10}$$

式(4-2-10)即为安培环路定律的微分形式。它表明:恒定磁场的磁感应强度的旋度等于该点的电流密度与真空磁导率的乘积,也就是说恒定磁场的涡旋源是电流。

综上所述,可得到真空中恒定磁场的基本方程:

	积分形式	微分形式
磁通连续性方程:	$\oint_S \boldsymbol{B}\cdot\mathrm{d}\boldsymbol{S}=0$	$\nabla\cdot\boldsymbol{B}=0$
安培环路定律:	$\oint_C \boldsymbol{B}\cdot\mathrm{d}\boldsymbol{l}=\mu_0 I$	$\nabla\times\boldsymbol{B}=\mu_0\boldsymbol{J}$

可见,与静电场是有散无旋场、保守场不同,恒定磁场是无散有旋场、非保守场。在电流分布具有某些特殊的对称性时,如无限长的载流直导线、无限长的载流圆柱体、无限大的均匀电流面等,通过适当选取坐标系,可使磁通连续性方程自动满足,这时只要利用安培环路定律的积分形式就可以计算 $\boldsymbol{B}$ 的分布。反之,若已知磁场分布,也可利用安培环路定律的微分形式求出电流分布。

【例 4-2-1】 半径为 a 的无限长直圆柱导体通过电流 I,计算导体内外的 $\boldsymbol{B}$。

【解】 电流分布具有轴对称性,选柱坐标。场的分布与 φ 和 z 无关,磁感应线是以直圆柱导体的轴线为轴线的同心圆,沿磁感应线取 $\boldsymbol{B}$ 的线积分,则有:

$$\oint_C \boldsymbol{B}\cdot\mathrm{d}\boldsymbol{l}=B2\pi\rho=\mu_0\sum I$$

$\rho\leqslant a$ 时,

$$\sum I = \pi\rho^2 J = I\frac{\rho^2}{a^2}$$

故：

$$B_\varphi = \frac{\mu_0}{2\pi\rho} I \frac{\rho^2}{a^2} = \frac{\mu_0 I\rho}{2\pi a^2}$$

$\rho>a$ 时，回路中包围的电流为 I，则有：

$$B_\varphi = \frac{\mu_0 I}{2\pi\rho}$$

这与沿无限长直导线积分所得的结果即式(4-1-14)相同。$\boldsymbol{B}$ 在圆柱内外的变化如图 4-2-2 所示。

【例 4-2-2】　两个相交的圆柱，半径相同(均为 a)，两圆心相距为 c，通过强度相等方向相反的电流 I，因而相交的部分 $\boldsymbol{J}=0$，如图 4-2-3 所示。证明相交的区域中是匀强磁场。

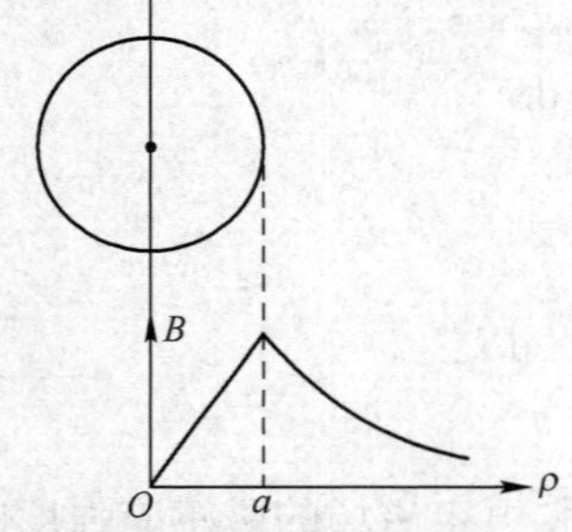

图 4-2-2　B 在圆柱内外的变化

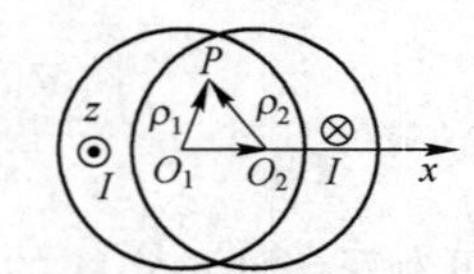

图 4-2-3　流过相反电流的两个相交圆柱

【解】　两圆柱单独存在时，均具有轴对称性，选两套柱坐标，计算相交区域任一场点 P 的磁感应强度。

由上例，两圆柱单独存在时，每个圆柱内的磁感应强度为：

$$\oint_C \boldsymbol{B}_1 \cdot \mathrm{d}\boldsymbol{l} = \mu_0 I \frac{\rho_1^2}{a^2}$$

$$\boldsymbol{B}_1 = \boldsymbol{a}_{\varphi_1} \frac{\mu_0}{2\pi\rho_1} I \frac{\rho_1^2}{a^2} = \boldsymbol{a}_z \times \boldsymbol{\rho}_1 \frac{\mu_0 I}{2\pi a^2}$$

$$\oint_C \boldsymbol{B}_2 \cdot \mathrm{d}\boldsymbol{l} = \mu_0 I \frac{\rho_2^2}{a^2}$$

$$\boldsymbol{B}_2 = \boldsymbol{a}_{\varphi_2} \frac{\mu_0}{2\pi\rho_2}(-I) \frac{\rho_2^2}{a^2} = -\boldsymbol{a}_z \times \boldsymbol{\rho}_2 \frac{\mu_0 I}{2\pi a^2}$$

$\boldsymbol{a}_{\varphi1}$ 与 $\boldsymbol{a}_{\varphi2}$ 分别是以 O_1 和 O_2 为轴心的圆柱坐标系中的单位矢量，相交区域中的 $\boldsymbol{B}$ 为 $\boldsymbol{B}_1$ 和 $\boldsymbol{B}_2$ 的叠加，即：

$$\boldsymbol{B} = \boldsymbol{B}_1 + \boldsymbol{B}_2 = \boldsymbol{a}_z \times (\boldsymbol{\rho}_1 - \boldsymbol{\rho}_2)\frac{\mu_0 I}{2\pi a^2} = \boldsymbol{a}_z \times \boldsymbol{c}\frac{\mu_0 I}{2\pi a^2} = \boldsymbol{a}_y \frac{\mu_0 cI}{2\pi a^2}$$

式中,$\boldsymbol{c}$ 为两个圆心连线的矢量,方向从 O_1 指向 O_2,可见,$\boldsymbol{B}$ 与场点坐标无关,故为均匀场,方向与 $\boldsymbol{c}$ 和 z 轴垂直,即为 y 方向。当两圆柱轴线相距很近时,相交部分将近似于一个圆柱。

4.3 矢量磁位和磁偶极子

4.3.1 矢量磁位

恒定磁场的基本方程表明,磁场是有旋场,因而磁场中不能无条件地引入标量位;但磁场的无散性为简化磁场的计算提供了另一条思路。由矢量恒等式可知,一个无散场总可以表示成另外一个矢量场的旋度,故可令:

$$\boldsymbol{B}(\boldsymbol{r})=\nabla\times\boldsymbol{A}(\boldsymbol{r}) \tag{4-3-1}$$

称矢量函数 $\boldsymbol{A}$ 为矢量磁位或矢量位。$\boldsymbol{A}$ 的单位为 T · m(特 · 米)或 Wb/m(韦/米)。

需要指出的是,满足$\nabla\times\boldsymbol{A}=\boldsymbol{B}$ 的矢量场 $\boldsymbol{A}$ 并不是唯一的。它仅仅规定了矢量场 $\boldsymbol{A}$ 的旋度,而 $\boldsymbol{A}$ 的散度可以任意假定。假设 $\boldsymbol{A}'=\boldsymbol{A}+\nabla\Psi$,$\Psi$ 是一个任意的标量场,则有:

$$\nabla\times\boldsymbol{A}'=\nabla\times\boldsymbol{A}+\nabla\times\nabla\Psi=\nabla\times\boldsymbol{A}=\boldsymbol{B}$$

可见,凡与 $\boldsymbol{A}$ 相差任一个梯度场的矢量场 $\boldsymbol{A}'$的旋度都是 $\boldsymbol{B}$,但是它们的散度却可能各不相同。因而,为了唯一确定 $\boldsymbol{A}$,可以通过限定$\nabla\cdot\boldsymbol{A}$ 来选择。对$\nabla\cdot\boldsymbol{A}$ 的值的指定,称为一种规范。在恒定磁场中,选取矢量磁位的散度为零较为方便,即:

$$\nabla\cdot\boldsymbol{A}=0 \tag{4-3-2}$$

式(4-3-2)称为库仑规范。

将 $\boldsymbol{B}=\nabla\times\boldsymbol{A}$ 代入式(4-2-10),得:

$$\nabla\times\nabla\times\boldsymbol{A}=\mu_0\boldsymbol{J}$$

利用矢量恒等式$\nabla\times\nabla\times\boldsymbol{A}=\nabla(\nabla\cdot\boldsymbol{A})-\nabla^2\boldsymbol{A}$,并代入库仑规范,则有:

$$\nabla^2\boldsymbol{A}=-\mu_0\boldsymbol{J} \tag{4-3-3}$$

式(4-3-3)即是矢量磁位 $\boldsymbol{A}$ 满足的微分方程,称为矢量磁位的泊松方程。对于 $\boldsymbol{J}=0$ 的无源区,矢量磁位满足矢量拉普拉斯方程,即:

$$\nabla^2\boldsymbol{A}=0 \tag{4-3-4}$$

将直角坐标系中的∇^2代入式(4-3-3),得:

$$\nabla^2\boldsymbol{A}=\boldsymbol{a}_x\nabla^2A_x+\boldsymbol{a}_y\nabla^2A_y+\boldsymbol{a}_z\nabla^2A_z=-\mu_0\boldsymbol{J}$$

可得到对应分量的三个标量的泊松方程:

$$\begin{cases}\nabla^2A_x=-\mu_0J_x\\ \nabla^2A_y=-\mu_0J_y\\ \nabla^2A_z=-\mu_0J_z\end{cases} \tag{4-3-5}$$

将式(4-3-5)中三个方程与静电场中电位的泊松方程对比,可以得到 $\boldsymbol{A}$ 的各个分量的解:

$$\begin{cases} A_x = \dfrac{\mu_0}{4\pi}\displaystyle\int_\tau \dfrac{J_x}{R}\mathrm{d}\tau' \\ A_y = \dfrac{\mu_0}{4\pi}\displaystyle\int_\tau \dfrac{J_y}{R}\mathrm{d}\tau' \\ A_z = \dfrac{\mu_0}{4\pi}\displaystyle\int_\tau \dfrac{J_z}{R}\mathrm{d}\tau' \end{cases}$$

将上式各分量合成矢量形式,即为:

$$\boldsymbol{A}(\boldsymbol{r}) = \frac{\mu_0}{4\pi}\int_\tau \frac{\boldsymbol{J}(\boldsymbol{r}')}{R}\mathrm{d}\tau' \tag{4-3-6}$$

矢量磁位的引入使磁感应强度 $\boldsymbol{B}$ 的计算分为两步,即先按式(4-3-6)计算 $\boldsymbol{A}(\boldsymbol{r})$,再按式(4-3-1)计算 $\boldsymbol{B}(\boldsymbol{r})$。由于

$$\mathrm{d}\boldsymbol{A}(\boldsymbol{r}) = \frac{\mu_0}{4\pi}\frac{\boldsymbol{J}(\boldsymbol{r}')\mathrm{d}\tau'}{R} \tag{4-3-7}$$

电流元产生的矢量磁位 $\mathrm{d}\boldsymbol{A}(\boldsymbol{r})$ 与电流元 $\boldsymbol{J}(\boldsymbol{r}')\mathrm{d}\tau'$ 平行,因而 $\boldsymbol{A}(\boldsymbol{r})$ 的矢线也是与场源电流相平行的矢线。在选择适当的坐标系下,$\boldsymbol{A}(\boldsymbol{r})$ 往往只有一个分量,而 $\boldsymbol{B}(\boldsymbol{r})$ 一般不只一个分量。在已知场源电流分布直接求磁感应强度 $\boldsymbol{B}$ 时,利用矢量磁位可以简化计算。

对于面电流和线电流,与式(4-3-6)和式(4-3-7)对应的矢量磁位分别为:

$$\boldsymbol{A}(\boldsymbol{r}) = \frac{\mu_0}{4\pi}\int_S \frac{\boldsymbol{J}_\mathrm{S}(\boldsymbol{r}')}{R}\mathrm{d}S' \qquad \mathrm{d}\boldsymbol{A}(\boldsymbol{r}) = \frac{\mu_0}{4\pi}\frac{\boldsymbol{J}_\mathrm{S}(\boldsymbol{r}')}{R}\mathrm{d}S' \tag{4-3-8}$$

$$\boldsymbol{A}(\boldsymbol{r}) = \frac{\mu_0}{4\pi}\int_l \frac{I\mathrm{d}\boldsymbol{l}'}{R} \qquad \mathrm{d}\boldsymbol{A}(\boldsymbol{r}) = \frac{\mu_0}{4\pi}\frac{I\mathrm{d}\boldsymbol{l}'}{R} \tag{4-3-9}$$

【例 4-3-1】 计算通过电流为 I、半径为 a 的小圆环在远离圆环处的磁场。

【解】 当场点偏离圆环的轴线时,直接用式(4-1-5)计算磁感应强度 $\boldsymbol{B}$ 比较困难。可以通过求矢量磁位 $\boldsymbol{A}$ 来计算 $\boldsymbol{B}$。电流具有轴对称性,但在远场点,$r \gg a$,小圆环相当于一个点,所以采用球坐标。

将圆环的圆心置于球坐标原点,取圆环的轴线为 z 轴,如图 4-3-1(a)所示。显然,场是轴对称的,$\boldsymbol{A}$ 与 φ 坐标无关,故将场点 P 放在 $\varphi=0$ 的平面上并不失一般性。

利用式(4-3-9),载流环上任一线电流元 $I\mathrm{d}\boldsymbol{l}'$ 在场点 $P(r,\ \theta,0)$ 处产生的矢量磁位为:

$$\mathrm{d}\boldsymbol{A} = \frac{\mu_0}{4\pi}\frac{I\mathrm{d}\boldsymbol{l}'}{R}$$

以 x 轴为对称轴选取电流元对,如图 4-3-1(b)所示,即在圆环上取两个分别位于 $+\varphi$ 和 $-\varphi$ 处的电流元,则它们在场点 P 产生的合成 $\mathrm{d}\boldsymbol{A}$ 只有 $\boldsymbol{a}_\varphi$ 方向的分量,即:

$$2\mathrm{d}A_\varphi = 2\mathrm{d}A \cdot \cos\varphi = \frac{\mu_0 I}{4\pi R}a\mathrm{d}\varphi \cdot 2\cos\varphi$$

故:

$$A_{\varphi}(r,\theta)=\frac{\mu_0 Ia}{2\pi}\int_0^{\pi}\frac{\cos\varphi\mathrm{d}\varphi}{R}$$

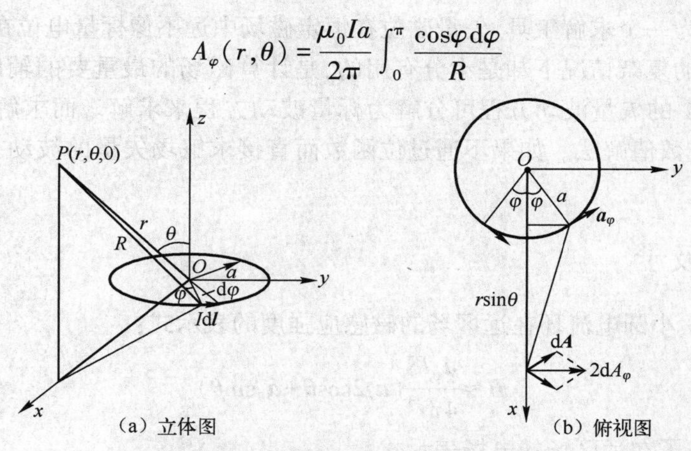

图4-3-1　小圆环电流矢量位的计算

根据图4-3-1(a)、(b)的几何关系，利用余弦定理，得：

$$\begin{aligned}R&=[(r\cos\theta)^2+(a\sin\varphi)^2+(r\sin\theta-a\cos\varphi)^2]^{\frac{1}{2}}\\&=(r^2+a^2-2ra\sin\theta\cos\varphi)^{\frac{1}{2}}\\&=r\left(1+\frac{a^2}{r^2}-\frac{2a}{r}\sin\theta\cos\varphi\right)^{\frac{1}{2}}\end{aligned}$$

当 $r\gg a$ 时，把 $1/R$ 用幂级数展开并略去高阶项，得：

$$\begin{aligned}\frac{1}{R}&=\frac{1}{r}\left(1-\frac{2a}{r}\sin\theta\cos\varphi+\frac{a^2}{r^2}\right)^{-\frac{1}{2}}\\&\approx\frac{1}{r}\left(1+\frac{a}{r}\sin\theta\cos\varphi\right)\end{aligned}$$

因此

$$\begin{aligned}A_{\varphi}(r,\theta)&=\frac{\mu_0 Ia}{2\pi r}\int_0^{\pi}\left(1+\frac{a}{r}\sin\theta\cos\varphi\right)\cos\varphi\mathrm{d}\varphi\\&=\frac{\mu_0 Ia}{2\pi r}\cdot\frac{a}{r}\sin\theta\cdot\frac{\pi}{2}=\frac{\mu_0 I\pi a^2\sin\theta}{4\pi r^2}\end{aligned}$$

令式中，$S=\pi a^2$，则在球坐标系中对式(4-3-10)求旋度，可由 $\boldsymbol{A}$ 求得 $\boldsymbol{B}$：

$$\boldsymbol{A}(r,\theta)=\boldsymbol{a}_{\varphi}\frac{\mu_0 IS\sin\theta}{4\pi r^2}\tag{4-3-10}$$

$$\begin{aligned}\boldsymbol{B}=\nabla\times\boldsymbol{A}&=\frac{\boldsymbol{a}_r}{r\sin\theta}\frac{\partial}{\partial\theta}(\sin\theta A_{\varphi})-\frac{\boldsymbol{a}_{\theta}}{r}\frac{\partial}{\partial r}(rA_{\varphi})\\&\approx\frac{\mu_0 SI}{4\pi r^3}(\boldsymbol{a}_r 2\cos\theta+\boldsymbol{a}_{\theta}\sin\theta)\end{aligned}\tag{4-3-11}$$

一般来说,作为一个求解工具,矢量磁位在恒定磁场中远不像标量电位在静电场中那样有用,但它在时变场的复杂情况下却是十分有用的,是计算磁场的最重要的辅助函数。例如,在适当的坐标系中,$\boldsymbol{A}$ 的矢量波动方程可分解为标量波动方程来求解。而求解标量波动方程有许多种解析方法或数值解法。如果不通过位函数而直接求解场矢量的波动方程,将是十分复杂的。

4.3.2　磁偶极子

将例 4-3-1 中小圆电流环在远区场的磁感应强度的表示式:

$$\boldsymbol{B} \approx \frac{\mu_0 IS}{4\pi r^3}(\boldsymbol{a}_r 2\cos\theta + \boldsymbol{a}_\theta \sin\theta)$$

与静电场中电偶极子在远区场的电场表示式:

$$\boldsymbol{E} \approx \frac{ql}{4\pi\varepsilon_0 r^3}(\boldsymbol{a}_r 2\cos\theta + \boldsymbol{a}_\theta \sin\theta)$$

进行比较,可以看出二者非常相似,因此将载有恒定电流的小圆环称为磁偶极子。乘积 $\boldsymbol{IS}$ 称为磁偶极子的磁偶极矩,简称磁矩,单位为 $\mathrm{A \cdot m^2}$(安·米²),用矢量 $\boldsymbol{p}_\mathrm{m}$ 表示。即:

$$\boldsymbol{p}_\mathrm{m} = I\boldsymbol{S} \tag{4-3-12}$$

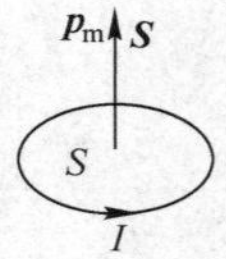

其中,$\boldsymbol{S}$ 或 $\boldsymbol{p}_\mathrm{m}$ 的方向与电流 I 的方向成右手螺旋关系,如图 4-3-2 所示。

图 4-3-2　磁偶极子

由于表达式形式相同,式(4-3-11)所示的磁偶极子的远区场磁感应线的分布与电偶极子的远区电力线分布也是相同的,如图 4-3-3 所示。但是在近区场二者的解并不相同,而且它们之间有一个根本的不同点:电力线都是起始于电偶极子的正电荷,终止于负电荷;而磁力线则是与小电流环套链的闭合曲线。

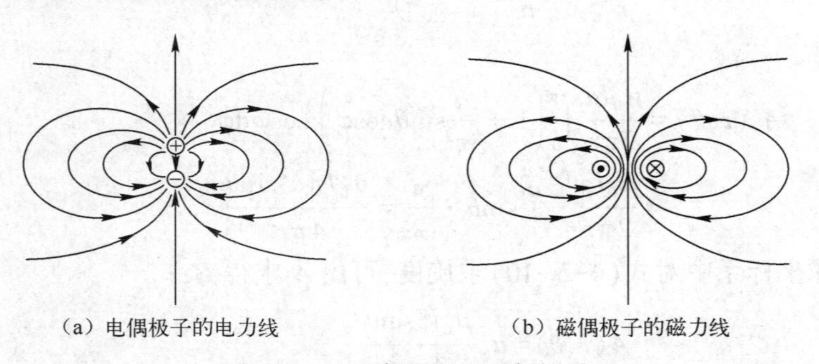

(a) 电偶极子的电力线　　(b) 磁偶极子的磁力线

图 4-3-3　电偶极子和磁偶极子

利用矢量恒等式,式(4-3-10)的矢量磁位表达式还可写为:

$$\boldsymbol{A}(r,\theta) = \boldsymbol{a}_\varphi \frac{\mu_0 IS\sin\theta}{4\pi r^2} = \frac{\mu_0 IS}{4\pi}\boldsymbol{a}_z \times \frac{\boldsymbol{r}}{r^3} = -\frac{\mu_0}{4\pi}\boldsymbol{p}_\mathrm{m} \times \left(\nabla \frac{1}{r}\right) \tag{4-3-13}$$

4.4　磁介质中的恒定磁场方程

4.4.1　介质的磁化

从微观角度看,原子中的每一个电子和原子核都在不停地自旋,电子同时还绕核旋转,这些旋转形成微小的环形电流,相当于磁偶极子。单个分子内所有磁偶极子对外部所产生的磁效应总和可以用一个等效回路电流来表示,这个等效回路电流称为分子电流,分子电流的磁矩称为分子磁矩。定义一个分子电流的磁矩 $\boldsymbol{p}_{mi}=I_i\boldsymbol{S}_i$。其中,$I_i$是分子电流强度;$\boldsymbol{S}_i$是分子电流围成的面积,$\boldsymbol{S}_i$的方向与电流环绕方向满足右手螺旋关系。

在没有外加磁场时,由于热运动,分子磁矩排列随机,总磁矩为零,整块物质对外不显磁性。当外加磁场时,分子中一直处于运动状态的带电粒子受到磁场力作用而改变运动方向,从而使得分子磁矩的排列比较有序,宏观的合成磁矩不再为零,这种现象称为磁化。被磁化的物质产生附加磁场,叠加到外磁场中,使物质的磁化状态再次发生变化,直至达到稳定状态。

不同的物质被磁化的程度不同,顺磁性物质如铝、锡、镁、钨、铂、钯等被磁化后,合成磁场略有增大,抗磁性物质如银、铜、铋、锌、铅、汞等被磁化后,合成磁场略有减小,这些都属于弱磁性物质;而铁磁性物质如铁、钴、镍和亚铁磁性物质如铁氧体等在外加磁场中会被显著磁化,产生较强的磁性,属于强磁性物质,而且这种磁性具有非线性特性,存在磁滞和剩磁现象,因而得到广泛应用。

为了从宏观上描述介质的磁化程度,引入磁化强度 $\boldsymbol{M}$ 表示介质中单位体积内所有分子磁矩的矢量和。若介质中体积 $\Delta\tau$内共有 n 个分子,第 i 个分子的磁偶极距为$\boldsymbol{p}_{mi}$,则:

$$\boldsymbol{M}=\lim_{\Delta\tau\to 0}\frac{\sum\limits_{i=1}^{n}\boldsymbol{p}_{mi}}{\Delta\tau}\quad(\mathrm{A/m})\tag{4-4-1}$$

式中,$\boldsymbol{M}$ 的单位是 A/m(安/米)。由于 $\Delta\tau$很小,可取平均磁矩 $\boldsymbol{p}_m$,即有 $\sum\limits_{i=1}^{n}\boldsymbol{p}_{mi}=n\boldsymbol{p}_m$,则:

$$\boldsymbol{M}=\lim_{\Delta\tau\to 0}\frac{n\boldsymbol{p}_m}{\Delta\tau}=N\boldsymbol{p}_m\quad(\mathrm{A/m})\tag{4-4-2}$$

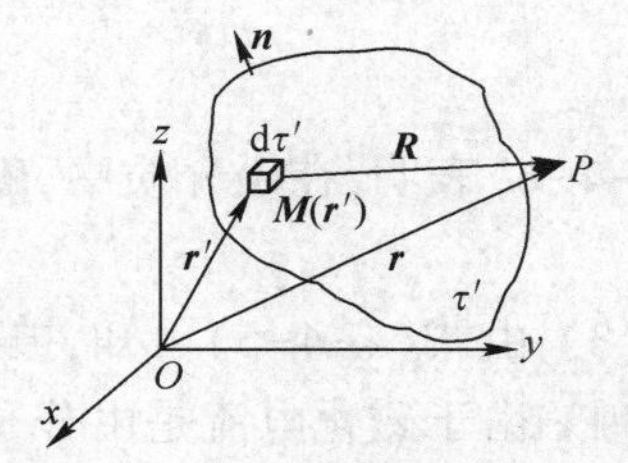

图 4-4-1　磁化介质的场

式中,N 为单位体积内的分子数。可见,$\boldsymbol{M}$ 是分布函数。介质被磁化后由于分子磁矩的有序排列,使介质内部产生某个方向的净电流,在介质表面也会出现宏观面电流,这种电流称为磁化电流。由于这种电流是被束缚在原子或分子周围的,因此又称束缚电流。下面计算磁化电流。

如图 4-4-1 所示,设磁化介质的体积为τ',介质的磁化强度为 $\boldsymbol{M}(\boldsymbol{r}')$,则 $\mathrm{d}\tau'$内的总磁矩为

$\boldsymbol{M}\mathrm{d}\tau'=N\boldsymbol{p}_{\mathrm{m}}\,\mathrm{d}\tau'$,利用式(4-3-13),这个磁矩在场点 P 产生的矢量位为:

$$\mathrm{d}\boldsymbol{A}(\boldsymbol{r})=-\frac{\mu_0}{4\pi}N\boldsymbol{p}_{\mathrm{m}}\times\left(\nabla\frac{1}{R}\right)\mathrm{d}\tau'=-\frac{\mu_0}{4\pi}\boldsymbol{M}(\boldsymbol{r}')\times\left(\nabla\frac{1}{R}\right)\mathrm{d}\tau'$$

整块介质的磁矩产生的矢量磁位为:

$$\boldsymbol{A}(\boldsymbol{r})=-\frac{\mu_0}{4\pi}\int_{\tau'}\boldsymbol{M}(\boldsymbol{r}')\times\left(\nabla\frac{1}{R}\right)\mathrm{d}\tau'=\frac{\mu_0}{4\pi}\int_{\tau'}\boldsymbol{M}(\boldsymbol{r}')\times\left(\nabla'\frac{1}{R}\right)\mathrm{d}\tau'$$

利用矢量恒等式:

$$\boldsymbol{M}\times\left(\nabla'\frac{1}{R}\right)=\frac{1}{R}\nabla'\times\boldsymbol{M}-\nabla'\times\frac{\boldsymbol{M}}{R}$$

及

$$-\int_{\tau'}\nabla'\times\frac{\boldsymbol{M}}{R}\mathrm{d}\tau'=\oint_{S'}\frac{\boldsymbol{M}}{R}\times\boldsymbol{n}\mathrm{d}S'$$

得:

$$\boldsymbol{A}(\boldsymbol{r})=\frac{\mu_0}{4\pi}\int_{\tau'}\frac{\nabla'\times\boldsymbol{M}(\boldsymbol{r}')}{R}\mathrm{d}\tau'+\frac{\mu_0}{4\pi}\oint_{S'}\frac{\boldsymbol{M}(\boldsymbol{r}')\times\boldsymbol{n}}{R}\mathrm{d}S' \tag{4-4-3}$$

式(4-4-3)中第1项与体分布电流产生的矢量磁位表达式相同,第2项与面分布电流产生的矢量磁位表达式相同,因此磁化介质所产生的矢量位可以看作是等效体电流和面电流在真空中共同产生的,于是,磁化体电流密度 $\boldsymbol{J}_{\mathrm{m}}$ 和磁化面电流密度 $\boldsymbol{J}_{\mathrm{mS}}$ 分别为:

$$\boldsymbol{J}_{\mathrm{m}}=\nabla'\times\boldsymbol{M}(\boldsymbol{r}') \tag{4-4-4}$$

$$\boldsymbol{J}_{\mathrm{mS}}=\boldsymbol{M}(\boldsymbol{r}')\times\boldsymbol{n}\,|_{S} \tag{4-4-5}$$

式中,$\boldsymbol{n}$ 是磁介质表面的外法线方向。习惯上,只讨论磁化电流分布或磁化强度分布时,坐标变量和矢量微分算符都不必加撇(′)。

综合以上讨论,可得出下面的结论。

(1) 对均匀、线性、各向同性介质,当外加磁场均匀时,介质将被均匀磁化,$\boldsymbol{M}$ 是常矢量,介质内不存在磁化体电流;当外加磁场不均匀时,$\boldsymbol{M}$ 是分布函数,介质体积内将出现宏观磁化电流。

(2) 根据式(4-4-4),利用斯托克斯定理可得介质内穿过截面 $\boldsymbol{S}$ 的磁化电流强度:

$$I_{\mathrm{m}}=\int_{S}\nabla\times\boldsymbol{M}\cdot\mathrm{d}\boldsymbol{S}=\oint_{C}\boldsymbol{M}\cdot\mathrm{d}\boldsymbol{l} \tag{4-4-6}$$

式(4-4-6)表明,在磁介质中,磁化强度沿任一闭合回路的环量等于闭合回路所包围的总磁化电流。

(3) 由式(4-4-5)可知,被磁化($\boldsymbol{M}\neq\boldsymbol{0}$)的介质表面总会存在磁化面电流。

(4) 由于磁化电流是由分子电流有序排列形成的,而分子电流总是在微观范围内自成闭合回路,因此穿过整块介质的任意截面上的磁化电流总量必定为零,即有:

$$I_{\mathrm{m}}+I_{\mathrm{mS}}=0 \tag{4-4-7}$$

4.4.2　磁介质中的安培环路定律

介质被磁化后产生的磁化电流密度 $\boldsymbol{J}_\mathrm{m}$ 与传导电流密度 $\boldsymbol{J}$ 一样也会产生磁场,因此,只需在真空中的安培定律中加入磁化电流密度 $\boldsymbol{J}_\mathrm{m}$ 即可得到介质中的安培环路定律:

$$\oint_C \boldsymbol{B}\cdot \mathrm{d}\boldsymbol{l}=\mu_0\sum(I+I_\mathrm{m})=\mu_0\int_S(\boldsymbol{J}+\boldsymbol{J}_\mathrm{m})\cdot \mathrm{d}\boldsymbol{S}$$

将式(4-4-6)代入上式,得:

$$\oint_C \boldsymbol{B}\cdot \mathrm{d}\boldsymbol{l}=\mu_0\left(\sum I+\oint_C \boldsymbol{M}\cdot \mathrm{d}\boldsymbol{l}\right)$$

将上式改写为:

$$\oint_C\left(\frac{\boldsymbol{B}}{\mu_0}-\boldsymbol{M}\right)\cdot \mathrm{d}\boldsymbol{l}=\sum I \tag{4-4-8}$$

令:

$$\boldsymbol{H}=\frac{\boldsymbol{B}}{\mu_0}-\boldsymbol{M} \tag{4-4-9}$$

则式(4-4-8)可写为:

$$\oint_C \boldsymbol{H}\cdot \mathrm{d}\boldsymbol{l}=\sum I \tag{4-4-10}$$

式中,$\boldsymbol{H}$ 称为磁场强度,是为了简化磁场的计算而引进的辅助矢量,单位为 A/m(安/米)。式(4-4-10)称为介质中的安培定律的积分形式。它表明,在介质中磁场强度沿任意回路的环量等于该回路所包围的传导电流的代数和。利用斯托克斯定理,与之对应的微分形式为:

$$\nabla\times\boldsymbol{H}=\boldsymbol{J} \tag{4-4-11}$$

它表明,磁场强度 $\boldsymbol{H}$ 的涡旋源是传导电流。

由于在磁介质中引入了辅助量 $\boldsymbol{H}$,为了便于分析,还必须找出 $\boldsymbol{B}$ 和 $\boldsymbol{H}$ 之间的更简单的关系。$\boldsymbol{B}$ 和 $\boldsymbol{H}$ 之间的关系称为本构关系,它表示磁介质的磁化特性。

实验表明,磁化强度 $\boldsymbol{M}$ 与磁场强度 $\boldsymbol{H}$ 满足:

$$\boldsymbol{M}=\chi_\mathrm{m}\boldsymbol{H} \tag{4-4-12}$$

式中,χ_m 称为介质的磁化率,对于线性和各向同性磁介质,χ_m 是一个无量纲的常数。非线性磁介质的 χ_m 与磁场强度有关,非均匀磁介质的 χ_m 是空间位置的函数,各向异性介质的 $\boldsymbol{M}$ 和 $\boldsymbol{H}$ 的方向不同,χ_m 是张量。顺磁介质的 χ_m 为正实数,抗磁介质的 χ_m 为负实数,真空中的 $\chi_\mathrm{m}=0$。将式(4-4-12)代入式(4-4-9),得:

$$\boldsymbol{B}=\mu_0(1+\chi_\mathrm{m})\boldsymbol{H}=\mu_0\mu_\mathrm{r}\boldsymbol{H}=\mu\boldsymbol{H} \tag{4-4-13}$$

式(4-4-13)称为 $\boldsymbol{B}$ 和 $\boldsymbol{H}$ 之间的本构关系。

其中:

$$\mu=(1+\chi_\mathrm{m})\mu_0=\mu_\mathrm{r}\mu_0 \tag{4-4-14}$$

μ 称为介质的磁导率,单位为享/米(H/m);$\mu_\mathrm{r}=1+\chi_\mathrm{m}$ 称为介质的相对磁导率,对于线性和各向同性磁介质是一个无量纲的常数。由于顺磁质和抗磁质的χ_{m}都很小,磁化效应都很弱,工程上通常认为它们的相对磁导率$\mu_{\mathrm{r}}\approx 1$。而对于铁磁性物质,$\boldsymbol{B}$ 和 $\boldsymbol{H}$ 的关系并非线性,通常用 $\boldsymbol{B}$-$\boldsymbol{H}$ 曲线(磁滞回线)来表示,而且它的μ_{r}非常大,可达几百、几千,甚至 10^6量级。

磁化电流的出现并不影响磁通的连续性,因而仍有$\nabla\cdot\boldsymbol{B}=0$。另外,考虑到磁化电流的影响,介质中的矢量磁位变为:

$$\boldsymbol{A}(\boldsymbol{r})=\frac{\mu}{4\pi}\int_{\tau'}\frac{\boldsymbol{J}(\boldsymbol{r}')}{R}\mathrm{d}\tau' \tag{4-4-15}$$

式(4-4-15)所满足的微分方程变为:

$$\nabla^2\boldsymbol{A}=-\mu\boldsymbol{J} \tag{4-4-16}$$

综上所述,磁介质中恒定磁场的基本方程为:

$$\nabla\cdot\boldsymbol{B}=0 \tag{4-4-17}$$

$$\nabla\times\boldsymbol{H}=\boldsymbol{J} \tag{4-4-18}$$

$$\boldsymbol{B}=\mu\boldsymbol{H} \tag{4-4-19}$$

与上式对应的积分形式为:

$$\oint_S\boldsymbol{B}\cdot\mathrm{d}\boldsymbol{S}=0 \tag{4-4-20}$$

$$\oint_C\boldsymbol{H}\cdot\mathrm{d}\boldsymbol{l}=I \tag{4-4-21}$$

磁介质中恒定磁场的基本方程表明,磁场是有旋无散场,磁场强度的涡旋源是传导电流,磁场强度线是围绕传导电流的闭合曲线。

【例 4-4-1】 有一磁导率为μ、半径为 a 的无限长导磁圆柱,其轴线处有无限长的线电流 I,圆柱外是空气 μ_0,如图 4-4-2 所示。试求圆柱内外的 $\boldsymbol{B}$、$\boldsymbol{H}$ 与 $\boldsymbol{M}$ 的分布。

【解】 因为磁场为轴对称分布,故利用磁介质中的安培环路定律:

$$\oint_l\boldsymbol{H}\cdot\mathrm{d}\boldsymbol{l}=2\pi\rho H_\varphi=I$$

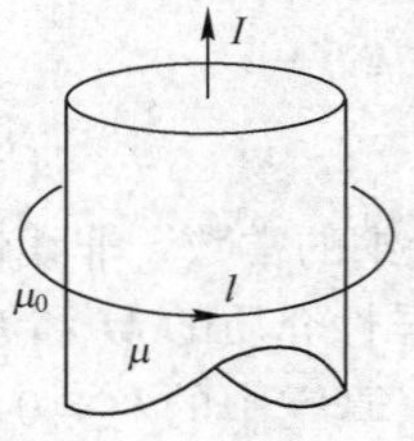

可求出磁场强度:

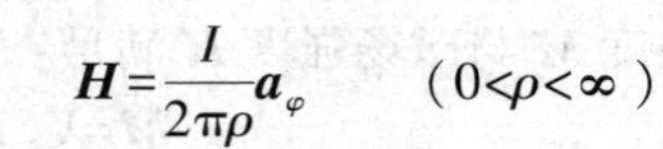

$$\boldsymbol{H}=\frac{I}{2\pi\rho}\boldsymbol{a}_\varphi\quad(0<\rho<\infty)$$

利用 $\boldsymbol{B}=\mu\boldsymbol{H}$,可求出磁感应强度:

$$\boldsymbol{B}=\begin{cases}\dfrac{\mu I}{2\pi\rho}\boldsymbol{a}_\varphi & (0<\rho\leqslant a)\\[2ex]\dfrac{\mu_0 I}{2\pi\rho}\boldsymbol{a}_\varphi & (a<\rho<\infty)\end{cases}$$

图 4-4-2 轴线载流的无限长导磁圆柱

磁化强度为:

$$\boldsymbol{M}=\frac{\boldsymbol{B}}{\mu_0}-\boldsymbol{H}=\begin{cases}\dfrac{\mu-\mu_0}{\mu_0}\cdot\dfrac{I}{2\pi\rho}\boldsymbol{a}_\varphi & (0<\rho\leqslant a)\\[2ex]0 & (a<\rho<\infty)\end{cases}$$

4.5　恒定磁场的边界条件

介质被磁化后，介质表面及两种介质分界面总会存在磁化面电流，磁化面电流又成为磁感应强度的涡旋源，使 $\boldsymbol{B}$ 和 $\boldsymbol{H}$ 在穿过界面时会发生突变，突变的规律即恒定磁场的边界条件应满足场的基本方程的积分形式。与静电场边界条件的推导方法类似，下面分别讨论两种介质分界面上恒定磁场在法向和切向必须满足的边界条件。

4.5.1　两种磁介质分界面上的边界条件

1. 法向边界条件

如图 4-5-1 所示，在介质的分界面上做一柱状闭合面，闭合面的上下底面分别位于分界面两侧，回路的高度 $h \to 0$。对此闭合面应用磁通连续性方程，得：

$$\oint_S \boldsymbol{B} \cdot \mathrm{d}\boldsymbol{S} = \boldsymbol{B}_1 \cdot \boldsymbol{n}\Delta S - \boldsymbol{B}_2 \cdot \boldsymbol{n}\Delta S = 0$$

式中，$\boldsymbol{n}$ 为介质分界面法线方向的单位矢量，由介质 2 指向介质 1。于是有：

$$\boldsymbol{n} \cdot (\boldsymbol{B}_1 - \boldsymbol{B}_2) = 0 \text{ 或 } B_{1\mathrm{n}} = B_{2\mathrm{n}} \qquad (4-5-1)$$

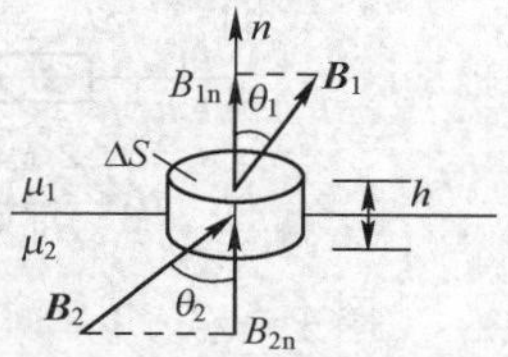

图 4-5-1　恒定磁场的法向边界条件

式(4-5-1)表明，磁感应强度 $\boldsymbol{B}$ 的法向分量是连续的。

2. 切向边界条件

如图 4-5-2 所示，在介质分界面上作一小矩形回路 C，使回路的两条长边分别位于分界面两侧，回路的高度 $h \to 0$，且回路所围面积的单位矢量方向 $\boldsymbol{s}$ 与分界面相切。设 $\Delta \boldsymbol{l}$ 为小矩形回路在介质 1 中的矢量线段，则有：

$$\Delta \boldsymbol{l} = \boldsymbol{s} \times \boldsymbol{n} \Delta l$$

将介质中的安培环路定律应用于该回路，即有：

$$\oint_C \boldsymbol{H} \cdot \mathrm{d}\boldsymbol{l} = \boldsymbol{H}_1 \cdot \Delta \boldsymbol{l} - \boldsymbol{H}_2 \cdot \Delta \boldsymbol{l} = I$$

若分界面上有传导电流，则必定是面电流，那么将 $I = \boldsymbol{J}_\mathrm{S} \cdot \boldsymbol{s}\Delta l$ 代入上式，得：

$$\oint_C \boldsymbol{H} \cdot \mathrm{d}\boldsymbol{l} = (\boldsymbol{H}_1 - \boldsymbol{H}_2) \cdot \Delta \boldsymbol{l} = (\boldsymbol{H}_1 - \boldsymbol{H}_2) \cdot (\boldsymbol{s} \times \boldsymbol{n}) \Delta l = \boldsymbol{J}_\mathrm{S} \cdot \boldsymbol{s}\Delta l$$

利用混合积的轮换恒等式，上式可写为：

$$\boldsymbol{n} \times (\boldsymbol{H}_1 - \boldsymbol{H}_2) \cdot \boldsymbol{s} = \boldsymbol{J}_\mathrm{S} \cdot \boldsymbol{s}$$

由于 $\boldsymbol{s}$ 是介质分界面内的任意方向，则有：

$$\boldsymbol{n} \times (\boldsymbol{H}_1 - \boldsymbol{H}_2) = \boldsymbol{J}_\mathrm{S} \quad \text{或} \quad H_{1\mathrm{t}} - H_{2\mathrm{t}} = J_\mathrm{S} \qquad (4-5-2)$$

式(4-5-2)表明，磁场强度的切向分量的差值等于分界面上与磁场垂直的面电流密度。由于一般介质分界面上没有传导电流，因此，式(4-5-2)可写为：

$$\boldsymbol{n}\times(\boldsymbol{H}_1-\boldsymbol{H}_2)=\boldsymbol{0} \quad 或 \quad H_{1t}=H_{2t} \tag{4-5-3}$$

式(4-5-3)表明,磁场强度的切向分量是连续的。

综上所述,恒定磁场的边界条件总结如下。

$$\begin{cases}\boldsymbol{n}\cdot(\boldsymbol{B}_1-\boldsymbol{B}_2)=0\\ \boldsymbol{n}\times(\boldsymbol{H}_1-\boldsymbol{H}_2)=\boldsymbol{J}_S\end{cases} \tag{4-5-4}$$

$\boldsymbol{J}_S=0$ 时,
$$\begin{cases}B_{1n}=B_{2n}\\ H_{1t}=H_{2t}\end{cases}$$

3. 折射关系

设$\boldsymbol{B}_1$与$\boldsymbol{n}$的夹角为θ_1,$\boldsymbol{B}_2$与$\boldsymbol{n}$的夹角为θ_2,如图4-5-3所示。

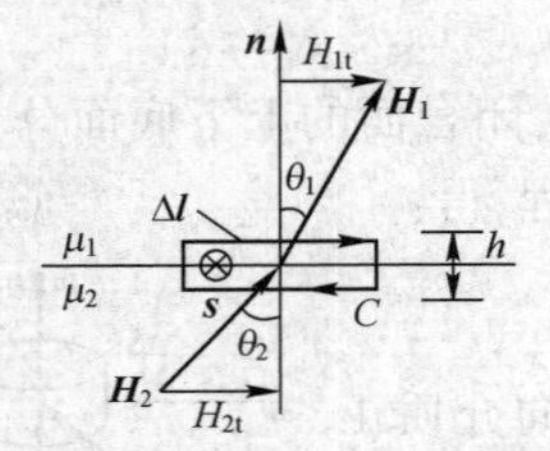

图4-5-2　恒定磁场的切向边界条件

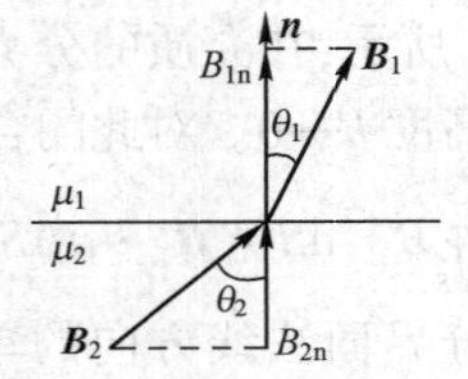

图4-5-3　不同介质分界面上折射关系的推导

若图4-5-3中的分界面上不存在传导电流,利用式(4-5-1)和式(4-5-3)可推出:

$$\frac{\tan\theta_1}{\tan\theta_2}=\frac{B_{1t}/B_{1n}}{B_{2t}/B_{2n}}=\frac{B_{1t}}{B_{2t}}=\frac{\mu_1 H_{1t}}{\mu_2 H_{2t}}=\frac{\mu_1}{\mu_2} \tag{4-5-5}$$

式(4-5-5)表明,磁力线在分界面上会改变方向。利用此式,可分析下面两种分界面上磁场的分布特征。

4.5.2　理想导磁体表面的边界条件

1. 理想导磁体表面

设介质1为空气,介质2为理想导磁体,即$\mu_2=\infty$,则由$\boldsymbol{B}_2=\mu_2\boldsymbol{H}_2$,得:

$$\boldsymbol{H}_2=\boldsymbol{0}$$

因为如果$\boldsymbol{H}_2\neq\boldsymbol{0}$,则$B_2\to\infty$,即要求有无穷大的恒定电流,这显然不可能。因此,理想导磁体内不可能存在恒定磁场。由边界条件可知,$H_{1t}=H_{2t}=0$,这表明理想导磁体表面磁场仅有法向分量,即磁场总是与理想导磁体表面垂直。

2. 铁磁物质表面

设介质1为空气,介质2为铁磁物质,即$\mu_2=\mu\gg\mu_0=\mu_1$,则由式(4-5-5)可知:

$$\frac{\tan\theta_1}{\tan\theta_2}=\frac{\mu_1}{\mu_2}\to 0$$

即 $\theta_1 \to 0, \theta_2 \to 90°$

该式表明,空气中的磁感应线几乎垂直于铁磁物质表面,而铁磁物质则像是在“收拢”磁力线,使其顺着铁磁物质走。因此图 4-5-4 所示的铁磁球壳,就可以起到较好的磁屏蔽作用。与静电屏蔽的区别是,磁屏蔽是不彻底的。加厚屏蔽层可以提高屏蔽程度。提高屏蔽程度更好的办法是采用双重屏蔽。如果两屏蔽层之间距离相当大,可以想象总屏蔽程度接近两个单层屏蔽程度的乘积。

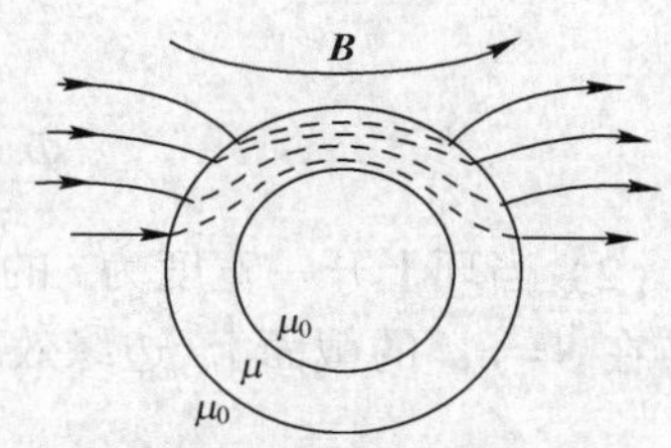

图 4-5-4　磁屏蔽壳的磁力线分布

4.5.3　矢量磁位表示的边界条件

根据矢量磁位的散度和旋度定义,即$\nabla \cdot \boldsymbol{A}=0, \boldsymbol{B}=\nabla\times\boldsymbol{A}$,利用$B_{1n}=B_{2n}$的边界条件,可推出:

$$\boldsymbol{A}_1=\boldsymbol{A}_2 \tag{4-5-6}$$

利用$H_{1t}=H_{2t}$的边界条件,可推出:

$$\frac{1}{\mu_1}(\nabla\times\boldsymbol{A}_1)_t=\frac{1}{\mu_2}(\nabla\times\boldsymbol{A}_2)_t \tag{4-5-7}$$

【例 4-5-1】　环形铁芯螺线管半径 a 远小于环半径 R,环上均匀密绕 N 匝线圈,电流为 I,铁芯磁导率为 μ,如图 4-5-5(a)所示。

(1) 计算螺线管中 $\boldsymbol{B}$ 和 Φ ;

(2) 如果在环上开一个宽度为 t 的小切口,如图 4-5-5(b)所示,电流及匝数都不变,求铁芯和空气隙中的 $\boldsymbol{B}$ 和 $\boldsymbol{H}$。

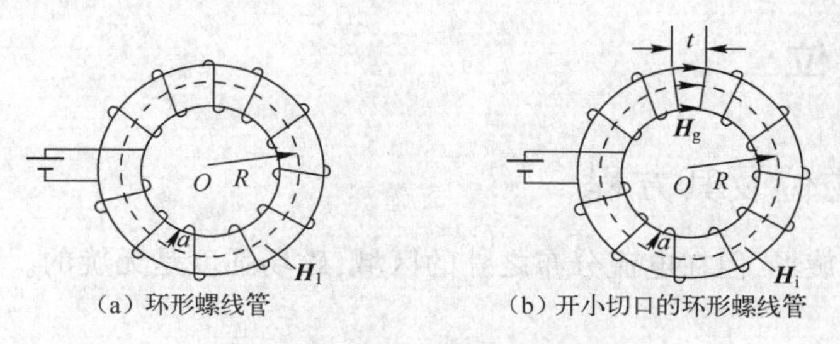

(a) 环形螺线管　(b) 开小切口的环形螺线管

图 4-5-5　环形铁芯螺线管

【解】　(1) 参考图 4-5-5(a),因为 $a \ll R$,可认为铁芯截面上场均匀,沿轴线取环积分,利用安培环路定律,则有:

$$\oint_C \boldsymbol{H}_1 \cdot \mathrm{d}\boldsymbol{l} = H_1 \cdot 2\pi R = NI$$

$$H_1 = \frac{NI}{2\pi R}$$

$$B_1 = \mu H_1 = \frac{\mu NI}{2\pi R}$$

$$\Phi = \int_S \boldsymbol{B}_1 \cdot \mathrm{d}\boldsymbol{S} = B_1 \cdot \pi a^2 = \frac{\mu NIa^2}{2R}$$

(2) 当环上开一宽度为 t 的小切口时,参考图 4-5-5(b),由于 t 很小,可认为 $\boldsymbol{B}$ 仍然均匀分布在 $S=\pi a^2$的截面上,边缘效应可以忽略。根据法向边界条件,则有:

$$B_g = B_i = B_2$$

利用安培环路定律,则有:

$$\oint_C \boldsymbol{H}_2 \cdot \mathrm{d}\boldsymbol{l} = H_i \cdot (2\pi R - t) + H_g t = NI$$

$$\frac{B_i}{\mu} \cdot (2\pi R - t) + \frac{B_g}{\mu_0} t = NI$$

$$B_2 = \frac{\mu_0 \mu NI}{2\pi R\mu_0 + (\mu - \mu_0)t} = \frac{\mu NI}{2\pi R + (\mu_r - 1)t} < \frac{\mu NI}{2\pi R} = B_1$$

由于 $\mu_r \gg 1$,B_2 比 B_1 小了很多。

铁芯和空气隙中的磁场强度 H_i和 H_g分别为:

$$H_i = \frac{B_2}{\mu} = \frac{NI}{2\pi R + (\mu_r - 1)t}$$

$$H_g = \frac{B_2}{\mu_0} = \frac{\mu_r NI}{2\pi R + (\mu_r - 1)t} \gg H_i$$

这说明磁场强度主要集中在切口的空气隙中。

4.6 标量磁位

4.6.1 标量磁位及其方程

恒定磁场是有旋场,但在电流分布之外的区域,磁场强度是无旋的。此时可引入标量位 Φ_m,令:

$$\boldsymbol{H} = -\nabla \Phi_m \tag{4-6-1}$$

式(4-6-1)中 Φ_m称为恒定磁场的标量磁位,单位为 A;负号是为了与静电场的标量电位相对应而人为地加入的。

在均匀介质内,μ 与空间坐标无关,得:

$$\nabla \cdot \boldsymbol{B} = \nabla \cdot (\mu \boldsymbol{H}) = \mu \nabla \cdot \boldsymbol{H} = 0$$

将式(4-6-1)代入上式,可得出标量磁位满足拉普拉斯方程:

$$\nabla^2 \Phi_m = 0 \tag{4-6-2}$$

式(4-6-2)与标量电位满足的拉普拉斯方程完全相同。把边界条件式(4-5-4)($\boldsymbol{J}_S = 0$)代入式(4-6-1),可得标量磁位的边界条件：

$$\mu_1 \frac{\partial \Phi_{m1}}{\partial n}\bigg|_S = \mu_2 \frac{\partial \Phi_{m2}}{\partial n}\bigg|_S \tag{4-6-3}$$

$$\Phi_{m1}\big|_S = \Phi_{m2}\big|_S \tag{4-6-4}$$

可见,边界条件与静电场的标量电位在形式上也完全相同。因此关于标量电位的拉普拉斯方程的求解方法都可用于标量磁位的求解

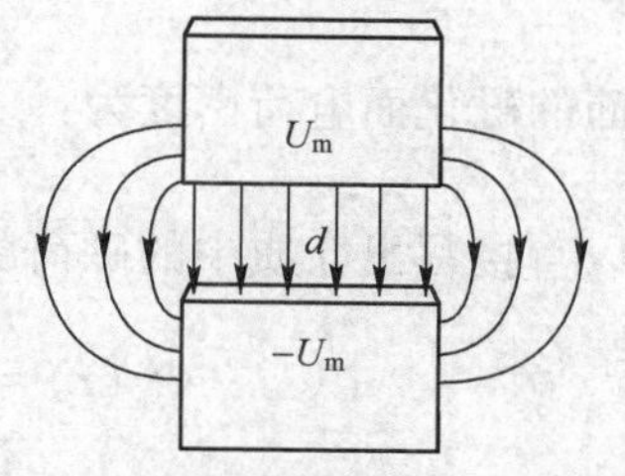

图 4-6-1　两个铁制磁极间的磁场

【例 4-6-1】　两个铁制磁极如图 4-6-1 所示,若两极的标量磁位值分别为 U_m 和 $-U_m$,求空气中的磁场。

【解】　两磁极间没有电流存在,与静电场中的两平板电极间的场分布相同,忽略边缘效应,则有：

$$H = \frac{U_m - (-U_m)}{d} = \frac{2U_m}{d}$$

4.6.2　标量磁位的多值性

静电场是无旋场,是保守的,因此电位是与积分路径无关的单值函数;而恒定磁场是有旋场,是非保守的,所以标量磁位与积分路径有关,当积分路径环绕电流时标量磁位是多值的函数。

由 $\boldsymbol{H} = -\nabla \Phi_m$ 可推出：

$$\Phi_m(A) = \int_A^P \boldsymbol{H} \cdot \mathrm{d}\boldsymbol{l} \tag{4-6-5}$$

如果考虑直线电流的标量磁位,计算 $\boldsymbol{H}$ 沿图 4-6-2 所示的两种路径的线积分。设 P 为标量位 Φ_m 的参考点。按照安培环路定律,则有：

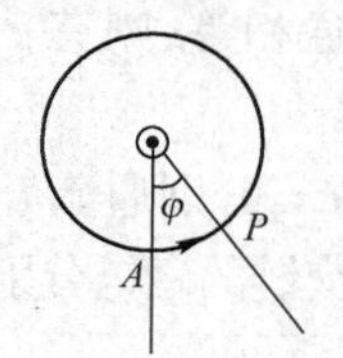

图 4-6-2　直线电流的标量磁位

$$\Phi_{m1}(A) = \int_0^{\varphi} \frac{I}{2\pi\rho} \boldsymbol{a}_\varphi \cdot \boldsymbol{a}_\varphi \rho \mathrm{d}\varphi = \frac{I}{2\pi}\varphi$$

$$\Phi_{m2}(A) = \int_0^{2\pi+\varphi} \frac{I}{2\pi\rho} \boldsymbol{a}_\varphi \cdot \boldsymbol{a}_\varphi \rho \mathrm{d}\varphi = \frac{I}{2\pi}\varphi + I$$

显然,如果从 A 点起对 I 的方向而言右(左)螺旋 n 周到 P 点,Φ_m 值就会加上(减去)nI。换言之,对同一点 A 而言,Φ_m 的取值有无穷多个,它们彼此之间相差一个常数 $nI(n=0, \pm 1, \pm 2, \cdots)$。但由于 $\boldsymbol{H} = -\nabla \Phi_m$,$\Phi_m$ 的多值性并不会影响磁场的解,$\boldsymbol{B}$、$\boldsymbol{H}$ 的解仍然是唯一的。

4.6.3　介质磁化的磁荷模型及其标量磁位

对于介质的磁化机理的解释,除了安培的分子电流模型,还有一种假说,就是仿照介质的极化原理提出的磁荷模型,即认为磁偶极距也像电偶极矩那样由一对等量异号的磁荷产生。

这样,介质体积中的磁化体电荷密度为:

$$\rho_{\mathrm{m}}=-\nabla\cdot\boldsymbol{M} \tag{4-6-6}$$

介质表面的磁化面电荷密度为:

$$\rho_{\mathrm{mS}}=\boldsymbol{M}\cdot\boldsymbol{n} \tag{4-6-7}$$

因此可以直接写出介质中的磁荷所产生的标量磁位:

$$\Phi_{\mathrm{m}}(\boldsymbol{r})=\frac{1}{4\pi}\int_{\tau}\frac{\rho_{\mathrm{m}}(\boldsymbol{r}')}{R}\mathrm{d}\tau'+\frac{1}{4\pi}\oint_{S}\frac{\rho_{\mathrm{mS}}(\boldsymbol{r}')}{R}\mathrm{d}S' \tag{4-6-8}$$

且标量磁位满足的微分方程为泊松方程,即:

$$\nabla^{2}\Phi_{\mathrm{m}}=-\rho_{\mathrm{m}} \tag{4-6-9}$$

在 $\rho_{\mathrm{m}}=0$ 的空间,标量磁位满足拉普拉斯方程:

$$\nabla^{2}\Phi_{\mathrm{m}}=0 \tag{4-6-10}$$

到目前为止,虽然尚未确认磁荷的存在,但这种假设可以作为一种简化理论分析的工具。在时变场的求解中,也经常利用磁荷等对偶的物理量把场方程写成对偶的形式,然后根据对偶性原理套用电(磁)场的解直接写出磁(电)场的解。

4.7 电感

4.7.1 自感系数和互感系数

在线性磁介质中,根据毕奥-萨伐尔定律,一个载流回路在空间产生的磁场与回路电流 I 成正比,因而穿过空间任一固定回路的磁通量 Φ 也与 I 成正比,且有:

$$\Phi=\int_{S}\boldsymbol{B}\cdot\mathrm{d}\boldsymbol{S}$$

如果载流回路由无限细导线绕成 N 匝,则总磁通量是各匝的磁通之和,称为磁链,用 Ψ 表示。如果线圈密绕,可近似认为各匝的磁通相等,则有:

$$\Psi=N\Phi$$

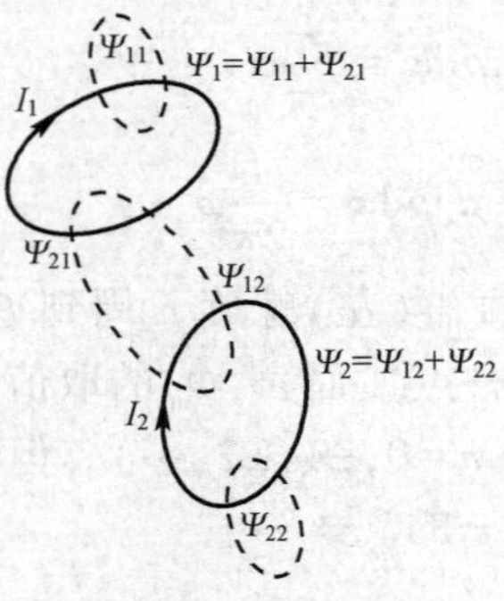

图 4-7-1 互感的定义

设线性媒质中存在两个载流回路 C_1 和 C_2,分别通流 I_1 和 I_2,如图 4-7-1 所示。I_1 和 I_2 与回路 C_1 和 C_2 相交链的磁链分别为:

$$\begin{cases}\Psi_{1}=\Psi_{11}+\Psi_{21}\\ \Psi_{2}=\Psi_{22}+\Psi_{12}\end{cases} \tag{4-7-1}$$

式中,Ψ_{11} 为电流 I_1 与回路 1 相交链的磁链;Ψ_{21} 为电流 I_2 与回路 1 相交链的磁链;Ψ_{22} 为电流 I_2 与回路 2 相交链的磁链;Ψ_{12} 为电流 I_1 与回路 2 相交链的磁链。显然,$\Psi_{11},\Psi_{12}\propto I_1$;$\Psi_{21},\Psi_{22}\propto I_2$。定义

$$L_{1}=\frac{\Psi_{11}}{I_{1}} \tag{4-7-2}$$

为回路 1 的自感系数。

定义：

$$L_2 = \frac{\Psi_{22}}{I_2} \tag{4-7-3}$$

为回路 2 的自感系数。

自感系数简称自感，单位为 H（亨利），大小与导线回路的尺寸、形状及周围的媒质参数有关，与导线中有无电流无关。

定义：

$$M_{12} = \frac{\Psi_{12}}{I_1} \tag{4-7-4}$$

为回路 1 对回路 2 的互感系数。

定义：

$$M_{21} = \frac{\Psi_{21}}{I_2} \tag{4-7-5}$$

为回路 2 对回路 1 的互感系数。

互感系数简称互感，单位也为 H（亨利）。互感的大小与导线回路的尺寸、形状、两个线圈的相互位置及周围的媒质参数有关，与回路中有无电流无关。

自感和互感统称电感。根据上述自感和互感的定义，回路 C_1 和回路 C_2 中的总磁链可重新写为：

$$\begin{aligned} \Psi_1 &= L_1 I_1 + M_{21} I_2 \\ \Psi_2 &= L_2 I_2 + M_{12} I_1 \end{aligned} \tag{4-7-6}$$

4.7.2 自感和互感的计算

先由定义计算两个极细单匝回路间的互感。设两个载流线圈 C_1 和 C_2，$\mathrm{d}\boldsymbol{l}_1$ 是 C_1 上任取的线元，$\mathrm{d}\boldsymbol{l}_2$ 是 C_2 上任取的线元，如图 4-7-2 所示。

设回路 C_1 载有电流 I_1，则其穿过 C_2 的磁链为：

$$\Psi_{12} = \Phi_{12} = \int_{S_2} \boldsymbol{B}_1 \cdot \mathrm{d}\boldsymbol{S} = \oint_{C_2} \boldsymbol{A}_1 \cdot \mathrm{d}\boldsymbol{l}_2 = \frac{\mu_0}{4\pi} \oint_{C_2} \oint_{C_1} \frac{I_1 \mathrm{d}\boldsymbol{l}_1 \cdot \mathrm{d}\boldsymbol{l}_2}{R}$$

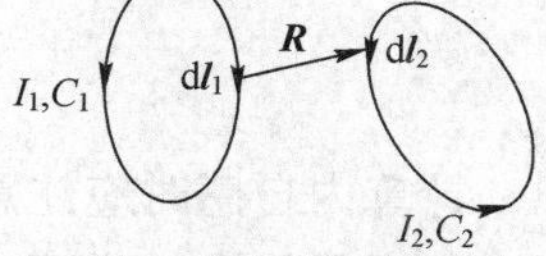

图 4-7-2 互感的计算

将其代入式（4-7-4），得：

$$M_{12} = \frac{\Psi_{12}}{I_1} = \frac{\mu_0}{4\pi} \oint_{C_2} \oint_{C_1} \frac{\mathrm{d}\boldsymbol{l}_1 \cdot \mathrm{d}\boldsymbol{l}_2}{R} \tag{4-7-7}$$

式（4-7-7）称为诺伊曼（Neumann）公式。

同理：

$$M_{21} = \frac{\Psi_{21}}{I_2} = \frac{\mu_0}{4\pi} \oint_{C_1} \oint_{C_2} \frac{\mathrm{d}\boldsymbol{l}_2 \cdot \mathrm{d}\boldsymbol{l}_1}{R} \tag{4-7-8}$$

由式(4-7-7)和式(4-7-8)可以看出：

$$M_{21}=M_{12}=M \tag{4-7-9}$$

式(4-7-9)说明互感具有互易性。

若 C_1 密绕 N_1 匝，C_2 密绕 N_2 匝，则由 $\Psi=N\Phi$，得：

$$\Psi_{12}=N_2\Phi_{12}=N_2\frac{\mu_0}{4\pi}\oint_{C_2}\oint_{C_1}\frac{N_1I_1\mathrm{d}\boldsymbol{l}_1\cdot\mathrm{d}\boldsymbol{l}_2}{R}=N_1N_2\frac{\mu_0}{4\pi}\oint_{C_2}\oint_{C_1}\frac{I_1\mathrm{d}\boldsymbol{l}_1\cdot\mathrm{d}\boldsymbol{l}_2}{R}$$

$$M=M_{12}=\frac{\Psi_{12}}{I_1}=M_{21}=N_1N_2M_0 \tag{4-7-10}$$

式中，M_0 为 $N_1=N_2=1$ 时 C_1 和 C_2 之间的互感。

自感的计算式同样可以由定义得到。当考虑到导线的直径时，由于电流在导线内部和外部均产生磁场，与之交链的磁链也可细分为内磁链和外磁链，因此，自感又分为内自感和外自感。

如图 4-7-3 所示，电流 I 与导线外部最内侧的回路 C_2 中的磁力线交链的磁链称为外磁链；与导线内部磁力线交链的磁链称为内磁链。计算外自感时可把电流 I 看成是集中于导线的轴线 C_1 上的细电流，因此外自感的计算式可写成诺伊曼公式(4-7-7)的形式，即

$$L_{0外}=\frac{\Phi_{外}}{I}=\frac{\mu_0}{4\pi}\oint_{C_2}\oint_{C_1}\frac{\mathrm{d}\boldsymbol{l}_1\cdot\mathrm{d}\boldsymbol{l}_2}{R} \tag{4-7-11}$$

如果匝数 $N\neq1$，则 $L_{外}=N^2L_{0外}$。

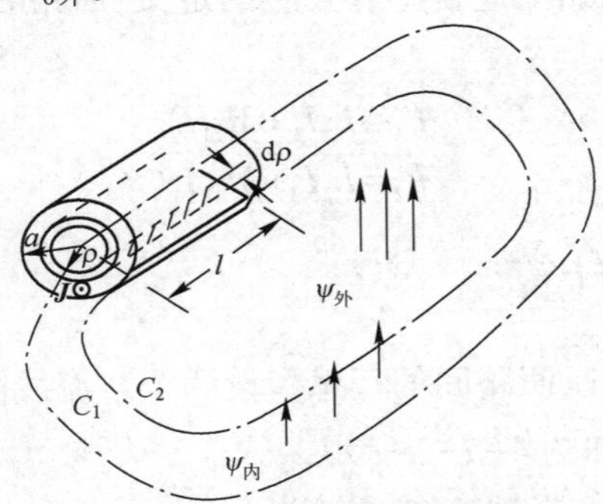

图 4-7-3　外自感和内自感的计算

计算内自感时应注意，内磁链是导线中部分电流与磁力线交链而成的。例如，半径为 a 的无限长直导线内的磁感应强度为：

$$B(\rho)=\frac{\mu_0I'}{2\pi\rho}=\frac{\mu_0}{2\pi\rho}\left(\frac{\rho^2}{a^2}I\right)=N(\rho)\frac{\mu_0}{2\pi\rho}I$$

式中，$N(\rho)=\dfrac{\rho^2}{a^2}$。

该处磁场穿过长 l 宽 $\mathrm{d}\rho$ 的面元的磁通元为：

$$\mathrm{d}\Phi=B(\rho)\mathrm{d}S=N(\rho)\frac{\mu_0I}{2\pi\rho}l\mathrm{d}\rho$$

由于半径 ρ 处的磁力线交链的电流为 I'，占导线电流 I 的比例为 $N(\rho)<1$，因此磁链元为：

$$\mathrm{d}\Psi_{内}=N(\rho)\mathrm{d}\Phi=N^2(\rho)\frac{\mu_0 I}{2\pi\rho}l\mathrm{d}\rho=\frac{\mu_0 I}{2\pi a^4}\rho^3 l\mathrm{d}\rho$$

因此可得长为 l 的导线的内自感：

$$L_{内}=\frac{\Psi_{内}}{I}=\frac{\mu_0 l}{2\pi a^4}\int_0^a\rho^3\mathrm{d}\rho=\frac{\mu_0 l}{8\pi} \tag{4-7-12}$$

【例 4-7-1】　两个共轴的、互相平行的一匝圆线圈相距为 d，半径分别为 a 和 b，且 $d\gg a$，如图 4-7-4 所示，求它们之间的互感。

【解】　因为互感具有互易性，可以设 C_1 通电流 I，也可以设 C_2 通电流 I。此处设 C_1 通电流 I。

因为 $d\gg a$，所以 $R\gg a$。

由 4.3 节中式(4-3-10)可知，通过电流为 I、半径为 a 的小圆环在远离圆环处的矢量磁位为：

$$\boldsymbol{A}(r,\theta)=\boldsymbol{a}_\varphi\frac{\mu_0\pi a^2 I\sin\theta}{4\pi R^2}$$

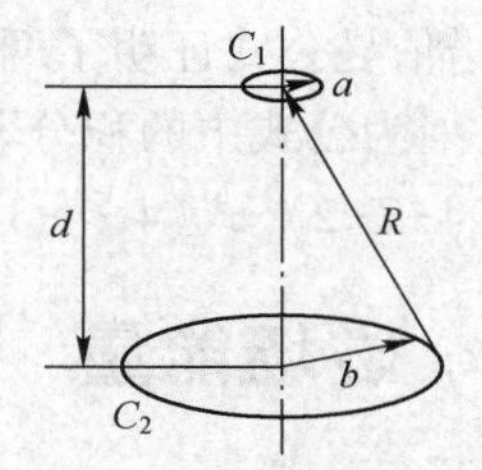

图 4-7-4　例 4-7-1 示意图

I 产生的磁场与回路 C_2 交链的磁链 Ψ_{12} 为：

$$\Psi_{12}=\oint_{C_2}\boldsymbol{A}\cdot\mathrm{d}\boldsymbol{l}_2=A\cdot 2\pi b=\frac{\mu_0\pi a^2 I}{4\pi R^2}(\sin\theta)2\pi b$$

因为 $d\gg a$，由图 4-7-4 可得：

$$\sin\theta=\frac{b}{R}\qquad R=\sqrt{b^2+d^2}$$

由此可求出互感 M：

$$M=\frac{\Psi_{12}}{I}=\frac{\mu_0\pi a^2 b^2}{2\left(b^2+d^2\right)^{3/2}}$$

【例 4-7-2】　求平行双线输电线单位长度的外自感。已知导线半径为 a，导线间距离 $D\gg a$，如图 4-7-5 所示，并设大地的影响可以忽略。

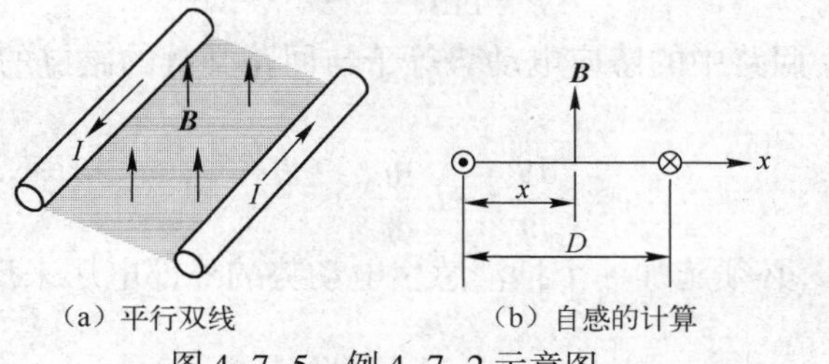

图 4-7-5　例 4-7-2 示意图

【解】　设导线电流为 I，根据无线长直导线的磁场计算结果，可求出平行双线输电线两轴线所在平面间磁感应强度：

$$B=\frac{\mu_0 I}{2\pi}\left(\frac{1}{x}+\frac{1}{D-x}\right)$$

磁场的方向与导线回路平面垂直,单位长度的外磁链为:

$$\Psi=\Phi_0=\int_S B\mathrm{d}S=\int_a^{D-a}\frac{\mu_0 I}{2\pi}\left(\frac{1}{x}+\frac{1}{D-x}\right)\mathrm{d}x=\frac{\mu_0 I}{\pi}\ln\frac{D-a}{a}$$

由此即可求出单位长度的外自感:

$$L_0=\frac{\Psi}{I}=\frac{\mu_0}{\pi}\ln\frac{D-a}{a}\approx\frac{\mu_0}{\pi}\ln\frac{D}{a}$$

诺依曼公式证明了两个回路互感的互易性,提供了计算互感的基本公式,但实际应用却比较少,因为公式中的积分非常复杂且不易求出。当电流分布简单,求解磁场比较容易时,可利用式(4-7-2)、式(4-7-3)和式(4-7-4)、式(4-7-5)求解自感和互感。

4.8 磁场能量 磁场力

4.8.1 磁场能量

安培力定律表明,电流回路在恒定磁场中会受到磁场力的作用而产生运动,这说明恒定磁场中储存着能量。磁场由电流产生,因而磁场能量的建立是在建立电流的过程中由外源做功转换而来的。正如电荷系统的静电能量是在建立电荷系统的过程中外力做功所赋予的,载流回路系统的磁场能量也是在建立这个系统的过程中外加电源做功所赋予的。

假设媒质为线性媒质;磁场建立无限缓慢,即不考虑涡流及辐射;系统能量仅与系统的最终状态有关,与能量的建立过程无关。这样,根据能量守恒定律,外源所做的功将转变为磁场中的储存能量。

1. 单个电流回路的磁场能量

首先分析电感为 L 的导电回路中的电流从 0 增加到 I 的过程中外源的做功情况。

设电流增加过程中的某时刻 t,导线回路的电流为 i,在 $\mathrm{d}t$ 时间内电流增加 $\mathrm{d}i$,则有:

$$\mathrm{d}\Psi=L\mathrm{d}i$$

由法拉第电磁感应定律,回路中的感应电动势等于与回路交链的磁链的时间变化率,即回路中的感应电动势为:

$$e=-\frac{\mathrm{d}\Psi}{\mathrm{d}t}=-L\frac{\mathrm{d}i}{\mathrm{d}t}$$

为使电流在 $\mathrm{d}t$ 内增加 $\mathrm{d}i$,必须施加一个抵消感生电动势的外部电压来反抗感应电动势做功,即:

$$U=-e=L\frac{\mathrm{d}i}{\mathrm{d}t}$$

在 $\mathrm{d}t$ 时间内外源向导线回路输送电荷 $\mathrm{d}q$ 所做的功为:

$$dA=Udq=Uidt=L\frac{di}{dt}idt=Lidi$$

电流从 0 到 I,外源所做的总功为：

$$A=\int_0^I Lidi=\frac{1}{2}LI^2$$

在回路为刚性的情况下(回路没有形变),外源所做的功将全部转化为磁场能量。因此,电感为 L、电流为 I 的载流回路的磁场能量为：

$$W_m=\frac{1}{2}LI^2=\frac{1}{2}\Psi I \tag{4-8-1}$$

由式(4-8-1)可知,单个回路的电感亦可通过回路储存的磁场能量来计算：

$$L=\frac{2W_m}{I^2} \tag{4-8-2}$$

2. 多个电流回路的磁场能量

如图 4-8-1 所示,设两个载流回路 C_1 和 C_2 的自感分别为 L_1 和 L_2,它们之间的互感为 M,电流分别为 I_1 和 I_2,且在以下的计算过程中,不考虑电阻的功率损耗。磁场能量的计算分以下两步进行。

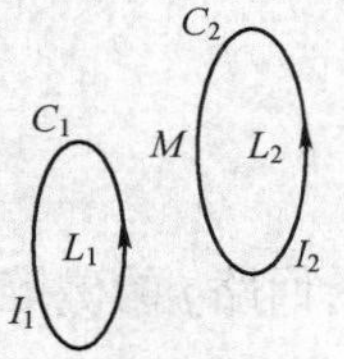

图 4-8-1　两个载流回路磁场能量的计算

第一步:使回路 1 的电流从 0 增加到 I_1,回路 2 电流为 0。

对回路 1,磁场能量的计算与单个回路相同。外源所做的功为 A_1,且全部转化为磁场能量,即：

$$A_1=\frac{1}{2}L_1I_1^2$$

第二步:使回路 2 的电流从 0 增加到 I_2,回路 1 电流恒定为 I_1。

假设回路 2 在 dt 时间内电流增加 di_2,则回路 1 中的感应电动势为：

$$e_1=-\frac{d\Psi_1}{dt}=-L_1\frac{dI_1}{dt}-M\frac{di_2}{dt}$$

回路 2 中的感应电动势为：

$$e_2=-\frac{d\Psi_2}{dt}=-L_2\frac{di_2}{dt}-M\frac{dI_1}{dt}$$

由于回路 1 中电流恒定,则有：

$$\frac{dI_1}{dt}=0$$

因此：

$$e_1=-\frac{d\Psi_1}{dt}=-M\frac{di_2}{dt}$$

$$e_2=-\frac{d\Psi_2}{dt}=-L_2\frac{di_2}{dt}$$

回路 2 的电流在 dt 内增加 di_2,外源所做的功为:

$$dA_2=U_1I_1dt+U_2i_2dt=(-e_1)I_1dt+(-e_2)i_2dt=MI_1di_2+L_2i_2di_2$$

回路 2 的电流从 0 增加到 I_2,外源所做的功为:

$$A_2=\int_0^{I_2}(MI_1+L_2i_2)di_2=MI_1I_2+\frac{1}{2}L_2I_2^2$$

两个回路总的磁场能量等于以上两步外源做功的和:

$$W_m=A_1+A_2=\frac{1}{2}L_1I_1^2+MI_1I_2+\frac{1}{2}L_2I_2^2 \tag{4-8-3}$$

$$=\frac{1}{2}L_1I_1^2+\frac{1}{2}MI_1I_2+\frac{1}{2}MI_1I_2+\frac{1}{2}L_2I_2^2$$

$$=\frac{1}{2}(L_1I_1+MI_2)I_1+\frac{1}{2}(MI_1+L_2I_2)I_2$$

$$W_m=\frac{1}{2}\Psi_1I_1+\frac{1}{2}\Psi_2I_2 \tag{4-8-4}$$

将上述结果推广到 N 个电流回路,即有:

$$W_m=\sum_{k=1}^{N}\frac{1}{2}\Psi_kI_k \tag{4-8-5}$$

$$W_m=\frac{1}{2}\sum_{j=1}^{N}\sum_{k=1}^{N}(M_{kj}I_k)I_j=\frac{1}{2}\sum_{j=1}^{N}\Psi_jI_j \tag{4-8-6}$$

其中,回路 j 的磁链为:

$$\Psi_j=\sum_{k=1}^{N}M_{kj}I_k=\oint_{C_j}\boldsymbol{A}\cdot d\boldsymbol{l}_j \tag{4-8-7}$$

式中,$\boldsymbol{A}$ 是 N 个回路在 d$\boldsymbol{l}_j$上的合成矢量磁位。

由式(4-8-6)和式(4-8-7),得:

$$W_m=\frac{1}{2}\sum_{j=1}^{N}I_j\oint_{C_j}\boldsymbol{A}\cdot d\boldsymbol{l}_j=\frac{1}{2}\sum_{j=1}^{N}\oint_{C_j}\boldsymbol{A}\cdot I_jd\boldsymbol{l}_j \tag{4-8-8}$$

把以上结果推广到分布电流的情况,可得出分布电流的磁场能量。

对体分布电流:

$$W_m=\frac{1}{2}\int_\tau\boldsymbol{A}\cdot\boldsymbol{J}d\tau \tag{4-8-9}$$

对面分布电流:

$$W_m=\frac{1}{2}\int_S\boldsymbol{A}\cdot\boldsymbol{J}_SdS \tag{4-8-10}$$

式(4-8-9)和式(4-8-10)的积分区域为电流所在的空间。

3. 磁场能量的场量表示式

通常在计算磁场能量时,利用磁感应强度或磁场强度来计算更加方便。

将 $\boldsymbol{J}=\nabla\times\boldsymbol{H}$ 代入式(4-8-9),并利用矢量恒等式,得:

$$W_{\mathrm{m}}=\frac{1}{2}\int_{\tau}\boldsymbol{A}\cdot\boldsymbol{J}\mathrm{d}\tau=\frac{1}{2}\int_{\tau}\boldsymbol{A}\cdot(\nabla\times\boldsymbol{H})\mathrm{d}\tau=\frac{1}{2}\int_{\tau}[\boldsymbol{H}\cdot(\nabla\times\boldsymbol{A})-\nabla\cdot(\boldsymbol{A}\times\boldsymbol{H})]\mathrm{d}\tau$$

$$=\frac{1}{2}\int_{\tau}\boldsymbol{H}\cdot\boldsymbol{B}\mathrm{d}\tau-\frac{1}{2}\oint_{S}\boldsymbol{A}\times\boldsymbol{H}\cdot\mathrm{d}\boldsymbol{S}$$

式中,τ是指电流所在的空间,如果将积分区域扩大到整个空间,积分值并不会发生变化。因此,可令$\tau\to\infty$,即 $R\to\infty$。由于 $A\propto\frac{1}{R}$,$H\propto\frac{1}{R^2}$,$S\propto R^2$,因而有 $\boldsymbol{A}\times\boldsymbol{H}\cdot\boldsymbol{S}\propto\frac{1}{R}\to0$,所以:

$$W_{\mathrm{m}}=\frac{1}{2}\int_{\tau}\boldsymbol{H}\cdot\boldsymbol{B}\mathrm{d}\tau=\int_{\tau}w_{\mathrm{m}}\mathrm{d}\tau \tag{4-8-11}$$

式(4-8-11)中的积分区域为整个空间。此式表明,磁场能量储存于磁场不为零的全部空间。若用能量密度 w_{m}来表示被积函数,则有:

$$w_{\mathrm{m}}=\frac{1}{2}\boldsymbol{B}\cdot\boldsymbol{H} \tag{4-8-12}$$

对简单媒质,

$$w_{\mathrm{m}}=\frac{1}{2}\mu H^2=\frac{B^2}{2\mu} \tag{4-8-13}$$

【例 4-8-1】 以空气绝缘的同轴线内外导体半径分别为 a 和 b,通流为 I。假设外导体极薄,因而其中的储能可忽略不计,试计算单位长度的同轴线储存的磁能,并由磁能计算单位长度的电感。

【解】 由介质中的安培环路定律,可求出导体圆柱内外的磁场强度。

$\rho<a$ 时:

$$H_{1\varphi}=\frac{1}{2\pi\rho}\frac{\rho^2}{a^2}I=\frac{\rho I}{2\pi a^2}$$

$a\leqslant\rho\leqslant b$ 时:

$$H_{2\varphi}=\frac{I}{2\pi\rho}$$

$\rho>b$ 时:

$$H_{3\varphi}=0$$

由式(4-8-11)和式(4-8-13)可知,单位长度的同轴线储存的磁能为:

$$W_{\mathrm{m}}=\frac{1}{2}\int_{\tau_1}\mu H_1^2\mathrm{d}\tau+\frac{1}{2}\int_{\tau_2}\mu H_2^2\mathrm{d}\tau=\frac{1}{2}\int_0^a\frac{\mu_0\rho^2I^2}{4\pi^2a^4}2\pi\rho\mathrm{d}\rho+\frac{1}{2}\int_a^b\frac{\mu_0I^2}{4\pi^2\rho^2}2\pi\rho\mathrm{d}\rho$$

$$=\frac{\mu_0I^2}{16\pi}+\frac{\mu_0I^2}{4\pi}\ln\frac{b}{a}$$

由磁能计算单位长度的电感为:

$$L_0=\frac{2W_{\mathrm{m}}}{I^2}=\frac{\mu_0}{8\pi}+\frac{\mu_0}{2\pi}\ln\frac{b}{a}=L_{内}+L_{外}$$

4.8.2　磁场力

两个载流回路间的作用力原则上可用安培力定律计算,但实际上很不方便,因而经常利用磁场能量对空间的变化率来计算力,也就是采用虚位移法进行力的计算。

设在 N 个刚性载流导线回路系统的磁场中,其中一个载流导线回路 C_i 或磁性媒质沿 $\boldsymbol{l}$ 方向受到磁场力 F_l 的作用而发生位移 $\mathrm{d}l$,其余回路位置固定不变。在位移过程中,外源做功为 $\mathrm{d}A$,系统中磁场能量的增量为 $\mathrm{d}W_{\mathrm{m}}$,则根据能量守恒定律,有:

$$\mathrm{d}A=\mathrm{d}W_{\mathrm{m}}+F_l\mathrm{d}l \tag{4-8-14}$$

其中:

$$\mathrm{d}A=\sum_{k=1}^{N}U_k\mathrm{d}q_k=\sum_{k=1}^{N}\frac{\mathrm{d}\Psi_k}{\mathrm{d}t}I_k\mathrm{d}t=\sum_{k=1}^{N}I_k\mathrm{d}\Psi_k \tag{4-8-15}$$

$$\mathrm{d}W_{\mathrm{m}}=\sum_{k=1}^{N}\frac{1}{2}\mathrm{d}(I_k\Psi_k) \tag{4-8-16}$$

式(4-8-14)中力的方向默认为位移增加的方向。下面针对只有一个回路 C_1 沿力的方向发生位移 $\mathrm{d}l$、载流导线回路系统的电流保持不变和磁链保持不变两种情况进行讨论。

(1) 各回路电流保持不变,即 $\mathrm{d}I_k=0$。

此时,磁场能量的增量为:

$$\mathrm{d}W_{\mathrm{m}}=\sum_{k=1}^{N}\frac{1}{2}\mathrm{d}(I_k\Psi_k)=\sum_{k=1}^{N}\frac{1}{2}I_k\mathrm{d}\Psi_k$$

外源做功为:

$$\mathrm{d}A=\sum_{k=1}^{N}I_k\mathrm{d}\Psi_k=2\mathrm{d}W_{\mathrm{m}}$$

因此由(4-8-14),得:

$$F_l\mathrm{d}l=\mathrm{d}A-\mathrm{d}W_{\mathrm{m}}=\mathrm{d}W_{\mathrm{m}}$$

上式表明,外接电源所做的功,一半用于增加磁场能量,另一半用于使回路 C_1 沿力的方向发生位移所需的机械功。因此回路 C_1 所受的磁场力为:

$$F_l=\left.\frac{\mathrm{d}W_{\mathrm{m}}}{\mathrm{d}l}\right|_{I=\text{常数}} \tag{4-8-17}$$

(2) 各回路包围的磁链保持不变,即 $\mathrm{d}\Psi_k=0$。

当导线回路的磁链不变时,各个回路中的感应电动势为零,因此外源不做功。磁场力做的功必然来自磁场能量的减小。由式(4-8-14),得:

$$F_l\mathrm{d}l=-\mathrm{d}W_{\mathrm{m}}$$

$$F_l=-\left.\frac{\mathrm{d}W_{\mathrm{m}}}{\mathrm{d}l}\right|_{\Psi=\text{常数}} \tag{4-8-18}$$

与静电场中的静电力类似,磁场力也可用能量的梯度来表示,即式(4-8-17)和式(4-8-18)可写为更一般的表达式:

$$\boldsymbol{F}=\nabla W_{\mathrm{m}}\big|_{I=\text{常数}} \tag{4-8-19}$$

$$\boldsymbol{F}=-\nabla W_{\mathrm{m}}\big|_{\Psi=\text{常数}} \tag{4-8-20}$$

【例 4-8-2】 两个共轴的、互相平行的一匝圆线圈相距为 d,半径分别为 a 和 b,且$d\gg a$,

两线圈中分别载有电流 I_1 和 I_2，如图 4-8-2 所示。求它们之间的磁场力。

【解】　由例题 4-7-1 结果可知，两线圈之间的互感为：

$$M=\frac{\mu_0\pi a^2b^2}{2\left(b^2+d^2\right)^{3/2}}$$

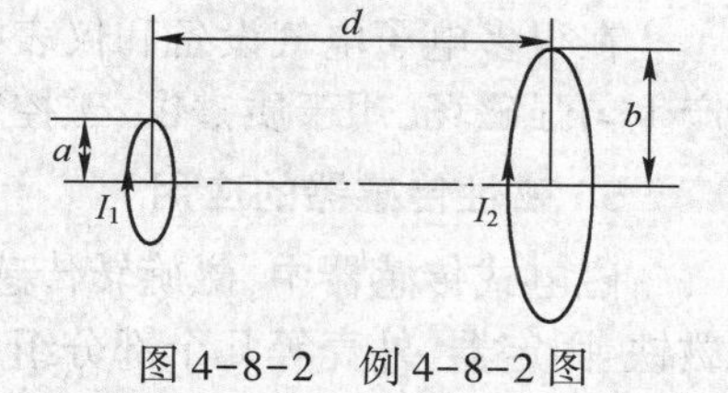

图 4-8-2　例 4-8-2 图

由式(4-8-3)可知，两线圈的磁场能量为：

$$W_{\mathrm{m}}=\frac{1}{2}L_1I_1^2+MI_1I_2+\frac{1}{2}L_2I_2^2$$

由式(4-8-17)可知，线圈 1 对线圈 2 的磁场力为：

$$F_{12}=\left.\frac{\mathrm{d}W_{\mathrm{m}}}{\mathrm{d}d}\right|_{I=\text{常数}}=I_1I_2\frac{\mathrm{d}M}{\mathrm{d}d}$$

$$=-\frac{3\pi\mu_0a^2b^2dI_1I_2}{2\left(b^2+d^2\right)^{5/2}}$$

当电流 I_1 和 I_2 同向时，为吸引力，反向时为排斥力。

4.9　恒定磁场的应用

恒定磁场的应用非常普遍，下面简述恒定磁场几个方面的应用。

1. 磁法勘探

据测算，地磁场的变化有一定的规律性，小范围内地磁感应强度和磁倾角几乎没有什么变化，当地壳内存在磁铁矿、赤铁矿、玄武岩或金矿等矿脉时，均会导致地磁异常变化。我们可以根据地磁异常现象来探测矿脉，这种方法称为无源磁法勘探。

1954 年，我国一支地质探矿队发现，在山东某个地区面积大约四平方公里的范围内，地磁感应强度异常，极大值达到了 $3.5\times10^{-6}\,\mathrm{T}$。地质队员们推测，这里一定是一个储量较大的铁矿。经过钻探发掘，最终在地下 450 m 深处发现了总厚度达 62.54 m 的磁铁矿区。

2. 地磁预报

地壳中的许多岩石具有磁性。地震发生时，这些岩石受力变形，它们的磁性也随之变化。在强烈地震前夕，地磁感应强度、磁倾角等都会发生变化，造成局部地磁异常，这就是所谓的“震磁效应”。掌握了震磁效应的规律，利用测量仪器监测地磁变化，就可以根据震磁效应对地震做出较准确的预报。

3. 磁法选矿

利用磁场也可以分选矿物，磁分离器是为分离磁性物质和非磁性物质设计的。将磁性物质和非磁性物质的混合物放到传输带上，经过磁性滑轮，滑轮由铁壳和激励线圈组成，可以产生磁场。非磁性物质立刻落入一个仓室内，而磁性物质被滑轮吸住直到传输带离开滑轮才落下来，落入另一个仓室，即可实现分离。

4. 载流线圈和螺线管产生的磁场应用

在很多电子电气设备和仪表中,普遍使用载流的铁芯线圈产生磁场,而载流的螺线管可以产生匀强磁场,用于质谱仪、磁控管及回旋加速器。

5. 磁性传感器的应用

磁电式传感器中,磁旋转传感器是重要的一种。磁旋转传感器主要由半导体磁阻元件、永磁铁、固定器、外壳等几个部分组成。磁旋转传感器在工厂自动化系统中有广泛的应用,主要应用在机床伺服电机的转动检测、工厂自动化的机器人臂的定位、液压冲程的检测、工厂自动化相关设备的位置检测、旋转编码器的检测单元和各种旋转的检测单元等。

随着新一代传感器的开发和产业化,高性能磁敏感材料为主的新型磁传感器起着越来越重要的作用。

6. 磁性材料的应用

通常认为磁性材料是指过渡元素铁、钴、镍及其合金等能够直接或间接产生磁性的物质。磁性材料是生产、生活、国防科学技术中广泛使用的材料。如制造电力技术中的各种电机、变压器,电子技术中的各种磁性元件和微波电子管,通信技术中的滤波器和增感器,国防技术中的磁性水雷、电磁炮,各种家用电器等。此外,磁性材料在地矿探测、海洋探测及信息、能源、生物、空间新技术中也获得了广泛的应用。

永磁材料经外磁场磁化后,即使在相当大的反向磁场作用下,仍能保持一部分或大部分原磁化方向的磁性,属于硬磁材料,有合金、铁氧体和金属间化合物三类。永磁材料有多种用途。基于电磁力作用原理的应用主要有扬声器、电表、按键、电机、继电器、传感器、开关等。基于磁电作用原理的应用主要有磁控管和行波管等微波电子管、显像管、微波铁氧体器件、磁阻器件、霍尔器件等。基于磁力作用原理的应用主要有磁轴承、选矿机、磁力分离器、磁性吸盘、磁密封、复印机、控温计等。

7. 磁悬浮技术

磁悬浮技术是利用磁场力抵消重力的影响,从而使物体悬浮。从工作原理上,可分为常导磁悬浮、超导磁悬浮和永磁体悬浮,其磁场分别由常导电流、超导电流和永磁体产生。利用磁悬浮技术制成的磁悬浮列车已经付诸实用。

常导型磁悬浮列车,利用普通直流电磁铁电磁吸力的原理将列车悬起,悬浮的气隙较小,一般为 10 mm 左右。常导型高速磁悬浮列车的速度可达 400~1 500 km/h,适合于城市间的长距离快速运输。

超导型磁悬浮列车,利用超导磁体产生的强磁场,列车运行时与布置在地面上的线圈相互作用,产生电动斥力将列车悬起,悬浮气隙较大,一般为 100 mm 左右,速度可达 500 km/h 以上。

我国采用德国技术在上海浦东铺设了长度为 30 km、时速达 430 km 的磁悬浮列车高速交通运输线,2002 年正式启用。2009 年 6 月,国内首列具有完全自主知识产权的实用型中低速磁悬浮列车,在中国北车唐山轨道客车有限公司下线后完成列车调试,开始进行线路运行试验,这标志着我国已经具备中低速磁悬浮列车产业化的制造能力。

2021年7月20日，由中国中车四方股份公司承担研制、具有完全自主知识产权的我国时速600公里高速磁浮交通系统在山东青岛成功下线，标志中国铁路成功突破了高速磁悬浮列车的关键核心技术，在各个系统的研发方面都取得了重要的阶段性成果。该高速磁浮交通系统，采用成熟可靠的常导技术，其基本原理，是利用电磁吸力使列车悬浮于轨道，实现无接触运行。

8. 磁屏蔽技术

为了避免仪器设备受到强磁场的影响，通常要对产生强磁场的设备或易受磁场干扰的设备进行磁屏蔽。

对于静磁场或低频磁场(100 kHz以下)，屏蔽装置通常采用铁磁性材料，如铁、硅钢片、坡莫合金等，由于铁磁性材料磁导率比空气的磁导率大得多，一般约为$10^3 \sim 10^4$。这样，屏蔽装置就提供一个低磁阻的闭合路径，将磁场限制在被屏蔽的区域内(对产生强磁场干扰源的屏蔽，主动磁屏蔽)，或将磁场引至被屏蔽的区域之外(对易受磁场干扰设备的屏蔽，被动磁屏蔽)。

低频磁场屏蔽在高频时并不适用。主要原因是铁磁性材料的磁导率随频率的升高而下降，从而使屏蔽效能变坏。同时高频时铁磁性材料的磁损增加。磁损包括由于磁滞现象引起的磁滞损失及由于电磁感应而产生的涡流的损失，磁损是消耗功率的。高频磁场屏蔽材料采用金属良导体，如铜、铝等。当高频磁场穿过金属板时在金属板上产生感应电动势，由于金属板的电导率很高，所以产生很大的涡流，涡流又产生反向磁场，与穿过金属板的原磁场相互抵消，这样做成屏蔽金属盒后就起到屏蔽高频磁场的作用。

4.10 MATLAB 应用分析

【例 4-10-1】 真空中电流为I，长度为L的长直细导线。计算在导线外任一点所引起的磁感应强度。使用MATLAB中Symbolic数学工具箱的函数int，采用直接积分的方法得到磁感应强度的解析表达式，验证答案。假定线电流长度为10 m，使用MATLAB，画出线电流归一化的磁场分布。

【解】 执行 syms mu0 I rho z z1 L B 语句定义积分中要用到的符号，执行操作：

```
B=mu0*I/4/pi*int(rho/(rho^2+(z-z1)^2)^(3/2),z1,-L/2,L/2)
```

计算积分，直接可以得到解析表达式：

```
1/4*mu0*I/pi*((L^2+4*rho^2+4*z^2+4*z*L)^(1/2)*L-2*(L^2+4*rho^2+4*z^2+4*z*L)^(1/2)*z+(L^2+4*rho^2+4*z^2-4*z*L)^(1/2)*L+2*(L^2+4*rho^2+4*z^2-4*z*L)^(1/2)*z)/(L^2+4*rho^2+4*z^2-4*z*L)^(1/2)/rho/(L^2+4*rho^2+4*z^2+4*z*L)^(1/2)
```

解之，得：

$$B=\frac{\mu_0 I}{4\pi}\left(\frac{z+\dfrac{l}{2}}{\sqrt{\rho^2+\left(z+\dfrac{l}{2}\right)^2}}-\frac{z-\dfrac{l}{2}}{\sqrt{\rho^2+\left(z-\dfrac{l}{2}\right)^2}}\right)$$

水平放置有限长直细导线磁场分布剖面如图 4-10-1 所示。

【例 4-10-2】 求通过电流为 I、半径为 a 的细圆环在轴线上的磁感应强度,圆环半径为 a,并使用 MATLAB 画出轴线上的磁场分布。

【解】 轴线上的磁场为:

$$B(z)=\boldsymbol{a}_z\frac{\mu_0 I a^2}{2\left(z^2+a^2\right)^{3/2}}$$

磁场分布如图 4-10-2 所示。

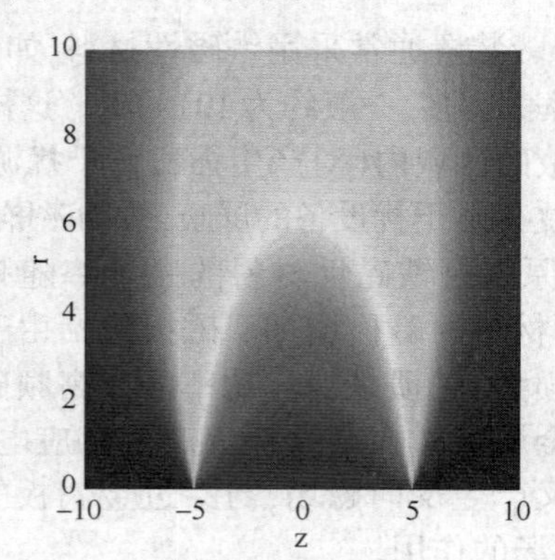

图 4-10-1 水平放置有限长直细导线磁场分布剖面

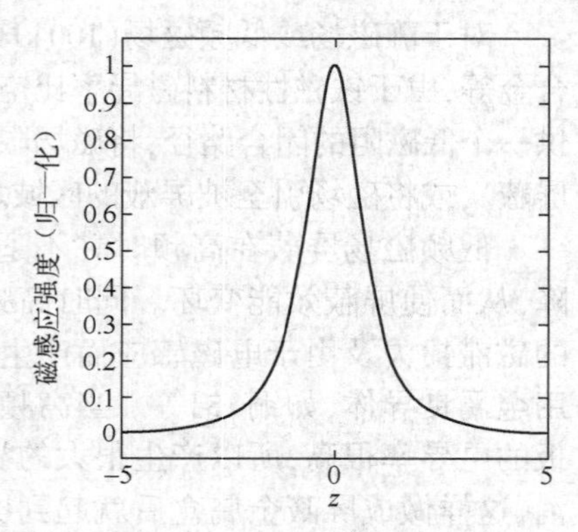

图 4-10-2 磁场分布

小 结

1. 安培力定律

$$\boldsymbol{F}_{12}=\frac{\mu_0}{4\pi}\oint_{C_2}\oint_{C_1}\frac{I_2\mathrm{d}\boldsymbol{l}_2\times\left(I_1\mathrm{d}\boldsymbol{l}_1\times\boldsymbol{a}_R\right)}{R^2}$$

2. 均匀介质中线电流或分布电流产生的磁感应强度

线电流:

$$\boldsymbol{B}=\frac{\mu_0}{4\pi}\oint_C\frac{I\mathrm{d}\boldsymbol{l}'\times\boldsymbol{a}_R}{R^2}=\frac{\mu_0}{4\pi}\oint_C\frac{I\mathrm{d}\boldsymbol{l}'\times\boldsymbol{R}}{R^3}$$

体电流:

$$\boldsymbol{B}=\frac{\mu_0}{4\pi}\int_\tau\frac{\boldsymbol{J}\times\boldsymbol{a}_R}{R^2}\mathrm{d}\tau'$$

面电流:

$$\boldsymbol{B}=\frac{\mu_0}{4\pi}\int_S\frac{\boldsymbol{J}_\mathrm{S}\times\boldsymbol{a}_R}{R^2}\mathrm{d}S'$$

3. 洛仑兹力

$$\boldsymbol{F}=q\boldsymbol{v}\times\boldsymbol{B}$$

4. 真空中恒定磁场的基本方程

积分形式：

$$\oint_S \boldsymbol{B}\cdot\mathrm{d}\boldsymbol{S}=0$$

$$\oint_C \boldsymbol{B}\cdot\mathrm{d}\boldsymbol{l}=\mu_0 I$$

微分形式：

$$\nabla\cdot\boldsymbol{B}=0$$

$$\nabla\times\boldsymbol{B}=\mu_0\boldsymbol{J}$$

5. 矢量磁位和标量磁位

矢量磁位 $\boldsymbol{A}$，$\boldsymbol{B}=\nabla\times\boldsymbol{A}$，在选择$\nabla\cdot\boldsymbol{A}=0$ 的前提下，矢量磁位 $\boldsymbol{A}$ 满足泊松方程或拉普拉斯方程，即：

$$\nabla^2\boldsymbol{A}=-\mu_0\boldsymbol{J}$$

$$\nabla^2\boldsymbol{A}=\boldsymbol{0}$$

矢量磁位 $\boldsymbol{A}$ 可由线电流或分布电流的积分计算。

体电流：

$$\boldsymbol{A}=\frac{\mu_0}{4\pi}\int_\tau \frac{\boldsymbol{J}}{R}\mathrm{d}\tau'$$

面电流：

$$\boldsymbol{A}=\frac{\mu_0}{4\pi}\int_S \frac{\boldsymbol{J}_{\mathrm{S}}}{R}\mathrm{d}S'$$

线电流：

$$\boldsymbol{A}=\frac{\mu_0}{4\pi}\int_l \frac{I\mathrm{d}\boldsymbol{l}'}{R}$$

在有恒定电流分布的曲线、表面和体积之外，磁场强度是无旋的。若有标量磁位 Φ_{m}，则：

$$\boldsymbol{H}=-\nabla\Phi_{\mathrm{m}}$$

标量磁位满足的拉普拉斯方程：

$$\nabla^2\Phi_{\mathrm{m}}=0$$

6. 介质中的安培定律

介质在外加磁场中会发生磁化，磁化的程度用磁化强度 $\boldsymbol{M}$ 表示，磁场强度 $\boldsymbol{H}$ 与磁化强度 $\boldsymbol{M}$ 的关系为：

$$\boldsymbol{H}=\frac{\boldsymbol{B}}{\mu_0}-\boldsymbol{M}$$

对于各向同性介质，$\boldsymbol{B}=\mu\boldsymbol{H}$。介质中安培环路定律的积分和微分形式分别为：

$$\oint_C \boldsymbol{H} \cdot \mathrm{d}\boldsymbol{l} = I$$

$$\nabla \times \boldsymbol{H} = \boldsymbol{J}$$

其中,I 是闭合回路包含的传导电流。

7. 恒定磁场的边界条件

$$\boldsymbol{n} \cdot (\boldsymbol{B}_1 - \boldsymbol{B}_2) = 0 \text{ 或 } B_{1n} = B_{2n}$$

$$\boldsymbol{n} \times (\boldsymbol{H}_1 - \boldsymbol{H}_2) = \boldsymbol{J}_S \quad \text{或} \quad H_{1t} - H_{2t} = J_S$$

8. 电感

在线性介质中,一个电流回路的磁链与引起该磁链的电流 I 成正比,比值即为电感,用 L 表示。电感分为自感和互感。电感的大小与回路的形状、大小、相对位置及周围介质有关,与回路电流无关。

9. 磁场能量和磁场力

磁场能量储存在整个磁场所在的空间,磁场能量的计算公式有以下两个:

$$W_m = \frac{1}{2}\int_\tau \boldsymbol{A} \cdot \boldsymbol{J} \mathrm{d}\tau$$

积分区域为电流所在的空间。

$$W_m = \frac{1}{2}\int_\tau \boldsymbol{H} \cdot \boldsymbol{B} \mathrm{d}\tau$$

积分区域为磁场所在的整个空间。

磁场力可由虚位移法计算:

$$F_l = \left.\frac{\mathrm{d}W_m}{\mathrm{d}l}\right|_{I=\text{常数}}$$

$$F_l = -\left.\frac{\mathrm{d}W_m}{\mathrm{d}l}\right|_{\Psi=\text{常数}}$$

思考与练习

1. 运动电荷、载流导线及闭合电流环路在恒定磁场中受到的力有何不同?
2. 两根无限长直线电流 I_1 和 I_2 互相平行,相距为 d。求每根导线单位长度受的力。
3. 在什么条件下可以利用安培环路定律求解恒定磁场?
4. 磁场与媒质之间相互作用后会发生什么现象?解释顺磁媒质、抗磁媒质和铁磁媒质的特点。
5. 已知相对磁导率为 μ_r 的均匀介质中,自由电流密度为 $\boldsymbol{J}$,求束缚电流密度 $\boldsymbol{J}_m$。
6. 已知相对磁导率为 $\mu_r(\boldsymbol{r})$ 的非均匀介质中,磁场强度分布为 $\boldsymbol{H}(\boldsymbol{r})$,求束缚电流密度 $\boldsymbol{J}_m$。

7. 用铁磁材料制成的箱体可以作磁屏蔽壳,解释其原理。

8. 叙述恒定磁场的边界条件。

9. 试总结静电场和恒定磁场的基本理论及其相关公式,列出对偶的物理量组。

10. 导线回路的磁场能量与回路磁链有何关系?

11. 用电流密度计算磁场能量与用 $\boldsymbol{B}$ 和 $\boldsymbol{H}$ 场量计算磁场能量有何不同?给出具体计算公式。

12. 导线回路的磁场能量满足叠加原理吗?为什么?

习　题

1. 四根无限长直导线1、2、3、4垂直于 xOy 平面,分别位于点 $(0,0)$、$(a,0)$、(a,a)、$(0,a)$。导线1、3通以电流 $\boldsymbol{a}_zI$,导线2、4通以电流 $-\boldsymbol{a}_zI$,求位于 (a,a) 点的导线上每单位长度受到的磁力。

2. 如题2图所示的回路通有电流 I,此刻正有一点电荷经过 O 点,速度为 $-\boldsymbol{a}_yv$,求它受到的磁力。

3. 题3图所示的呈直角拐弯的导线中通有电流 I,导线两端向远处无限延长,试求图中 A 点处的磁感应强度 $\boldsymbol{B}$。

4. 一个半径为 a、相对电容率为 ε_r 的非磁性圆柱体处于均匀磁场 $\boldsymbol{B}$ 中,$\boldsymbol{B}$ 平行于该圆柱的轴线。若圆柱以角速度 ω 绕轴线旋转,求:

(1) 由于旋转而在圆柱中产生的极化强度 $\boldsymbol{P}$;

(2) 长 L 的一段圆柱面上出现的面束缚电荷电量。

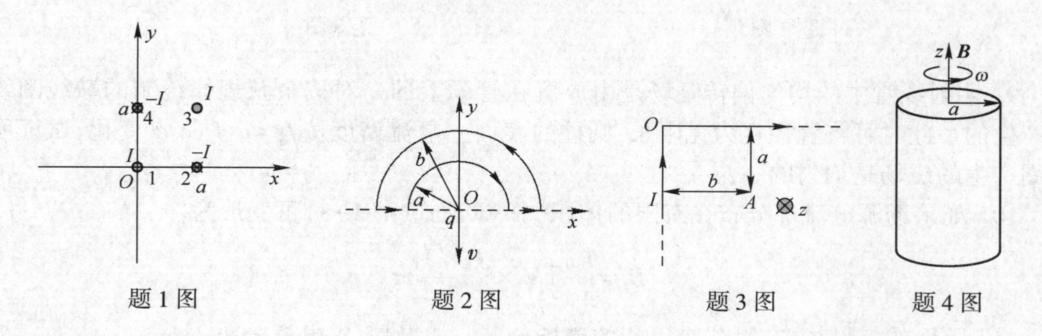

题1图　　题2图　　题3图　　题4图

5. 两个相同的线圈各有 N 匝,半径为 b,同轴,相互隔开距离 d,电流 I 以相同的方向流过这两个线圈,如题5图所示。

(1) 求两个线圈中点处的 $\boldsymbol{B}(=\boldsymbol{a}_xB_x)$。

(2) 证明在两线圈中点处 $\mathrm{d}B_x/\mathrm{d}x=0$。

(3) 求出 b 与 d 之间的关系,使中点处 $\mathrm{d}^2B_x/\mathrm{d}x^2=0$,并证明此时在中点处 $\mathrm{d}^3B_x/\mathrm{d}x^3$ 也

为零。

6. 一个长螺线管,半径为 a,长度 $L \gg a$,匝数为 N,通过电流 I,求管的轴线上任一点的 $\boldsymbol{B}$。

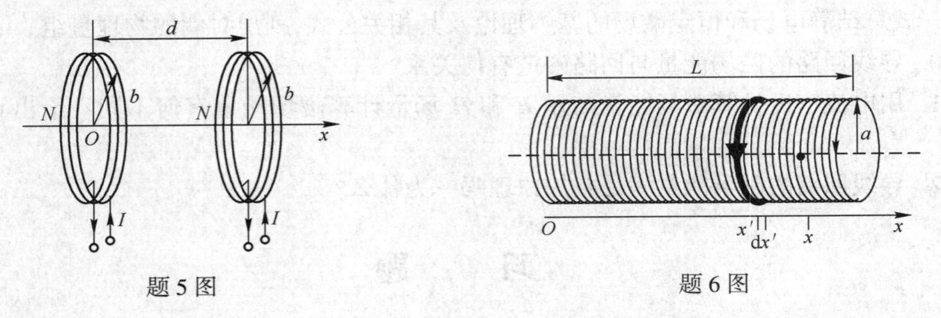

题 5 图　　题 6 图

7. 半径 R 的小球面上有沿 φ 方向流动的均匀面电流,其面密度为 $\boldsymbol{J}_S$,求球心处的 $\boldsymbol{B}$。

8. 如题 8 图所示,电流密度均匀的长圆柱导体中有一平行的圆柱形空腔,计算各部分的磁感应强度,证明空腔内磁场是均匀的。

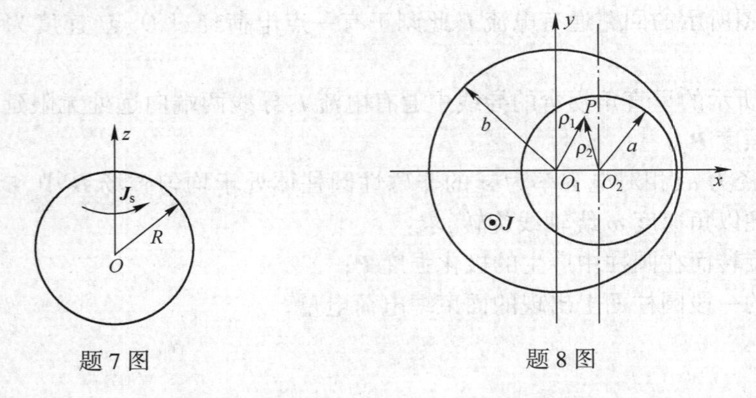

题 7 图　　题 8 图

9. 阴射线管中的均匀偏转磁场是由放置在管颈上的一对按余弦规律绕制的鞍线圈绕制所产生的。此时可将管径视为无限长,圆柱的表面上电流密度按 $\boldsymbol{J}_S = \boldsymbol{a}_z J_0 \cos\varphi$ 变化,试证明鞍线圈产生的磁场是均匀的。

10. 如果场源电流都分布在有限的体积 τ 中,试证式(4-1-8)可变形为:

$$\boldsymbol{B} = \frac{\mu_0}{4\pi}\int_\tau \nabla \times \frac{\boldsymbol{J}(\boldsymbol{r}')}{R}\mathrm{d}\tau$$

11. 下面的矢量场中,哪些是可能的磁场分布?如果是,求电流分布。

(1) $\boldsymbol{B} = \boldsymbol{a}_r kr$

(2) $\boldsymbol{B} = -\boldsymbol{a}_x ky + \boldsymbol{a}_y kx$

(3) $\boldsymbol{B} = \boldsymbol{a}_\varphi A\rho$

12. 电量 Q 在以原点为球心、半径为 a 的球体积中均匀分布。现在使该球绕 z 轴以角速度 ω 匀速旋转,假使电荷的分布不受旋转的影响,求 z 轴上任一点的 $\boldsymbol{A}$。

13. 题13图所示的矩形线圈中电流为 I,矩形边长分别为 a 和 b。

(1) 求远处一点 $P(r)$ 的 $\boldsymbol{A}$,证明它可写成:

$$\boldsymbol{A}=\frac{\mu_0}{4\pi}\nabla\times\frac{\boldsymbol{p}_{\mathrm{m}}}{r}$$

(2) 由 $\boldsymbol{A}$ 求 $\boldsymbol{B}$,证明它可写成:

$$\boldsymbol{B}=-\mu_0\nabla\Phi_{\mathrm{m}}$$

14. 铁质无限长导线的半径为 a,$\mu_{\mathrm{r}}=1\,000$,通有恒定电流 I。求:

(1) 空间各点的 $\boldsymbol{H}$ 和 $\boldsymbol{B}$。若改为铜导线,a、I 不变,问 $\boldsymbol{H}$、$\boldsymbol{B}$ 有何变化?

(2) 空间各点的磁化强度 $\boldsymbol{M}$,束缚体电流密度 $\boldsymbol{J}_{\mathrm{m}}$。

(3) 导体表面上的束缚面电流密度 $\boldsymbol{J}_{\mathrm{mS}}$。

15. 一根极细的直铁杆和极薄的圆铁盘放在均匀磁场 $\boldsymbol{B}_0$ 中,使它们的轴与 $\boldsymbol{B}_0$ 平行。若已知 $B_0=1\mathrm{T}$,铁件的 $\mu_{\mathrm{r}}=5\,000$,求上述两个铁件中的 $\boldsymbol{B}$ 和 $\boldsymbol{H}$。

16. 在介质的分界面 $y=0$ 平面上 $\boldsymbol{H}$ 的矢线如题16图所示。此时介质分界面上必有束缚面电流,设为 $\boldsymbol{J}_{\mathrm{mS}}=\boldsymbol{a}_z J_{\mathrm{mS}}$。问 J_{mS} 是正值还是负值?并证明之。

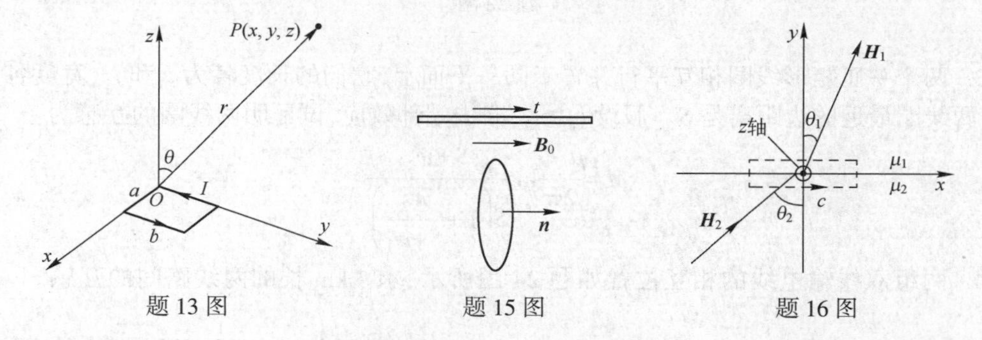

题13图　　题15图　　题16图

17. 在 $\mu=1\,500\mu_0$ 的铁磁体中靠近与空气的交界处,倘若 $B_1=1.5\ \mathrm{Wb/m^2}$,其方向与法线夹角 $\theta_1=35°$。求:

(1) 铁磁体表面上空气中 $\boldsymbol{H}_2$ 的大小和方向(提示:当 θ 很小时,可利用 $\theta\approx\tan\theta$);

(2) 面束缚电流密度。

18. 无限大理想导磁体平面上方 h 处有一通流 I 的直导线,导线与导磁体平面平行,试分析导磁体表面磁场的分布特点,画出该系统的镜像系统,并求出导磁体平面上方的磁场强度。

19. 半径为 a 的均匀永久磁化介质球,磁化强度为 $\boldsymbol{M}$。求:

(1) 球内和球表面上的磁化电流(束缚电流);

(2) 磁荷面密度,并利用第2章习题中题38均匀极化介质球的束缚电荷产生的静电场分布直接写出 $\boldsymbol{H}$ 的分布。

20. 一个半径为 a 的磁介质球的磁化强度为:

$$\boldsymbol{M}=\boldsymbol{a}_z(Az^2+B)$$

求磁化电流$\boldsymbol{J}_{m}$、$\boldsymbol{J}_{mS}$和磁荷ρ_{m}、ρ_{mS}。

21. 为了对亨利(H)这一单位有一个概念,试计算一个直径 2 cm、长度为 1 m、600 匝的长直空心螺线管的自感。

22. 有一个环形螺线管,环的平均半径为 15 cm,管的圆形截面半径为 2 cm,通过电流为 0.7 A,铁芯$\mu_r=1\,400$,环上共绕 1 000 匝线圈。求:

(1) 螺线管的自感;

(2) 在铁芯上开一个$t=0.1$ cm 的气隙时的电感(假设开口后铁芯μ不变)。

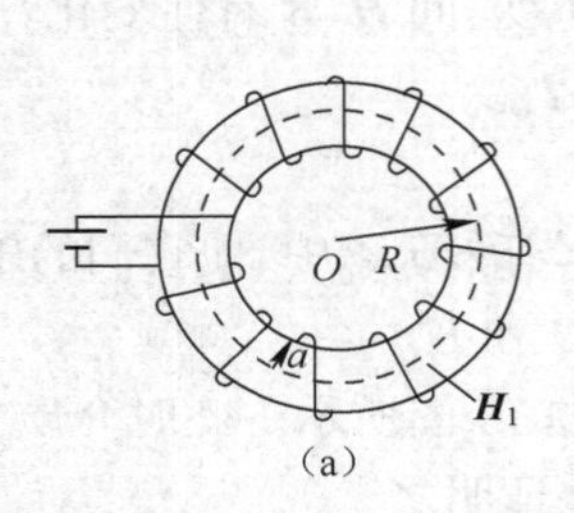

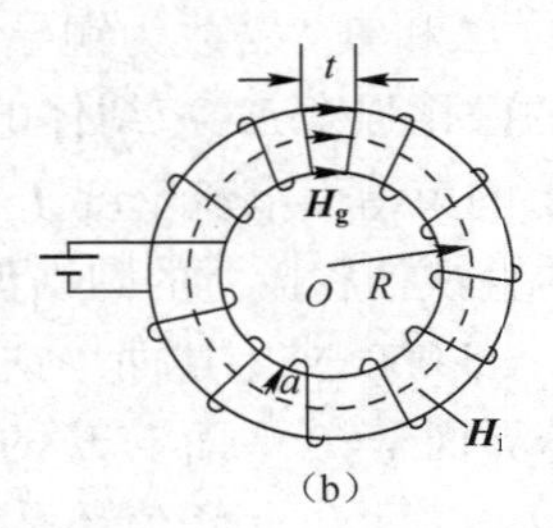

题 22 图

23. 两个一匝矩形线圈相互平行并置于同一平面上,它们的长度各为l_1和l_2,宽度各为w_1和w_2,两线圈最近的边距离是S。假设$l_1 \gg l_2$,略去端部效应,试证明两线圈的互感为:

$$M=\frac{\mu_0 l_2}{2\pi}\ln\frac{S+w_2}{S\left(1+\dfrac{w_2}{S+w_1}\right)}$$

24. 两组双线输电线的相互位置如题 24 图所示,求 1 km 长的两线路间的互感。

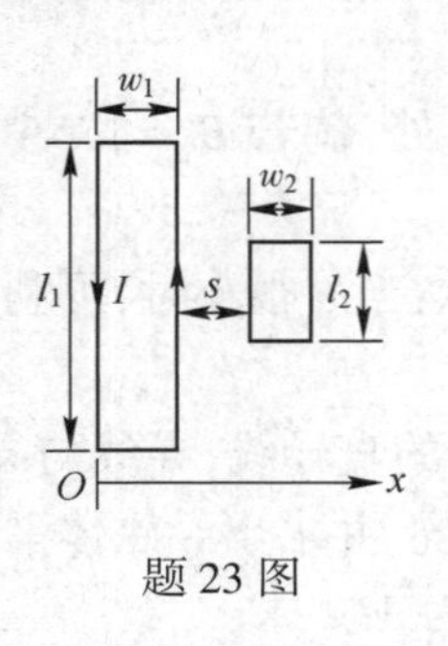

题 23 图

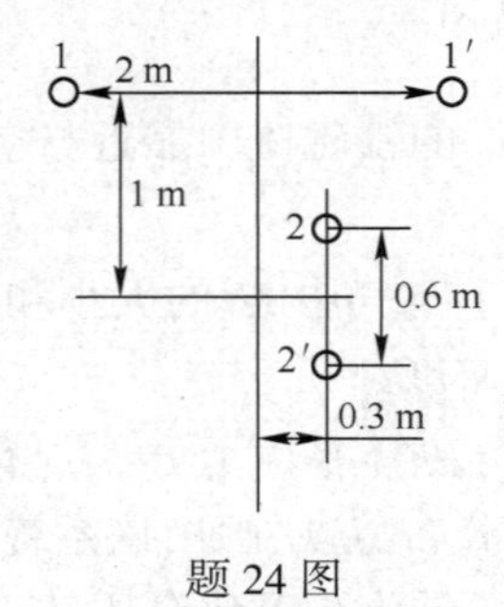

题 24 图

25. 题 25 图所示的长直螺线管,单位长度上均匀密绕着n匝线圈,通过电流I,铁芯磁导率为μ,截面积为S,求作用在铁芯截面上的力。

26. 求证题 26 图所示的两个相距很远的共轴载流圆线圈C_1和C_2间的作用力为:

$$F_{12}=\mp\frac{3\mu_0 p_{m1}p_{m2}}{2\pi d^4}$$

已知 C_1和 C_2相距为 d,半径分别为 a 和 $b(d\gg a,d\gg b)$,匝数分别为 N_1和 N_2,电流分别为 I_1和 I_2,$p_{m1}=N_1\pi a^2 I_1$ 和 $p_{m2}=N_2\pi a^2 I_2$ 分别为 C_1和 C_2的磁矩。当 I_1和 I_2同(反)方向时上式取负(正)号,表示吸引(排斥)力。

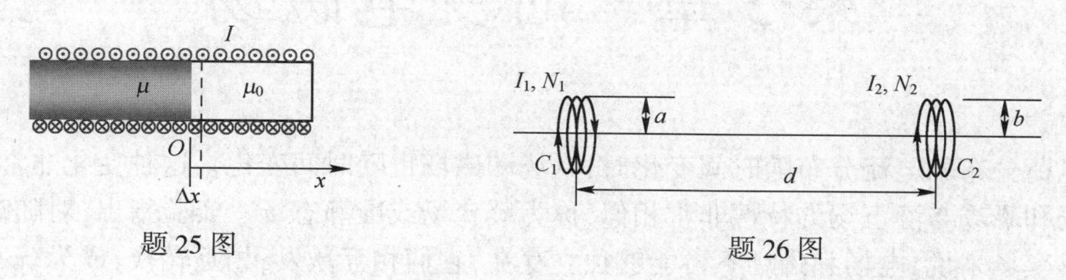

题 25 图　　题 26 图

研究型拓展题目

螺线管中具有不同介质分界面时的磁场分布研究——$\boldsymbol{B}$ 和 $\boldsymbol{H}$ 边界条件的研究。

例如:长直螺线管一半是空气,一半是铁芯,单位长度上均匀密绕着 n 匝线圈,通流 I,铁芯磁导率为 μ,截面积为 S,求作用在铁芯截面上的力。

【解】

空螺线管内磁场均匀,则:

$$W_m=\frac{1}{2}\mu_0 H^2 Sx=\frac{1}{2}\mu_0 n^2 I^2 Sx$$

假设铁芯沿轴向方向虚位移为 Δx, 则:

$$\Delta W_m=\frac{1}{2}(\mu-\mu_0)n^2 I^2 S\Delta x$$

$$f=\frac{\Delta W_m}{\Delta x}=\frac{1}{2}(\mu-\mu_0)n^2 I^2 S$$

试问上述解答是否正确？满足边界条件吗？给出正确解答。

第 5 章　时变电磁场

当电荷分布和电流分布随时间变化时，电场和磁场也随时间变化。这种变化非常缓慢时，时变电场和磁场与静态场的特性非常相似，称为缓变场或准静态场。实验指出，对随时间快速变化的迅变场来说，电场和磁场不再能够独立存在，它们相互激发，相互转换，成为统一的电磁场。本章将以麦克斯韦方程组为核心，分析时变电磁场的一般规律。

5.1　法拉第电磁感应定律

1831 年英国科学家法拉第经过近十年的实验研究，发现了利用磁场产生电场的方法，称为法拉第电磁感应定律。

如图 5-1-1 所示，当穿过闭合导体回路 C 的磁通 Φ 发生变化时，回路中会产生电流 i，说明回路中感应出了电动势 e。在感应电动势（感应电流）的参考方向与回路 C 的环绕方向一致的情况下，法拉第电磁感应定律的数学表达式为：

$$e=-\frac{\partial \Phi}{\partial t} \tag{5-1-1}$$

式中的"-"号表示感应电动势的方向总是使感应电流的磁场阻碍原有磁通的变化。

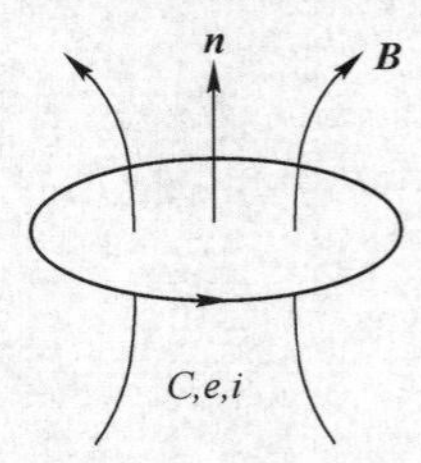

图 5-1-1　电磁感应定律中的参考方向示意图

导体回路中电流的出现表明，导体中存在能够推动电荷运动的电场，这种由回路磁通变化产生的非保守电场，称为感应电场。感应电场沿回路的线积分即为感应电动势，于是式（5-1-1）可写为：

$$e=\oint_C \boldsymbol{E}\cdot \mathrm{d}\boldsymbol{l}=-\frac{\partial \Phi}{\partial t} \tag{5-1-2}$$

式（5-1-2）并不直接反映感应电流。事实上，导体回路的存在给了我们观察电磁感应现象的一个手段，若没有导体回路，感应电场同样会存在。因此，回路 C 可推广至任意回路，只要磁通随时间变化，即可产生感应电场。

将磁通的数学计算式 $\Phi=\int_S \boldsymbol{B}\cdot \mathrm{d}\boldsymbol{S}$ 代入式（5-1-2）中，得：

$$\oint_C \boldsymbol{E}\cdot \mathrm{d}\boldsymbol{l}=-\frac{\partial}{\partial t}\int_S \boldsymbol{B}\cdot \mathrm{d}\boldsymbol{S} \tag{5-1-3}$$

分析式（5-1-3）可得出感应电场的几种实现方法。按照函数乘积的求导法则，有：

$$\oint_C \boldsymbol{E} \cdot \mathrm{d}\boldsymbol{l} = -\int_S \frac{\partial \boldsymbol{B}}{\partial t} \cdot \mathrm{d}\boldsymbol{S} - \int_S \boldsymbol{B} \cdot \frac{\partial}{\partial t}(\mathrm{d}\boldsymbol{S}) \tag{5-1-4}$$

可见,获得电动势(感应电场)的方法可以有三个:一是回路不动,磁场随时间变化,即式(5-1-4)右边第一项不为零,第二项为零;二是磁场恒定,回路相对于磁场变化,即式(5-1-4)右边第一项为零,第二项不为零;三是磁场和回路均随时间变化,即式(5-1-4)右边两项均不为零。

对第一种情况,有:

$$\oint_C \boldsymbol{E} \cdot \mathrm{d}\boldsymbol{l} = -\int_S \frac{\partial \boldsymbol{B}}{\partial t} \cdot \mathrm{d}\boldsymbol{S} \tag{5-1-5}$$

利用斯托克斯定理,可将式(5-1-5)写为微分形式:

$$\nabla \times \boldsymbol{E} = -\frac{\partial \boldsymbol{B}}{\partial t} \tag{5-1-6}$$

以上两式是最常用的电磁感应定律的形式。它们表明,时变的磁场可以产生电场,感应电场的场线是环绕磁场矢量线的闭合曲线,且与磁感应线垂直。因此,感应电场也称涡旋电场。

对第二种情况,有:

$$\oint_C \boldsymbol{E} \cdot \mathrm{d}\boldsymbol{l} = -\int_S \boldsymbol{B} \cdot \frac{\partial}{\partial t}(\mathrm{d}\boldsymbol{S}) \tag{5-1-7}$$

注意:式(5-1-7)中的 $\boldsymbol{E}$、$\boldsymbol{B}$ 及回路 C 均为 t 时刻的值。若设回路以速度 $\boldsymbol{v}$ 相对于磁场运动,t 时刻 C 围成的面积为 $\boldsymbol{S}(t)$,则$(t+\Delta t)$时刻的 C 即 $C(t+\Delta t)$ 围成的面积为:

$$\boldsymbol{S}(t+\Delta t) = \boldsymbol{S}(t) + \oint_C (\boldsymbol{v}\Delta t) \times \mathrm{d}\boldsymbol{l}$$

式中,$\oint_C (\boldsymbol{v}\Delta t) \times \mathrm{d}\boldsymbol{l}$ 为 Δt 时间内回路 C 以速度 $\boldsymbol{v}$ 在空间运动时所扫过的面积,如图 5-1-2 所示。因此,式(5-1-7)中的偏微分项为:

$$\frac{\partial}{\partial t}(\mathrm{d}\boldsymbol{S}) = \lim_{\Delta t \to 0} \frac{\mathrm{d}\boldsymbol{S}(t+\Delta t) - \mathrm{d}\boldsymbol{S}(t)}{\Delta t} = \lim_{\Delta t \to 0} \frac{\mathrm{d}[\boldsymbol{S}(t+\Delta t) - \boldsymbol{S}(t)]}{\Delta t} = \boldsymbol{v} \times \mathrm{d}\boldsymbol{l} \tag{5-1-8}$$

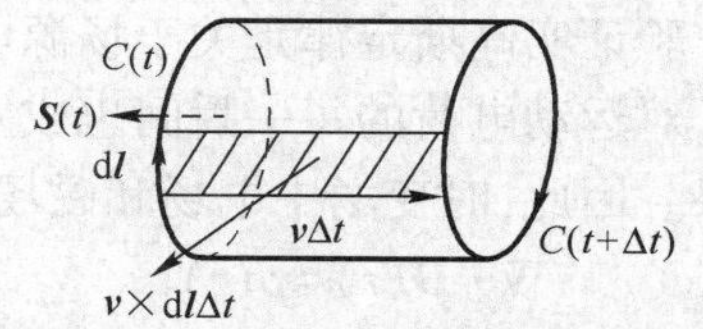

图 5-1-2　回路 C 在不同时刻所围面积示意图

将式(5-1-8)代入式(5-1-7),并利用矢量恒等式 $\boldsymbol{A} \cdot (\boldsymbol{B} \times \boldsymbol{C}) = -(\boldsymbol{B} \times \boldsymbol{A}) \cdot \boldsymbol{C}$,得:

$$\oint_C \boldsymbol{E} \cdot \mathrm{d}\boldsymbol{l} = -\oint_C \boldsymbol{B} \cdot (\boldsymbol{v} \times \mathrm{d}\boldsymbol{l}) = \oint_C (\boldsymbol{v} \times \boldsymbol{B}) \cdot \mathrm{d}\boldsymbol{l} \tag{5-1-9}$$

由于方程两边的回路 C 均为任意时刻 t 的同一回路,因此有:

$$\boldsymbol{E} = \boldsymbol{v} \times \boldsymbol{B} \tag{5-1-10}$$

式(5-1-10)表明,运动的系统(如闭合或不闭合的导体回路)在做切割磁力线的运动(即 $\boldsymbol{v}$ 与

$\boldsymbol{B}$ 不平行)时能够产生感应电场。这种由于系统与磁场之间的相对运动引起的感应电场(电动势)也称动生电场(电动势)。

对第三种情况,将以上两种情况综合起来,得:

$$e=\oint_C \boldsymbol{E}\cdot \mathrm{d}\boldsymbol{l}=-\int_S \frac{\partial \boldsymbol{B}}{\partial t}\cdot \mathrm{d}\boldsymbol{S}+\oint_C (\boldsymbol{v}\times \boldsymbol{B})\cdot \mathrm{d}\boldsymbol{l} \tag{5-1-11}$$

或

$$\oint_C (\boldsymbol{E}-\boldsymbol{v}\times \boldsymbol{B})\cdot \mathrm{d}\boldsymbol{l}=-\int_S \frac{\partial \boldsymbol{B}}{\partial t}\cdot \mathrm{d}\boldsymbol{S} \qquad \text{(积分形式)} \tag{5-1-12}$$

$$\nabla\times(\boldsymbol{E}-\boldsymbol{v}\times \boldsymbol{B})=-\frac{\partial \boldsymbol{B}}{\partial t} \qquad \text{(微分形式)} \tag{5-1-13}$$

【例 5-1-1】 图 5-1-3 所示的法拉第圆盘是单相发电机的模型,半径为 a 的金属盘在恒定磁场 $\boldsymbol{B}$ 中以角速度 $\boldsymbol{\omega}$ 匀速转动,从轴心和圆盘边缘的电刷引出两条线连接负载构成回路。求负载两端的电压,并说明极性。

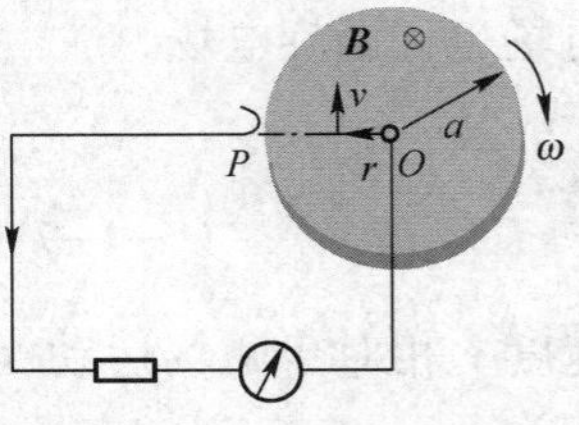

图 5-1-3 法拉第圆盘

【解】 金属圆盘可看成是由无数根半径为 a 的金属丝连续分布而成,当圆盘转动时,这些金属丝做切割磁力线的运动,从而产生电动势。注意到不同半径上的点的线速度不同,由式(5-1-9),得:

$$e=\int_0^a \boldsymbol{v}\times \boldsymbol{B}\cdot \mathrm{d}\boldsymbol{r}=\int_0^a \omega rB\mathrm{d}r=\frac{1}{2}\omega Ba^2$$

该电动势加在负载两端,即是负载两端的电压,且 P 点为电压正极,O 点为电压负极。

5.2 位移电流

静态场基本方程的散度方程

$$\nabla\cdot \boldsymbol{D}=\rho,\quad \nabla\cdot \boldsymbol{B}=0$$

可以直接推广到时变场。因为实验证实高斯定律是关于场源电荷与它的电场分布之间关系的普遍规律,不仅对静止电荷成立,对运动电荷的每一瞬间也成立。而磁场不存在磁荷这类场源的事实也是迄今为止的实验结果。因此,时变场中电场和磁场的散度方程可写为:

$$\nabla\cdot \boldsymbol{D}(t)=\rho(t) \tag{5-2-1}$$

$$\nabla\cdot \boldsymbol{B}(t)=0 \tag{5-2-2}$$

为简便,各个物理量不再特意标出表示是时间函数的自变量(t)。若式(5-2-1)两边同时对时间求导,则有:

$$\frac{\partial}{\partial t}(\nabla\cdot \boldsymbol{D})=\nabla\cdot \frac{\partial \boldsymbol{D}}{\partial t}=\frac{\partial \rho}{\partial t} \tag{5-2-3}$$

将前述的电荷守恒定律

$$\nabla\cdot \boldsymbol{J}=-\frac{\partial \rho}{\partial t}$$

代入式(5-2-3),得:

$$\nabla\cdot\left(\boldsymbol{J}+\frac{\partial \boldsymbol{D}}{\partial t}\right)=0 \tag{5-2-4}$$

根据矢量恒等式$\nabla\cdot\nabla\times\boldsymbol{A}=0$,显然,式(5-2-4)中的$\left(\boldsymbol{J}+\frac{\partial \boldsymbol{D}}{\partial t}\right)$可用某个矢量的旋度来表示,对比恒定磁场的基本方程$\nabla\times\boldsymbol{H}=\boldsymbol{J}$及电流恒定时的方程$\nabla\cdot\boldsymbol{J}=0$,可以断定,这个矢量就是时变磁场$\boldsymbol{H}(t)$。因此有

$$\nabla\times\boldsymbol{H}=\boldsymbol{J}+\frac{\partial \boldsymbol{D}}{\partial t} \tag{5-2-5}$$

其对应的积分形式为:

$$\oint_C \boldsymbol{H}\cdot \mathrm{d}\boldsymbol{l}=\int_S\left(\boldsymbol{J}+\frac{\partial \boldsymbol{D}}{\partial t}\right)\cdot \mathrm{d}\boldsymbol{S} \tag{5-2-6}$$

式(5-2-5)和式(5-2-6)称为时变场的安培定律。它比恒定磁场的安培定律多了一项$\frac{\partial \boldsymbol{D}}{\partial t}$,显然,这一项具有电流密度的量纲,单位为 $\mathrm{A/m^2}$,英国物理学家麦克斯韦称其为位移电流密度,用符号$\boldsymbol{J}_{\mathrm{D}}$表示,即:

$$\boldsymbol{J}_{\mathrm{D}}=\frac{\partial \boldsymbol{D}}{\partial t} \tag{5-2-7}$$

$(\boldsymbol{J}_{\mathrm{D}}+\boldsymbol{J})$称为全电流密度或总电流密度,式(5-2-5)和式(5-2-6)也称全电流定律。

【例 5-2-1】　含有电容器的交流电路如图 5-2-1 所示,试利用电荷守恒定律的积分形式证明:电路中的传导电流是由位移电流接续起来的,即 $i_{\mathrm{C}}=i_{\mathrm{D}}$。

【证明】　如图 5-2-1 所示,在电容器外部取一个环绕导线的闭合回路 C,它所围成的面积可取做 $\boldsymbol{S}_1$,还可取做穿过电容器内部的 $\boldsymbol{S}_2$,而 $\boldsymbol{S}_1$ 和 $\boldsymbol{S}_2$ 构成一个闭合曲面。注意,按照开表面的面积方向规定,$\boldsymbol{S}_1$ 和 $\boldsymbol{S}_2$ 与环路 C 呈右手关系,而按照闭合面的面积方向规定,这个闭合面由 $\boldsymbol{S}_1$ 和$-\boldsymbol{S}_2$ 构成。依据电荷守恒定律,流出该闭合面的传导电流等于该闭合面内电荷量的减少率,即:

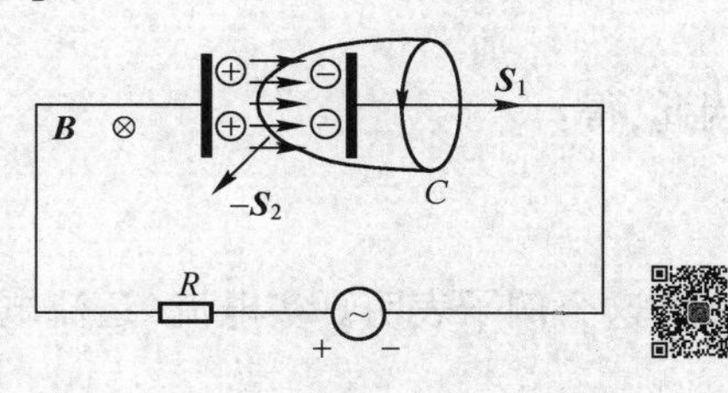

图 5-2-1　例 5-2-1 图

$$i_{\mathrm{C}}=\oint_S \boldsymbol{J}\cdot \mathrm{d}\boldsymbol{S}=-\int_{S_2}\boldsymbol{0}\cdot \mathrm{d}\boldsymbol{S}+\int_{S_1}\boldsymbol{J}_{\mathrm{C}}\cdot \mathrm{d}\boldsymbol{S}=-\frac{\mathrm{d}q}{\mathrm{d}t}$$

又由高斯定律可知,闭合面内的电荷(存在于电容器的极板上)满足:

$$q=\oint_S \boldsymbol{D}\cdot \mathrm{d}\boldsymbol{S}$$

于是有

$$-\frac{\mathrm{d}q}{\mathrm{d}t}=-\frac{\mathrm{d}}{\mathrm{d}t}\oint_S \boldsymbol{D}\cdot \mathrm{d}\boldsymbol{S}=-\oint_S \frac{\partial \boldsymbol{D}}{\partial t}\cdot \mathrm{d}\boldsymbol{S}$$

$$= \int_{S_2} \boldsymbol{J}_{\mathrm{D}} \cdot \mathrm{d}\boldsymbol{S} - \int_{S_1} \boldsymbol{0} \cdot \mathrm{d}\boldsymbol{S} = i_{\mathrm{D}}$$

因此,得

$$i_{\mathrm{C}} = \int_{S_1} \boldsymbol{J}_{\mathrm{C}} \cdot \mathrm{d}\boldsymbol{S} = \int_{S_2} \boldsymbol{J}_{\mathrm{D}} \cdot \mathrm{d}\boldsymbol{S} = i_{\mathrm{D}}$$

该例子可以解释电容器通交流阻直流的工作原理。直流激励下,电容器极板上带电量恒定,$i=\mathrm{d}q/\mathrm{d}t=0$,极板间电场也不随时间变化,$\boldsymbol{J}_{\mathrm{D}}=\varepsilon \mathrm{d}\boldsymbol{E}/\mathrm{d}t=0$;交流激励下,电荷的流动导致电容器极板上带电量变化,使得极板间的电场也随时间变化,因此有 $i_{\mathrm{C}}=i_{\mathrm{D}}$。此外,对此例应用安培环路定律[式(5-2-6)]时,环路包围的面积若取做 $\boldsymbol{S}_1$,则磁场的环量是传导电流;若取做 $\boldsymbol{S}_2$,则磁场的环量是位移电流,而传导电流和位移电流相等,因此,无论如何选取环路所围面积,都可得到相同的磁场环量。

【例 5-2-2】 一个点电荷 q 绕 O 点以角速度 ω 匀速转动,如图 5-2-2 所示,求 O 点的位移电流密度。

【解】 高斯定律对运动电荷也成立,在点电荷 q 绕 O 点转动的任意瞬间,O 点的电位移为:

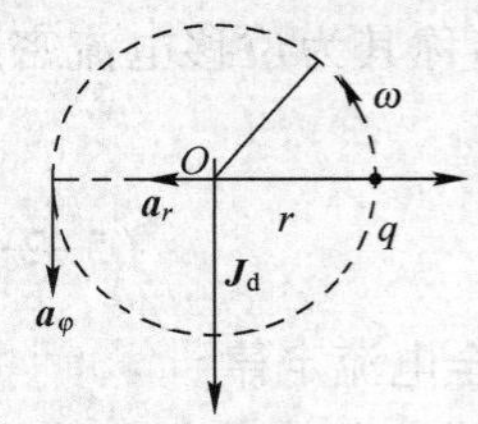

图 5-2-2 例 5-2-2 图

$$\boldsymbol{D} = \boldsymbol{a}_r \frac{q}{4\pi r^2}$$

位移电流密度为:

$$\boldsymbol{J}_{\mathrm{D}} = \frac{\partial \boldsymbol{D}}{\partial t} = \frac{\partial \boldsymbol{a}_r}{\partial t} \frac{q}{4\pi r^2}$$

其中:

$$\frac{\partial \boldsymbol{a}_r}{\partial t} = \frac{\partial \boldsymbol{a}_r}{\partial \varphi} \frac{\partial \varphi}{\partial t} = \frac{\partial \boldsymbol{a}_r}{\partial \varphi} \frac{\partial (\omega t)}{\partial t} = \boldsymbol{a}_{\varphi}\omega$$

因此,得:

$$\boldsymbol{J}_{\mathrm{D}} = \boldsymbol{a}_{\varphi} \frac{\omega q}{4\pi r^2}$$

这个例子表明真实电流(运流电流)产生了位移电流,其中,运流电流为:

$$i = \frac{\mathrm{d}q}{\mathrm{d}t} = \frac{q}{T} = \frac{\omega q}{2\pi}$$

【例 5-2-3】 海水的电导率 $\sigma=4\ \mathrm{S/m}$,相对电容率 $\varepsilon_{\mathrm{r}}=81$。求 $f=1\ \mathrm{Hz}$、$1\ \mathrm{MHz}$ 和 $1\ \mathrm{GHz}$ 时传导电流与位移电流的比值。

【解】 若设电场随时间的变化规律为:

$$E = E_{\mathrm{m}} \cos\omega t$$

则位移电流密度和传导电流密度分别为:

$$J_{\mathrm{D}} = \frac{\partial D}{\partial t} = -\omega\varepsilon E_{\mathrm{m}} \sin\omega t$$

$$J_{\mathrm{C}} = \sigma E = \sigma E_{\mathrm{m}} \cos\omega t$$

传导电流密度和位移密度电流的幅度比值为：

$$\frac{J_{\mathrm{Cm}}}{J_{\mathrm{Dm}}}=\frac{\sigma}{\omega\varepsilon}=\frac{\sigma}{\omega\varepsilon_{\mathrm{r}}\varepsilon_0}=\frac{4}{2\pi f\times 81/(36\pi\times 10^9)}=\frac{8}{9f}\times 10^9$$

$f=1$ Hz 时，
$$\frac{J_{\mathrm{Cm}}}{J_{\mathrm{Dm}}}=\frac{8}{9}\times 10^9\gg 1$$

$f=1$ MHz 时，
$$\frac{J_{\mathrm{Cm}}}{J_{\mathrm{Dm}}}=\frac{8}{9}\times 10^3\gg 1$$

$f=1$ GHz 时，
$$\frac{J_{\mathrm{Cm}}}{J_{\mathrm{Dm}}}=\frac{8}{9}$$

从此例中可以看出，同一种媒质中，不同频率的电磁场，位移电流和传导电流的数值差异很大。中低频时，传导电流远大于位移电流，是磁场的主要场源。这种由于场量随时间变化较为缓慢，特性更接近于静态场的中低频场也称作准静态场。其中，准静电场可用静电场的方程求取电场，再用时变场的方程求取磁场，如电容器一类的器件中的电磁场的计算；准静磁场则可用恒定磁场的方程求取磁场，再用时变场的方程求取电场，如线圈类的器件中的电磁场的计算。

【例 5-2-4】 已知中空的电容器两平行电极为圆盘状，半径为 a，极间距离为 d，外加电压 $u=U\sin\omega t$，求此电容器中的电磁场分布。

【解】 此电容器中的场为准静电场，其电场的计算与静电场相同，即：

$$E=\frac{u}{d}=\frac{U\sin\omega t}{d}$$

板间位移电流密度为：

$$J_{\mathrm{D}}=\frac{\partial D}{\partial t}=\varepsilon_0\frac{\partial E}{\partial t}=\varepsilon_0\omega\frac{U\cos\omega t}{d}$$

磁场可由安培定律求得，即：

$$\oint_C \boldsymbol{H}\cdot\mathrm{d}\boldsymbol{l}=\int_S\frac{\partial \boldsymbol{D}}{\partial t}\cdot\mathrm{d}\boldsymbol{S}$$

$$H_\varphi 2\pi\rho=\varepsilon_0\omega\frac{U\cos\omega t}{d}\pi\rho^2$$

$$H_\varphi=\varepsilon_0\omega\frac{U\cos\omega t}{2d}\rho$$

5.3　麦克斯韦方程组

1864 年麦克斯韦在总结了库仑、高斯、安培、法拉第等人的研究成果之后，运用场论的观点，将这些实验定律用一组数学方程式描述出来，成为宏观电磁场的基本方程，即麦克斯韦方程组。

5.3.1 麦克斯韦方程组的形式

四个麦克斯韦方程的积分形式与微分形式分别为：

$$\oint_C \boldsymbol{H} \cdot \mathrm{d}\boldsymbol{l} = \int_S \left(\boldsymbol{J} + \frac{\partial \boldsymbol{D}}{\partial t}\right) \cdot \mathrm{d}\boldsymbol{S} \tag{5-3-1}$$

$$\oint_C \boldsymbol{E} \cdot \mathrm{d}\boldsymbol{l} = -\int_S \frac{\partial \boldsymbol{B}}{\partial t} \cdot \mathrm{d}\boldsymbol{S} \tag{5-3-2}$$

$$\oint_S \boldsymbol{B} \cdot \mathrm{d}\boldsymbol{S} = 0 \tag{5-3-3}$$

$$\oint_S \boldsymbol{D} \cdot \mathrm{d}\boldsymbol{S} = \oint_\tau \rho \mathrm{d}\tau \tag{5-3-4}$$

$$\nabla \times \boldsymbol{H} = \boldsymbol{J} + \frac{\partial \boldsymbol{D}}{\partial t} \tag{5-3-5}$$

$$\nabla \times \boldsymbol{E} = -\frac{\partial \boldsymbol{B}}{\partial t} \tag{5-3-6}$$

$$\nabla \cdot \boldsymbol{B} = 0 \tag{5-3-7}$$

$$\nabla \cdot \boldsymbol{D} = \rho \tag{5-3-8}$$

从形式上,这组方程体现了电与磁的完美对称。从内容上,电场是有散有旋场,磁场是无散有旋场。高斯定律表明,电场起止于电荷;当电荷随时间变化时,必然形成电流,安培定律指出电流将产生涡旋状的磁场;法拉第电磁感应定律表明,磁场随时间变化时会产生涡旋状的电场;安培定律中的位移电流项又导致时变的电场成为磁场的涡旋源。由此可见,变电生磁,变磁生电,电场和磁场成为密不可分的统一体。

特别地,当电荷分布和电流分布不随时间变化时,即$\frac{\partial}{\partial t}=0$,则麦克斯韦方程组退化为静态场的基本方程,这时电场和磁场是可以分开研究的。

5.3.2 本构关系

由于$\boldsymbol{D}$和$\boldsymbol{H}$是辅助矢量,在不同的媒质中与$\boldsymbol{E}$、$\boldsymbol{B}$有不同的内在关系,因此媒质的电磁特性决定了$\boldsymbol{D}$和$\boldsymbol{E}$、$\boldsymbol{H}$和$\boldsymbol{B}$的本构关系。

真空中,

$$\boldsymbol{D} = \varepsilon_0 \boldsymbol{E} \tag{5-3-9}$$

$$\boldsymbol{B} = \mu_0 \boldsymbol{H} \tag{5-3-10}$$

线性、各向同性媒质中,

$$\boldsymbol{D} = \varepsilon \boldsymbol{E} \tag{5-3-11}$$

$$\boldsymbol{B} = \mu \boldsymbol{H} \tag{5-3-12}$$

$$\boldsymbol{J}_\mathrm{C} = \sigma \boldsymbol{E} \tag{5-3-13}$$

若媒质均匀，且场量时变速率不太高，则 ε、μ 和 σ 为常数；若媒质不均匀，则 ε、μ 和 σ 为位置的函数。除简单媒质外，还有各向异性媒质、非均匀媒质及其他复杂媒质，这时 ε、μ 和 σ 有可能是张量，在此不作讨论。

5.3.3　无源区的麦克斯韦方程组

无源区一般指 $\boldsymbol{J}=0$、$\rho=0$ 和 $\sigma=0$ 的区域。这时，简单媒质中的麦克斯韦方程组变为两个旋度方程：

$$\nabla\times\boldsymbol{H}=\varepsilon\frac{\partial\boldsymbol{E}}{\partial t}\tag{5-3-14}$$

$$\nabla\times\boldsymbol{E}=-\mu\frac{\partial\boldsymbol{H}}{\partial t}\tag{5-3-15}$$

而两个散度方程则可由这两个旋度方程两边取散度得到。可见，脱离开激励源后，电场和磁场互为涡旋源，若已知一个场量，则可求出另一个场量。

5.3.4　无源区的波动方程

无源区中，对式(5-3-15)两边取旋度，即：

$$\nabla\times\nabla\times\boldsymbol{E}=-\nabla\times\mu\frac{\partial\boldsymbol{H}}{\partial t}$$

$$\nabla\nabla\cdot\boldsymbol{E}-\nabla^2\boldsymbol{E}=-\frac{\partial}{\partial t}(\nabla\times\boldsymbol{H})\mu$$

将式(5-3-14)及 $\nabla\cdot\boldsymbol{E}=0$ 代入上式，得：

$$\nabla^2\boldsymbol{E}-\mu\varepsilon\frac{\partial^2\boldsymbol{E}}{\partial t^2}=\boldsymbol{0}\tag{5-3-16}$$

同理

$$\nabla^2\boldsymbol{H}-\mu\varepsilon\frac{\partial^2\boldsymbol{H}}{\partial t^2}=\boldsymbol{0}\tag{5-3-17}$$

式中，∇^2 是矢量拉普拉斯微分。式(5-3-16)和式(5-3-17)称为 $\boldsymbol{E}$ 和 $\boldsymbol{H}$ 的波动方程。它表明，时变电场和磁场具有波动性，能够形成电磁波。

在直角坐标系中，式(5-3-16)和式(5-3-17)所表示的矢量波动方程可表示成三个标量波动方程。例如，$\boldsymbol{E}$ 的方程可表示为：

$$\nabla^2E_x-\mu\varepsilon\frac{\partial^2E_x}{\partial t^2}=0\tag{5-3-18}$$

$$\nabla^2E_y-\mu\varepsilon\frac{\partial^2E_y}{\partial t^2}=0\tag{5-3-19}$$

$$\nabla^2E_z-\mu\varepsilon\frac{\partial^2E_z}{\partial t^2}=0\tag{5-3-20}$$

式中,∇^2 是标量拉普拉斯微分,即

$$\nabla^2=\frac{\partial^2}{\partial x^2}+\frac{\partial^2}{\partial y^2}+\frac{\partial^2}{\partial z^2} \tag{5-3-21}$$

在圆柱坐标系中,矢量拉普拉斯微分∇^2 的表达式为

$$\nabla^2\boldsymbol{A}=\boldsymbol{a}_\rho\left(\nabla^2A_\rho-\frac{2}{\rho^2}\frac{\partial A_\varphi}{\partial\varphi}-\frac{A_\rho}{\rho^2}\right)+\boldsymbol{a}_\varphi\left(\nabla^2A_\varphi+\frac{2}{\rho^2}\frac{\partial A_\varphi}{\partial\varphi}-\frac{A_\varphi}{\rho^2}\right)+\boldsymbol{a}_z\nabla^2A_z \tag{5-3-22}$$

5.4 时变电磁场的边界条件

麦克斯韦方程组在数学求解上属于边值问题,边界条件确定时,方程组才有定解。时变电磁场的边界条件与静态场的边界条件的推导过程类似,结果也与静态场在形式上相同。

5.4.1 两种媒质分界面上的边界条件

矢量形式	标量形式	
$\boldsymbol{n}\times(\boldsymbol{H}_1-\boldsymbol{H}_2)=\boldsymbol{J}_\mathrm{S}$	$H_{1\mathrm{t}}-H_{2\mathrm{t}}=J_{\mathrm{ST}}$	(5-4-1)
$\boldsymbol{n}\times(\boldsymbol{E}_1-\boldsymbol{E}_2)=\boldsymbol{0}$	$E_{1\mathrm{t}}=E_{2\mathrm{t}}$	(5-4-2)
$\boldsymbol{n}\cdot(\boldsymbol{B}_1-\boldsymbol{B}_2)=0$	$B_{1\mathrm{n}}=B_{2\mathrm{n}}$	(5-4-3)
$\boldsymbol{n}\cdot(\boldsymbol{D}_1-\boldsymbol{D}_2)=\rho_\mathrm{S}$	$D_{1\mathrm{n}}-D_{2\mathrm{n}}=\rho_\mathrm{S}$	(5-4-4)

对于导电媒质分界面,有:

$\boldsymbol{n}\times\left(\frac{\boldsymbol{J}_1}{\sigma_1}-\frac{\boldsymbol{J}_2}{\sigma_2}\right)=\boldsymbol{0}$	$\frac{J_{1\mathrm{t}}}{\sigma_1}=\frac{J_{2\mathrm{t}}}{\sigma_2}(E_{1\mathrm{t}}=E_{2\mathrm{t}})$	(5-4-5)
$\boldsymbol{n}\cdot(\boldsymbol{J}_1-\boldsymbol{J}_2)=0$	$J_{1\mathrm{n}}=J_{2\mathrm{n}}(\sigma_1E_{1\mathrm{n}}=\sigma_2E_{2\mathrm{n}})$	(5-4-6)

式中,角标 t 表示平行于分界面的切向,角标 n 表示垂直于分界面的法向,$\boldsymbol{n}$ 是由媒质 2 指向媒质 1 的单位矢量,式(5-4-1)中加角标 T 则是为了强调面电流与磁场切向垂直。

5.4.2 理想导体表面的边界条件

理想导体电导率$\sigma\to\infty$,电阻为零,内部的电场和时变磁场均为零。因此,若将式(5-4-1)~式(5-4-6)中媒质 2 看作理想导体,则理想导体表面的边界条件为:

矢量形式	标量形式	
$\boldsymbol{n}\times\boldsymbol{H}=\boldsymbol{J}_\mathrm{S}$	$H_\mathrm{t}=J_{\mathrm{ST}}$	(5-4-7)
$\boldsymbol{n}\times\boldsymbol{E}=\boldsymbol{0}$	$E_\mathrm{t}=0$	(5-4-8)
$\boldsymbol{n}\cdot\boldsymbol{B}=0$	$B_\mathrm{n}=0$	(5-4-9)
$\boldsymbol{n}\cdot\boldsymbol{D}=\rho_\mathrm{S}$	$D_\mathrm{n}=\rho_\mathrm{S}$	(5-4-10)

这些边界条件表明,在理想导体表面,电场只可能有法向分量——电场与导体表面垂直,

磁场只可能有切向分量——磁场与导体表面平行，且 $\boldsymbol{n}$、$\boldsymbol{H}$、$\boldsymbol{J}_S$ 相互垂直并呈右手关系。

【例 5-4-1】 同轴线内导体半径 $a=1$ mm，外导体内半径 $b=4$ mm，内充均匀介质 $\mu_r=1$，$\varepsilon_r=2.25$，$\sigma=0$。已知内外导体之间的电场强度为：

$$\boldsymbol{E}=\boldsymbol{a}_\rho\frac{100}{\rho}\cos(\omega t-\beta z)\ (\mathrm{V/m})$$

若 $\omega=10^8$ rad/s，(1) 求 β；(2) 求 $\boldsymbol{H}$；(3) 验证导体表面边界条件；(4) 求内外导体表面的电荷分布和电流分布。

【解】 (1) 内外导体之间属于无源区，可以用无源区麦克斯韦方程或波动方程来求解 β。方法 1：用两个旋度方程求解。

由式(5-3-15)，得：

$$\nabla\times\boldsymbol{E}=\begin{vmatrix}\dfrac{\boldsymbol{a}_\rho}{\rho} & \boldsymbol{a}_\varphi & \dfrac{\boldsymbol{a}_z}{\rho}\\ \dfrac{\partial}{\partial\rho} & \dfrac{\partial}{\partial\varphi} & \dfrac{\partial}{\partial z}\\ E_\rho & 0 & 0\end{vmatrix}=\frac{\partial E_\rho}{\partial z}\boldsymbol{a}_\varphi=\boldsymbol{a}_\varphi\frac{100\beta}{\rho}\sin(\omega t-\beta z)=-\mu\frac{\partial\boldsymbol{H}}{\partial t}$$

$$\boldsymbol{H}=-\frac{1}{\mu}\int\nabla\times\boldsymbol{E}\mathrm{d}t=\boldsymbol{a}_\varphi\frac{100\beta}{\omega\mu\rho}\cos(\omega t-\beta z)\qquad(5-4-11)$$

再由式(5-3-14)，得：

$$\nabla\times\boldsymbol{H}=\begin{vmatrix}\dfrac{\boldsymbol{a}_\rho}{\rho} & \boldsymbol{a}_\varphi & \dfrac{\boldsymbol{a}_z}{\rho}\\ \dfrac{\partial}{\partial\rho} & \dfrac{\partial}{\partial\varphi} & \dfrac{\partial}{\partial z}\\ 0 & \rho H_\varphi & 0\end{vmatrix}=-\frac{\partial H_\varphi}{\partial z}\boldsymbol{a}_\rho=-\boldsymbol{a}_\rho\frac{100\beta^2}{\omega\mu\rho}\sin(\omega t-\beta z)=\varepsilon\frac{\partial\boldsymbol{E}}{\partial t}$$

$$\boldsymbol{E}=\frac{1}{\varepsilon}\int\nabla\times\boldsymbol{H}\mathrm{d}t=\boldsymbol{a}_\rho\frac{100\beta^2}{\omega^2\mu\varepsilon\rho}\cos(\omega t-\beta z)$$

将上式与已知的 $\boldsymbol{E}$ 比较，令其相等，得：

$$\frac{\beta^2}{\omega^2\mu\varepsilon}=1$$

$$\beta=\omega\sqrt{\mu\varepsilon}=10^8\sqrt{4\pi\times10^{-7}\times2.25/(36\pi\times10^9)}=0.5\ (\mathrm{rad/m})$$

方法 2：无源区 $\boldsymbol{E}$ 满足波动方程，可直接用波动方程求解。

将 $\boldsymbol{E}$ 的表达式代入式(5-3-16)，得：

$$\nabla^2\boldsymbol{E}-\mu\varepsilon\frac{\partial^2\boldsymbol{E}}{\partial t^2}=\boldsymbol{0}$$

利用式(5-3-22)：

$$\nabla^2\boldsymbol{A}=\boldsymbol{a}_\rho\left(\nabla^2A_\rho-\frac{2}{\rho^2}\frac{\partial A_\varphi}{\partial\varphi}-\frac{A_\rho}{\rho^2}\right)+\boldsymbol{a}_\varphi\left(\nabla^2A_\varphi+\frac{2}{\rho^2}\frac{\partial A_\varphi}{\partial\varphi}-\frac{A_\varphi}{\rho^2}\right)+\boldsymbol{a}_z\nabla^2A_z$$

得
$$\nabla^2 E_\rho - \frac{E_\rho}{\rho^2} - \mu\varepsilon \frac{\partial^2 E_\rho}{\partial t^2} = 0$$

$$\frac{1}{\rho}\frac{\partial}{\partial \rho}\left(\rho \frac{\partial E_\rho}{\partial \rho}\right) + \frac{\partial^2 E_\rho}{\partial z^2} - \frac{E_\rho}{\rho^2} - \mu\varepsilon \frac{\partial^2 E_\rho}{\partial t^2} = 0$$

将 E_ρ 表达式代入计算,得:

$$\beta^2 = \omega^2 \mu\varepsilon$$

(2) 将 β 代入式(5-4-11),得到同轴线内外导体之间的磁场分布:

$$\boldsymbol{H} = \boldsymbol{a}_\varphi \frac{5}{4\pi\rho}\cos(10^8 t - 0.5z)$$

(3) 验证导体表面边界条件,即在内外导体表面 $\rho = a$ 和 $\rho = b$ 处,电场应满足切向为零,磁场应满足法向为零。

对于圆柱面 $\rho = a$ 和 $\rho = b$,

$$\boldsymbol{E} = \boldsymbol{a}_\rho E_\rho = \boldsymbol{E}_{\rm n}$$

即 $\boldsymbol{E}_{\rm t} = 0$——满足电场的边界条件。

$$\boldsymbol{H} = \boldsymbol{a}_\varphi H_\varphi = \boldsymbol{H}_{\rm t}$$

即 $\boldsymbol{H}_{\rm n} = 0$——满足磁场的边界条件。

(4) 表面 $\rho = a$ 处, $\boldsymbol{n} = \boldsymbol{a}_\rho$,故有:

$$\rho_{\rm S}(a) = \boldsymbol{n}\cdot\boldsymbol{D}(a) = \varepsilon_0\varepsilon_{\rm r}E_\rho \big|_{\rho=0.001} \approx 1.99\times10^{-6}\cos(10^8 t - 0.5z) \quad ({\rm C/m^2})$$

$$\boldsymbol{J}_{\rm S}(a) = \boldsymbol{n}\times\boldsymbol{H}(a) = \boldsymbol{a}_\rho\times\boldsymbol{a}_\varphi H_\varphi \big|_{\rho=0.001} \approx \boldsymbol{a}_z 398\cos(10^8 t - 0.5z) \quad ({\rm A/m})$$

表面 $\rho = b$ 处, $\boldsymbol{n} = -\boldsymbol{a}_\rho$,故有:

$$\rho_{\rm S}(b) = \boldsymbol{n}\cdot\boldsymbol{D}(b) = -\varepsilon_0\varepsilon_{\rm r}E_\rho \big|_{\rho=0.004} \approx -0.5\times10^{-6}\cos(10^8 t - 0.5z) \quad ({\rm C/m^2})$$

$$\boldsymbol{J}_{\rm S}(b) = \boldsymbol{n}\times\boldsymbol{H}(b) = -\boldsymbol{a}_\rho\times\boldsymbol{a}_\varphi H_\varphi \big|_{\rho=0.004} \approx -\boldsymbol{a}_z 99.5\cos(10^8 t - 0.5z) \quad ({\rm A/m})$$

5.5 正弦电磁场的复数表示法

随时间按正弦律变化的源($\boldsymbol{J}$、ρ)产生的电场和磁场的各个场量均为同频率的正弦量,其他随时间非正弦变化的源和场量经傅里叶变换均可分解为不同频率的正弦量的叠加或积分,因此研究单一频率的正弦场具有普遍意义。

以直角坐标系为例,设正弦电场的三个分量为:

$$E_x(\boldsymbol{r},t) = E_{x\rm m}(\boldsymbol{r})\cos[\omega t + \phi_x(\boldsymbol{r})] \tag{5-5-1}$$

$$E_y(\boldsymbol{r},t) = E_{y\rm m}(\boldsymbol{r})\cos[\omega t + \phi_y(\boldsymbol{r})] \tag{5-5-2}$$

$$E_z(\boldsymbol{r},t) = E_{z\rm m}(\boldsymbol{r})\cos[\omega t + \phi_z(\boldsymbol{r})] \tag{5-5-3}$$

可以看出,各分量中初相位和振幅的变化会导致合成电场的大小和方向的改变,这种改变是以余弦函数间的运算来表示的,既冗长又不直观。若采用复数表示方法,则会给运算带来方便。

5.5.1　正弦场量的复数表示

1. 复振幅

利用欧拉公式 $e^{j\phi}=\cos\phi+j\sin\phi$，式(5-5-1)可写为：

$$\begin{aligned}E_x(\boldsymbol{r},t)&=E_{xm}(\boldsymbol{r})\cos[\omega t+\phi_x(\boldsymbol{r})]=\mathrm{Re}\{E_{xm}(\boldsymbol{r})e^{j[\omega t+\phi_x(\boldsymbol{r})]}\}\\&=\mathrm{Re}[E_{xm}(\boldsymbol{r})e^{j\phi_x(\boldsymbol{r})}e^{j\omega t}]\\&=\mathrm{Re}[\dot{E}_{xm}(\boldsymbol{r})e^{j\omega t}]\end{aligned}$$

其中：

$$\dot{E}_{xm}(\boldsymbol{r})=E_{xm}(\boldsymbol{r})e^{j\phi_x(\boldsymbol{r})}\tag{5-5-4}$$

称为复振幅。它组合了余弦函数的振幅和初相位两个特征量，仅是空间坐标 $\boldsymbol{r}$ 的函数；而时间因子 $e^{j\omega t}$ 中含有的频率特征量，因在单一频率的正弦场中是固定量，可舍去不论。

同理，E_y 分量和 E_z 分量的复振幅分别为

$$\dot{E}_{ym}(\boldsymbol{r})=E_{ym}(\boldsymbol{r})e^{j\phi_y(\boldsymbol{r})}\tag{5-5-5}$$

$$\dot{E}_{zm}(\boldsymbol{r})=E_{zm}(\boldsymbol{r})e^{j\phi_z(\boldsymbol{r})}\tag{5-5-6}$$

复振幅是复数，做加法运算时可写为：

$$\dot{E}_{xm}(\boldsymbol{r})=E_{xm}(\boldsymbol{r})[\cos\phi_x(\boldsymbol{r})+j\sin\phi_x(\boldsymbol{r})]=E_{xmr}(\boldsymbol{r})+jE_{xmj}(\boldsymbol{r})\tag{5-5-7}$$

2. 复矢量

用上面的方法将电场强度矢量 $\boldsymbol{E}(\boldsymbol{r},t)=\boldsymbol{a}_xE_x(\boldsymbol{r},t)+\boldsymbol{a}_yE_y(\boldsymbol{r},t)+\boldsymbol{a}_zE_z(\boldsymbol{r},t)$ 写为：

$$\begin{aligned}\boldsymbol{E}(\boldsymbol{r},t)&=\boldsymbol{a}_x\mathrm{Re}[\dot{E}_{xm}(\boldsymbol{r})e^{j\omega t}]+\boldsymbol{a}_y\mathrm{Re}[\dot{E}_{ym}(\boldsymbol{r})e^{j\omega t}]+\boldsymbol{a}_z\mathrm{Re}[\dot{E}_{zm}(\boldsymbol{r})e^{j\omega t}]\\&=\mathrm{Re}\{[\boldsymbol{a}_x\dot{E}_{xm}(\boldsymbol{r})+\boldsymbol{a}_y\dot{E}_{ym}(\boldsymbol{r})+\boldsymbol{a}_z\dot{E}_{zm}(\boldsymbol{r})]e^{j\omega t}\}\\&=\mathrm{Re}[\dot{\boldsymbol{E}}_m(\boldsymbol{r})e^{j\omega t}]\end{aligned}\tag{5-5-8}$$

其中：

$$\dot{\boldsymbol{E}}_m(\boldsymbol{r})=\boldsymbol{a}_x\dot{E}_{xm}(\boldsymbol{r})+\boldsymbol{a}_y\dot{E}_{ym}(\boldsymbol{r})+\boldsymbol{a}_z\dot{E}_{zm}(\boldsymbol{r})\tag{5-5-9}$$

称为复矢量。它组合了三个场分量的振幅和初相位特征量，但在空间矢量叠加后形式较复杂，不能统一在三维空间或复平面做出图形，因此，仅仅是数学工具。但是，把它写成复数形式：

$$\begin{aligned}\dot{\boldsymbol{E}}_m(\boldsymbol{r})&=\boldsymbol{a}_x[E_{xmr}(\boldsymbol{r})+jE_{xmj}(\boldsymbol{r})]+\boldsymbol{a}_y[E_{ymr}(\boldsymbol{r})+jE_{ymj}(\boldsymbol{r})]+\boldsymbol{a}_z[E_{zmr}(\boldsymbol{r})+jE_{zmj}(\boldsymbol{r})]\\&=\boldsymbol{E}_{mr}(\boldsymbol{r})+j\boldsymbol{E}_{mj}(\boldsymbol{r})=\boldsymbol{E}_{mr}(\boldsymbol{r})+\boldsymbol{E}_{mj}(\boldsymbol{r})e^{j\frac{\pi}{2}}\end{aligned}\tag{5-5-10}$$

即可看出，复矢量是两个在时域中具有 90°相位差的矢量的和，虚部矢量比实部矢量超前 90°。为简便，后面将$\dot{\boldsymbol{E}}_m(\boldsymbol{r})$简写为$\dot{\boldsymbol{E}}_m$，在不至于混淆的情况下，也可简写为 $\boldsymbol{E}$。

3. 正弦场量微积分运算的复数表示

微积分运算 $\dfrac{\partial}{\partial t}$、$\int dt$、$\nabla\cdot$、$\nabla\times$ 和∇ 都是线性运算，可以和复数运算 Re 交换顺序，因此有：

$$\frac{\partial \boldsymbol{E}(\boldsymbol{r},t)}{\partial t}=\frac{\partial}{\partial t}\mathrm{Re}[\dot{\boldsymbol{E}}_{\mathrm{m}}\mathrm{e}^{\mathrm{j}\omega t}]=\mathrm{Re}\left[\frac{\partial}{\partial t}(\dot{\boldsymbol{E}}_{\mathrm{m}}\mathrm{e}^{\mathrm{j}\omega t})\right]=\mathrm{Re}[\mathrm{j}\omega\dot{\boldsymbol{E}}_{\mathrm{m}}\mathrm{e}^{\mathrm{j}\omega t}]\rightarrow\mathrm{j}\omega\dot{\boldsymbol{E}}_{\mathrm{m}} \tag{5-5-11}$$

$$\frac{\partial \rho(\boldsymbol{r},t)}{\partial t}=\frac{\partial}{\partial t}\mathrm{Re}[\dot{\rho}_{\mathrm{m}}\mathrm{e}^{\mathrm{j}\omega t}]=\mathrm{Re}\left\{\frac{\partial}{\partial t}[\dot{\rho}_{\mathrm{m}}\mathrm{e}^{\mathrm{j}\omega t}]\right\}=\mathrm{Re}[\mathrm{j}\omega\dot{\rho}_{\mathrm{m}}\mathrm{e}^{\mathrm{j}\omega t}]\rightarrow\mathrm{j}\omega\dot{\rho}_{\mathrm{m}} \tag{5-5-12}$$

$$\int\boldsymbol{E}(\boldsymbol{r},t)\,\mathrm{d}t=\int\mathrm{Re}[\dot{\boldsymbol{E}}_{\mathrm{m}}\mathrm{e}^{\mathrm{j}\omega t}]\,\mathrm{d}t=\mathrm{Re}\left[\int\dot{\boldsymbol{E}}_{\mathrm{m}}\mathrm{e}^{\mathrm{j}\omega t}\mathrm{d}t\right]=\mathrm{Re}\left[\frac{1}{\mathrm{j}\omega}\dot{\boldsymbol{E}}_{\mathrm{m}}\mathrm{e}^{\mathrm{j}\omega t}\right]\rightarrow\frac{1}{\mathrm{j}\omega}\dot{\boldsymbol{E}}_{\mathrm{m}} \tag{5-5-13}$$

$$\nabla\cdot\boldsymbol{E}(\boldsymbol{r},t)=\nabla\cdot\mathrm{Re}[\dot{\boldsymbol{E}}_{\mathrm{m}}\mathrm{e}^{\mathrm{j}\omega t}]=\mathrm{Re}\{[\nabla\cdot\dot{\boldsymbol{E}}_{\mathrm{m}}]\mathrm{e}^{\mathrm{j}\omega t}\}\rightarrow\nabla\cdot\dot{\boldsymbol{E}}_{\mathrm{m}} \tag{5-5-14}$$

$$\nabla\times\boldsymbol{E}(\boldsymbol{r},t)=\nabla\times\mathrm{Re}[\dot{\boldsymbol{E}}_{\mathrm{m}}\mathrm{e}^{\mathrm{j}\omega t}]=\mathrm{Re}\{[\nabla\times\dot{\boldsymbol{E}}_{\mathrm{m}}]\mathrm{e}^{\mathrm{j}\omega t}\}\rightarrow\nabla\times\dot{\boldsymbol{E}}_{\mathrm{m}} \tag{5-5-15}$$

$$\nabla\boldsymbol{\Phi}(\boldsymbol{r},t)=\nabla\{\mathrm{Re}[\dot{\boldsymbol{\Phi}}_{\mathrm{m}}\mathrm{e}^{\mathrm{j}\omega t}]\}=\mathrm{Re}\{[\nabla\dot{\boldsymbol{\Phi}}_{\mathrm{m}}]\mathrm{e}^{\mathrm{j}\omega t}\}\rightarrow\nabla\dot{\boldsymbol{\Phi}}_{\mathrm{m}} \tag{5-5-16}$$

由式(5-5-11)~式(5-5-13)可以看出，正弦场量对时间的微积分运算，对应于复矢量或复振幅与 $\mathrm{j}\omega$ 的乘除法运算。可见，采用复数运算可使计算变得简单。

5.5.2 麦克斯韦方程组的复数形式

以式(5-3-5)为例，将正弦场的复数形式引入麦克斯韦方程组中，有：

$$\mathrm{Re}[(\nabla\times\dot{\boldsymbol{H}}_{\mathrm{m}})\mathrm{e}^{\mathrm{j}\omega t}]=\mathrm{Re}[(\dot{\boldsymbol{J}}_{\mathrm{m}}+\mathrm{j}\omega\dot{\boldsymbol{D}}_{\mathrm{m}})\mathrm{e}^{\mathrm{j}\omega t}]$$

因时间 t 任意，令 $t=0$，可得方程两边复数的实部相等，再令 $t=\pi/2\omega$，可得这两个复数的虚部相等，于是有：

$$\nabla\times\dot{\boldsymbol{H}}_{\mathrm{m}}=\dot{\boldsymbol{J}}_{\mathrm{m}}+\mathrm{j}\omega\dot{\boldsymbol{D}}_{\mathrm{m}} \tag{5-5-17}$$

同理，得：

$$\nabla\times\dot{\boldsymbol{E}}_{\mathrm{m}}=-\mathrm{j}\omega\dot{\boldsymbol{B}}_{\mathrm{m}} \tag{5-5-18}$$

$$\nabla\cdot\dot{\boldsymbol{B}}_{\mathrm{m}}=0 \tag{5-5-19}$$

$$\nabla\cdot\dot{\boldsymbol{D}}_{\mathrm{m}}=\dot{\rho}_{\mathrm{m}} \tag{5-5-20}$$

以及无源区的麦克斯韦方程组：

$$\nabla\times\dot{\boldsymbol{H}}_{\mathrm{m}}=\mathrm{j}\omega\varepsilon\dot{\boldsymbol{E}}_{\mathrm{m}} \tag{5-5-21}$$

$$\nabla\times\dot{\boldsymbol{E}}_{\mathrm{m}}=-\mathrm{j}\omega\mu\dot{\boldsymbol{H}}_{\mathrm{m}} \tag{5-5-22}$$

5.5.3 波动方程的复数形式

用同样的方法，波动方程式(5-3-16)和式(5-3-17)用复数表示为：

$$\nabla^2\dot{\boldsymbol{E}}_{\mathrm{m}}+\omega^2\mu\varepsilon\dot{\boldsymbol{E}}_{\mathrm{m}}=\boldsymbol{0} \tag{5-5-23}$$

$$\nabla^2\dot{\boldsymbol{H}}_{\mathrm{m}}+\omega^2\mu\varepsilon\dot{\boldsymbol{H}}_{\mathrm{m}}=\boldsymbol{0} \tag{5-5-24}$$

若令 $k^2=\omega^2\mu\varepsilon$，则波动方程可写为：

$$\nabla^2\dot{\boldsymbol{E}}_{\mathrm{m}}+k^2\dot{\boldsymbol{E}}_{\mathrm{m}}=\boldsymbol{0} \tag{5-5-25}$$

$$\nabla^2 \dot{\boldsymbol{H}}_{\mathrm{m}} + k^2 \dot{\boldsymbol{H}}_{\mathrm{m}} = \boldsymbol{0} \tag{5-5-26}$$

以上两式也称为亥姆霍兹方程。

其中：

$$k = \omega\sqrt{\mu\varepsilon} \tag{5-5-27}$$

称为传播常数。

【例 5-5-1】 把下列场量由瞬时值改为复数，由复数改为瞬时值，并求正弦量(2)的幅值。

（1）$\boldsymbol{H} = \boldsymbol{a}_x H_0 k\left(\dfrac{a}{\pi}\right)\sin\dfrac{\pi x}{a}\sin(kz-\omega t) + \boldsymbol{a}_z H_0\left(\dfrac{a}{\pi}\right)\cos\dfrac{\pi x}{a}\cos(kz-\omega t)$

（2）$i_{\mathrm{D}} = -2.5[\cos(10^8 t - 0.5) - \cos 10^8 t]$

（3）$\dot{E}_{x\mathrm{m}} = E_0 \sin(k_x x)\sin(k_y y)\mathrm{e}^{-\mathrm{j}k_z z}$

（4）$\dot{E}_{x\mathrm{m}} = -2\mathrm{j}E_0\cos\theta\sin(\beta z\cos\theta)\mathrm{e}^{-\mathrm{j}\beta x\sin\theta}$

【解】（1）因为　$\sin(kz-\omega t) = \cos(kz-\omega t-\pi/2) = \cos(\omega t - kz + \pi/2)$

$$\cos(kz-\omega t) = \cos(\omega t - kz)$$

故：

$$\begin{aligned}\dot{\boldsymbol{H}}_{\mathrm{m}} &= \boldsymbol{a}_x H_0 k\left(\frac{a}{\pi}\right)\sin\frac{\pi x}{a}\mathrm{e}^{-\mathrm{j}kz+\mathrm{j}\frac{\pi}{2}} + \boldsymbol{a}_z H_0\left(\frac{a}{\pi}\right)\cos\frac{\pi x}{a}\mathrm{e}^{-\mathrm{j}kz}\\ &= \boldsymbol{a}_x \mathrm{j}H_0 k\left(\frac{a}{\pi}\right)\sin\frac{\pi x}{a}\mathrm{e}^{-\mathrm{j}kz} + \boldsymbol{a}_z H_0\left(\frac{a}{\pi}\right)\cos\frac{\pi x}{a}\mathrm{e}^{-\mathrm{j}kz}\end{aligned}$$

（2）$\dot{I}_{\mathrm{Dm}} = -2.5(\mathrm{e}^{-\mathrm{j}0.5} - \mathrm{e}^{\mathrm{j}0}) = -2.5(\mathrm{e}^{-\mathrm{j}0.5} - 1)$

$$\begin{aligned}|\dot{I}_{\mathrm{Dm}}| &= 2.5\,|\mathrm{e}^{-\mathrm{j}0.5}-1| = 2.5\,|\cos 0.5 - \mathrm{j}\sin 0.5 - 1| = 2.5\,|-0.122-\mathrm{j}0.479|\\ &= 2.5\sqrt{0.122^2+0.479^2} \approx 1.24\end{aligned}$$

（3）$E_x(x,y,z,t) = \mathrm{Re}[\dot{E}_{x\mathrm{m}}\mathrm{e}^{\mathrm{j}\omega t}] = E_0\sin(k_x x)\sin(k_y y)\cos(\omega t - k_z z)$

（4）
$$\begin{aligned}E_x(x,z,t) &= \mathrm{Re}[\dot{E}_{x\mathrm{m}}\mathrm{e}^{\mathrm{j}\omega t}]\\ &= \mathrm{Re}\{-2\mathrm{j}E_0\cos\theta\sin(\beta z\cos\theta)[\cos(\omega t-\beta x\sin\theta) + \mathrm{j}\sin(\omega t-\beta x\sin\theta)]\}\\ &= 2E_0\cos\theta\sin(\beta z\cos\theta)\sin(\omega t-\beta x\sin\theta)\end{aligned}$$

5.5.4 复电容率　复磁导率

1. 导电媒质中的波动方程、复电容率

在导电媒质中，可以自由运动的带电粒子在电场 $\boldsymbol{E}$ 的作用下位移，从而形成电流分布 $\boldsymbol{J}$ 和电荷分布 ρ_{f}，它们之间的关系，即欧姆定律和电流连续性方程，用复数形式表示为：

$$\dot{\boldsymbol{J}}_{\mathrm{m}} = \sigma\dot{\boldsymbol{E}}_{\mathrm{m}} \tag{5-5-28}$$

$$\nabla \cdot \dot{\boldsymbol{J}}_{\mathrm{m}} = -\mathrm{j}\omega\dot{\rho}_{\mathrm{fm}} \tag{5-5-29}$$

由以上两式可得:

$$\dot{\rho}_{\mathrm{fm}} = \nabla \cdot \left(\mathrm{j}\frac{\sigma}{\omega}\dot{\boldsymbol{E}}_{\mathrm{m}}\right) \tag{5-5-30}$$

将式(5-5-28)和式(5-5-30)及媒质的本构关系代入麦克斯韦方程组式(5-5-17)~式(5-5-20)中,得:

$$\nabla \times \dot{\boldsymbol{H}}_{\mathrm{m}} = \sigma \dot{\boldsymbol{E}}_{\mathrm{m}} + \mathrm{j}\omega\varepsilon \dot{\boldsymbol{E}}_{\mathrm{m}} = \mathrm{j}\omega\left(\varepsilon - \mathrm{j}\frac{\sigma}{\omega}\right)\dot{\boldsymbol{E}}_{\mathrm{m}} \tag{5-5-31}$$

$$\nabla \times \dot{\boldsymbol{E}}_{\mathrm{m}} = -\mathrm{j}\omega\mu \dot{\boldsymbol{H}}_{\mathrm{m}} \tag{5-5-32}$$

$$\nabla \cdot (\mu \dot{\boldsymbol{H}}_{\mathrm{m}}) = 0 \tag{5-5-33}$$

$$\nabla \cdot \left[\left(\varepsilon - \mathrm{j}\frac{\sigma}{\omega}\right)\dot{\boldsymbol{E}}_{\mathrm{m}}\right] = 0 \tag{5-5-34}$$

若定义:

$$\varepsilon_{\mathrm{c}} = \varepsilon - \mathrm{j}\frac{\sigma}{\omega} \tag{5-5-35}$$

为角频率 ω 下媒质的复电容率,则式(5-5-31)~式(5-5-34)在形式上与无源区的麦克斯韦方程组相同,可用两个旋度方程表示为:

$$\nabla \times \dot{\boldsymbol{H}}_{\mathrm{m}} = \mathrm{j}\omega\varepsilon_{\mathrm{c}} \dot{\boldsymbol{E}}_{\mathrm{m}} \tag{5-5-36}$$

$$\nabla \times \dot{\boldsymbol{E}}_{\mathrm{m}} = -\mathrm{j}\omega\mu \dot{\boldsymbol{H}}_{\mathrm{m}} \tag{5-5-37}$$

由此可得出导电媒质中的波动方程:

$$\nabla^2 \dot{\boldsymbol{E}}_{\mathrm{m}} + \omega^2\mu\varepsilon_{\mathrm{c}} \dot{\boldsymbol{E}}_{\mathrm{m}} = 0 \tag{5-5-38}$$

$$\nabla^2 \dot{\boldsymbol{H}}_{\mathrm{m}} + \omega^2\mu\varepsilon_{\mathrm{c}} \dot{\boldsymbol{H}}_{\mathrm{m}} = 0 \tag{5-5-39}$$

令$\dot{k}^2 = \omega^2\mu\varepsilon_{\mathrm{c}}$,则亥姆霍兹方程可写为:

$$\nabla^2 \dot{\boldsymbol{E}}_{\mathrm{m}} + \dot{k}^2 \dot{\boldsymbol{E}}_{\mathrm{m}} = \boldsymbol{0} \tag{5-5-40}$$

$$\nabla^2 \dot{\boldsymbol{H}}_{\mathrm{m}} + \dot{k}^2 \dot{\boldsymbol{H}}_{\mathrm{m}} = \boldsymbol{0} \tag{5-5-41}$$

其中:

$$\dot{k} = \omega\sqrt{\mu\varepsilon_{\mathrm{c}}} \tag{5-5-42}$$

称为复传播常数。

复电容率虚部的物理意义:导电媒质中电场对带电粒子做功导致能量损耗,损耗功率密度在一个周期内的平均值为:

$$p_{\sigma平均} = \mathrm{Re}\left[\frac{1}{2}\boldsymbol{E}_{\mathrm{m}} \cdot \boldsymbol{J}_{\mathrm{Cm}}^{*}\right] = \frac{1}{2}\sigma E_{\mathrm{m}}^2 \tag{5-5-43}$$

因为 $\sigma \neq 0$ 是复电容率虚部存在的一个来源,所以复电容率的虚部可以用来表示电磁场的能量损耗。

2. 有耗介质中的波动方程、复电容率和复磁导率

介质中的带电粒子在电磁场的作用下在微观尺度内发生位移或改变运动方向，形成介质的极化和磁化现象。缓变场作用时，电介质的极化与电场之间、磁介质的磁化与磁场之间尚可保持同步，即 $\boldsymbol{P}=\chi_{\mathrm{e}}\varepsilon_0\boldsymbol{E}=(\varepsilon-\varepsilon_0)\boldsymbol{E}$ 及 $\boldsymbol{M}=\chi_{\mathrm{m}}\boldsymbol{H}=\dfrac{(\mu-\mu_0)}{\mu_0}\boldsymbol{H}$ 中，ε 和 μ 均为实数。但对于迅变场，由于介质内部结构的阻尼作用，极化强度 $\boldsymbol{P}$ 和磁化强度 $\boldsymbol{M}$ 的变化往往落后于电场和磁场的变化，而且频率越高越明显。这种对不同频率的物理量产生不同响应的介质，称为色散介质。分析表明，介质的色散现象可以用复电容率和复磁导率来表示，即：

$$\varepsilon_{\mathrm{c}}=\varepsilon'-\mathrm{j}\varepsilon'' \tag{5-5-44}$$

$$\mu_{\mathrm{c}}=\mu'-\mathrm{j}\mu'' \tag{5-5-45}$$

式中，ε'' 与 μ'' 均为正数，虚部取“-”是表示 $\boldsymbol{P}$ 和 $\boldsymbol{M}$ 相位的落后。

与导电媒质中的情形类似，介质的色散同样会消耗电磁场的能量，造成介电损耗和磁损耗，仿照式(5-5-43)，介电损耗功率密度在一个周期内的平均值为：

$$\begin{aligned}p_{\varepsilon\text{平均}}&=\mathrm{Re}\left[\frac{1}{2}\boldsymbol{E}_{\mathrm{m}}\cdot\boldsymbol{J}_{\mathrm{Dm}}^{*}\right]=\mathrm{Re}\left[\frac{1}{2}\boldsymbol{E}_{\mathrm{m}}\cdot(\mathrm{j}\omega\varepsilon_{\mathrm{c}}\boldsymbol{E}_{\mathrm{m}})^{*}\right]\\&=\mathrm{Re}\left[-\frac{1}{2}\mathrm{j}\omega(\varepsilon'+\mathrm{j}\varepsilon'')E_{\mathrm{m}}^{2}\right]=\mathrm{Re}\left[\frac{1}{2}\omega\varepsilon''E_{\mathrm{m}}^{2}-\mathrm{j}\frac{1}{2}\omega\varepsilon'E_{\mathrm{m}}^{2}\right]\\&=\frac{1}{2}\omega\varepsilon''E_{\mathrm{m}}^{2}\end{aligned} \tag{5-5-46}$$

磁损耗功率密度在一个周期内的平均值为：

$$\begin{aligned}p_{\mu\text{平均}}&=\mathrm{Re}\left[\frac{1}{2}\boldsymbol{H}_{\mathrm{m}}\cdot\boldsymbol{J}_{\mathrm{Mm}}^{*}\right]=\mathrm{Re}\left[\frac{1}{2}\boldsymbol{H}_{\mathrm{m}}\cdot(\mathrm{j}\omega\mu_{\mathrm{c}}\boldsymbol{H}_{\mathrm{m}})^{*}\right]\\&=\mathrm{Re}\left[-\frac{1}{2}\mathrm{j}\omega(\mu'+\mathrm{j}\mu'')H_{\mathrm{m}}^{2}\right]=\mathrm{Re}\left[\frac{1}{2}\omega\mu''H_{\mathrm{m}}^{2}-\mathrm{j}\frac{1}{2}\omega\mu'H_{\mathrm{m}}^{2}\right]\\&=\frac{1}{2}\omega\mu''H_{\mathrm{m}}^{2}\end{aligned} \tag{5-5-47}$$

从式(5-5-46)和式(5-5-47)可以看出，色散损耗和频率 ω 成正比，频率越高，色散损耗越明显，低频时往往可以忽略；色散损耗取决于复电容率和复磁导率的虚部，虚部越大，损耗越高。通常采用损耗角正切来表征损耗的程度，即：

$$\tan\delta_{\mathrm{e}}=\frac{\varepsilon''}{\varepsilon'} \tag{5-5-48}$$

$$\tan\delta_{\mathrm{m}}=\frac{\mu''}{\mu'} \tag{5-5-49}$$

良好介质的损耗角正切在 $10^{-3}\sim10^{-4}$ 以下。理想介质中 $\sigma=\varepsilon''=\mu''=0$，故没有损耗，也称无耗媒质。

一般情况下，媒质的导电损耗和介质损耗可能同时存在，若定义等效复电容率为：

$$\varepsilon_c = \varepsilon' - j\left(\varepsilon'' + \frac{\sigma}{\omega}\right) \tag{5-5-50}$$

则此种媒质中的麦克斯韦方程组和波动方程均与无源区完纯介质中的麦克斯韦方程组和波动方程即式(5-5-21)~(5-5-26)相同,只需做如下替代:$\varepsilon \to \varepsilon_c$,$\mu \to \mu_c$,$k \to \dot{k}$。即:

$$\nabla \times \dot{\boldsymbol{H}}_m = j\omega\varepsilon_c \dot{\boldsymbol{E}}_m \tag{5-5-51}$$

$$\nabla \times \dot{\boldsymbol{E}}_m = -j\omega\mu_c \dot{\boldsymbol{H}}_m \tag{5-5-52}$$

$$\nabla^2 \dot{\boldsymbol{E}}_m + \omega^2\mu_c\varepsilon_c \dot{\boldsymbol{E}}_m = \boldsymbol{0} \tag{5-5-53}$$

$$\nabla^2 \dot{\boldsymbol{H}}_m + \omega^2\mu_c\varepsilon_c \dot{\boldsymbol{H}}_m = \boldsymbol{0} \tag{5-5-54}$$

可见,等效复电容率和复磁导率的引入使得在无源区、有耗媒质中的麦克斯韦方程和波动方程可以写为与无源区、无耗媒质中的麦克斯韦方程及波动方程相同的数学形式,这为方程的求解带来方便。

5.6 坡印亭定理和坡印亭矢量

5.6.1 时变电磁场的能量与功率

按照静态场中电场和磁场的能量密度表达式,在时变场情形,各场量随时间的变化将导致空间各点的 w_e 和 w_m 也随时间变化,即:

$$w_e(t) = \frac{1}{2}\boldsymbol{E}(t) \cdot \boldsymbol{D}(t)$$

$$w_m(t) = \frac{1}{2}\boldsymbol{B}(t) \cdot \boldsymbol{H}(t)$$

若任取一闭合面 S 包围的体积τ,则

$$P_e = \frac{\partial}{\partial t}\int_\tau w_e \mathrm{d}\tau = \int_\tau \frac{\partial w_e}{\partial t}\mathrm{d}\tau = \int_\tau p_e \mathrm{d}\tau$$

$$P_m = \frac{\partial}{\partial t}\int_\tau w_m \mathrm{d}\tau = \int_\tau \frac{\partial w_m}{\partial t}\mathrm{d}\tau = \int_\tau p_m \mathrm{d}\tau$$

分别表示该闭合面吸收的电功率和磁功率。其中 p_e 和 p_m 分别是任意时刻场点的电场功率密度和磁场功率密度。以上各式表明,时变电磁场的能量和功率是随时间变化的,这种变化形成了能量和功率的流动。

5.6.2 时域坡印亭定理

由于电场 $\boldsymbol{E}$ 和磁场 $\boldsymbol{H}$ 互为涡旋源,形成能量流动,因此可定义矢量 $\boldsymbol{E}\times\boldsymbol{H}$ 来描述这种现象。从量纲上来看,$\boldsymbol{E}\times\boldsymbol{H}$ 具有功率面密度的量纲,单位为 $\mathrm{W/m^2}$,下面利用麦克斯韦方程来

推导它的物理意义。

设体积τ中充满均匀、各向同性的导电媒质，且无外加电源。把麦克斯韦方程

$$\nabla\times\boldsymbol{H}=\sigma\boldsymbol{E}+\frac{\partial\boldsymbol{D}}{\partial t}$$

$$\nabla\times\boldsymbol{E}=-\frac{\partial\boldsymbol{B}}{\partial t}$$

代入矢量恒等式$\nabla\cdot(\boldsymbol{E}\times\boldsymbol{H})=\boldsymbol{H}\cdot(\nabla\times\boldsymbol{E})-\boldsymbol{E}\cdot(\nabla\times\boldsymbol{H})$，得：

$$\nabla\cdot(\boldsymbol{E}\times\boldsymbol{H})=-\boldsymbol{H}\cdot\frac{\partial\boldsymbol{B}}{\partial t}-\boldsymbol{E}\cdot\frac{\partial\boldsymbol{D}}{\partial t}-\sigma E^2 \tag{5-6-1}$$

其中：

$$\boldsymbol{H}\cdot\frac{\partial\boldsymbol{B}}{\partial t}=\frac{1}{2}\left(\boldsymbol{H}\cdot\frac{\partial\boldsymbol{B}}{\partial t}+\boldsymbol{B}\cdot\frac{\partial\boldsymbol{H}}{\partial t}\right)=\frac{\partial}{\partial t}\left(\frac{1}{2}\boldsymbol{B}\cdot\boldsymbol{H}\right)=\frac{\partial w_{\mathrm{m}}}{\partial t}=p_{\mathrm{m}} \tag{5-6-2}$$

$$\boldsymbol{E}\cdot\frac{\partial\boldsymbol{D}}{\partial t}=\frac{1}{2}\left(\boldsymbol{E}\cdot\frac{\partial\boldsymbol{D}}{\partial t}+\boldsymbol{D}\cdot\frac{\partial\boldsymbol{E}}{\partial t}\right)=\frac{\partial}{\partial t}\left(\frac{1}{2}\boldsymbol{E}\cdot\boldsymbol{D}\right)=\frac{\partial w_{\mathrm{e}}}{\partial t}=p_{\mathrm{e}} \tag{5-6-3}$$

$$\sigma E^2=p_{\mathrm{T}} \tag{5-6-4}$$

式中，p_{T}是任意时刻媒质的损耗功率密度。把式(5-6-2)~式(5-6-4)代入式(5-6-1)，得：

$$\nabla\cdot(\boldsymbol{E}\times\boldsymbol{H})=-\frac{\partial}{\partial t}(w_{\mathrm{e}}+w_{\mathrm{m}})-\sigma E^2=-p_{\mathrm{e}}-p_{\mathrm{m}}-p_{\mathrm{T}} \tag{5-6-5}$$

将式(5-6-5)在体积τ中积分，并对方程左边应用散度定理，得：

$$\begin{aligned}-\oint_S\boldsymbol{E}\times\boldsymbol{H}\cdot\mathrm{d}\boldsymbol{S}&=\int_\tau\frac{\partial w_{\mathrm{e}}}{\partial t}\mathrm{d}\tau+\int_\tau\frac{\partial w_{\mathrm{m}}}{\partial t}\mathrm{d}\tau+\int_\tau\sigma E^2\mathrm{d}\tau \\ &=\int_\tau p_{\mathrm{e}}\mathrm{d}\tau+\int_\tau p_{\mathrm{m}}\mathrm{d}\tau+\int_\tau p_{\mathrm{T}}\mathrm{d}\tau \\ &=P_{\mathrm{e}}+P_{\mathrm{m}}+P_{\mathrm{T}}\end{aligned} \tag{5-6-6}$$

式(5-6-6)表明，流入闭合面的净功率等于闭合面内的电场功率、磁场功率和焦耳损耗功率之和。这正是时变电磁场的能量守恒定律，称为坡印廷定理，也称能流定理。矢量$\boldsymbol{E}\times\boldsymbol{H}$则表示垂直穿过单位面积的功率，称为能流(密度)矢量，也称坡印廷矢量，在不至于与面积$\boldsymbol{S}$混淆的情况下，用$\boldsymbol{S}(t)$来表示，即：

$$\boldsymbol{S}(t)=\boldsymbol{E}(t)\times\boldsymbol{H}(t) \tag{5-6-7}$$

可见，电磁场能量流动的方向是沿着与电场和磁场都垂直的方向，且$\boldsymbol{E}$、$\boldsymbol{H}$、$\boldsymbol{S}$之间存在右手螺旋关系，如图5-6-1所示。

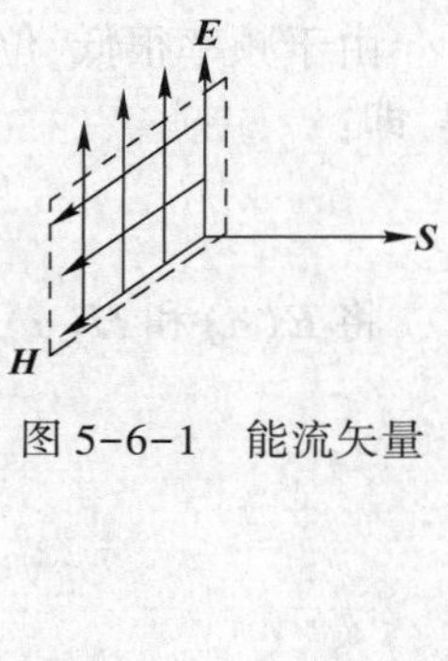

图5-6-1　能流矢量

特别地，若$\sigma=0$，即媒质没有焦耳损耗，则式(5-6-5)和式(5-6-6)可分别写为：

$$\nabla\cdot\boldsymbol{S}(t)=-\frac{\partial}{\partial t}(w_{\mathrm{e}}+w_{\mathrm{m}}) \tag{5-6-8}$$

及

$$\oint_S \boldsymbol{S}(t)\cdot d\boldsymbol{S}=-\int_\tau \frac{\partial}{\partial t}(w_e+w_m)d\tau \tag{5-6-9}$$

式(5-6-8)表示,空间任意一点流出的功率密度等于该点电磁能量密度的减小率;式(5-6-9)表示,体积τ中单位时间内减少的电磁能量等于穿出闭合面S的功率。对比电流密度与电荷密度的关系:$\nabla\cdot\boldsymbol{J}=-\frac{\partial\rho}{\partial t}$及电流密度与电荷运动速度的关系:$\boldsymbol{J}=\rho\boldsymbol{v}$,推测应有:$\boldsymbol{S}(t)=(w_e+w_m)\boldsymbol{v}_e$。该式可由图5-6-2解释为:若电磁能量以速度$\boldsymbol{v}_e$流动,则沿该速度方向长度为$v_e\Delta t$、截面积为$\Delta A$的柱体内的电磁能量$\Delta W=(w_e+w_m)\boldsymbol{v}_e\Delta t\Delta A$将在$\Delta t$时间内全部穿过$\Delta A$。按照能量和功率的关系$\Delta W=P\Delta t$及功率和功率密度的关系$P=S(t)\Delta A$,即可得出电磁能量流动的速度的计算式:

$$\boldsymbol{v}_e=\frac{\boldsymbol{S}(t)}{w_e+w_m} \tag{5-6-10}$$

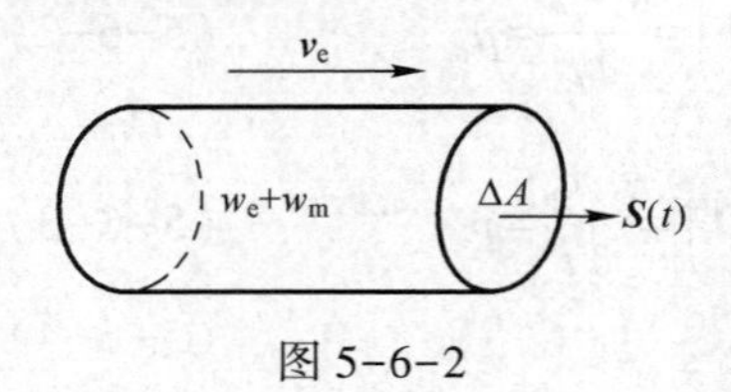

图5-6-2

【例5-6-1】 半径为a的平行双线传输线电导率为σ,通以50 Hz交流电流i,设稳态时导线表面分布有均匀面电荷,密度为ρ_S。(1)求导线外侧表面处的能流密度矢量$\boldsymbol{S}$;(2)证明由导体表面进入一段导体内的电磁功率等于该段导体内的热损耗功率。

【解】 (1) 对50 Hz频率的交流电,可认为电流在导线内均匀分布,其电流密度为

$$\boldsymbol{J}=\boldsymbol{a}_z\frac{i}{\pi a^2}$$

导线中纵向电场强度为:

$$\boldsymbol{E}_t=\frac{\boldsymbol{J}}{\sigma}=\boldsymbol{a}_z\frac{i}{\sigma\pi a^2}$$

导体表面的法向电场分量可由导体表面的边界条件推出,即:

$$\boldsymbol{E}_n(a)=\boldsymbol{a}_\rho\frac{D_n}{\varepsilon_0}=\boldsymbol{a}_\rho\frac{\rho_S}{\varepsilon_0}$$

因此可得导体表面的电场矢量:

$$\boldsymbol{E}(a)=\boldsymbol{E}_t(a)+\boldsymbol{E}_n(a)=\boldsymbol{a}_z\frac{i}{\sigma\pi a^2}+\boldsymbol{a}_\rho\frac{\rho_S}{\varepsilon_0}$$

由于频率很低,位移电流的影响可忽略,导体表面的磁场强度可由静态场的安培定律求得,即:

$$\boldsymbol{H}(a)=\boldsymbol{a}_\varphi\frac{i}{2\pi a}$$

将$\boldsymbol{E}(a)$和$\boldsymbol{H}(a)$代入式(5-6-7),可求得导体表面处的能流密度矢量:

$$\boldsymbol{S}(a)=\boldsymbol{E}(a)\times\boldsymbol{H}(a)=\boldsymbol{a}_z\frac{\rho_S i}{2\pi\varepsilon_0 a}-\boldsymbol{a}_\rho\frac{i^2}{2\sigma\pi^2a^3}$$

可见,在导体表面功率流有两个分量:沿 z 向的分量表示功率沿平行双线传输,最终到达负载;沿 $-\boldsymbol{\rho}$ 向的分量表示功率垂直流入导线表面,进入导线中而成为热损耗。

由于低频时电磁功率主要集中在导线附近,“包裹”着导线流动,导线起着引导作用;而当频率增高时,电磁功率向空间的辐射现象将变得显著,因此,平行双线只适用于低频范围。

(2) 取一段长为 l 的导线,其电阻为:

$$R=\frac{l}{\sigma\pi a^2}$$

热损耗功率为:

$$P_{\mathrm{T}}=i^2R=i^2\frac{1}{\sigma\pi a^2}$$

流入导线内的电磁功率为:

$$-\oint_S \boldsymbol{S}\cdot \mathrm{d}\boldsymbol{S}=-S_\rho 2\pi a l=\frac{i^2}{2\sigma\pi^2a^3}2\pi a l=i^2\frac{l}{\sigma\pi a^2}$$

因此可得:

$$-\oint_S \boldsymbol{S}\cdot \mathrm{d}\boldsymbol{S}=P_{\mathrm{T}}$$

结论得证。

【例 5-6-2】 对例题 5-4-1 所示的同轴线,计算其传输的电磁场的功率,并与电路理论中的计算公式进行比较。

【解】 例题 5-4-1 中同轴线内外导体间电场、磁场和内导体表面的电流面密度分别为:

$$\boldsymbol{E}=\boldsymbol{a}_\rho\frac{100}{\rho}\cos(10^8t-0.5z)\ (\mathrm{V/m})$$

$$\boldsymbol{H}=\boldsymbol{a}_\varphi\frac{5}{4\pi\rho}\cos(10^8t-0.5z)\ (\mathrm{A/m})$$

$$\boldsymbol{J}_{\mathrm{S}}(a)=\boldsymbol{a}_z\frac{1250}{\pi}\cos(10^8t-0.5z)\ (\mathrm{A/m})$$

代入式(5-6-7)计算同轴线内能流密度矢量,得:

$$\boldsymbol{S}(t)=\boldsymbol{E}\times\boldsymbol{H}=\boldsymbol{a}_z\frac{125}{\pi\rho^2}\cos^2(10^8t-0.5z)\ (\mathrm{W/m^2})$$

该矢量垂直穿过内外导体间横截面的通量为:

$$\begin{aligned}P(t)&=\int_S\boldsymbol{S}(t)\cdot\mathrm{d}\boldsymbol{S}=\int_{0.001}^{0.004}\frac{125}{\pi\rho^2}\cos^2(10^8t-0.5z)2\pi\rho\,\mathrm{d}\rho\\&=500\ln2\cos^2(10^8t-0.5z)\ (\mathrm{W})\end{aligned}$$

按照电路理论中的计算公式,同轴线传输的功率由端电压与端电流确定,即:

$$P(t)=ui$$

其中:

$$u=\int_{0.001}^{0.004}\boldsymbol{E}\cdot\mathrm{d}\boldsymbol{\rho}=200\ln2\cos(10^8t-0.5z)\ (\mathrm{V})$$

$$i=J_S(a)2\pi a=2.5\cos(10^8t-0.5z)\ (\mathrm{A})$$

得:

$$P(t)=ui=500\ln2\cos^2(10^8t-0.5z)\ (\mathrm{W})$$

可见,计算结果是一样的。

由于同轴线的电磁功率限制在内外导体之间的空间沿轴向传输,因此,适于传输的信号频率可高过平行双线的频率,达到中高频率范围。

5.6.3　频域坡印亭定理

对于正弦场,使用能流矢量的平均值更有意义。按照平均值的数学定义,有:

$$\boldsymbol{S}_{平均}=\frac{1}{T}\int_0^T\boldsymbol{S}(t)\,\mathrm{d}t=\boldsymbol{a}_E\times\boldsymbol{a}_H\frac{1}{T}\int_0^T E(t)H(t)\,\mathrm{d}t \tag{5-6-11}$$

若设 $E(t)=E_{\mathrm{m}}\cos(\omega t+\varphi_E)$,$H(t)=H_{\mathrm{m}}\cos(\omega t+\varphi_H)$,代入式(5-6-11)计算,得:

$$\boldsymbol{S}_{平均}=\boldsymbol{a}_E\times\boldsymbol{a}_H\frac{1}{2}E_{\mathrm{m}}H_{\mathrm{m}}\cos(\varphi_E-\varphi_H)=\boldsymbol{a}_E\times\boldsymbol{a}_H\frac{1}{2}\mathrm{Re}[\dot{E}_{\mathrm{m}}\dot{H}_{\mathrm{m}}^*]$$

即:

$$\boldsymbol{S}_{平均}=\mathrm{Re}\left[\frac{1}{2}\dot{\boldsymbol{E}}_{\mathrm{m}}\times\dot{\boldsymbol{H}}_{\mathrm{m}}^*\right] \tag{5-6-12}$$

其中:

$$\dot{\boldsymbol{S}}_{\mathrm{m}}=\frac{1}{2}\dot{\boldsymbol{E}}_{\mathrm{m}}\times\dot{\boldsymbol{H}}_{\mathrm{m}}^* \tag{5-6-13}$$

称为复能流(密度)矢量。

下面通过计算均匀、线性、各向同性的导电及色散媒质中流入任一闭合面 S 的复能流矢量的通量,来推导出频域中的坡印廷定理。

$$-\oint_S\frac{1}{2}(\dot{\boldsymbol{E}}_{\mathrm{m}}\times\dot{\boldsymbol{H}}_{\mathrm{m}}^*)\cdot\mathrm{d}\boldsymbol{S}=-\oint_S\mathrm{Re}\left[\frac{1}{2}\dot{\boldsymbol{E}}_{\mathrm{m}}\times\dot{\boldsymbol{H}}_{\mathrm{m}}^*\right]\cdot\mathrm{d}\boldsymbol{S}-\mathrm{j}\oint_S\mathrm{Im}\left[\frac{1}{2}\dot{\boldsymbol{E}}_{\mathrm{m}}\times\dot{\boldsymbol{H}}_{\mathrm{m}}^*\right]\cdot\mathrm{d}\boldsymbol{S} \tag{5-6-14}$$

将复数形式的麦克斯韦方程:

$$\nabla\times\dot{\boldsymbol{H}}_{\mathrm{m}}^*=\sigma\dot{\boldsymbol{E}}_{\mathrm{m}}^*-\mathrm{j}\omega\varepsilon_{\mathrm{c}}^*\dot{\boldsymbol{E}}_{\mathrm{m}}^*$$

$$\nabla\times\dot{\boldsymbol{E}}_{\mathrm{m}}=-\mathrm{j}\omega\mu_{\mathrm{c}}\dot{\boldsymbol{H}}_{\mathrm{m}}$$

代入矢量恒等式:

$$\nabla\cdot(\dot{\boldsymbol{E}}_{\mathrm{m}}\times\dot{\boldsymbol{H}}_{\mathrm{m}}^*)=\dot{\boldsymbol{H}}_{\mathrm{m}}^*\cdot(\nabla\times\dot{\boldsymbol{E}}_{\mathrm{m}})-\dot{\boldsymbol{E}}_{\mathrm{m}}\cdot(\nabla\times\dot{\boldsymbol{H}}_{\mathrm{m}}^*)$$

得:

$$-\nabla\cdot\frac{1}{2}(\dot{\boldsymbol{E}}_{\mathrm{m}}\times\dot{\boldsymbol{H}}_{\mathrm{m}}^*)=\mathrm{j}\omega\frac{1}{2}\mu_{\mathrm{c}}\dot{\boldsymbol{H}}_{\mathrm{m}}^*\cdot\dot{\boldsymbol{H}}_{\mathrm{m}}-\mathrm{j}\omega\frac{1}{2}\varepsilon_{\mathrm{c}}^*\dot{\boldsymbol{E}}_{\mathrm{m}}\cdot\dot{\boldsymbol{E}}_{\mathrm{m}}^*+\frac{1}{2}\sigma\dot{\boldsymbol{E}}_{\mathrm{m}}\cdot\dot{\boldsymbol{E}}_{\mathrm{m}}^*$$

取闭合面 S 对上式做体积分,并应用散度定理,得:

$$-\oint_S \dot{\boldsymbol{S}}_{\mathrm{m}} \cdot \mathrm{d}\boldsymbol{S} = \mathrm{j}\omega \int_\tau \left(\frac{1}{2}\mu_{\mathrm{c}} H_{\mathrm{m}}^2 - \frac{1}{2}\varepsilon_{\mathrm{c}}^* E_{\mathrm{m}}^2\right)\mathrm{d}\tau + \int_\tau \frac{1}{2}\sigma E_{\mathrm{m}}^2 \mathrm{d}\tau \tag{5-6-15}$$

对于色散媒质,有:

$$\varepsilon_{\mathrm{c}}^* = \varepsilon' + \mathrm{j}\varepsilon''$$

$$\mu_{\mathrm{c}} = \mu' - \mathrm{j}\mu''$$

将以上两式代入式(5-6-15),并把方程右边的实部和虚部分开来写,得:

$$\begin{aligned}-\oint_S \dot{\boldsymbol{S}}_{\mathrm{m}} \cdot \mathrm{d}\boldsymbol{S} &= \int_\tau \left(\frac{1}{2}\sigma E_{\mathrm{m}}^2 + \frac{1}{2}\omega\varepsilon'' E_{\mathrm{m}}^2 + \frac{1}{2}\omega\mu'' H_{\mathrm{m}}^2\right)\mathrm{d}\tau + \mathrm{j}\int_\tau \omega\left(\frac{1}{2}\mu' H_{\mathrm{m}}^2 - \frac{1}{2}\varepsilon' E_{\mathrm{m}}^2\right)\mathrm{d}\tau \\ &= \int_\tau (p_{\mathrm{T平均}} + p_{\varepsilon平均} + p_{\mu平均})\mathrm{d}\tau + \mathrm{j}\int_\tau 2\omega(w_{\mathrm{m平均}} - w_{\mathrm{e平均}})\mathrm{d}\tau \qquad (5\text{-}6\text{-}16) \\ &= P + \mathrm{j}Q\end{aligned}$$

其中:

$$w_{\mathrm{e平均}} = \frac{1}{2}\varepsilon' E^2 = \frac{1}{4}\varepsilon' E_{\mathrm{m}}^2$$

$$w_{\mathrm{m平均}} = \frac{1}{2}\mu' H^2 = \frac{1}{4}\mu' H_{\mathrm{m}}^2$$

$$P = \int_\tau (p_{\mathrm{T平均}} + p_{\varepsilon平均} + p_{\mu平均})\mathrm{d}\tau$$

$$Q = \int_\tau 2\omega(w_{\mathrm{m平均}} - w_{\mathrm{e平均}})\mathrm{d}\tau$$

式(5-6-16)称为频域坡印廷定理或复坡印廷定理。它表明,流入闭合面 S 的复功率分为实部和虚部两部分,实部是闭合面内消耗在媒质中的损耗功率,包括焦耳损耗、介电损耗和磁损耗,这部分损耗是不可逆的,相当于正弦稳态电路中电阻 R 吸收的有功功率 P;虚部是闭合面内的介质中所储存的电磁能的净功率,相当于正弦稳态电路中电感 L 和电容 C 的无功功率 Q。

【例 5-6-3】 已知两无限大理想导体平面限定的区域 $0 \leqslant x \leqslant a$ 中存在电场:

$$\boldsymbol{E}(t) = \boldsymbol{a}_y E_0 \sin(k_x x)\cos(\omega t - k_z z)\ (\mathrm{V/m})$$

在此区域中,求:(1)磁场强度 $\boldsymbol{H}(t)$;(2)场存在的必要条件;(3)$\boldsymbol{S}(t)$;(4)$\boldsymbol{S}_{平均}$。

【解】 (1) 把电场用复数表示为:

$$\dot{\boldsymbol{E}}_{\mathrm{m}} = \boldsymbol{a}_y E_0 \sin(k_x x)\mathrm{e}^{-\mathrm{j}k_z z}\ (\mathrm{V/m})$$

由麦克斯韦方程 $\nabla \times \dot{\boldsymbol{E}}_{\mathrm{m}} = -\mathrm{j}\omega\mu_0 \dot{\boldsymbol{H}}_{\mathrm{m}}$,得:

$$\begin{aligned}\dot{\boldsymbol{H}}_{\mathrm{m}} &= \mathrm{j}\frac{1}{\omega\mu_0}\nabla \times \dot{\boldsymbol{E}}_{\mathrm{m}} = \mathrm{j}\frac{1}{\omega\mu_0}\left(-\boldsymbol{a}_x \frac{\partial E_{y\mathrm{m}}}{\partial z} + \boldsymbol{a}_z \frac{\partial \boldsymbol{E}_{y\mathrm{m}}}{\partial x}\right) \\ &= -\boldsymbol{a}_x \frac{k_z E_0}{\omega\mu_0}\sin(k_x x)\mathrm{e}^{-\mathrm{j}k_z z} + \mathrm{j}\,\boldsymbol{a}_z \frac{k_x E_0}{\omega\mu_0}\cos(k_x x)\mathrm{e}^{-\mathrm{j}k_z z}\end{aligned}$$

其瞬时表达式为:

$$\boldsymbol{H}(t) = -\boldsymbol{a}_x \frac{k_z E_0}{\omega\mu_0}\sin(k_x x)\cos(\omega t - k_z z) - \boldsymbol{a}_z \frac{k_x E_0}{\omega\mu_0}\cos(k_x x)\sin(\omega t - k_z z)\ (\mathrm{A/m})$$

(2) 无源区电场和磁场应满足波动方程,由电场的波动方程:

$$\nabla^2 \dot{\boldsymbol{E}}_{\mathrm{m}}+\omega^2\mu_0\varepsilon_0 \dot{\boldsymbol{E}}_{\mathrm{m}}=\boldsymbol{0}$$

得:

$$\frac{\partial^2 \dot{E}_{y\mathrm{m}}}{\partial x^2}+\frac{\partial^2 \dot{E}_{y\mathrm{m}}}{\partial z^2}+\omega^2\mu_0\varepsilon_0 \dot{E}_{y\mathrm{m}}=0$$

解之,得:

$$k_x^2+k_z^2=\omega^2\mu_0\varepsilon_0$$

另外,在导体表面电场应满足切向为零,由 $E_y(a)=0$,得:

$$k_x=\frac{m\pi}{a}$$

其中,m 为自然数。因此可得场存在的必要条件:

$$k_z^2=\omega^2\mu_0\varepsilon_0-\left(\frac{m\pi}{a}\right)^2$$

(3) $\boldsymbol{S}(t)=\boldsymbol{E}(t)\times\boldsymbol{H}(t)=\boldsymbol{a}_y E_y\times(\boldsymbol{a}_x H_x+\boldsymbol{a}_z H_z)$

$$=-\boldsymbol{a}_x\frac{k_x E_0^2}{4\omega\mu_0}\sin(2k_x x)\sin 2(\omega t-k_z z)+\boldsymbol{a}_z\frac{k_z E_0^2}{\omega\mu_0}\sin^2(k_x x)\cos^2(\omega t-k_z z)\ (\mathrm{W/m^2})$$

(4) $\boldsymbol{S}_{平均}=\mathrm{Re}\left[\frac{1}{2}\dot{\boldsymbol{E}}_{\mathrm{m}}\times\dot{\boldsymbol{H}}_{\mathrm{m}}^*\right]$

$$=\frac{1}{2}\mathrm{Re}\left\{\boldsymbol{a}_y E_0\sin(k_x x)\mathrm{e}^{-\mathrm{j}k_z z}\times\left[-\boldsymbol{a}_x\frac{k_z E_0}{\omega\mu_0}\sin(k_x x)\mathrm{e}^{\mathrm{j}k_z z}-\mathrm{j}\,\boldsymbol{a}_z\frac{k_x E_0}{\omega\mu_0}\cos(k_x x)\mathrm{e}^{\mathrm{j}k_z z}\right]\right\}$$

$$=\boldsymbol{a}_z\frac{k_z E_0^2}{2\omega\mu_0}\sin^2(k_x x)\ (\mathrm{W/m^2})$$

可见,平均功率流是沿 z 向的,即电磁场能量在两导体平面之间沿 z 向流动。

5.6.4 时变电磁场的唯一性定理

在闭合面 S 包围的体积 τ 中,如果分界面上是无源的,在 $t=t_0$ 时刻的初始值给定的条件下,满足电场或磁场切向边界条件的麦克斯韦方程组的解是唯一的。证明略。

5.7 时变电磁场的动态位

静态场中,引入标量电位 $\boldsymbol{\Phi}$ 和矢量磁位 $\boldsymbol{A}$ 可以简化电场和磁场的求解,$\boldsymbol{\Phi}$ 和 $\boldsymbol{A}$ 统称静态位。时变场中,电磁场的求解比静态场更加复杂,借助辅助的位函数同样可有效地简化电磁场的求解过程。本节介绍与静态场类似地一对辅助函数即动态的标量电位和矢量磁位,统称动态位。

5.7.1 动态位方程

由麦克斯韦方程中的$\nabla\cdot\boldsymbol{B}=0$,可引入矢量磁位 $\boldsymbol{A}$,令

$$\boldsymbol{B}=\nabla\times\boldsymbol{A} \tag{5-7-1}$$

将其代入式(5-3-6),得:

$$\nabla\times\boldsymbol{E}=-\frac{\partial}{\partial t}(\nabla\times\boldsymbol{A})$$

移项,得:

$$\nabla\times\left(\boldsymbol{E}+\frac{\partial\boldsymbol{A}}{\partial t}\right)=\boldsymbol{0}$$

括号内的矢量是无旋场,故可引入标量电位 $\boldsymbol{\Phi}$,使 $\boldsymbol{E}+\frac{\partial\boldsymbol{A}}{\partial t}=-\nabla\boldsymbol{\Phi}$,即:

$$\boldsymbol{E}=-\nabla\boldsymbol{\Phi}-\frac{\partial\boldsymbol{A}}{\partial t} \tag{5-7-2}$$

正如时变场中电场和磁场不可分割,其辅助函数 $\boldsymbol{\Phi}$ 和 $\boldsymbol{A}$ 也是不可分割的,而当$\frac{\partial\boldsymbol{A}}{\partial t}=\boldsymbol{0}$ 时,式(5-7-1)和式(5-7-2)即退化为静态场情形。

将式(5-7-1)和式(5-7-2)代入麦克斯韦方程式(5-3-5)和式(5-3-8)中,得:

$$\nabla\times\boldsymbol{H}=\frac{1}{\mu}\nabla\times\nabla\times\boldsymbol{A}=\boldsymbol{J}+\varepsilon\frac{\partial\boldsymbol{E}}{\partial t}=\boldsymbol{J}+\varepsilon\frac{\partial}{\partial t}\left(-\nabla\boldsymbol{\Phi}-\frac{\partial\boldsymbol{A}}{\partial t}\right)$$

$$\nabla\cdot\boldsymbol{E}=\nabla\cdot\left(-\nabla\boldsymbol{\Phi}-\frac{\partial\boldsymbol{A}}{\partial t}\right)=\frac{\rho}{\varepsilon}$$

整理,得:

$$\nabla\nabla\cdot\boldsymbol{A}-\nabla^2\boldsymbol{A}=\mu\boldsymbol{J}-\mu\varepsilon\nabla\frac{\partial\boldsymbol{\Phi}}{\partial t}-\mu\varepsilon\frac{\partial^2\boldsymbol{A}}{\partial t^2} \tag{5-7-3}$$

$$\nabla^2\boldsymbol{\Phi}+\frac{\partial}{\partial t}(\nabla\cdot\boldsymbol{A})=-\frac{\rho}{\varepsilon} \tag{5-7-4}$$

为了唯一确定 $\boldsymbol{A}$,需要规范$\nabla\cdot\boldsymbol{A}$。恒定磁场中,采用的是库仑规范,即$\nabla\cdot\boldsymbol{A}=0$;时变场中,采用洛仑兹规范(也称洛仑兹条件),则更有利于动态位的求解,即令

$$\nabla\cdot\boldsymbol{A}=-\mu\varepsilon\frac{\partial\boldsymbol{\Phi}}{\partial t} \tag{5-7-5}$$

代入式(5-7-3)和式(5-7-4),得:

$$\nabla^2\boldsymbol{A}-\mu\varepsilon\frac{\partial^2\boldsymbol{A}}{\partial t^2}=-\mu\boldsymbol{J} \tag{5-7-6}$$

$$\nabla^2\boldsymbol{\Phi}-\mu\varepsilon\frac{\partial^2\boldsymbol{\Phi}}{\partial t^2}=-\frac{\rho}{\varepsilon} \tag{5-7-7}$$

式(5-7-6)和式(5-7-7)称为达朗贝尔方程,它是关于动态位 $\boldsymbol{A}$ 和 $\boldsymbol{\Phi}$ 的非齐次波动方程。

对于正弦场,式(5-7-1)和式(5-7-2)的复数形式分别为:

$$\dot{\boldsymbol{B}}_{\mathrm{m}}=\nabla\times\dot{\boldsymbol{A}}_{\mathrm{m}} \tag{5-7-8}$$

$$\dot{\boldsymbol{E}}_{\mathrm{m}}=-\nabla\dot{\Phi}_{\mathrm{m}}-\mathrm{j}\omega\dot{\boldsymbol{A}}_{\mathrm{m}} \tag{5-7-9}$$

洛仑兹规范的复数形式为：

$$\nabla\cdot\dot{\boldsymbol{A}}_{\mathrm{m}}=-\mathrm{j}\omega\mu\varepsilon\dot{\Phi}_{\mathrm{m}} \tag{5-7-10}$$

达朗贝尔方程的复数形式为：

$$\nabla^2\dot{\boldsymbol{A}}_{\mathrm{m}}+k^2\dot{\boldsymbol{A}}_{\mathrm{m}}=-\mu\dot{\boldsymbol{J}}_{\mathrm{m}} \tag{5-7-11}$$

$$\nabla^2\dot{\Phi}_{\mathrm{m}}+k^2\dot{\Phi}_{\mathrm{m}}=-\frac{\dot{\rho}_{\mathrm{m}}}{\varepsilon} \tag{5-7-12}$$

其中，$k^2=\omega^2\mu\varepsilon$。

5.7.2 动态位方程的解

达朗贝尔方程式(5-7-6)和式(5-7-7)，在无源区($\boldsymbol{J}=\mathbf{0},\rho=0$)是形如式(5-3-16)~式(5-3-20)的波动方程；当场量与时间无关时，达朗贝尔方程便退化为静态场的泊松方程。波动方程解决的是场分布随时间变化的规律，泊松方程解决的是源分布与场分布位置之间的关系。下面将通过类比的方法推导出达朗贝尔方程的解，更严密的求解方法请参照其他有关资料。

首先分析式(5-7-7)。假设在均匀线性各向同性媒质中，场源是位于坐标原点的时变点电荷 $q(t)$，则除原点之外，标量电位满足波动方程：

$$\nabla^2\Phi-\mu\varepsilon\frac{\partial^2\Phi}{\partial t^2}=0$$

由于点源分布的场具有球对称性，与 θ 和 φ 无关，在球坐标中代入拉普拉斯微分，得：

$$\frac{1}{r^2}\frac{\partial}{\partial r}\left(r^2\frac{\partial\Phi}{\partial r}\right)-\mu\varepsilon\frac{\partial^2\Phi}{\partial t^2}=0$$

整理，得：

$$\frac{\partial^2(\Phi r)}{\partial r^2}-\mu\varepsilon\frac{\partial^2(\Phi r)}{\partial t^2}=0 \tag{5-7-13}$$

式(5-7-13)表明函数 Φr 满足波动方程，其通解为：

$$\Phi r=f(t-\sqrt{\mu\varepsilon}\,r)+g(t+\sqrt{\mu\varepsilon}\,r)$$

显然，$\frac{1}{\sqrt{\mu\varepsilon}}$是速度的量纲，表明场量 $\Phi(r)$是一种波，$\frac{1}{\sqrt{\mu\varepsilon}}$是这种波沿 $\boldsymbol{r}$ 或$-\boldsymbol{r}$ 方向推进的速度。令 $v=\frac{1}{\sqrt{\mu\varepsilon}}$，则上式改写为：

$$\Phi r=f\left(t-\frac{r}{v}\right)+g\left(t+\frac{r}{v}\right) \tag{5-7-14}$$

其中，$f\left(t-\frac{r}{v}\right)$表示沿 $\boldsymbol{r}$ 方向推进的波，$g\left(t+\frac{r}{v}\right)$表示沿$-\boldsymbol{r}$ 方向推进的波。在无界空间中，由坐标原点发出的波显然是单向的，舍去反向的解，可得点电荷产生的标量电位为：

$$\Phi(r,t)=\frac{1}{r}f\left(t-\frac{r}{v}\right) \tag{5-7-15}$$

已知静态条件下，位于坐标原点的点电荷 q 产生的电位为：

$$\Phi(r)=\frac{q}{4\pi\varepsilon r} \tag{5-7-16}$$

当 q 随时间变化时，$\Phi(r,t)$ 应同时满足式(5-7-15)和式(5-7-16)，即：

$$\Phi(r,t)=\frac{1}{4\pi\varepsilon r}q\left(t-\frac{r}{v}\right) \tag{5-7-17}$$

将点电荷情形推广到在体积 τ' 内分布的电荷 $\rho(\boldsymbol{r}',t)$，则 $\rho(\boldsymbol{r}',t)\mathrm{d}\tau'$ 可看作是位于 $\boldsymbol{r}'$ 的点电荷，它在场点 $\boldsymbol{r}$ 处产生的电位为：

$$\mathrm{d}\Phi(\boldsymbol{r},t)=\frac{1}{4\pi\varepsilon|\boldsymbol{r}-\boldsymbol{r}'|}\rho\left(\boldsymbol{r}',t-\frac{|\boldsymbol{r}-\boldsymbol{r}'|}{v}\right)\mathrm{d}\tau'$$

整个体积 τ' 内的电荷产生的电位为：

$$\Phi(\boldsymbol{r},t)=\frac{1}{4\pi\varepsilon}\int_{\tau'}\frac{\rho\left(\boldsymbol{r}',t-\frac{|\boldsymbol{r}-\boldsymbol{r}'|}{v}\right)}{|\boldsymbol{r}-\boldsymbol{r}'|}\mathrm{d}\tau' \tag{5-7-18}$$

矢量磁位 $\boldsymbol{A}$ 的达朗贝尔方程式(5-7-6)在直角坐标系下可写成三个标量达朗贝尔方程：

$$\nabla^2 A_x-\mu\varepsilon\frac{\partial^2 A_x}{\partial t^2}=-\mu J_x$$

$$\nabla^2 A_y-\mu\varepsilon\frac{\partial^2 A_y}{\partial t^2}=-\mu J_y$$

$$\nabla^2 A_z-\mu\varepsilon\frac{\partial^2 A_z}{\partial t^2}=-\mu J_z$$

它们与电位的达朗贝尔方程形式相同，因此具有相同结构的解，把 $\boldsymbol{A}$ 的三个分量合成后，可得矢量磁位 $\boldsymbol{A}$ 的解：

$$\boldsymbol{A}(\boldsymbol{r},t)=\frac{\mu}{4\pi}\int_{\tau'}\frac{\boldsymbol{J}\left(\boldsymbol{r}',t-\frac{|\boldsymbol{r}-\boldsymbol{r}'|}{v}\right)}{|\boldsymbol{r}-\boldsymbol{r}'|}\mathrm{d}\tau' \tag{5-7-19}$$

式中，τ' 为电流 $\boldsymbol{J}$ 的分布区域。

对于正弦场，复达朗贝尔方程式(5-7-11)和式(5-7-12)的解分别为：

$$\dot{\boldsymbol{A}}_{\mathrm{m}}(\boldsymbol{r})=\frac{\mu}{4\pi}\int_{\tau'}\frac{\dot{\boldsymbol{J}}_{\mathrm{m}}(\boldsymbol{r}')\mathrm{e}^{-\mathrm{j}k|\boldsymbol{r}-\boldsymbol{r}'|}}{|\boldsymbol{r}-\boldsymbol{r}'|}\mathrm{d}\tau' \tag{5-7-20}$$

$$\dot{\Phi}_{\mathrm{m}}(\boldsymbol{r})=\frac{1}{4\pi\varepsilon}\int_{\tau'}\frac{\dot{\rho}_{\mathrm{m}}(\boldsymbol{r}')\mathrm{e}^{-\mathrm{j}k|\boldsymbol{r}-\boldsymbol{r}'|}}{|\boldsymbol{r}-\boldsymbol{r}'|}\mathrm{d}\tau' \tag{5-7-21}$$

通常求出矢量磁位后，由洛仑兹条件计算标量电位会更简单，即：

$$\Phi(\boldsymbol{r},t)=-\frac{1}{\mu\varepsilon}\int\nabla\cdot\boldsymbol{A}(\boldsymbol{r},t)\mathrm{d}t \tag{5-7-22}$$

$$\dot{\Phi}_{\mathrm{m}}(\boldsymbol{r})=\mathrm{j}\frac{1}{\omega\mu\varepsilon}\nabla\cdot\dot{\boldsymbol{A}}_{\mathrm{m}}(\boldsymbol{r}) \tag{5-7-23}$$

动态位求出后,即可代入式(5-7-1)、式(5-7-2)或式(5-7-8)、式(5-7-9)求出电场和磁场,显然,在计算上比由麦克斯韦方程组直接求解电场和磁场要简单。

分析式(5-7-18)和式(5-7-19)可以得到关于时变电磁场的一些重要的结论。

(1) 产生时变电磁场的源是时变的电荷和电流,但 t 时刻的电磁场是由 $t-\frac{|\boldsymbol{r}-\boldsymbol{r}'|}{v}$ 时刻的源产生的,场比源在时间上晚了$\frac{|\boldsymbol{r}-\boldsymbol{r}'|}{v}$,也就是说,由于 $|\boldsymbol{r}-\boldsymbol{r}'|$ 是从源点到场点的距离,v 是时变场推进的速度,所以$\frac{|\boldsymbol{r}-\boldsymbol{r}'|}{v}$就是时变场从 $\boldsymbol{r}'$推进到 $\boldsymbol{r}$ 点时所用的时间。由于这种场随时间的变化比源的变化落后,动态位 $\boldsymbol{A}$ 和 Φ 通常被称为滞后位。

(2) 时变电磁场的场量是波动方程的解,因此称为电磁波。电磁波传播的速度和媒质的特性有关。在真空中,电磁波传播的速度:

$$v=\frac{1}{\sqrt{\mu_0\varepsilon_0}}=3\times10^8\ \mathrm{m/s}$$

这正是光波在真空中的速度,可见,光波也是电磁波的一种。

对正弦电磁波,由于 $v=1/\sqrt{\mu\varepsilon}$ 出现在相位中,表示相位面沿波的传播方向推进的速度,因此,通常称为电磁波的相速度,用 v_{p} 表示,即:

$$v_{\mathrm{p}}=\frac{1}{\sqrt{\mu\varepsilon}}$$

可以证明,在无界的简单媒质中,相速度与能速度是相等的。

(3) 电磁波波数的概念。对传播常数 $k=\omega\sqrt{\mu\varepsilon}$ 做进一步推导,得:

$$k=\omega\sqrt{\mu\varepsilon}=2\pi f\frac{1}{v}=\frac{2\pi}{\lambda}$$

式中,f 是正弦激励源的频率;λ 是电磁波的波长,它与媒质特性(μ,ε)有关。由于 2π 是一个波长所对应的相位角,k 即代表电磁波在传播方向上每米长度具有的波长个数所对应的相位角,单位是 rad/m,因此 k 也称为波数;$k|\boldsymbol{r}-\boldsymbol{r}'|$ 则表示场点的电磁场落后于源点的相位。

(4) 静态场中,场和源是同时出现,同时消失的,因此静态场也称为束缚场;时变场中,场比源要滞后,t 时刻源中断时,远区的场并没有立刻消失,因为它是由 $t-\frac{|\boldsymbol{r}-\boldsymbol{r}'|}{v}$ 时刻的源确定的。脱离开源的时变场由电场和磁场互相激发而形成电磁波向远处传播,直至遇到障碍物被反射、吸收或损耗掉,在无界真空中则会一直传播下去。这种现象称为电磁辐射,远区的场称为辐射场。而时变电荷或电流(辐射源)附近的近区场在时间上基本与辐射源同步变化,因此,近区场称为似稳场,有时也称作似静场或束缚场。

(5) 对于正弦场,从式(5-7-20)和式(5-7-21)中可看出,由于$k=\omega\sqrt{\mu\varepsilon}$,所以频率越高,场量的滞后现象越明显,电磁辐射现象越显著,这时,距离源较近的区域也可能成为辐射区。因此,用作发射电磁波的天线装置,必须使用高频激励源。

5.8　时变电磁场的应用

时变电磁场的应用非常广泛,下面简述时变电磁场的应用。

1. 电磁感应的应用

电磁感应定律广泛应用于发电机,下面介绍它在其他方面的一些应用。

利用电磁铁和导电盘中的感应涡流之间的相互作用原理,可以制成一种用于车辆的电磁刹车制动器,即利用电动机转子在定子内可控磁场中转动切割磁力线,产生电涡流,形成反扭矩,消耗势能,从而达到控制车辆速度的一种辅助刹车形式。然而,电磁刹车制动器的主要缺点是它们不能使列车完全停止,通常与机械刹车装置同时使用。

根据导体中感应产生的涡流变化情况,可以检测出导体中的缺陷,这种方法在工业上称作涡流检测,是常见的无损检测方法之一。

交流的磁场在金属内感应的涡流能产生热效应,这种加热方法与用燃料加热相比有加热效率高、加热速度快等很多优点。冶炼锅内装入被冶炼的金属,让高频交变电流通过线圈,被冶炼的金属中就产生很强的涡流,从而产生大量的热使金属熔化,这种冶炼方法速度快,温度容易控制,能避免有害杂质混入被冶炼的金属中,适合于冶炼特种合金和特种钢。电磁感应加热法也广泛用于钢件的热处理,如淬火、回火、表面渗碳等。例如,齿轮、轴等只需要将表面淬火就能提高硬度、增加耐磨性,为此,可以把它放入通有高频交流的空心线圈中,表面层在几秒钟内就可上升到淬火需要的高温,颜色通红,而其内部温度升高很少,然后用水或其他淬火剂迅速冷却就可以了。

2. 脉冲电磁场的应用

电磁脉冲在雷达技术中有着重要的应用。脉冲雷达对空中或地面发射电磁波脉冲,遇到目标后反射回来,根据脉冲来回的延迟时间就可以判断出雷达与目标的距离,如果采用脉冲压缩技术,通过数字信号处理技术可以得到更加精确的距离。工业上的探底脉冲雷达也采用类似的原理。

超宽带(UWB)通信是一种通过超短时间的电磁脉冲传递信息的通信方式的简称,起源于脉冲雷达探测技术。超宽带技术通过对具有很陡上升和下降时间的冲激脉冲进行直接调制,使信号具有千兆赫兹(GHz)量级的带宽,解决了困扰传统无线技术多年的有关传播方面的重大难题,并具有对信道衰落不敏感、发射信号功率谱密度低、低截获能力、系统复杂度低、能提供数厘米的定位精度等优点。

电磁脉冲/高功率微波武器是将电磁频谱能量集中投射的一种武器系统,是当今电子战的重要手段之一,可以使敌方武器、通信、预警、雷达系统设备中的电子元器件失效或烧毁;导致系统出现误码、记忆信息抹掉等,强大的高功率微波辐射会使整个通信网络失控,甚至能够提前引爆导弹。电磁脉冲武器还可以对人员造成杀伤。

5.9 MATLAB 应用分析

【例 5-9-1】 半径 a 的导体圆环串接了 100 Ω 的电阻,放置到均匀分布的磁场中,磁感应强度 $\boldsymbol{B}=10\mathrm{e}^{(1-t/10)T}\boldsymbol{a}_z$。圆环法线方向与磁感应强度方向一致,计算电阻两端的电压 $U(t)$,并使用 MATLAB 画出电压 $U(t)$。

【解】 感生电动势为:

$$e=-\frac{\partial \Phi}{\partial t}=-\frac{\partial}{\partial t}\int_S \boldsymbol{B}\cdot \mathrm{d}\boldsymbol{S}=-\int_S \frac{\partial \boldsymbol{B}}{\partial t}\cdot \mathrm{d}\boldsymbol{S}$$

电压为:

$$U(t)=\pi a^2 T\cdot \mathrm{e}^{\left(1-\frac{t}{10}\right)T}$$

同样呈指数分布。

电阻两端的电压分布如图 5-9-1 所示。

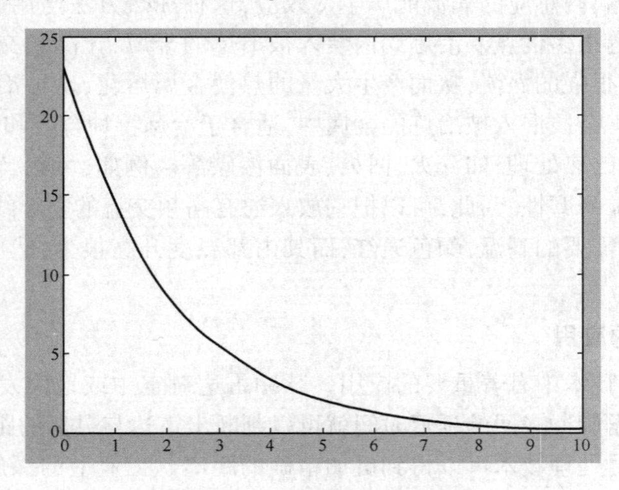

图 5-9-1 电阻两端的电压

小 结

1. 麦克斯韦方程组

积分形式:

$$\oint_C \boldsymbol{H} \cdot \mathrm{d}\boldsymbol{l} = \int_S \left(\boldsymbol{J} + \frac{\partial \boldsymbol{D}}{\partial t}\right) \cdot \mathrm{d}\boldsymbol{S}$$

$$\oint_C \boldsymbol{E} \cdot \mathrm{d}\boldsymbol{l} = -\int_S \frac{\partial \boldsymbol{B}}{\partial t} \cdot \mathrm{d}\boldsymbol{S}$$

$$\oint_S \boldsymbol{B} \cdot \mathrm{d}\boldsymbol{S} = 0$$

$$\oint_S \boldsymbol{D} \cdot \mathrm{d}\boldsymbol{S} = \oint_\tau \rho \mathrm{d}\tau$$

微分形式：

$$\nabla \times \boldsymbol{H} = \boldsymbol{J} + \frac{\partial \boldsymbol{D}}{\partial t}$$

$$\nabla \times \boldsymbol{E} = -\frac{\partial \boldsymbol{B}}{\partial t}$$

$$\nabla \cdot \boldsymbol{B} = 0$$

$$\nabla \cdot \boldsymbol{D} = \rho$$

本构关系：

$$\boldsymbol{D} = \varepsilon \boldsymbol{E}, \quad \boldsymbol{B} = \mu \boldsymbol{H}, \quad \boldsymbol{J}_{\mathrm{C}} = \sigma \boldsymbol{E}$$

在无源区（$\boldsymbol{J}=\boldsymbol{0}$、$\rho=0$、$\sigma=0$）的麦克斯韦方程组：

$$\nabla \times \boldsymbol{H} = \varepsilon \frac{\partial \boldsymbol{E}}{\partial t}, \quad \nabla \times \boldsymbol{E} = -\mu \frac{\partial \boldsymbol{H}}{\partial t}$$

在无源区电场和磁场满足波动方程：

$$\nabla^2 \boldsymbol{E} - \mu\varepsilon \frac{\partial^2 \boldsymbol{E}}{\partial t^2} = \boldsymbol{0}, \quad \nabla^2 \boldsymbol{H} - \mu\varepsilon \frac{\partial^2 \boldsymbol{H}}{\partial t^2} = \boldsymbol{0}$$

2. 时变场的边界条件

介质分界面：

$$\boldsymbol{n} \times (\boldsymbol{H}_1 - \boldsymbol{H}_2) = \boldsymbol{J}_{\mathrm{S}}$$

$$\boldsymbol{n} \times (\boldsymbol{E}_1 - \boldsymbol{E}_2) = \boldsymbol{0}$$

$$\boldsymbol{n} \cdot (\boldsymbol{B}_1 - \boldsymbol{B}_2) = 0$$

$$\boldsymbol{n} \cdot (\boldsymbol{D}_1 - \boldsymbol{D}_2) = \rho_{\mathrm{S}}$$

理想导体表面：

$$\boldsymbol{n} \times \boldsymbol{H} = \boldsymbol{J}_{\mathrm{S}}$$

$$\boldsymbol{n} \times \boldsymbol{E} = \boldsymbol{0}$$

$$\boldsymbol{n} \cdot \boldsymbol{B} = 0$$

$$\boldsymbol{n} \cdot \boldsymbol{D} = \rho_{\mathrm{S}}$$

3. 正弦电磁场的复数表示法

复振幅：$\dot{E}_{x\mathrm{m}} = E_{x\mathrm{m}}(\boldsymbol{r})\mathrm{e}^{\mathrm{j}\phi_x(\boldsymbol{r})} \leftrightarrow E_x(\boldsymbol{r},t) = E_{x\mathrm{m}}(\boldsymbol{r})\cos[\omega t + \phi_x(\boldsymbol{r})] = \mathrm{Re}[\dot{E}_{x\mathrm{m}}(\boldsymbol{r})\mathrm{e}^{\mathrm{j}\omega t}]$

复矢量：
$$\dot{\boldsymbol{E}}_{\mathrm{m}}(\boldsymbol{r})=\boldsymbol{a}_x\dot{E}_{x\mathrm{m}}(\boldsymbol{r})+\boldsymbol{a}_y\dot{E}_{y\mathrm{m}}(\boldsymbol{r})+\boldsymbol{a}_z\dot{E}_{z\mathrm{m}}(\boldsymbol{r})$$

复麦克斯韦方程组：
$$\nabla\times\dot{\boldsymbol{H}}_{\mathrm{m}}=\dot{\boldsymbol{J}}_{\mathrm{m}}+\mathrm{j}\omega\dot{\boldsymbol{D}}_{\mathrm{m}}$$
$$\nabla\times\dot{\boldsymbol{E}}_{\mathrm{m}}=-\mathrm{j}\omega\dot{\boldsymbol{B}}_{\mathrm{m}}$$
$$\nabla\cdot\dot{\boldsymbol{B}}_{\mathrm{m}}=0$$
$$\nabla\cdot\dot{\boldsymbol{D}}_{\mathrm{m}}=\dot{\rho}_{\mathrm{m}}$$

无源区的复麦克斯韦方程组：
$$\nabla\times\dot{\boldsymbol{H}}_{\mathrm{m}}=\mathrm{j}\omega\varepsilon\dot{\boldsymbol{E}}_{\mathrm{m}}\qquad\nabla\times\dot{\boldsymbol{E}}_{\mathrm{m}}=-\mathrm{j}\omega\mu\dot{\boldsymbol{H}}_{\mathrm{m}}$$

复波动方程：
$$\nabla^2\dot{\boldsymbol{E}}_{\mathrm{m}}+\omega^2\mu\varepsilon\dot{\boldsymbol{E}}_{\mathrm{m}}=\boldsymbol{0}\qquad\nabla^2\dot{\boldsymbol{H}}_{\mathrm{m}}+\omega^2\mu\varepsilon\dot{\boldsymbol{H}}_{\mathrm{m}}=\boldsymbol{0}$$

亥姆霍兹方程：
$$\nabla^2\dot{\boldsymbol{E}}_{\mathrm{m}}+k^2\dot{\boldsymbol{E}}_{\mathrm{m}}=\boldsymbol{0}\qquad\nabla^2\dot{\boldsymbol{H}}_{\mathrm{m}}+k^2\dot{\boldsymbol{H}}_{\mathrm{m}}=\boldsymbol{0}$$

其中传播常数：$k=\omega\sqrt{\mu\varepsilon}$。

4. 时变场的功率流和坡印亭定理

坡印亭矢量：
$$\boldsymbol{S}(t)=\boldsymbol{E}(t)\times\boldsymbol{H}(t)$$

平均坡印亭矢量：
$$\boldsymbol{S}_{\text{平均}}=\mathrm{Re}\left[\frac{1}{2}\dot{\boldsymbol{E}}_{\mathrm{m}}\times\dot{\boldsymbol{H}}_{\mathrm{m}}^*\right]$$

坡印亭定理：$-\int_S(\boldsymbol{E}\times\boldsymbol{H})\cdot\mathrm{d}\boldsymbol{S}=\int_\tau\frac{\partial w_{\mathrm{m}}}{\partial t}\mathrm{d}\tau+\int_\tau\frac{\partial w_{\mathrm{e}}}{\partial t}\mathrm{d}\tau+\int_\tau\sigma E^2\mathrm{d}\tau$

5. 时变电磁场的动态位

$$\boldsymbol{B}=\nabla\times\boldsymbol{A},\quad\boldsymbol{E}=-\nabla\Phi-\frac{\partial\boldsymbol{A}}{\partial t}$$

对于正弦场：
$$\dot{\boldsymbol{B}}_{\mathrm{m}}=\nabla\times\dot{\boldsymbol{A}}_{\mathrm{m}},\quad\dot{\boldsymbol{E}}_{\mathrm{m}}=-\nabla\dot{\Phi}_{\mathrm{m}}-\mathrm{j}\omega\dot{\boldsymbol{A}}_{\mathrm{m}}$$

洛仑兹条件：
$$\nabla\cdot\boldsymbol{A}=-\mu\varepsilon\frac{\partial\Phi}{\partial t},\quad\nabla\cdot\dot{\boldsymbol{A}}_{\mathrm{m}}=-\mathrm{j}\omega\mu\varepsilon\dot{\Phi}_{\mathrm{m}}$$

达朗贝尔方程：
$$\nabla^2\boldsymbol{A}-\mu\varepsilon\frac{\partial^2\boldsymbol{A}}{\partial t^2}=-\mu\boldsymbol{J},\quad\nabla^2\Phi-\mu\varepsilon\frac{\partial^2\Phi}{\partial t^2}=-\frac{\rho_{\mathrm{f}}}{\varepsilon}$$
$$\nabla^2\dot{\boldsymbol{A}}_{\mathrm{m}}+k^2\dot{\boldsymbol{A}}_{\mathrm{m}}=-\mu\dot{\boldsymbol{J}}_{\mathrm{m}},\quad\nabla^2\dot{\Phi}_{\mathrm{m}}+k^2\dot{\Phi}_{\mathrm{m}}=-\frac{\dot{\rho}_{\mathrm{fm}}}{\varepsilon}(k=\omega\sqrt{\mu\varepsilon})$$

滞后位：
$$\boldsymbol{A}(\boldsymbol{r},t)=\frac{\mu}{4\pi}\int_{\tau'}\frac{\boldsymbol{J}\left(\boldsymbol{r}',t-\frac{|\boldsymbol{r}-\boldsymbol{r}'|}{v}\right)}{|\boldsymbol{r}-\boldsymbol{r}'|}\mathrm{d}\tau',\Phi(\boldsymbol{r},t)=\frac{1}{4\pi\varepsilon}\int_{\tau'}\frac{\rho\left(\boldsymbol{r}',t-\frac{|\boldsymbol{r}-\boldsymbol{r}'|}{v}\right)}{|\boldsymbol{r}-\boldsymbol{r}'|}\mathrm{d}\tau'$$
$$\dot{\boldsymbol{A}}_{\mathrm{m}}(\boldsymbol{r})=\frac{\mu}{4\pi}\int_{\tau'}\frac{\dot{\boldsymbol{J}}_{\mathrm{m}}(\boldsymbol{r}')\mathrm{e}^{-\mathrm{j}k|\boldsymbol{r}-\boldsymbol{r}'|}}{|\boldsymbol{r}-\boldsymbol{r}'|}\mathrm{d}\tau',\ \dot{\Phi}_{\mathrm{m}}(\boldsymbol{r})=\frac{1}{4\pi\varepsilon}\int_{\tau'}\frac{\dot{\rho}_{\mathrm{m}}(\boldsymbol{r}')\mathrm{e}^{-\mathrm{j}k|\boldsymbol{r}-\boldsymbol{r}'|}}{|\boldsymbol{r}-\boldsymbol{r}'|}\mathrm{d}\tau'$$

电磁波传播的速度：

$$v=\frac{1}{\sqrt{\mu\varepsilon}} \qquad c=\frac{1}{\sqrt{\mu_0\varepsilon_0}}=3\times10^8\ \mathrm{m/s}\ （真空中）$$

思考与练习

1. 磁通随时间变化有哪几种方式？
2. 位移电流是电流吗？它的本质是什么？
3. 位移电流和传导电流的相对大小取决于哪些因素？
4. 麦克斯韦方程组的物理意义是什么？无源区的麦克斯韦方程有何意义？
5. 准静电场有何特点？准静磁场有何特点？
6. 在介质分界面和导电媒质分界面，时变电磁场的边界条件有何区别？
7. 理想导体表面电场和磁场有何特点？
8. 用复数表示正弦场有何方便之处？场的实部和虚部所对应的时间函数有何关系？
9. 坡印亭定理有何物理意义？坡印亭矢量有何物理意义？
10. 时变电磁场的能量密度和能流密度有何关系？
11. 采用洛仑兹规范有何好处？
12. 动态位的解有何特点？
13. 什么是电磁辐射？为什么会产生电磁辐射？

习　题

1. 如题 1 图所示，一根通以电流 i 的无限长直导线旁有一矩形线框 C，二者共面。求以下两种情况下线圈 C 中的感应电动势 e。

（1）$i=I_0\mathrm{e}^{-\lambda t}$，线圈 C 不动。

（2）$i=I_0\cos\omega t$，同时线圈 C 以速度 v 向右运动。

2. 如题 2 图所示，在时变磁场 $\boldsymbol{B}=\boldsymbol{a}_z 5\cos\omega t$（mT）中，一导体滑竿在两根平行导体轨上滑动，滑竿的位置由 $x=0.35(1-\cos\omega t)$（m）确定，轨道终端的电阻 $R=0.2\,\Omega$，求电流 i。

3. 如题 3 图所示，某电导率为 σ 的导电液以速度 v 在深 w、宽 l 的水平渠道中流动，当地的地球磁场的垂直分量为 B_0。两个边长均为 a、b 的矩形电极板立于导电液中，正对着贴在渠的两个立壁上，底边与渠底相距为 d。

（1）求两个电极之间所夹液体的电阻。

（2）求两个电极之间感生的电动势。

（3）用一根电阻可忽略的导线将两电极连接起来，求流经导线的电流。

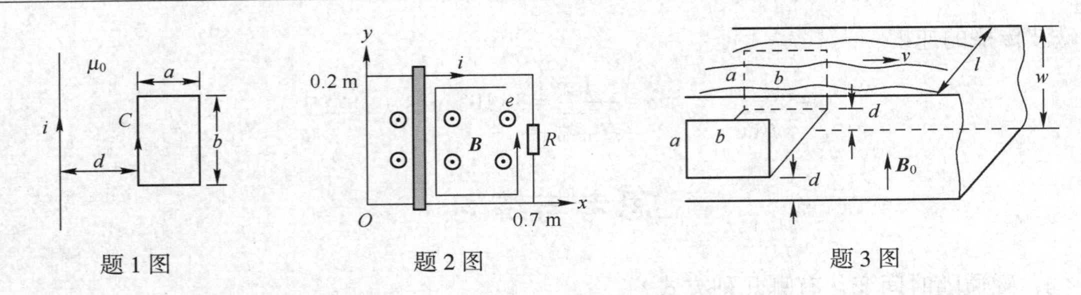

题1图　　　　题2图　　　　题3图

4. 一个闭合回路 C 的电阻为 R,如果回路 C 所包围的磁通在一段时间内从 Φ_1 变化到了 Φ_2,证明回路 C 中流过的总电量为 $Q=(\Phi_1-\Phi_2)/R$,它与这段时间的长短、磁通随时间如何变化无关。

5. 一个电子($e=1.6\times10^{-19}$ C)沿直线轨道以 $v=10^6$ m/s 的速度运动,在与轨道垂直的平面内做一个半径为 5 cm 的圆,圆心在直线轨道上。求:当电子距此圆心 5 cm 时通过圆面积的位移电流。

6. 一个同轴圆柱形电容器,内外导体半径分别为 a 和 b,长为 l。设外加低频电压 $u(t)=U_0\sin\omega t$,试计算通过半径为 $\rho(a\leqslant\rho\leqslant b)$ 的圆柱面的总位移电流,并证明它与 ρ 无关且等于电容器的电流。

7. 一个圆盘状平行板电容器半径为 R,两极间距离为 d,中间是空气,外加低频电压 $u(t)=U_0\cos\omega t$,忽略边缘效应。试问:

(1) 此电容器储存的磁能是多少?

(2) 对应的分布电感是多少? 并画出集中参数等效电路。

8. 一个圆盘状平行板电容器半径为 R、两极间距离为 d、极板间充满电导率为 σ、电容率为 ε、磁导率为 μ 的介质,外加低频电压 $u(t)=U_0\sin\omega t$。忽略边缘效应。

(1) 求电容器中任意一点的 $\boldsymbol{B}$。

(2) 由电容器中储存的磁能计算该电容器具有的分布电感。

(3) 画出集中参数等效电路。

(4) 保持电容量不变,可采取哪些措施减小分布电感?

9. 设有 N 匝的圆柱形长电感线圈,半径为 a,高为 h,通以电流 $i(t)=I_0\cos\omega t$。忽略边缘效应。试问:

(1) 该线圈储存的电场能是多少?

(2) 对应的分布电容 C 是多少?

(3) 画出集中参数等效电路;

(4) 保持电感量不变,可采取哪些措施减小分布电容?

10. (1) 证明在无源区($\rho=0,\boldsymbol{J}=\boldsymbol{0}$)中,麦克斯韦方程对于下列变换:

$$\boldsymbol{E}'=C[\boldsymbol{E}\cos\alpha+(\mu\varepsilon)^{-1/2}\boldsymbol{B}\sin\alpha]$$

$$\boldsymbol{B}'=C[-(\mu\varepsilon)^{1/2}\boldsymbol{E}\sin\alpha+\boldsymbol{B}\cos\alpha]$$

的不变性。即:如果 $\boldsymbol{E}$、$\boldsymbol{B}$ 是麦克斯韦方程组的解,则 $\boldsymbol{E}'$、$\boldsymbol{B}'$ 也是解。上式中 C 为无量纲的常数,α 是任意角度。

（2）若（1）的变换式中，$\alpha=\pi/2$，证明麦克斯韦方程中 $\boldsymbol{E}$ 和 $\boldsymbol{B}$ 可以互换。

11. 已知在空气中 $\boldsymbol{E}=\boldsymbol{a}_y 0.1\sin(10\pi x)\cos(6\pi\times10^9 t-\beta z)$，求 $\boldsymbol{H}$ 和 β。

12. 已知在空气中 $\dot{\boldsymbol{H}}_{\mathrm{m}}=-\mathrm{j}\,\boldsymbol{a}_y 2\cos(15\pi x)\mathrm{e}^{-\mathrm{j}\beta z}$，$f=3\times10^9$ Hz，求 $\dot{\boldsymbol{E}}_{\mathrm{m}}$ 和 β。

13. 已知在空气中的球面波电场 $\boldsymbol{E}=\boldsymbol{a}_\theta \dfrac{E_0}{r}\sin\theta\cos(\omega t-kr)$，求 $\boldsymbol{H}$ 和 k。

14. 在通以 $f=1$ GHz 的电流的情况下，求下列三种物质中位移电流密度与传导电流密度的比值 $J_{\mathrm{D}}/J_{\mathrm{C}}$（由相关计算表明：即使在微波频率下，良导体中的位移电流也是可以忽略的）。

（1）瓷：$\varepsilon_{\mathrm{r}}=5.7$，$\sigma=10^{-14}$ S/m。

（2）铜：$\varepsilon_{\mathrm{r}}\approx1$，$\sigma=5.7\times10^7$ S/m。

（3）海水：$\varepsilon_{\mathrm{r}}=81$，$\sigma=4$ S/m。

（4）写出铜和海水中关于复矢量 $\dot{\boldsymbol{H}}_{\mathrm{m}}$ 的旋度方程。

15. 两无限大理想导体平面限定的区域（$0\leqslant z\leqslant d$）中存在的电磁场为：

$$E_y=E_0\sin\frac{\pi z}{d}\cos(\omega t-k_x x)$$

$$H_x=\frac{\pi E_0}{\omega\mu_0 d}\cos\frac{\pi z}{d}\sin(\omega t-k_x x)$$

$$H_z=\frac{k_x E_0}{\omega\mu_0}\sin\frac{\pi z}{d}\cos(\omega t-k_x x)$$

其中，$\omega^2\mu_0\varepsilon_0=k_x^2+(\pi/d)^2$；$d$、$k_x$、$\omega$、$E_0$ 均为常数。在此区域中：

（1）验证该电磁波（TE 波）满足无源区的麦克斯韦方程；

（2）验证它满足理想导体表面的边界条件，并求出表面电荷和感应面电流；

（3）求位移电流分布。

16. 一个真空中存在的驻波电磁场为：

$$\dot{\boldsymbol{E}}_{\mathrm{m}}=\boldsymbol{a}_x \mathrm{j}E_0\sin(kz)$$

$$\dot{\boldsymbol{H}}_{\mathrm{m}}=\boldsymbol{a}_y\sqrt{\frac{\varepsilon_0}{\mu_0}}E_0\cos(kz)$$

其中，$k=\omega/c=2\pi/\lambda$，λ 是波长。

（1）求 $\boldsymbol{S}(t)$ 和 $\boldsymbol{S}_{平均}$。

（2）画出 $0\leqslant z\leqslant\lambda/4$ 区间 $\boldsymbol{S}(t)$ 的振幅随 z 变化的曲线，并指出 $\boldsymbol{S}(t)$ 在 $z=n\lambda/4$、$z=(2n+1)\lambda/8$ 时（n 为任意整数）取值有何特点？可得到何种结论？

17. 真空中一个 TM 波的电磁场为：

$$E_x=-\mathrm{j}E_0\cos\theta\sin(\beta_z z)\mathrm{e}^{-\mathrm{j}\beta_x x}$$

$$E_z=-E_0\sin\theta\cos(\beta_z z)\mathrm{e}^{-\mathrm{j}\beta_x x}$$

$$H_y=\frac{E_0}{\eta_0}\cos(\beta_z z)\mathrm{e}^{-\mathrm{j}\beta_x x}$$

其中,η_0、β_x、β_z、θ、E_0均为常数。求$\boldsymbol{S}(t)$和$\boldsymbol{S}_{\text{平均}}$。

18. 证明圆极化波

$$\boldsymbol{E}(t)=\boldsymbol{a}_x\cos\omega t+\boldsymbol{a}_y\sin\omega t$$

$$\boldsymbol{H}(t)=-\boldsymbol{a}_x\frac{\sin\omega t}{\eta}+\boldsymbol{a}_y\frac{\cos\omega t}{\eta}$$

的坡印廷矢量$\boldsymbol{S}(t)$是一个与t无关的常数。

19. 设沿z方向传播的两个电磁波为:

$$\dot{\boldsymbol{E}}_{1\text{m}}=\boldsymbol{a}_xE_1\text{e}^{-\text{j}\omega_1 z/c}$$

$$\dot{\boldsymbol{E}}_{2\text{m}}=\boldsymbol{a}_xE_2\text{e}^{-\text{j}\omega_2 z/c}$$

其中,$\omega_1\neq\omega_2$,证明总的平均能流等于两个波的平均能流之和。

20. 无源区有一个平面波的电磁场为:

$$\boldsymbol{E}(t)=\boldsymbol{E}_0\cos(\boldsymbol{k}\cdot\boldsymbol{r}-\omega t)$$

$$\boldsymbol{B}(t)=\boldsymbol{B}_0\cos(\boldsymbol{k}\cdot\boldsymbol{r}-\omega t)$$

其中,$\boldsymbol{E}_0$、$\boldsymbol{B}_0$和$\boldsymbol{k}=\boldsymbol{a}_xk_x+\boldsymbol{a}_yk_y+\boldsymbol{a}_zk_z$是常矢量,$\boldsymbol{r}=\boldsymbol{a}_xx+\boldsymbol{a}_yy+\boldsymbol{a}_zz$是场点的位置矢量,

试证:(1)$\boldsymbol{E}$、$\boldsymbol{B}$满足波动方程的条件是$\dfrac{\omega}{k}=c=\dfrac{1}{\sqrt{\mu_0\varepsilon_0}}$($k=|\boldsymbol{k}|$);

(2) $\boldsymbol{E}$、$\boldsymbol{B}$满足麦克斯韦方程的条件是$\boldsymbol{k}\cdot\boldsymbol{E}=0$,$\boldsymbol{k}\cdot\boldsymbol{B}=0$。

21. 在无源区($\rho=0$,$\boldsymbol{J}=\boldsymbol{0}$)可以引入一个矢量电位$\boldsymbol{A}_\text{m}$和标量磁位$\Phi_\text{m}$:

$$\boldsymbol{D}=-\nabla\times\boldsymbol{A}_\text{m}$$

$$\boldsymbol{H}=-\nabla\Phi_\text{m}-\frac{\partial\boldsymbol{A}_\text{m}}{\partial t}$$

试推导$\boldsymbol{A}_\text{m}$和Φ_m的微分方程,并同矢量磁位$\boldsymbol{A}$和标量电位Φ的达朗贝尔方程相比较。

研究型拓展题目

计算电容器充电过程中的能流密度和电容器能量的变化率。

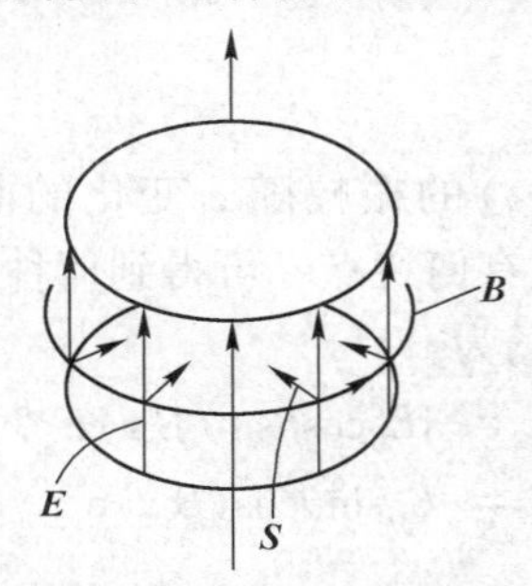

研究型拓展题目示意图

第 6 章　平面电磁波

高频电流和电荷可以称为辐射源,它们激发的高频电磁场具有波动性和辐射性,称为电磁波。由不同尺寸和形状的辐射源所发出的电磁波具有不同的波面形状,可以有平面波、球面波、柱面波等。但在离辐射源很远的较小区域内,各种曲面波都可近似看作平面波,因此研究平面波的运动规律具有典型意义。本章将讨论单一频率的正弦平面波的基本传播特性,复杂的波可利用傅里叶变换分解成不同频率的单色波的叠加。

6.1　理想介质中的均匀平面波

电磁波在传播过程中的波面形状,是由此刻的等相位面构成的。等相位面是平面的,称为平面波。在等相位面上若电场和磁场的大小各处相等,就称为均匀波;否则就称为非均匀波。

6.1.1　均匀平面波的方程和解式

在理想介质(均匀、线性、各向同性)中,正弦电场满足波动方程:

$$\nabla^2 \dot{\boldsymbol{E}}_{\mathrm{m}} + k^2 \dot{\boldsymbol{E}}_{\mathrm{m}} = \boldsymbol{0} \tag{6-1-1}$$

式中,$k=\omega\sqrt{\mu\varepsilon}$是实数。

在直角坐标系中,该矢量波动方程可写为三个标量波动方程:

$$\frac{\partial^2 \dot{E}_{\mathrm{m}x}}{\partial x^2} + \frac{\partial^2 \dot{E}_{\mathrm{m}x}}{\partial y^2} + \frac{\partial^2 \dot{E}_{\mathrm{m}x}}{\partial z^2} + k^2 \dot{E}_{\mathrm{m}x} = 0 \tag{6-1-2}$$

$$\frac{\partial^2 \dot{E}_{\mathrm{m}y}}{\partial x^2} + \frac{\partial^2 \dot{E}_{\mathrm{m}y}}{\partial y^2} + \frac{\partial^2 \dot{E}_{\mathrm{m}y}}{\partial z^2} + k^2 \dot{E}_{\mathrm{m}y} = 0 \tag{6-1-3}$$

$$\frac{\partial^2 \dot{E}_{\mathrm{m}z}}{\partial x^2} + \frac{\partial^2 \dot{E}_{\mathrm{m}z}}{\partial y^2} + \frac{\partial^2 \dot{E}_{\mathrm{m}z}}{\partial z^2} + k^2 \dot{E}_{\mathrm{m}z} = 0 \tag{6-1-4}$$

以方程式(6-1-2)为例,设分离变量解$\dot{E}_{\mathrm{m}x}=X(x)Y(y)Z(z)$,并用它去除式(6-1-2)两边,得:

$$\frac{1}{X}\frac{\partial^2 X}{\partial x^2} + \frac{1}{Y}\frac{\partial^2 Y}{\partial y^2} + \frac{1}{Z}\frac{\partial^2 Z}{\partial z^2} + k^2 = 0 \tag{6-1-5}$$

可以看出,式(6-1-5)左边前三项只能是与坐标变量无关的常数,分别令其等于$-k_x^2$、$-k_y^2$、$-k_z^2$,得到三个常微分方程:

$$\frac{\partial^2 X}{\partial x^2}+k_x^2 X=0 \tag{6-1-6}$$

$$\frac{\partial^2 Y}{\partial y^2}+k_y^2 Y=0 \tag{6-1-7}$$

$$\frac{\partial^2 Z}{\partial z^2}+k_z^2 Z=0 \tag{6-1-8}$$

及

$$k_x^2+k_y^2+k_z^2=k^2 \tag{6-1-9}$$

其中 k_x、k_y、k_z 称为分离常数。每一个分离常数可有实数、纯虚数和复数三种可能的取值,但只有两个是独立的,另一个由式(6-1-9)约束。每一种取值对应着微分方程的一种解函数,从而对应了电磁波可能存在的一种波型或称模式。

当分离常数都取实数时,即:

$$k_x^2>0 \quad k_y^2>0 \quad k_z^2>0$$

由式(6-1-6)~式(6-1-8)可得$\dot{E}_{mx}$的通解形式:

$$\dot{E}_{mx}=(C_1 e^{-jk_x x}+C_2 e^{jk_x x})(C_3 e^{-jk_y y}+C_4 e^{jk_y y})(C_5 e^{-jk_z z}+C_6 e^{jk_z z})$$

在无界的理想介质中,电磁波将单向传播,取$\dot{E}_{mx}$的解的一种形式(有界情形的讨论见本章后半部分)为:

$$\dot{E}_{mx}=E_{x0}e^{-jk_x x}e^{-jk_y y}e^{-jk_z z}=E_{x0}e^{-j(k_x x+k_y y+k_z z)}$$

由于式(6-1-9)成立,可定义矢量:

$$\boldsymbol{k}=\boldsymbol{a}_x k_x+\boldsymbol{a}_y k_y+\boldsymbol{a}_z k_z \tag{6-1-10}$$

并注意到场点的位置矢量:

$$\boldsymbol{r}=\boldsymbol{a}_x x+\boldsymbol{a}_y y+\boldsymbol{a}_z z$$

于是可得无界理想介质中$\dot{E}_{mx}$的通解形式:

$$\dot{E}_{mx}=E_{x0}e^{-j(k_x x+k_y y+k_z z)}=E_{x0}e^{-j\boldsymbol{k}\cdot\boldsymbol{r}} \tag{6-1-11}$$

类似地,可得到$\dot{E}_{my}$和$\dot{E}_{mz}$的解:

$$\dot{E}_{my}=E_{y0}e^{-j\boldsymbol{k}\cdot\boldsymbol{r}} \tag{6-1-12}$$

$$\dot{E}_{mz}=E_{z0}e^{-j\boldsymbol{k}\cdot\boldsymbol{r}} \tag{6-1-13}$$

而电场复矢量$\dot{\boldsymbol{E}}_m$则可写为:

$$\dot{\boldsymbol{E}}_m=(\boldsymbol{a}_x E_{x0}+\boldsymbol{a}_y E_{y0}+\boldsymbol{a}_z E_{z0})e^{-j(k_x x+k_y y+k_z z)}=\boldsymbol{E}_0 e^{-j\boldsymbol{k}\cdot\boldsymbol{r}} \tag{6-1-14}$$

其中$\boldsymbol{E}_0=\boldsymbol{a}_x E_{x0}+\boldsymbol{a}_y E_{y0}+\boldsymbol{a}_z E_{z0}$,是常矢量,表示电场的方向和振幅。显然,$\boldsymbol{E}_0$也可以是复常矢量即$\dot{\boldsymbol{E}}_0$,它除了电场的方向和振幅,还包含电场各分量在坐标原点处的初相位。也就是说,电场强度的一般解可写为:

$$\dot{\boldsymbol{E}}_{\mathrm{m}}=(\boldsymbol{a}_x\dot{E}_{x0}+\boldsymbol{a}_y\dot{E}_{y0}+\boldsymbol{a}_z\dot{E}_{z0})\mathrm{e}^{-\mathrm{j}(k_xx+k_yy+k_zz)}=\dot{\boldsymbol{E}}_0\mathrm{e}^{-\mathrm{j}\boldsymbol{k}\cdot\boldsymbol{r}} \tag{6-1-15}$$

为方便分析,本节只对式(6-1-14)进行讨论,它对应的时间函数为:

$$\boldsymbol{E}(t)=\boldsymbol{E}_0\cos[\omega t-(k_xx+k_yy+k_zz)]=\boldsymbol{E}_0\cos(\omega t-\boldsymbol{k}\cdot\boldsymbol{r}) \tag{6-1-16}$$

其等相位面为:

$$k_xx+k_yy+k_zz=C \tag{6-1-17}$$

式(6-1-17)表明,此波是平面波;在等相位面上,电场的振幅 E_0是常数。因此式(6-1-14)~式(6-1-16)是均匀平面波的解式。

等相位面的法线方向,即波面的推进方向,可由等相位面的梯度计算,即:

$$\nabla(\boldsymbol{k}\cdot\boldsymbol{r})=\nabla(k_xx+k_yy+k_zz)=\boldsymbol{k} \tag{6-1-18}$$

可见,矢量 $\boldsymbol{k}$ 的单位方向

$$\boldsymbol{a}_k=\frac{\boldsymbol{k}}{k} \tag{6-1-19}$$

表示电磁波的传播方向,其大小 $k=\omega\sqrt{\mu\varepsilon}$ 表示在电磁波的传播方向上单位距离滞后的相位。矢量 $\boldsymbol{k}$ 是描述电磁波的重要物理量之一,称为波矢量。

6.1.2　均匀平面波的传播特性

1. 频率、周期、相速和波数

电磁波的频率由激励源决定,在任何媒质中,在空间任意一点,都保持不变。它与场量随时间变化的周期、角频率之间的关系为:

$$f=\frac{1}{T}=\frac{\omega}{2\pi}\ (\mathrm{Hz}) \tag{6-1-20}$$

在完纯介质中,μ 和 ε 都是实数,有

$$k=\omega\sqrt{\mu\varepsilon}=\frac{\omega}{v_{\mathrm{p}}}=\frac{2\pi}{Tv_{\mathrm{p}}}=\frac{2\pi}{\lambda}\ (\mathrm{rad/m}) \tag{6-1-21}$$

式(6-1-21)表明,k 表示在波的传播方向上单位距离滞后的相位,因此称作相移常数,也称作波数。式中的 v_{p}是均匀平面波的相速,即:

$$v_{\mathrm{p}}=\frac{\omega}{k}=\frac{1}{\sqrt{\mu\varepsilon}}\ (\mathrm{m/s}) \tag{6-1-22}$$

它与媒质的参数 μ 和 ε 有关,与频率无关。

在真空中,

$$v_{\mathrm{p}}=\frac{1}{\sqrt{\mu_0\varepsilon_0}}=3\times10^8\ (\mathrm{m/s})$$

2. 磁场、本征阻抗、能流矢量和能量密度

将式(6-1-14)代入麦克斯韦方程:

$$\nabla\times\dot{\boldsymbol{E}}_{\mathrm{m}}=-\mathrm{j}\omega\mu\,\dot{\boldsymbol{H}}_{\mathrm{m}}$$

利用矢量恒等式$\nabla\times(f\boldsymbol{A})=f\,\nabla\times\boldsymbol{A}+\nabla f\times\boldsymbol{A}$,并注意到$\boldsymbol{E}_0$是常矢量,其导数是零,得:

$$\begin{aligned}\dot{\boldsymbol{H}}_{\mathrm{m}}&=\mathrm{j}\,\frac{1}{\omega\mu}\nabla\times(\boldsymbol{E}_0\mathrm{e}^{-\mathrm{j}\boldsymbol{k}\cdot\boldsymbol{r}})\\&=\mathrm{j}\,\frac{1}{\omega\mu}\nabla\mathrm{e}^{-\mathrm{j}\boldsymbol{k}\cdot\boldsymbol{r}}\times\boldsymbol{E}_0\\&=\mathrm{j}\,\frac{1}{\omega\mu}\mathrm{e}^{-\mathrm{j}\boldsymbol{k}\cdot\boldsymbol{r}}\nabla(-\mathrm{j}\boldsymbol{k}\cdot\boldsymbol{r})\times\boldsymbol{E}_0\end{aligned}$$

利用式(6-1-18)的结果,上式可写为:

$$\dot{\boldsymbol{H}}_{\mathrm{m}}=\frac{k}{\omega\mu}\boldsymbol{a}_k\times\dot{\boldsymbol{E}}_{\mathrm{m}}\tag{6-1-23}$$

由式(6-1-23)可以得出电场模值与磁场模值之比:

$$\frac{|\dot{\boldsymbol{E}}_{\mathrm{m}}|}{|\dot{\boldsymbol{H}}_{\mathrm{m}}|}=\frac{\omega\mu}{k}=\sqrt{\frac{\mu}{\varepsilon}}$$

它具有电阻的量纲,称为波阻抗。又由于它只与媒质的特性参数μ和ε有关,也称为媒质的本征阻抗或本质阻抗,用η来表示,即:

$$\eta=\sqrt{\frac{\mu}{\varepsilon}}\tag{6-1-24}$$

在真空中,

$$\eta_0=\sqrt{\frac{\mu_0}{\varepsilon_0}}=120\pi\approx377\ (\Omega)\tag{6-1-25}$$

于是,式(6-1-23)可改写为:

$$\dot{\boldsymbol{H}}_{\mathrm{m}}=\frac{1}{\eta}\boldsymbol{a}_k\times\dot{\boldsymbol{E}}_{\mathrm{m}}\tag{6-1-26}$$

类似地,可得:

$$\dot{\boldsymbol{E}}_{\mathrm{m}}=\eta\,\dot{\boldsymbol{H}}_{\mathrm{m}}\times\boldsymbol{a}_k\tag{6-1-27}$$

将式(6-1-14)代入麦克斯韦方程

$$\nabla\cdot\dot{\boldsymbol{E}}_{\mathrm{m}}=0$$

得:

$$\nabla\cdot(\boldsymbol{E}_0\mathrm{e}^{-\mathrm{j}\boldsymbol{k}\cdot\boldsymbol{r}})=\mathrm{e}^{-\mathrm{j}\boldsymbol{k}\cdot\boldsymbol{r}}\nabla\cdot\boldsymbol{E}_0+\boldsymbol{E}_0\cdot\nabla\mathrm{e}^{-\mathrm{j}\boldsymbol{k}\cdot\boldsymbol{r}}=\boldsymbol{E}_0\cdot\nabla\mathrm{e}^{-\mathrm{j}\boldsymbol{k}\cdot\boldsymbol{r}}=\boldsymbol{E}_0\cdot\boldsymbol{k}\mathrm{e}^{-\mathrm{j}\boldsymbol{k}\cdot\boldsymbol{r}}=0$$

因此,有:

$$\boldsymbol{E}_0\cdot\boldsymbol{k}=0\tag{6-1-28}$$

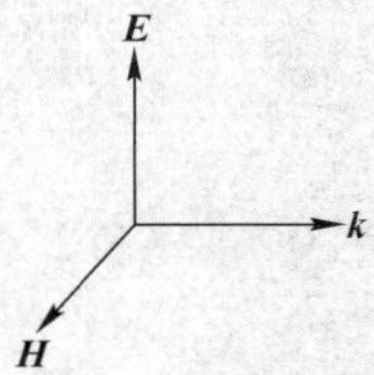

由式(6-1-26)~式(6-1-28)可以看出,电场、磁场和波矢量三者相互垂直,并构成右手系,如图6-1-1所示。

图6-1-1 $\boldsymbol{E}$、$\boldsymbol{H}$和$\boldsymbol{k}$的空间关系

对应于电场瞬时解式(6-1-16),磁场的瞬时解为:

$$\boldsymbol{H}(t)=\frac{1}{\eta}\boldsymbol{a}_k\times\boldsymbol{E}_0\cos[\omega t-(k_x x+k_y y+k_z z)]=\frac{1}{\eta}\boldsymbol{a}_k\times\boldsymbol{E}_0\cos(\omega t-\boldsymbol{k}\cdot\boldsymbol{r})\tag{6-1-29}$$

可见,在完纯介质中,电场和磁场在时间上是同相的,如图6-1-2所示。

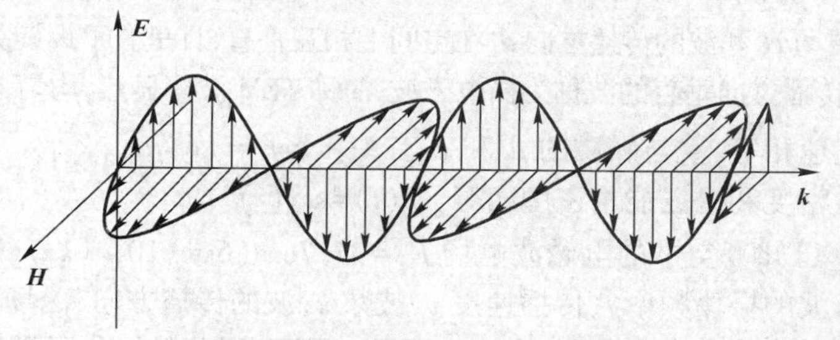

图6-1-2　$\boldsymbol{E}$和$\boldsymbol{H}$在某一时刻的分布

能流矢量的瞬时值由式(6-1-16)和式(6-1-29)计算,得:

$$\boldsymbol{S}(t)=\boldsymbol{E}(t)\times\boldsymbol{H}(t)=\boldsymbol{a}_k\frac{E_0^2}{\eta}\cos^2(\omega t-\boldsymbol{k}\cdot\boldsymbol{r})=\boldsymbol{a}_k\eta H_0^2\cos^2(\omega t-\boldsymbol{k}\cdot\boldsymbol{r})\tag{6-1-30}$$

式中,H_0为磁场的振幅。

能流矢量的平均值由式(6-1-14)、式(6-1-26)和式(6-1-27)计算,得:

$$\boldsymbol{S}_{平均}=\mathrm{Re}\left[\frac{1}{2}\dot{\boldsymbol{E}}_\mathrm{m}\times\dot{\boldsymbol{H}}_\mathrm{m}^*\right]=\boldsymbol{a}_k\frac{|\dot{\boldsymbol{E}}_\mathrm{m}|^2}{2\eta}=\boldsymbol{a}_k\frac{1}{2}\eta|\dot{\boldsymbol{H}}_\mathrm{m}|^2\tag{6-1-31}$$

可见,均匀平面波能流矢量的方向正是波面推进的方向,即波矢量的方向,而大小是一个常量,即均匀平面波的平均能流密度是均匀分布的。

电场和磁场的能量密度,即在完纯介质中单位体积的储能分别为:

$$w_\mathrm{e}(t)=\frac{1}{2}\varepsilon|\boldsymbol{E}(t)|^2\tag{6-1-32}$$

$$w_\mathrm{m}(t)=\frac{1}{2}\mu|\boldsymbol{H}(t)|^2\tag{6-1-33}$$

利用式(6-1-16)、式(6-1-24)和式(6-1-29),得:

$$w_\mathrm{e}(t)=w_\mathrm{m}(t)\tag{6-1-34}$$

式(6-1-34)表明,在任意时刻均匀平面波在完纯介质中任意一点单位体积的电场能量和磁场能量都相等。

将式(6-1-30)及式(6-1-32)~式(6-1-34)代入式(5-6-10)中,可计算出完纯介质中均匀平面波的能速为:

$$\boldsymbol{v}_\mathrm{e}=\frac{\boldsymbol{S}(t)}{w_\mathrm{e}(t)+w_\mathrm{m}(t)}=\boldsymbol{a}_k\frac{1}{\sqrt{\mu\varepsilon}}\tag{6-1-35}$$

可见,在完纯介质中,均匀平面波的能量沿波矢量$\boldsymbol{k}$的方向传播,且能速与相速相等。

综上所述,均匀平面波在完纯介质中的传播特性可归纳如下。

(1) 电场$\boldsymbol{E}$和磁场$\boldsymbol{H}$的等相位面是平面;在等相位面上电场和磁场的大小均匀分布(是

常数)。

(2) 电场 $\boldsymbol{E}$ 和磁场 $\boldsymbol{H}$ 在时间上同相位;且电场与磁场的大小之比是媒质的本征阻抗:$|\boldsymbol{E}_0|/|\boldsymbol{H}_0|=\eta=\sqrt{\mu/\varepsilon}$。

(3) 电场 $\boldsymbol{E}$、磁场 $\boldsymbol{H}$ 和波的传播方向 $\boldsymbol{a}_k$ 在空间上相互垂直,且呈右手螺旋关系:$\boldsymbol{a}_E\times\boldsymbol{a}_H=\boldsymbol{a}_k$。电场和磁场均与波的传播方向垂直的波称为横电磁波,简称 TEM 波。显然,均匀平面波是 TEM 波。

(4) 相速和能速相等,仅与媒质的 μ 和 ε 有关:$v_{\mathrm{p}}=v_{\mathrm{e}}=1/\sqrt{\mu\varepsilon}$。

(5) 电场能量密度和磁场能量密度相等:$w_{\mathrm{e}}(t)=w_{\mathrm{m}}(t)$。

【例 6-1-1】 已知真空中的电磁波电场 $E_y=37.7\cos(6\pi\times10^8t+kz)$ (V/m),问此波是否均匀平面波?并求波的振荡频率 f,传播速度 v,波数 k,波的传播方向,磁场 $\boldsymbol{H}$ 及 $\boldsymbol{S}_{\text{平均}}$。

【解】 电场振幅为 37.7,是常数,等相位面为 z 平面,因此是均匀平面波。

在电场的表达式中,$\omega=6\pi\times10^8$ rad/s,可得振荡频率为:

$$f=\omega/2\pi=3\times10^8\ \text{(Hz)}$$

真空中均匀平面波的传播速度为:

$$v=\frac{1}{\sqrt{\mu_0\varepsilon_0}}=3\times10^8\ \text{m/s}$$

波数

$$k=\omega\sqrt{\mu_0\varepsilon_0}=2\pi\ \text{rad/m}$$

由

$$-\boldsymbol{k}\cdot\boldsymbol{r}=kz$$

得波的传播方向:

$$\boldsymbol{a}_k=-\boldsymbol{a}_z$$

磁场为:

$$\boldsymbol{H}(t)=\frac{1}{\eta_0}\boldsymbol{a}_k\times\boldsymbol{E}(t)=\frac{1}{377}(-\boldsymbol{a}_z)\times\boldsymbol{a}_y37.7\cos(6\pi\times10^8t+2\pi z)$$
$$=\boldsymbol{a}_x0.1\cos(6\pi\times10^8t+2\pi z)\ \text{(A/m)}$$

电场和磁场的复矢量分别为:

$$\dot{\boldsymbol{E}}_{\mathrm{m}}=\boldsymbol{a}_y37.7\mathrm{e}^{\mathrm{j}2\pi z}$$

$$\dot{\boldsymbol{H}}_{\mathrm{m}}=\boldsymbol{a}_x0.1\mathrm{e}^{\mathrm{j}2\pi z}$$

平均能流矢量为:

$$\boldsymbol{S}_{\text{平均}}=\mathrm{Re}\left[\frac{1}{2}\dot{\boldsymbol{E}}_{\mathrm{m}}\times\dot{\boldsymbol{H}}_{\mathrm{m}}^*\right]=-\boldsymbol{a}_z1.885\ \text{W/m}^2$$

【例 6-1-2】 已知自由空间中均匀平面波的电场为:

$$\boldsymbol{E}(\boldsymbol{r},t)=10(\boldsymbol{a}_x+2\boldsymbol{a}_y+E_z\boldsymbol{a}_z)\cos(\omega t+3x-y-z)\ \text{(V/m)}$$

求波的传播方向 $\boldsymbol{a}_k$、波长 λ、角频率 ω、参数 E_z 及磁场 $\boldsymbol{H}(\boldsymbol{r},t)$。

【解】 由电场的表达式,得:

$$-\boldsymbol{k}\cdot\boldsymbol{r}=-k_xx-k_yy-k_zz=3x-y-z$$

故：

$$k_x=-3,\qquad k_y=1,\qquad k_z=1$$

$$\boldsymbol{k}=-3\,\boldsymbol{a}_x+\boldsymbol{a}_y+\boldsymbol{a}_z,\qquad k=\sqrt{(-3)^2+1^2+1^2}=\sqrt{11}$$

波的传播方向：

$$\boldsymbol{a}_k=\frac{\boldsymbol{k}}{k}=\frac{1}{\sqrt{11}}(-3\,\boldsymbol{a}_x+\boldsymbol{a}_y+\boldsymbol{a}_z)$$

波长：

$$\lambda=\frac{2\pi}{k}=\frac{2\pi}{\sqrt{11}}\approx 1.89\ (\text{m})$$

角频率：

$$\omega=kv_{\text{p}}=kc=\sqrt{11}\times 3\times 10^8\approx 9.95\times 10^8\ \ (\text{rad/m})$$

均匀平面波是横电磁波，因此有：

$$\boldsymbol{k}\cdot\boldsymbol{E}_0=0$$

将$\boldsymbol{E}_0=10(\boldsymbol{a}_x+2\,\boldsymbol{a}_y+E_z\,\boldsymbol{a}_z)$和$\boldsymbol{k}=-3\,\boldsymbol{a}_x+\boldsymbol{a}_y+\boldsymbol{a}_z$ 代入上式，得：

$$10(-3+2+E_z)=0$$

从而

$$E_z=1$$

磁场：

$$\begin{aligned}\boldsymbol{H}(\boldsymbol{r},t)&=\frac{1}{\eta_0}\boldsymbol{a}_k\times\boldsymbol{E}(\boldsymbol{r},t)\\&=\frac{1}{120\pi}\frac{1}{\sqrt{11}}(-3\,\boldsymbol{a}_x+\boldsymbol{a}_y+\boldsymbol{a}_z)\times 10(\boldsymbol{a}_x+2\,\boldsymbol{a}_y+E_z\,\boldsymbol{a}_z)\cos(9.95\times 10^8t+3x-y-z)\\&=8.0\times 10^{-3}(-\boldsymbol{a}_x+4\,\boldsymbol{a}_y-7\,\boldsymbol{a}_z)\cos(9.95\times 10^8t+3x-y-z)\ (\text{A/m})\end{aligned}$$

6.2　电磁波的极化

前面讨论了均匀平面波在完纯介质中的分布特征、电场和磁场的时间关系、空间关系和大小关系，以及波长、相速、能量密度等特征。本节将讨论均匀平面波的另一重要传播特性——电磁波的极化特性：电场强度的方向和大小随时间变化的规律。

区分电磁波的极化状态既是工程应用的实际需要，也是理论分析的重要部分。按照在空间固定的场点，电场矢量末端随时间变化的轨迹不同，电磁波的极化可分为直线极化、圆极化和椭圆极化三种状态。

6.2.1　直线极化

若均匀平面波的解式(6-1-15)中的振幅矢量$\dot{\boldsymbol{E}}_0$ 满足：

$$\dot{\boldsymbol{E}}_0=\boldsymbol{a}_E\,\dot{E}_0=\boldsymbol{a}_E E_0\text{e}^{\text{j}\varphi}\tag{6-2-1}$$

式中,E_0是电场的振幅;φ 是坐标原点处的初相位,则电场强度可写为:

$$\dot{\boldsymbol{E}}_{\mathrm{m}}=\dot{\boldsymbol{E}}_0\mathrm{e}^{-\mathrm{j}\boldsymbol{k}\cdot\boldsymbol{r}}=\boldsymbol{a}_E E_0\mathrm{e}^{-\mathrm{j}(\boldsymbol{k}\cdot\boldsymbol{r}-\varphi)} \tag{6-2-2}$$

对应的瞬时电场为:

$$\boldsymbol{E}(t)=\boldsymbol{a}_E E_0\cos(\omega t-\boldsymbol{k}\cdot\boldsymbol{r}+\varphi) \tag{6-2-3}$$

式(6-2-3)表明,电场强度的方向固定在 $\boldsymbol{a}_E$ 方向不变,大小则随时间按正弦函数律变化,如图 6-2-1所示,其矢量线的末端在 $\boldsymbol{a}_k$ 平面上随时间变化的轨迹是一条直线,因此这种平面波称为直线极化波,简称线极化波。

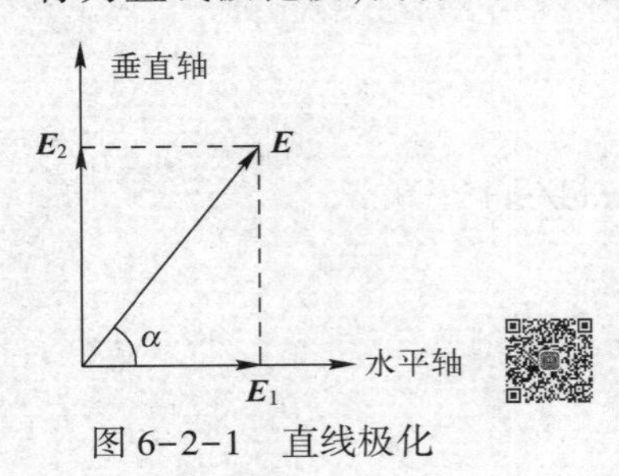

图 6-2-1　直线极化

工程上,若电场方向平行于地面(如 x 轴),则称水平极化波;若电场方向垂直于地面(如 y 轴),则称垂直极化波。例如,电视发射天线与地面平行,发射的是水平极化波,则接收天线需水平配置才能达到最好的接收效果;中波广播发射天线一般是垂直极化天线,则接收天线需垂直放置。

6.2.2　圆极化

将均匀平面波的解式(6-1-15)中的振幅复矢量$\dot{\boldsymbol{E}}_0$ 按照实部和虚部分开,即:

$$\dot{\boldsymbol{E}}_{\mathrm{m}}=\dot{\boldsymbol{E}}_0\mathrm{e}^{-\mathrm{j}\boldsymbol{k}\cdot\boldsymbol{r}}=(\boldsymbol{E}_{\mathrm{r}}\pm\mathrm{j}\,\boldsymbol{E}_{\mathrm{j}})\,\mathrm{e}^{-\mathrm{j}\boldsymbol{k}\cdot\boldsymbol{r}} \tag{6-2-4}$$

若满足下列条件。

(1) 实部矢量$\boldsymbol{E}_{\mathrm{r}}$ 与虚部矢量$\boldsymbol{E}_{\mathrm{j}}$ 相互垂直,即:

$$\boldsymbol{E}_{\mathrm{r}}\cdot\boldsymbol{E}_{\mathrm{j}}=0 \tag{6-2-5}$$

(2) 实部矢量$\boldsymbol{E}_{\mathrm{r}}$ 与虚部矢量$\boldsymbol{E}_{\mathrm{j}}$ 大小相等,即:

$$|\boldsymbol{E}_{\mathrm{r}}|=|\boldsymbol{E}_{\mathrm{j}}|=E_{\mathrm{m}} \tag{6-2-6}$$

则由式(6-2-4)对应的电场的瞬时表达式

$$\begin{aligned}\boldsymbol{E}(t)&=\boldsymbol{a}_{E_{\mathrm{r}}}E_{\mathrm{m}}\cos(\omega t-\boldsymbol{k}\cdot\boldsymbol{r})\mp\boldsymbol{a}_{E_{\mathrm{j}}}E_{\mathrm{m}}\sin(\omega t-\boldsymbol{k}\cdot\boldsymbol{r})\\&=\boldsymbol{a}_{E_{\mathrm{r}}}E_{\mathrm{m}}\cos(\omega t-\boldsymbol{k}\cdot\boldsymbol{r})+\boldsymbol{a}_{E_{\mathrm{j}}}E_{\mathrm{m}}\cos(\omega t-\boldsymbol{k}\cdot\boldsymbol{r}\pm\pi/2)\end{aligned} \tag{6-2-7}$$

可写出任意时刻某场点电场的大小为:

$$|\boldsymbol{E}(t)|=\sqrt{E_{\mathrm{m}}^2\cos^2(\omega t-\boldsymbol{k}\cdot\boldsymbol{r})+E_{\mathrm{m}}^2\sin^2(\omega t-\boldsymbol{k}\cdot\boldsymbol{r})}=E_{\mathrm{m}} \tag{6-2-8}$$

电场 $\boldsymbol{E}(t)$ 的方向如图 6-2-2 所示,与 $\boldsymbol{E}_{\mathrm{r}}(t)$ 的夹角设为 α,

由

$$\tan\alpha=\frac{E_{\mathrm{j}}(t)}{E_{\mathrm{r}}(t)}=\frac{\mp E_{\mathrm{m}}\sin(\omega t-\boldsymbol{k}\cdot\boldsymbol{r})}{E_{\mathrm{m}}\cos(\omega t-\boldsymbol{k}\cdot\boldsymbol{r})}=\mp\tan(\omega t-\boldsymbol{k}\cdot\boldsymbol{r})$$

得

$$\alpha=\mp\omega t\pm\boldsymbol{k}\cdot\boldsymbol{r} \tag{6-2-9}$$

可见,固定任一场点 $\boldsymbol{r}$,则 α 角随时间 t 线性变化。由于电场矢量的大小不随时间变化,而矢量线随时间不断旋转，所以矢量线末端在 $\boldsymbol{a}_k$ 平面上的轨迹是一个圆，因此这类平面波称为圆极化波，如图 6-2-2 所示。

分析式(6-2-4)、式(6-2-5)和式(6-2-9)可以看出，电场强度的两个相互垂直的分量之间的相位差为 $+\pi/2$ 或 $-\pi/2$ 时，α 角随时间正增长或负增长，导致电场强度矢量的旋转方向不同。工程上定义，旋转方向与传播方向之间构成右手关系的，称为右旋；构成左手关系的，称为左旋。

综上所述，区分圆极化波左旋和右旋的判定法则如下：

图 6-2-2　圆极化波

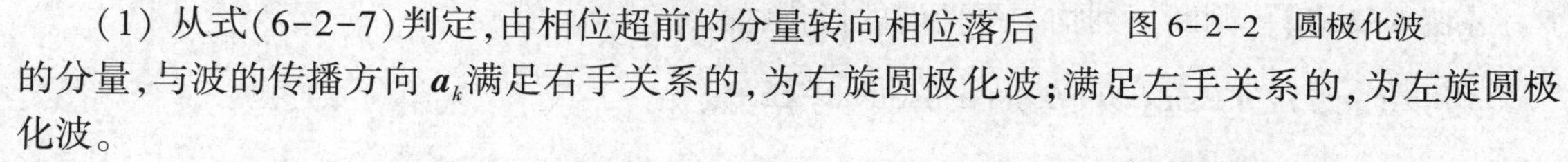

(1) 从式(6-2-7)判定，由相位超前的分量转向相位落后的分量，与波的传播方向 $\boldsymbol{a}_k$ 满足右手关系的，为右旋圆极化波；满足左手关系的，为左旋圆极化波。

(2) 从式(6-2-4)判定，由虚部分量 $\pm\boldsymbol{E}_{\mathrm{j}}$ 转向实部分量 $\boldsymbol{E}_{\mathrm{r}}$，与波的传播方向 $\boldsymbol{a}_k$ 满足右手关系的，为右旋圆极化波；满足左手关系的，为左旋圆极化波。

圆极化波由于穿越雨雪时衰减小、接收天线不用调整极化角等优点，而广泛用于全天候雷达、移动卫星通信和卫星导航定位系统等领域。

6.2.3　椭圆极化

若均匀平面波按照上述法则判定，既不是直线极化，也不是圆极化，则构成椭圆极化。证明如下。

将式(6-2-4)中的 $\dot{\boldsymbol{E}}_0$ 分解成两个相互垂直的分矢量 $\dot{\boldsymbol{E}}_1$ 和 $\dot{\boldsymbol{E}}_2$，即满足 $\dot{\boldsymbol{E}}_1\cdot\dot{\boldsymbol{E}}_2=0$，并设 $\dot{\boldsymbol{E}}_1=\boldsymbol{E}_1\mathrm{e}^{\mathrm{j}\varphi_1}$，$\dot{\boldsymbol{E}}_2=\boldsymbol{E}_2\mathrm{e}^{\mathrm{j}\varphi_2}$，$\varphi_2-\varphi_1=\varphi$，则式(6-2-4)可改写为：

$$\dot{\boldsymbol{E}}_{\mathrm{m}}=(\dot{\boldsymbol{E}}_1+\dot{\boldsymbol{E}}_2)\mathrm{e}^{-\mathrm{j}\boldsymbol{k}\cdot\boldsymbol{r}}=(\boldsymbol{E}_1+\boldsymbol{E}_2\mathrm{e}^{\mathrm{j}\varphi})\mathrm{e}^{-\mathrm{j}\boldsymbol{k}\cdot\boldsymbol{r}+\mathrm{j}\varphi_1} \tag{6-2-10}$$

式(6-2-10)对应的两个分矢量的瞬时表达式分别为：

$$\boldsymbol{E}_1(t)=\boldsymbol{a}_{E_1}E_1(t)=\boldsymbol{a}_{E_1}E_{1\mathrm{m}}\cos(\omega t-\boldsymbol{k}\cdot\boldsymbol{r}+\varphi_1) \tag{6-2-11}$$

$$\boldsymbol{E}_2(t)=\boldsymbol{a}_{E_2}E_2(t)=\boldsymbol{a}_{E_2}E_{2\mathrm{m}}\cos(\omega t-\boldsymbol{k}\cdot\boldsymbol{r}+\varphi_1+\varphi) \tag{6-2-12}$$

式中，$E_{1\mathrm{m}}$ 和 $E_{2\mathrm{m}}$ 分别是两个分矢量 $\boldsymbol{E}_1(t)$ 和 $\boldsymbol{E}_2(t)$ 的振幅值；φ_1 和 φ_2 分别是这两个分矢量的初相位。由式(6-2-11)，得：

$$\cos(\omega t-\boldsymbol{k}\cdot\boldsymbol{r}+\varphi_1)=E_1(t)/E_{1\mathrm{m}} \tag{6-2-13}$$

利用式(6-2-13)，式(6-2-12)经整理，得：

$$\left(\frac{E_1(t)}{E_{1\mathrm{m}}}\right)^2+\left(\frac{E_2(t)}{E_{2\mathrm{m}}}\right)^2-\frac{2E_1(t)E_2(t)}{E_{1\mathrm{m}}E_{2\mathrm{m}}}\cos\varphi=\sin^2\varphi \tag{6-2-14}$$

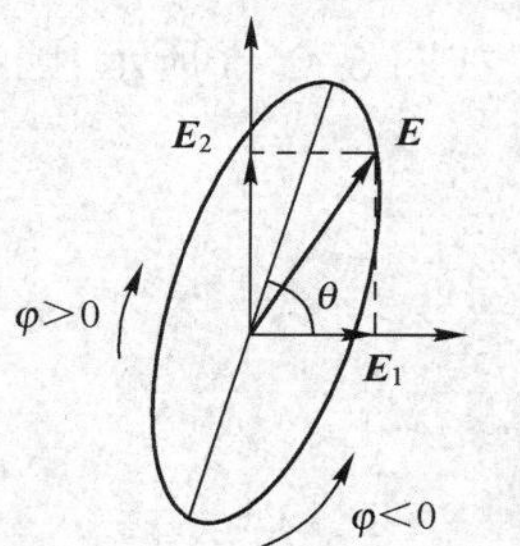

图 6-2-3　椭圆极化波

式(6-2-14)是一个椭圆方程。它表明，固定任一场点 $\boldsymbol{r}$，$\boldsymbol{E}_1(t)$ 和 $\boldsymbol{E}_2(t)$ 合成的电场强度矢量线的末端在 $\boldsymbol{a}_k$ 平面上随时间变化的轨迹是一个椭圆，因此这种波称为椭圆极化波，如图 6-2-3所示。

可以证明,椭圆的长轴与 $\boldsymbol{E}_1$ 轴的夹角 θ 由下式决定:

$$\tan 2\theta=\frac{2E_{1\mathrm{m}}E_{2\mathrm{m}}}{E_{1\mathrm{m}}^2-E_{2\mathrm{m}}^2}\cos\varphi \tag{6-2-15}$$

事实上,当 $E_{1\mathrm{m}}=E_{2\mathrm{m}}$,$\varphi=\pm\pi/2$ 时,方程式(6-2-14)即退化为圆的方程;$\varphi=0$ 时,方程式(6-2-14)则退化为直线方程。因此,直线极化和圆极化都是椭圆极化的特殊情况。圆极化波和椭圆极化波均可分解为线极化波的正交组合,而任一线极化波均可分解成两个振幅相等、旋转方向相反的圆极化波,任一椭圆极化波均可分解成两个振幅不等、旋转方向相反的圆极化波。

椭圆极化也有左旋和右旋之分,判定方法与圆极化相同。

【例 6-2-1】 判断下列均匀平面波的极化状态。

(1) $\boldsymbol{E}(\boldsymbol{r},t)=\boldsymbol{a}_x 2\sin(\omega t-\beta z)+\boldsymbol{a}_x 3\sin\left(\omega t-\beta z+\frac{\pi}{2}\right)$

(2) $\boldsymbol{E}(\boldsymbol{r},t)=\boldsymbol{a}_x 2\sin(\omega t+\beta z)-\boldsymbol{a}_y 3\sin\left(\omega t+\beta z+\frac{\pi}{2}\right)$

(3) $\dot{\boldsymbol{E}}_{\mathrm{m}}=[(\boldsymbol{a}_x 2+\boldsymbol{a}_y 3)+\mathrm{j}(\boldsymbol{a}_x 3-\boldsymbol{a}_y 2)]\mathrm{e}^{-\mathrm{j}\beta z}$

【解】 (1) 由于 $\boldsymbol{E}(\boldsymbol{r},t)=\boldsymbol{a}_x\left[2\sin(\omega t-\beta z)+3\sin\left(\omega t-\beta z+\frac{\pi}{2}\right)\right]$

电场方向固定在 x 轴上不变,因此是直线极化。

(2) 由于

$$E_x=2\sin(\omega t+\beta z)$$

$$E_y=-3\sin\left(\omega t+\beta z+\frac{\pi}{2}\right)$$

这两个分量相互垂直,具有 $\pi/2$ 相位差,但振幅不等,所以是椭圆极化。该波沿 $-z$ 方向传播,由相位超前的 $-y$ 方向转向 x 方向,与 $-z$ 方向之间构成左手关系,如图 6-2-4 所示,因此是左旋椭圆极化。

(3) 电场表达式中,

$$\boldsymbol{E}_{\mathrm{r}}=\boldsymbol{a}_x 2+\boldsymbol{a}_y 3,\boldsymbol{E}_{\mathrm{j}}=\boldsymbol{a}_x 3-\boldsymbol{a}_y 2$$

$$\boldsymbol{E}_{\mathrm{r}}\cdot\boldsymbol{E}_{\mathrm{j}}=(\boldsymbol{a}_x 2+\boldsymbol{a}_y 3)\cdot(\boldsymbol{a}_x 3-\boldsymbol{a}_y 2)=0$$

$$|\boldsymbol{E}_{\mathrm{r}}|=|\boldsymbol{E}_{\mathrm{j}}|=\sqrt{2^2+3^2}=\sqrt{13}$$

该波沿 $+z$ 方向传播,由 $\boldsymbol{E}_{\mathrm{j}}$ 方向转向 $\boldsymbol{E}_{\mathrm{r}}$ 方向,与 $+z$ 方向之间构成右手关系,如图 6-2-5 所示,因此是右旋圆极化。

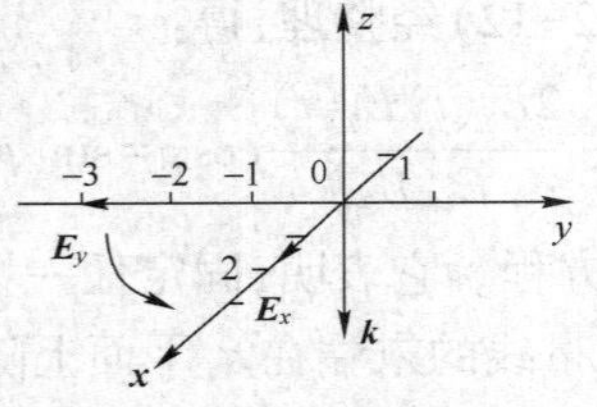

图 6-2-4 例 6-2-1(2)示意图

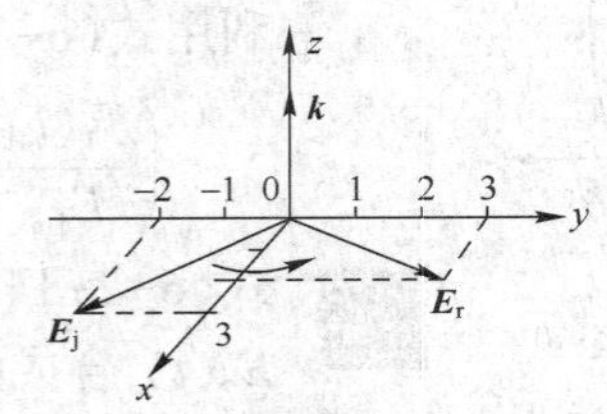

图 6-2-5 例 6-2-1(3)示意图

【例 6-2-2】 证明:若用直线极化天线接收圆极化波,接收功率会有 3 dB 衰落。

【证明】 设圆极化波为:

$$\dot{\boldsymbol{E}}_{\mathrm{m}}=(\boldsymbol{E}_{\mathrm{r}}+\mathrm{j}\,\boldsymbol{E}_{\mathrm{j}})\,\mathrm{e}^{-\mathrm{j}\boldsymbol{k}\cdot\boldsymbol{r}}$$

其中,$\boldsymbol{E}_{\mathrm{r}}\cdot\boldsymbol{E}_{\mathrm{j}}=0$,$|\boldsymbol{E}_{\mathrm{r}}|=|\boldsymbol{E}_{\mathrm{j}}|=E_{\mathrm{m}}$。磁场由式(6-1-26)计算:

$$\dot{\boldsymbol{H}}_{\mathrm{m}}=\frac{1}{\eta}\boldsymbol{a}_k\times\dot{\boldsymbol{E}}_{\mathrm{m}}$$

$$\dot{\boldsymbol{H}}_{\mathrm{m}}^{*}=\frac{1}{\eta}\boldsymbol{a}_k\times\dot{\boldsymbol{E}}_{\mathrm{m}}^{*}=\frac{1}{\eta}\boldsymbol{a}_k\times(\boldsymbol{E}_{\mathrm{r}}-\mathrm{j}\,\boldsymbol{E}_{\mathrm{j}})\,\mathrm{e}^{\mathrm{j}\boldsymbol{k}\cdot\boldsymbol{r}}$$

平均能流矢量为:

$$\begin{aligned}\boldsymbol{S}_{\text{平均}}&=\mathrm{Re}\left[\frac{1}{2}\dot{\boldsymbol{E}}_{\mathrm{m}}\times\dot{\boldsymbol{H}}_{\mathrm{m}}^{*}\right]=\boldsymbol{a}_k\,\frac{|\dot{\boldsymbol{E}}_{\mathrm{m}}|^2}{2\eta}\\&=\boldsymbol{a}_k\,\frac{(\boldsymbol{E}_{\mathrm{r}}+\mathrm{j}\,\boldsymbol{E}_{\mathrm{j}})\cdot(\boldsymbol{E}_{\mathrm{r}}-\mathrm{j}\,\boldsymbol{E}_{\mathrm{j}})}{2\eta}=\boldsymbol{a}_k\,\frac{|\boldsymbol{E}_{\mathrm{r}}|^2+|\boldsymbol{E}_{\mathrm{j}}|^2}{2\eta}\end{aligned}\tag{6-2-16}$$

由于圆极化波$|\boldsymbol{E}_{\mathrm{r}}|=|\boldsymbol{E}_{\mathrm{j}}|=E_{\mathrm{m}}$,它发射的平均功率密度为:

$$S_{\mathrm{in}}=\frac{E_{\mathrm{m}}^2}{\eta}$$

对于传输系统来说,这个功率属于输入功率,因此用角标 in 表示。当采用线极化天线接收圆极化波时,接收天线只要在与$\boldsymbol{a}_k$垂直的平面内,无论怎样放置,接收到的电场都是振幅为E_{m}的正弦波。因此接收到的平均功率密度为:

$$S_{\mathrm{out}}=\frac{E_{\mathrm{m}}^2}{2\eta}$$

对于传输系统来说,这个功率属于输出功率,因此用角标 out 表示。

dB(Decibel,分贝)是工程上的计量单位,用来表示两个量的比值大小,对于传输系统,通常用系统的输出功率与输入功率的比值来表示功率增益,定义为:

$$\left(\frac{P_{\mathrm{out}}}{P_{\mathrm{in}}}\right)_{\mathrm{dB}}=10\lg\frac{P_{\mathrm{out}}}{P_{\mathrm{in}}}\tag{6-2-17}$$

将本例中圆极化天线发出的功率和线极化天线接收的功率代入上式,得:

$$\left(\frac{P_{\mathrm{out}}}{P_{\mathrm{in}}}\right)_{\mathrm{dB}}=10\lg\frac{S_{\mathrm{out}}}{S_{\mathrm{in}}}=10\lg\frac{1}{2}=-3\ (\mathrm{dB})$$

可见,-3 dB 的意义就是半功率倍数。

【例 6-2-3】 已知自由空间中,均匀平面波的电场为:

$$\dot{\boldsymbol{E}}_{\mathrm{m}}(r)=(\boldsymbol{a}_x+2\,\boldsymbol{a}_y+\mathrm{j}\sqrt{5}\boldsymbol{a}_z)\,\mathrm{e}^{-\mathrm{j}(2x+by+cz)}\ (\mathrm{V/m})$$

求该波的传播方向、极化状态、波长、频率、磁场和平均能流矢量。

【解】 由电场的表达式可知:

$$\boldsymbol{k}\cdot\boldsymbol{r}=2x+by+cz$$

得:

$$\boldsymbol{k}=\boldsymbol{a}_x 2+\boldsymbol{a}_y b+\boldsymbol{a}_z c$$

对于均匀平面波,有:

$$\boldsymbol{k}\cdot\boldsymbol{E}_0=2+2b+\mathrm{j}\sqrt{5}c=0$$

因此,得:

$$b=-1,c=0$$

波矢量:

$$\boldsymbol{k}=2\boldsymbol{a}_x-\boldsymbol{a}_y$$

波的传播方向:

$$\boldsymbol{a}_k=\frac{\boldsymbol{k}}{k}=\frac{1}{\sqrt{5}}(2\boldsymbol{a}_x-\boldsymbol{a}_y)$$

电场:

$$\dot{\boldsymbol{E}}_{\mathrm{m}}(\boldsymbol{r})=(\boldsymbol{a}_x+2\boldsymbol{a}_y+\mathrm{j}\sqrt{5}\boldsymbol{a}_z)\mathrm{e}^{-\mathrm{j}(2x-y)}\ (\mathrm{V/m})$$

$$\boldsymbol{E}_{\mathrm{r}}=\boldsymbol{a}_x+2\boldsymbol{a}_y,\qquad \boldsymbol{E}_{\mathrm{j}}=\sqrt{5}\boldsymbol{a}_z$$

$$\boldsymbol{E}_{\mathrm{r}}\cdot\boldsymbol{E}_{\mathrm{j}}=0,\qquad |\boldsymbol{E}_{\mathrm{r}}|=|\boldsymbol{E}_{\mathrm{j}}|=\sqrt{5}$$

该波为左旋圆极化。

波长:

$$\lambda=\frac{2\pi}{k}=\frac{2\pi}{\sqrt{5}}\approx 2.81\ (\mathrm{m})$$

频率:

$$f=\frac{c}{\lambda}=\frac{kc}{2\pi}\approx 1.068\times10^{8}(\mathrm{Hz})=106.8\ (\mathrm{MHz})$$

磁场:

$$\begin{aligned}\dot{\boldsymbol{H}}_{\mathrm{m}}(\boldsymbol{r})&=\frac{1}{\eta_0}\boldsymbol{a}_k\times\dot{\boldsymbol{E}}_{\mathrm{m}}(\boldsymbol{r})\\&=\frac{1}{120\pi}\frac{1}{\sqrt{5}}(2\boldsymbol{a}_x-\boldsymbol{a}_y)\times(\boldsymbol{a}_x+2\boldsymbol{a}_y+\mathrm{j}\sqrt{5}\boldsymbol{a}_z)\mathrm{e}^{-\mathrm{j}(2x-y)}\\&=\frac{1}{120\pi}(-\mathrm{j}\boldsymbol{a}_x-\mathrm{j}2\boldsymbol{a}_y+\sqrt{5}\boldsymbol{a}_z)\mathrm{e}^{-\mathrm{j}(2x-y)}\ (\mathrm{A/m})\end{aligned}$$

平均能流矢量:

$$\begin{aligned}\boldsymbol{S}_{\text{平均}}&=\mathrm{Re}\left[\frac{1}{2}\dot{\boldsymbol{E}}_{\mathrm{m}}\times\dot{\boldsymbol{H}}_{\mathrm{m}}^{*}\right]=\boldsymbol{a}_k\frac{|\boldsymbol{E}_{\mathrm{r}}|^2+|\boldsymbol{E}_{\mathrm{j}}|^2}{2\eta_0}\\&=\frac{\sqrt{5}}{120\pi}(2\boldsymbol{a}_x-\boldsymbol{a}_y)\ (\mathrm{W/m^2})\end{aligned}$$

6.3 导电媒质中的均匀平面波

理想介质的电导率 $\sigma=0$,电容率 ε 和磁导率 μ 都是实数,因此电磁波在传播过程中没有损耗。实际的媒质一般 $\sigma \neq 0$,电容率和磁导率都是复数,所以电磁波在实际的媒质中传播时会产生能量的损耗和波的衰落现象。本节只讨论均匀平面波在均匀、线性、各向同性的导电媒质中的传播特性,有关均匀平面波在色散介质中的分析,与此类似,不再赘述。

6.3.1　导电媒质中的波动方程及其解式

由5.5节中推导出的导电媒质中电磁波的波动方程为:

$$\nabla^2 \dot{\boldsymbol{E}}_{\mathrm{m}} + \dot{k}^2 \dot{\boldsymbol{E}}_{\mathrm{m}} = \boldsymbol{0}$$

$$\nabla^2 \dot{\boldsymbol{H}}_{\mathrm{m}} + \dot{k}^2 \dot{\boldsymbol{H}}_{\mathrm{m}} = \boldsymbol{0}$$

式中,$\dot{k} = \omega\sqrt{\mu\varepsilon_{\mathrm{c}}}$ 是复传播常数,$\varepsilon_{\mathrm{c}} = \varepsilon - \mathrm{j}\dfrac{\sigma}{\omega}$ 是复电容率。

这两个波动方程在形式上与完纯介质中的波动方程式(6-1-1)相同,因此具有同解形式。这样,对均匀平面波在导电媒质中的传播特性的分析和计算,可以仿照在完纯介质中的传播特性进行,只要把 ε、k 和 $\boldsymbol{k}$ 换成 ε_{c}、$\dot{k}$ 和 $\dot{\boldsymbol{k}}$ 即可。
其中

$$\dot{\boldsymbol{k}} = \boldsymbol{a}_k \dot{k} = \boldsymbol{a}_k \omega\sqrt{\mu\varepsilon_{\mathrm{c}}} \tag{6-3-1}$$

定义为复波矢量。

设

$$\dot{k} = \beta - \mathrm{j}\alpha \tag{6-3-2}$$

则:

$$\beta - \mathrm{j}\alpha = \omega\sqrt{\mu\left(\varepsilon - \mathrm{j}\frac{\sigma}{\omega}\right)}$$

解之,得:

$$\alpha = \omega\sqrt{\frac{\mu\varepsilon}{2}\left(\sqrt{1+\left(\frac{\sigma}{\omega\varepsilon}\right)^2} - 1\right)}\ (\mathrm{Np/m}) \tag{6-3-3}$$

$$\beta = \omega\sqrt{\frac{\mu\varepsilon}{2}\left(\sqrt{1+\left(\frac{\sigma}{\omega\varepsilon}\right)^2} + 1\right)}\ (\mathrm{rad/m}) \tag{6-3-4}$$

因此电场的解式为:

$$\dot{\boldsymbol{E}}_{\mathrm{m}} = \boldsymbol{E}_0 \mathrm{e}^{-\mathrm{j}\dot{\boldsymbol{k}}\cdot\boldsymbol{r}} = \boldsymbol{E}_0 \mathrm{e}^{-\alpha\boldsymbol{a}_k\cdot\boldsymbol{r}} \mathrm{e}^{-\mathrm{j}\beta\boldsymbol{a}_k\cdot\boldsymbol{r}} \tag{6-3-5}$$

6.3.2　导电媒质中均匀平面波的传播特性

在式(6-3-5)中,$\mathrm{e}^{-\alpha\boldsymbol{a}_k\cdot\boldsymbol{r}}$ 表示电场随着传播距离的增加而衰减,α 是表示单位距离衰减程度的常数,称为衰减常数。α 越大,电场衰减越快。β 是与完纯介质中均匀平面波的解式中的实数 k 具有相同意义的波数,也称为相移常数。虽然电场的振幅有衰减,但此时电磁波仍然是均匀平面波,因为在等相位面$\beta \boldsymbol{a}_k \cdot \boldsymbol{r}=C$上,电场的振幅$\dot{\boldsymbol{E}}_0=\boldsymbol{E}_0 \mathrm{e}^{-\alpha \boldsymbol{a}_k \cdot \boldsymbol{r}}$仍然均匀分布。

按照均匀平面波相速的定义式(6-1-22),可求出导电媒质中的相速:

$$v_{\mathrm{p}}'=\frac{\omega}{\beta}=\frac{1}{\omega\sqrt{\dfrac{\mu\varepsilon}{2}\left(\sqrt{1+\left(\dfrac{\sigma}{\omega\varepsilon}\right)^2}+1\right)}} \tag{6-3-6}$$

导电媒质中的波长:

$$\lambda'=\frac{2\pi}{\beta}=\frac{2\pi}{\omega\sqrt{\dfrac{\mu\varepsilon}{2}\left(\sqrt{1+\left(\dfrac{\sigma}{\omega\varepsilon}\right)^2}+1\right)}} \tag{6-3-7}$$

以上两式表明,相速和波长不仅与导电媒质的特性有关,还与频率有复杂的非线性关系。当电磁波加载有用信号传播时,组成有用信号的各个频率分量由于相速不同,各频率分量之间的相位关系逐渐改变,导致信号失真,发生色散现象。因此,导电媒质也是色散媒质。

波阻抗由式(6-1-24),把ε换成ε_{c},得:

$$\eta_{\mathrm{c}}=\sqrt{\frac{\mu}{\varepsilon_{\mathrm{c}}}}=\sqrt{\frac{\mu}{\varepsilon\left(1-\mathrm{j}\dfrac{\sigma}{\omega\varepsilon}\right)}} \tag{6-3-8}$$

磁场可由式(6-1-26),把η换成η_{c},得:

$$\begin{aligned}\dot{\boldsymbol{H}}_{\mathrm{m}}&=\frac{1}{\eta_{\mathrm{c}}}\boldsymbol{a}_k\times\dot{\boldsymbol{E}}_{\mathrm{m}}\\&=\boldsymbol{a}_k\times\boldsymbol{E}_0\sqrt{\frac{\varepsilon}{\mu}\left(1-\mathrm{j}\frac{\sigma}{\omega\varepsilon}\right)}\,\mathrm{e}^{-\alpha\boldsymbol{a}_k\cdot\boldsymbol{r}}\mathrm{e}^{-\mathrm{j}\beta\boldsymbol{a}_k\cdot\boldsymbol{r}}\end{aligned} \tag{6-3-9}$$

从以上两式可以看出,在导电媒质中磁场的振幅也随着传播距离的增加而衰减,且空间方向仍与电场垂直,但在时间上不再与电场同步,二者之间有了相位差,如图6-3-1所示。

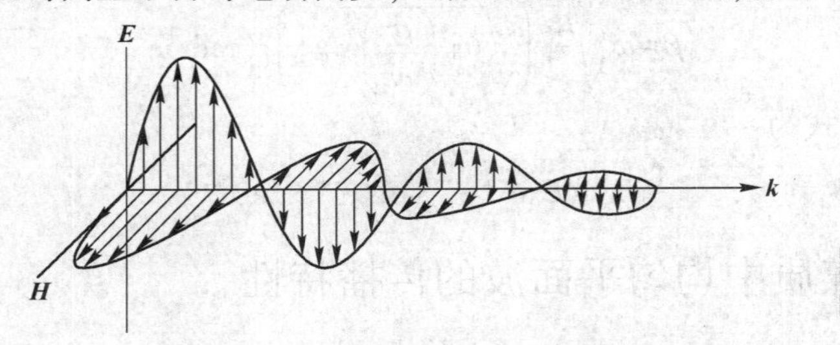

图6-3-1 导电媒质中的均匀平面波

另外,由于η_{c}是复数,使得不同媒质对电场和磁场造成的相位差不同;η_{c}又是频率的函数,即使同一种媒质对不同频率电磁波的影响也不同。因此,讨论电磁波的传播特性时,不仅要考虑不同媒质的影响,也要考虑不同频率的影响。下面讨论两种特殊情况。

1. 低损耗媒质中的均匀平面波

电磁波的衰减取决于衰减常数 α,式(6-3-3)中,若$\dfrac{\sigma}{\omega\varepsilon}\ll 1$,则传输媒质可视为低损耗媒质。这时,取一阶近似:

$$\sqrt{1+\left(\frac{\sigma}{\omega\varepsilon}\right)^2}\approx 1+\frac{1}{2}\left(\frac{\sigma}{\omega\varepsilon}\right)^2$$

可得:

$$\alpha\approx\frac{\sigma}{2}\sqrt{\frac{\mu}{\varepsilon}} \tag{6-3-10}$$

$$\beta\approx\omega\sqrt{\mu\varepsilon} \tag{6-3-11}$$

$$\eta_c\approx\sqrt{\frac{\mu}{\varepsilon}} \tag{6-3-12}$$

由以上三式可得出如下结论:在低损耗媒质中,电场和磁场的振幅存在衰减,电导率 σ 很小时,衰减不大,其他特性则均与完纯介质近似相同。

2. 高损耗媒质中的均匀平面波

若$\dfrac{\sigma}{\omega\varepsilon}\gg 1$,则衰减常数 α 很大,良导体在一般无线电频率范围内均属于此类高损耗媒质。取近似:

$$\sqrt{1+\left(\frac{\sigma}{\omega\varepsilon}\right)^2}\approx\frac{\sigma}{\omega\varepsilon}$$

可得:

$$\alpha\approx\beta\approx\sqrt{\frac{\omega\mu\sigma}{2}}=\sqrt{\pi f\mu\sigma} \tag{6-3-13}$$

$$\eta_c\approx(1+\mathrm{j})\sqrt{\frac{\omega\mu}{2\sigma}}=(1+\mathrm{j})\sqrt{\frac{\pi f\mu}{\sigma}}=\sqrt{\frac{2\pi f\mu}{\sigma}}\mathrm{e}^{\mathrm{j}\pi/4} \tag{6-3-14}$$

$$v_{\mathrm{p}良导体}=\frac{\omega}{\beta}\approx\sqrt{\frac{2\omega}{\mu\sigma}} \tag{6-3-15}$$

由以上各式可得出如下结论:在高损耗媒质如良导体中,因为 α 很大,电场和磁场的振幅衰减迅速,而且频率越高,衰减越快;电场和磁场不同相,磁场比电场落后 $\pi/4$。

由于电磁波在良导体中激起的传导电流远大于位移电流,波的衰减极快,尤其是高频条件下,电磁波的能量主要集中在导体表面很薄的一层内,使高频传导电流集中在该薄层内流动,这种现象称为趋肤效应。通常把电场或磁场的振幅值衰减到在导体表面值的 $1/\mathrm{e}$ 时电磁波所传播的距离,定义为导体的趋肤深度,记为 δ。由电场的解式(6-3-5)可知:

$$\delta=\frac{1}{\alpha}=\frac{1}{\sqrt{\pi f\mu\sigma}} \tag{6-3-16}$$

于是良导体的波阻抗可写为：

$$\eta_c\approx(1+j)\frac{\alpha}{\sigma}=R_S+jX_S \tag{6-3-17}$$

式中,R_S为电阻分量;X_S为电抗分量,且

$$R_S=X_S=\sqrt{\frac{\pi f\mu}{\sigma}}=\frac{\alpha}{\sigma}=\frac{1}{\sigma\delta} \tag{6-3-18}$$

由于这两个分量与电导率和趋肤深度有关,因此称 R_S为良导体的表面电阻,X_S为表面电抗。η_c也称表面阻抗。

最常见的 3 种金属在 3 个频率下的趋肤深度和表面电阻见表 6-3-1。从表中可以看出,随着频率的升高,良导体的趋肤深度显著下降,表面电阻明显增大。所以,可以用一定厚度的金属板来屏蔽电磁波,显然,对高频的屏蔽效果会更好。

表 6-3-1　银、铜、铝的趋肤深度和表面电阻

材料名称	电导率 σ /(S/m)	频率 f/Hz	趋肤深度 δ /μm	表面电阻 R_S/Ω
银	6.17×10^{7}	50	9 051	1.78×10^{-6}
		10^{6}	64	2.52×10^{-4}
		10^{10}	0.64	2.52×10^{-2}
紫铜	5.81×10^{7}	50	9 400	1.85×10^{-6}
		10^{6}	66	2.61×10^{-4}
		10^{10}	0.66	2.61×10^{-2}
铝	3.72×10^{7}	50	11 738	2.31×10^{-6}
		10^{6}	83	3.26×10^{-4}
		10^{10}	0.83	3.26×10^{-2}

在电路中,由于一段长度的导体的电阻与长度成正比,与截面积成反比,即：

$$R=\frac{l}{\sigma S}$$

从表 6-3-1 可以看出,低频电流在导体截面基本可以均匀分布,而高频电流只分布在导体表面的薄层内,也就是说,高频电流流过的截面积减小了,因此导体的高频电阻要大于低频电阻和直流电阻。为减小高频电阻,可采取用细的漆包线多股绞合的方式来增大电流流过的截面积,如图 6-3-2 所示。例如,高频线圈就是通过这种方式绕制以提高品质因数。

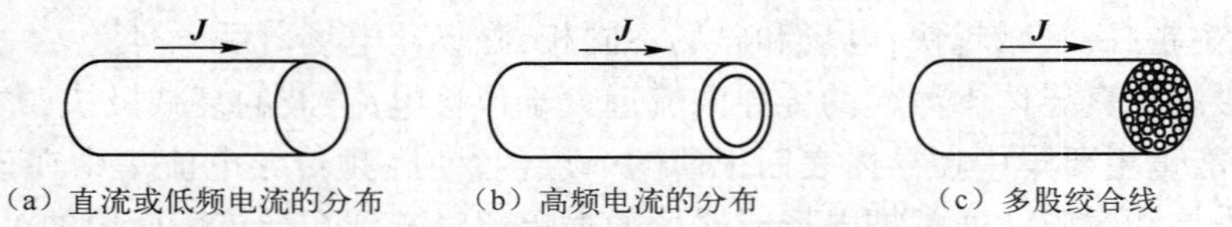

(a) 直流或低频电流的分布　(b) 高频电流的分布　(c) 多股绞合线

图 6-3-2　直流和高频电流的分布

综上所述,均匀平面波在导电媒质中的传播特性可归纳如下:

(1) 电场 $\boldsymbol{E}$ 和磁场 $\boldsymbol{H}$ 的振幅在传播过程中呈指数衰减,在低损耗媒质中衰减较小,在良导体中衰减极快;但仍然是均匀平面波、TEM 波。

(2) 波阻抗是复数,且与频率有关。

(3) 电场 $\boldsymbol{E}$ 和磁场 $\boldsymbol{H}$ 在时间上有相位差,低损耗媒质中基本同相,在良导体中,电场比磁场超前 $\pi/4$。

(4) 电磁波的相速与频率有关,存在色散现象,低损耗媒质中色散可忽略,高损耗媒质中色散显著。

(5) 高频电磁波在良导体表面存在趋肤效应。

【例 6-3-1】 在海水中有一频率 $f=1$ MHz 的均匀平面波,海水的电导率 $\sigma=4$ S/m,相对介电常数 $\varepsilon_r=81$。求电磁波的衰减常数 α、相位常数 β、本征阻抗 η_c、波长 λ、趋肤深度 δ 及均匀平面波电场振幅衰减到初值的 1/1 000 时所传播的距离 l。

【解】

$$\frac{\sigma}{\omega\varepsilon}=\frac{\sigma}{2\pi f\varepsilon_0\varepsilon_r}=\frac{4}{2\pi\times10^6\times81/(36\pi\times10^9)}\approx889\gg1$$

此时海水可视为良导体,由式(6-3-13),得:

$$\beta\approx\alpha\approx\sqrt{\pi f\mu_0\sigma}=\sqrt{\pi\times10^6\times4\pi\times10^{-7}\times4}\approx4$$

波阻抗:

$$\eta_c\approx(1+\mathrm{j})\sqrt{\frac{\pi f\mu_0}{\sigma}}=(1+\mathrm{j})\frac{\alpha}{\sigma}=1+\mathrm{j}\ (\Omega)$$

波长:

$$\lambda=\frac{2\pi}{\beta}=\frac{2\pi}{4}\approx1.57\ (\mathrm{m})$$

趋肤深度:

$$\delta=\frac{1}{\alpha}\approx\frac{1}{4}=0.25\ (\mathrm{m})$$

由题意,得:

$$\mathrm{e}^{-\alpha l}=\frac{1}{1\,000}$$

故:

$$l=\frac{\ln 1\,000}{\alpha}\approx\frac{6.908}{4}\approx1.73\ (\mathrm{m})$$

由此例可见,频率为 1 MHz 的电磁波在海水中衰减得非常快,位于海水中的潜艇之间不可能通过海水中的电磁波进行无线通信。

6.4 均匀平面波的垂直入射

电磁波在传播过程中遇到不同的媒质时,会在分界面上感应出随时间变化的电荷,形成新的波源,新波源产生向分界面两侧传播的波,其中与入射波在同一侧的波称为反射波,进入分界面另一侧的波称为透射波或折射波。在分界面两侧,入射波、反射波和透射波均应满足各自的波动方程,且在分界面上,必须满足电场和磁场的边界条件。本节讨论均匀平面波在两种不同媒质分界面上的垂直入射问题。

6.4.1 导电媒质分界面的垂直入射

如图 6-4-1 所示,为计算简单但不失一般性,设沿 x 方向极化的均匀平面波沿$+z$ 方向传播。$z=0$ 处为媒质分界面,两侧媒质的参数分别为$(\mu_1,\varepsilon_1,\sigma_1)$和$(\mu_2,\varepsilon_2,\sigma_2)$,对应的传播常数分别为:

$$\dot{k}_1=\beta_1-\mathrm{j}\alpha_1 \tag{6-4-1}$$

$$\dot{k}_2=\beta_2-\mathrm{j}\alpha_2 \tag{6-4-2}$$

本征阻抗分别为:

$$\eta_{c1}=\sqrt{\mu_1/\varepsilon_{c1}} \tag{6-4-3}$$

$$\eta_{c2}=\sqrt{\mu_2/\varepsilon_{c2}} \tag{6-4-4}$$

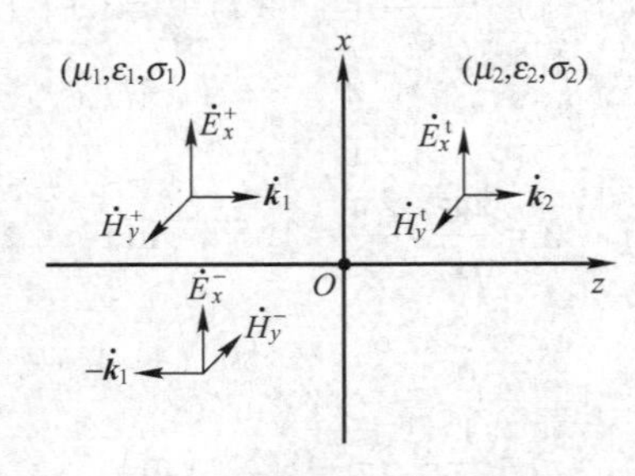

图 6-4-1 均匀平面波的垂直入射

于是,入射波的电场可写为:

$$\dot{E}_x^+(z)=E_m^+\mathrm{e}^{-\mathrm{j}\dot{k}_1z}=E_m^+\mathrm{e}^{-\alpha_1z}\mathrm{e}^{-\mathrm{j}\beta_1z} \tag{6-4-5}$$

其中,E_m^+ 为入射电场的振幅。

由$\dot{\boldsymbol{H}}_m=\dfrac{1}{\eta}\boldsymbol{a}_k\times\dot{\boldsymbol{E}}_m$,计算可得:

$$\dot{H}_y^+(z)=\frac{1}{\eta_{c1}}E_m^+\mathrm{e}^{-\alpha_1z}\mathrm{e}^{-\mathrm{j}\beta_1z} \tag{6-4-6}$$

入射波在 $z=0$ 界面形成反射波和透射波(也称传输波)，反射波在 1 区沿 $-z$ 方向传播，即 $\boldsymbol{a}_k^-=-\boldsymbol{a}_z$，其电场仍与 x 轴平行，设

$$\dot{E}_x^-(z)=E_m^- e^{\alpha_1 z}e^{j\beta_1 z} \tag{6-4-7}$$

式中，E_m^- 是反射电场振幅，是待求常数。

反射磁场由式(6-3-9)计算，得：

$$\dot{H}_y^-(z)=-\frac{1}{\eta_{c1}}E_m^- e^{\alpha_1 z}e^{j\beta_1 z} \tag{6-4-8}$$

透射波在 2 区沿 $+z$ 方向传播，电场仍与 x 轴平行，设为

$$\dot{E}_x^t(z)=E_m^t e^{-\alpha_2 z}e^{-j\beta_2 z} \tag{6-4-9}$$

式中，E_m^t 是透射电场振幅，也是待求常数。

透射磁场由式(6-3-9)计算，得：

$$\dot{H}_y^t(z)=\frac{1}{\eta_{c2}}E_m^t e^{-\alpha_2 z}e^{-j\beta_2 z} \tag{6-4-10}$$

待求常数 E_m^- 和 E_m^t 可根据媒质分界面处的边界条件来确定。在媒质分界面 $z=0$ 处，电场和磁场均应保持切向连续，即满足：

$$E_{1t}=E_{2t}$$
$$H_{1t}=H_{2t}$$

将界面两侧的电场和磁场的切向分量式(6-4-5)～式(6-4-10)代入，得：

$$E_m^+ + E_m^- = E_m^t \tag{6-4-11}$$

$$\frac{E_m^+}{\eta_{c1}}-\frac{E_m^-}{\eta_{c1}}=\frac{E_m^t}{\eta_{c2}} \tag{6-4-12}$$

联立以上两式解之，得：

$$E_m^-=\frac{\eta_{c2}-\eta_{c1}}{\eta_{c2}+\eta_{c1}}E_m^+ \tag{6-4-13}$$

$$E_m^t=\frac{2\eta_{c2}}{\eta_{c2}+\eta_{c1}}E_m^+ \tag{6-4-14}$$

定义反射波振幅与入射波振幅之比为反射系数，即：

$$R=\frac{E_m^-}{E_m^+}=\frac{\eta_{c2}-\eta_{c1}}{\eta_{c2}+\eta_{c1}} \tag{6-4-15}$$

定义透射波振幅与入射波振幅之比为透射系数，即：

$$T=\frac{E_m^t}{E_m^+}=\frac{2\eta_{c2}}{\eta_{c2}+\eta_{c1}} \tag{6-4-16}$$

显然，有：

$$1+R=T \tag{6-4-17}$$

由式(6-4-15)和式(6-4-16)可以看出，一般情况下 R 和 T 都是复数(必要时可写为 $\dot{R}$ 和

$\dot{T}$),表明两种媒质的相对关系不仅决定了反射波和透射波的振幅大小,也决定了反射波和透射波的附加相位。

综上所述,反射波和透射波可写为:

$$\dot{E}_x^-(z)=\dot{R}E_m^+e^{\alpha_1 z}e^{j\beta_1 z} \tag{6-4-18}$$

$$\dot{H}_y^-(z)=-\frac{1}{\eta_{c1}}\dot{R}E_m^+e^{\alpha_1 z}e^{j\beta_1 z} \tag{6-4-19}$$

$$\dot{E}_x^t(z)=\dot{T}E_m^+e^{-\alpha_2 z}e^{-j\beta_2 z} \tag{6-4-20}$$

$$\dot{H}_y^t(z)=\frac{1}{\eta_{c2}}\dot{T}E_m^+e^{-\alpha_2 z}e^{-j\beta_2 z} \tag{6-4-21}$$

6.4.2 理想导体表面的垂直入射

当媒质1是完纯介质,媒质2是理想导体时,$\sigma_1=0$,$\sigma_2\to\infty$,于是有:

$$\dot{k}_1=\beta_1=\beta$$

$$\eta_{c1}=\eta=\sqrt{\frac{\mu}{\varepsilon}}$$

$$\eta_{c2}=\sqrt{\frac{\mu_0}{\varepsilon_0-j\sigma_2/\omega}}=0$$

将上述常数代入式(6-4-15)和式(6-4-16),可得理想导体的反射系数和透射系数分别为:

$$R=\frac{\eta_{c2}-\eta}{\eta_{c2}+\eta}=-1 \tag{6-4-22}$$

$$T=\frac{2\eta_{c2}}{\eta_{c2}+\eta}=0 \tag{6-4-23}$$

式(6-4-22)和式(6-4-23)表明,电磁波不能进入理想导体中,将全部反射回入射空间。入射波和反射波分别为:

$$\dot{E}_x^+(z)=E_m^+e^{-j\beta z} \tag{6-4-24}$$

$$\dot{H}_y^+(z)=\frac{1}{\eta}E_m^+e^{-j\beta z} \tag{6-4-25}$$

$$\dot{E}_x^-(z)=-E_m^+e^{j\beta z} \tag{6-4-26}$$

$$\dot{H}_y^-(z)=\frac{1}{\eta}E_m^+e^{j\beta z} \tag{6-4-27}$$

介质中的合成电场和合成磁场分别为:

$$\dot{E}_x=\dot{E}_x^++\dot{E}_x^-=E_m^+e^{-j\beta z}-E_m^+e^{j\beta z}=-j2E_m^+\sin\beta z \tag{6-4-28}$$

$$\dot{H}_y=\dot{H}_y^++\dot{H}_y^-=\frac{1}{\eta}E_m^+e^{-j\beta z}+\frac{1}{\eta}E_m^+e^{j\beta z}=\frac{2}{\eta}E_m^+\cos\beta z \tag{6-4-29}$$

对应的合成电场和合成磁场的瞬时表达式分别为：

$$E_x(t)=2E_m^+\sin\beta z\sin\omega t \tag{6-4-30}$$

$$H_y(t)=\frac{2}{\eta}E_m^+\cos\beta z\cos\omega t \tag{6-4-31}$$

能流矢量的瞬时值和平均值分别为：

$$\boldsymbol{S}(t)=\boldsymbol{E}(t)\times\boldsymbol{H}(t)=\boldsymbol{a}_z\frac{|E_m^+|^2}{\eta}\sin 2\beta z\sin 2\omega t \tag{6-4-32}$$

$$\boldsymbol{S}_{平均}=\frac{1}{2}\mathrm{Re}[\boldsymbol{E}_m\times\boldsymbol{H}_m^*]=0 \tag{6-4-33}$$

分析式(6-4-28)~式(6-4-33)，可得到以下结论。

（1）理想导体外侧的区域中电磁场呈纯驻波分布，在空间上，驻波相邻的两个波节点或波腹点之间的距离是 $\lambda/2$；电场的波节点位于：

$$z=-\frac{n\lambda}{2}\quad(n=0,1,2\cdots) \tag{6-4-34}$$

波腹点位于：

$$z=-\frac{(2n+1)\lambda}{4}\quad(n=0,1,2\cdots) \tag{6-4-35}$$

磁场的波节点正好是电场的波腹点，而磁场的波腹点正好是电场的波节点，即二者之间交错分布，如图 6-4-2 所示。

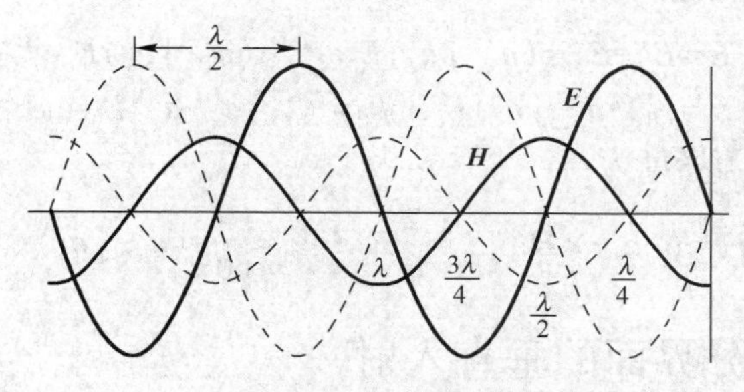

图 6-4-2　纯驻波

（2）在时间上，电场最大时，磁场为零，磁场最大时，电场为零，磁场比电场超前 π/2 相位。

（3）瞬时能流矢量也呈纯驻波分布，因而平均能流矢量为零，表明在导体外侧仅有电磁振荡，没有电磁能量流动。

（4）在导体表面，电场为零，磁场为最大值，即：

$$E_t=E_x=0 \tag{6-4-36}$$

$$H_t=H_y=2H_m^+=\frac{2E_m^+}{\eta} \tag{6-4-37}$$

导体表面感应的电流密度为:

$$\dot{\boldsymbol{J}}_{\mathrm{S}}=\boldsymbol{n}\times\dot{\boldsymbol{H}}\mid_{z=0}=(-\boldsymbol{a}_{z})\times\dot{\boldsymbol{H}}\mid_{z=0}=\boldsymbol{a}_{x}H_{\mathrm{t}}=\boldsymbol{a}_{x}\frac{2E_{\mathrm{m}}^{+}}{\eta} \tag{6-4-38}$$

由此不难看出,实际上在导体表面,感应电流与入射电场方向相同,即:

$$\dot{\boldsymbol{J}}_{\mathrm{S}}=\frac{2}{\eta}\dot{\boldsymbol{E}}_{\mathrm{m}}^{+}\mid_{z=0} \tag{6-4-39}$$

感应电流对应的瞬时表达式为:

$$\boldsymbol{J}_{\mathrm{S}}(t)=\boldsymbol{a}_{x}2H_{\mathrm{m}}^{+}\cos\omega t=\boldsymbol{a}_{x}\frac{2E_{\mathrm{m}}^{+}}{\eta}\cos\omega t \tag{6-4-40}$$

【例 6-4-1】 空气中一均匀平面波电场为:

$$\dot{\boldsymbol{E}}^{+}=(\boldsymbol{a}_{x}-\mathrm{j}\,\boldsymbol{a}_{y})E_{0}\mathrm{e}^{-\mathrm{j}\beta z}\quad(\mathrm{V/m})$$

在 $z=0$ 平面遇到理想导体。求:

(1) 入射波和反射波的极化状态;

(2) 空气中的总电场;

(3) 导体表面的电流密度。

【解】 (1) 入射电场为右旋圆极化,反射电场为:

$$\dot{\boldsymbol{E}}^{-}=-(\boldsymbol{a}_{x}-\mathrm{j}\,\boldsymbol{a}_{y})E_{0}\mathrm{e}^{\mathrm{j}\beta z}$$

它是左旋圆极化。

(2) 空气中的总电场为:

$$\begin{aligned}\dot{\boldsymbol{E}}&=\dot{\boldsymbol{E}}^{+}+\dot{\boldsymbol{E}}^{-}=(\boldsymbol{a}_{x}-\mathrm{j}\,\boldsymbol{a}_{y})E_{0}\mathrm{e}^{-\mathrm{j}\beta z}-(\boldsymbol{a}_{x}-\mathrm{j}\,\boldsymbol{a}_{y})E_{0}\mathrm{e}^{\mathrm{j}\beta z}\\&=-\mathrm{j}2(\boldsymbol{a}_{x}-\mathrm{j}\,\boldsymbol{a}_{y})E_{0}\sin\beta z=-2(\mathrm{j}\,\boldsymbol{a}_{x}+\boldsymbol{a}_{y})E_{0}\sin\beta z\end{aligned}$$

(3) 导体表面的电流密度为:

$$\dot{\boldsymbol{J}}_{\mathrm{S}}=(-\boldsymbol{a}_{z})\times\dot{\boldsymbol{H}}\mid_{z=0}=\frac{2}{\eta_{0}}\dot{\boldsymbol{E}}^{+}\mid_{z=0}=\frac{1}{60\pi}(\boldsymbol{a}_{x}-\mathrm{j}\,\boldsymbol{a}_{y})E_{0}$$

6.4.3 理想介质分界面的垂直入射

若图 6-4-1 所示的两种媒质均为理想介质,即 $\sigma_1=\sigma_2=0$,则传播常数 $\dot{k}_1=\beta_1$ 和 $\dot{k}_2=\beta_2$,本征阻抗 $\eta_1=\sqrt{\mu_1/\varepsilon_1}$ 和 $\eta_2=\sqrt{\mu_2/\varepsilon_2}$ 均为实数,反射系数 R 和透射系数 T 也为实数:

$$R=\frac{\eta_2-\eta_1}{\eta_2+\eta_1} \tag{6-4-41}$$

$$T=\frac{2\eta_2}{\eta_2+\eta_1} \tag{6-4-42}$$

因此入射波、反射波和透射波的表达式如下。

入射波:

$$\dot{E}_x^+(z)=E_m^+ e^{-j\beta_1 z} \tag{6-4-43}$$

$$\dot{H}_y^+(z)=\frac{1}{\eta_1}E_m^+ e^{-j\beta_1 z} \tag{6-4-44}$$

反射波：

$$\dot{E}_x^-(z)=RE_m^+ e^{j\beta_1 z} \tag{6-4-45}$$

$$\dot{H}_y^-(z)=-\frac{1}{\eta_1}RE_m^+ e^{j\beta_1 z} \tag{6-4-46}$$

透射波：

$$\dot{E}_x^t(z)=TE_m^+ e^{-j\beta_2 z} \tag{6-4-47}$$

$$\dot{H}_y^t(z)=\frac{1}{\eta_2}TE_m^+ e^{-j\beta_2 z} \tag{6-4-48}$$

介质 1 中的总电场：

$$\begin{aligned}\dot{E}_{1x}&=\dot{E}_x^++\dot{E}_x^-=E_m^+ e^{-j\beta_1 z}+RE_m^+ e^{j\beta_1 z}\\&=-RE_m^+ e^{-j\beta_1 z}+RE_m^+ e^{j\beta_1 z}+E_m^+ e^{-j\beta_1 z}+RE_m^+ e^{-j\beta_1 z}\\&=j2RE_m^+\sin\beta_1 z+(1+R)E_m^+ e^{-j\beta_1 z}\end{aligned} \tag{6-4-49}$$

总磁场：

$$\begin{aligned}\dot{H}_{1y}&=\dot{H}_y^++\dot{H}_y^-=\frac{1}{\eta_1}E_m^+ e^{-j\beta_1 z}-\frac{R}{\eta_1}E_m^+ e^{j\beta_1 z}\\&=-\frac{1}{\eta_1}2RE_m^+\cos\beta_1 z+\frac{1}{\eta_1}(1+R)E_m^+ e^{-j\beta_1 z}\end{aligned} \tag{6-4-50}$$

对应的总电场和总磁场的瞬时表达式分别为：

$$E_{1x}(t)=-2RE_m^+\sin\beta_1 z\sin\omega t+(1+R)E_m^+\cos(\omega t-\beta_1 z) \tag{6-4-51}$$

$$H_{1y}(t)=-\frac{1}{\eta_1}2RE_m^+\cos\beta_1 z\cos\omega t+\frac{1}{\eta_1}(1+R)E_m^+\cos(\omega t-\beta_1 z) \tag{6-4-52}$$

除了常数 R，式(6-4-49)～式(6-4-52)等号右边的第 1 项与式(6-4-28)～式(6-4-31)相同，是纯驻波；除了常数$(1+R)$，第 2 项与式(6-4-24)和式(6-4-25)等同，是行波。二者之和称为行驻波。根据纯驻波的场量只作上下震荡、行波的场量只沿传播方向推进的特点，合成后的行驻波应当是场量的振幅在上下震荡着沿传播方向推进的，时间间隔为 $T/16$ 的行驻波示意图如图 6-4-3 所示。

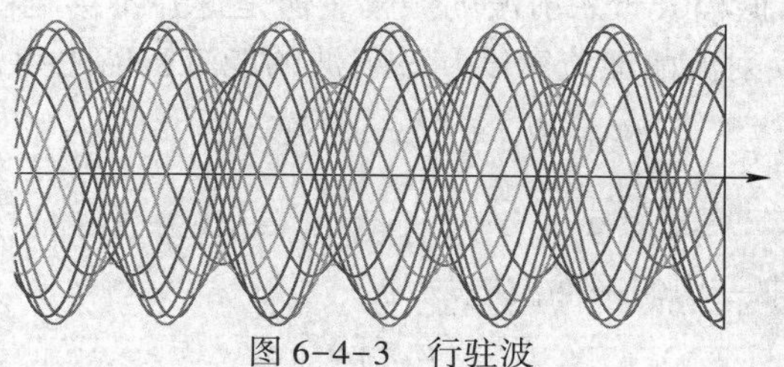

图 6-4-3　行驻波

场量在震荡前行过程中的最大值点和最小值点所在的位置显然与 R 的正负有关,可以证明,合成电场振幅的最大值和最小值分别为:

$$E_{1x\max}=E_{\mathrm{m}}^{+}(1+|R|) \tag{6-4-53}$$

$$E_{1x\min}=E_{\mathrm{m}}^{+}(1-|R|) \tag{6-4-54}$$

且 $R>0$ 时,合成电场振幅的最大值点位于:

$$z=-\frac{n\lambda_1}{2}\ (n=0,1,2,\cdots) \tag{6-4-55}$$

最小值点位于:

$$z=-\frac{(2n+1)\lambda_1}{4}(n=0,1,2,\cdots) \tag{6-4-56}$$

$R<0$ 时,情况正相反,即式(6-4-55)是合成电场振幅的最小值点,式(6-4-56)是合成电场振幅的最大值点,如图 6-4-4 所示。磁场振幅的最大值和最小值的位置正好与电场互换。

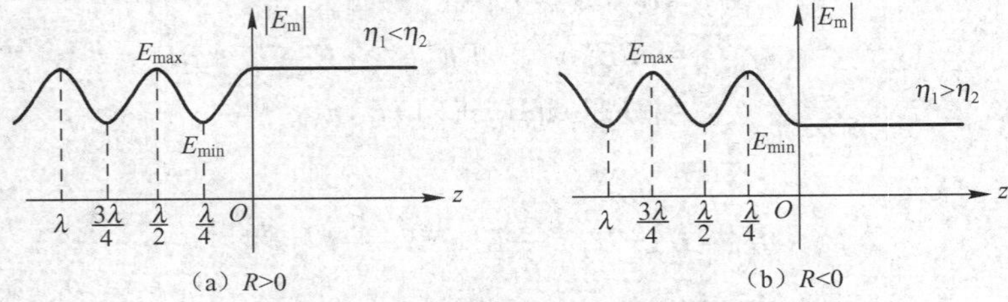

图 6-4-4 合成波的电场振幅的分布

工程上,常用驻波比 s 来描述合成波中电场振幅的起伏程度,其定义为电场强度的最大值与最小值之比,即:

$$s=\frac{E_{\max}}{E_{\min}}=\frac{1+|R|}{1-|R|} \tag{6-4-57}$$

$|R|=0$ 时,没有反射,即为行波,驻波比 $s=1$;$|R|=1$ 时,全反射,为纯驻波,驻波比 $s\to\infty$,因此 $s\in[1,\infty)$。驻波比常用分贝作单位,定义为:

$$s(\mathrm{dB})=20\lg s \tag{6-4-58}$$

从图 6-4-4 可看出,$R<0$ 时,电场在介质分界面上刚好是振幅的最小值,$T=1+R<1$,因此透射波的振幅小于入射波的振幅;$R>0$ 时,电场在介质分界面上刚好是振幅的最大值,$T=1+R>1$,因此透射波的振幅大于入射波的振幅。但是这并不影响能量守恒定律,可以证明,入射波的能流密度等于反射波的能流密度和透射波的能流密度之和,即:

$$S_{1平均}^{+}=S_{1平均}^{-}+S_{2平均}^{\mathrm{t}} \tag{6-4-59}$$

或

$$\boldsymbol{S}_{1平均}=\boldsymbol{S}_{1平均}^{+}+\boldsymbol{S}_{1平均}^{-}=\boldsymbol{S}_{2平均}^{\mathrm{t}} \tag{6-4-60}$$

【例 6-4-2】 空气中一均匀平面波电场为

$$\boldsymbol{E}^{+}=(\boldsymbol{a}_x+\mathrm{j}\,\boldsymbol{a}_y)\mathrm{e}^{-\mathrm{j}z}$$

垂直入射到半无限大理想电介质($\mu_r=1$)平面,设介质表面为 $z=0$ 平面。已知空气中的合成波的驻波比为 3,介质表面上合成电场的振幅为最小值。求反射波电场和透射波电场。

【解】　由驻波比

$$s=\frac{1+|R|}{1-|R|}=3$$

得:

$$|R|=0.5$$

又因为介质表面是合成电场振幅的最小值点,所以反射系数为:

$$R=-0.5$$

透射系数:

$$T=1+R=0.5$$

反射波电场:

$$\boldsymbol{E}^{-}=-0.5(\boldsymbol{a}_x+\mathrm{j}\,\boldsymbol{a}_y)\mathrm{e}^{\mathrm{j}z}$$

再由式(6-4-41)即 $R=\dfrac{\eta-\eta_0}{\eta+\eta_0}=-0.5$,得:

$$\eta=\eta_0/3$$

$$\sqrt{\frac{\mu_r}{\varepsilon_r}}\eta_0=\frac{\eta_0}{3}$$

将 $\mu_r=1$ 代入上式,得:

$$\varepsilon_r=9$$

由入射波电场可知:

$$\beta_1=\omega\sqrt{\mu_0\varepsilon_0}=1$$

因此在理想电介质中,有:

$$\beta_2=\omega\sqrt{\mu\varepsilon}=\beta_1\sqrt{\mu_r\varepsilon_r}=3$$

透射波电场:

$$\boldsymbol{E}^{\mathrm{t}}=0.5(\boldsymbol{a}_x+\mathrm{j}\,\boldsymbol{a}_y)\mathrm{e}^{-\mathrm{j}3z}$$

6.4.4　良导体表面的垂直入射

若图 6-4-1 所示的媒质 1 为完纯介质,媒质 2 为良导体,则由于良导体的电导率通常在 10^7 量级,相对磁导率近似为 1,参照表 6-3-1 可知,在一般无线电频率下良导体的表面阻抗远小于空气或完纯介质中的波阻抗,即:

$$\eta_c\approx(1+\mathrm{j})\sqrt{\frac{\pi f\mu}{\sigma}}\ll\eta_0$$

故反射系数:

$$\dot{R}=\frac{\eta_c-\eta}{\eta_c+\eta}\approx -1 \tag{6-4-61}$$

透射系数：

$$\dot{T}=\frac{2\eta_c}{\eta_c+\eta}\approx\frac{2\eta_c}{\eta}\to 0 \tag{6-4-62}$$

可见，电磁波在良导体表面接近理想导体表面的全反射。与理想导体的全反射相比，良导体的垂直入射具有以下几个特点。

(1) 由于透射系数并不绝对为零，因而会有少量电磁波进入良导体中。

将式(6-4-62)代入式(6-4-20)和式(6-4-21)，可得良导体中的电场和磁场分别为：

$$\dot{E}_x^t=\dot{T}E_m^+e^{-\alpha_2 z}e^{-j\beta_2 z}\approx\frac{2\eta_c}{\eta}E_m^+e^{-\alpha_2 z}e^{-j\beta_2 z} \tag{6-4-63}$$

$$\dot{H}_y^t=\frac{1}{\eta_c}\dot{T}E_m^+e^{-\alpha_2 z}e^{-j\beta_2 z}\approx\frac{2}{\eta}E_m^+e^{-\alpha_2 z}e^{-j\beta_2 z} \tag{6-4-64}$$

其中，$\alpha_2\approx\beta_2\approx\sqrt{\pi f\mu_0\sigma}$。

(2) 由式(6-4-63)和式(6-4-64)并利用边界条件 $E_{1t}=E_{2t}$ 和 $H_{1t}=H_{2t}$ 可知，边界上的电场和磁场分别为：

$$E_{1t}=E_{2t}=E_x^t\big|_{z=0}\approx\frac{2\eta_c}{\eta}E_m^+ \tag{6-4-65}$$

$$H_{1t}=H_{2t}=H_y^t\big|_{z=0}\approx\frac{2}{\eta}E_m^+ \tag{6-4-66}$$

与理想导体表面上的电场式(6-4-36)和磁场式(6-4-37)相比，可以看出良导体表面的磁场和理想导体相同，因此良导体中的电磁场也可以这样求取：先用理想导体的结论来求磁场的边界值，即：

$$H_t=2H_m^+=\frac{2}{\eta}E_m^+ \tag{6-4-67}$$

再由电场和磁场的模值关系来求电场的边界值，即：

$$E_t=\eta_c H_t \tag{6-4-68}$$

这些值是电场和磁场在良导体表面的初值，乘上指数函数 $e^{-\alpha_2 z}e^{-j\beta_2 z}$ 即可得到式(6-4-63)和式(6-4-64)。

(3) 在理想导体表面，有感应面电流：

$$\boldsymbol{J}_S=\boldsymbol{n}\times\boldsymbol{H}\big|_{z=0}=\boldsymbol{a}_x H_t=\boldsymbol{a}_x\frac{2E_m^+}{\eta} \tag{6-4-69}$$

而良导体中存在感应体电流：

$$\boldsymbol{J}=\boldsymbol{a}_x\sigma\dot{E}_x^t\approx\boldsymbol{a}_x\frac{2\eta_c}{\eta}\sigma E_m^+e^{-\alpha_2 z}e^{-j\beta_2 z} \tag{6-4-70}$$

由于趋肤效应，透射波在良导体表面很薄的一层内就衰减掉了，也就是说感应体电流只存在于良导体表面很薄的一层内，工程上，可以把这样的体电流看作是面电流，面电流密度为：

$$\boldsymbol{J}_{\mathrm{S}} = \int_{0}^{\infty} \boldsymbol{J} \mathrm{d}z \approx \boldsymbol{a}_x \frac{2\eta_{\mathrm{c}}}{\eta} \sigma E_{\mathrm{m}}^{+} \int_{0}^{\infty} \mathrm{e}^{-\alpha_2 z} \mathrm{e}^{-\mathrm{j}\beta_2 z} \mathrm{d}z$$

$$= \boldsymbol{a}_x \frac{2\eta_{\mathrm{c}}}{\eta} \sigma E_{\mathrm{m}}^{+} \frac{1}{\alpha_2 + \mathrm{j}\beta_2} = \boldsymbol{a}_x \frac{2\eta_{\mathrm{c}}}{\eta} \sigma E_{\mathrm{m}}^{+} \frac{1}{\alpha_2(1+\mathrm{j})} \tag{6-4-71}$$

把良导体的表面阻抗 $\eta_{\mathrm{c}} \approx (1+\mathrm{j})\sqrt{\dfrac{\pi f \mu_0}{\sigma}} = (1+\mathrm{j})\dfrac{\alpha_2}{\sigma}$ 代入式(6-4-71)，得：

$$\boldsymbol{J}_{\mathrm{S}} = \boldsymbol{a}_x \frac{2E_{\mathrm{m}}^{+}}{\eta} = \boldsymbol{H}_{\mathrm{t}}$$

可见，与理想导体表面的电流密度相同。

(4) 理想导体内没有电磁波进入，良导体内可有少量电磁波进入，但这部分电磁波衰减极快。穿过 $z=0$ 平面的平均能流为：

$$\boldsymbol{S}_{2\text{平均}} = \frac{1}{2}\mathrm{Re}[\boldsymbol{E}_{2\mathrm{t}} \times \boldsymbol{H}_{2\mathrm{t}}^{*}] = \boldsymbol{a}_z \frac{1}{2}\mathrm{Re}[\eta_{\mathrm{c}} H_{\mathrm{t}} H_{\mathrm{t}}^{*}]$$

$$= \boldsymbol{a}_z \frac{1}{2} |\boldsymbol{H}_{\mathrm{t}}|^2 \mathrm{Re}[\eta_{\mathrm{c}}] = \boldsymbol{a}_z \frac{1}{2} R_{\mathrm{S}} |\boldsymbol{H}_{\mathrm{t}}|^2$$

这部分功率将全部变成损耗。一般用功率符号 P_{L} 来表示电磁波在良导体表面单位面积上的平均损耗功率，即：

$$P_{\mathrm{L}} = S_{2\text{平均}} = \frac{1}{2} R_{\mathrm{S}} |\boldsymbol{H}_{\mathrm{t}}|^2 = \frac{1}{2} R_{\mathrm{S}} |\boldsymbol{J}_{\mathrm{S}}|^2 \ (\mathrm{W/m^2}) \tag{6-4-72}$$

【例 6-4-3】 空气中一频率 300 MHz、电场振幅 $E_{\mathrm{m}} = 1$ V/m 的均匀平面波垂直入射到一大而厚的铜板上，已知铜的参数为 $\mu=\mu_0, \varepsilon=\varepsilon_0, \sigma=5.8\times10^7$ S/m。求：(1) 铜板中的电场、磁场和传导电流密度；(2) 铜板单位表面的吸收功率。

【解】 (1) 空气中的相移常数为：

$$\beta_0 = 2\pi f\sqrt{\mu_0 \varepsilon_0} = 2\pi \ (\mathrm{rad/m})$$

若设铜板表面为 $z=0$ 平面，其外法向为 $-\boldsymbol{a}_z$，电磁波沿 $+z$ 方向入射，电场沿 x 方向极化，则入射电场可写为：

$$\dot{\boldsymbol{E}}^{+} = \boldsymbol{a}_x \dot{E}_x^{+} = \boldsymbol{a}_x \mathrm{e}^{-\mathrm{j}2\pi z} \ (\mathrm{V/m})$$

铜板中，由于

$$\frac{\sigma}{\omega\varepsilon} = \frac{5.8\times10^7\times36\pi\times10^9}{2\pi\times300\times10^6} = 348\times10^7 \gg 1$$

所以

$$\beta \approx \alpha \approx \sqrt{\pi f \mu \sigma} \approx 26.2\times10^4$$

$$\eta_{\mathrm{c}} = (1+\mathrm{j})\frac{\alpha}{\sigma} = (1+\mathrm{j})\frac{26.2\times10^4}{5.8\times10^7} \approx 4.52(1+\mathrm{j})\times10^{-3} \approx 6.39\times10^{-3}\mathrm{e}^{\mathrm{j}\frac{\pi}{4}} \ (\Omega)$$

铜板表面的磁场和电场分别为：

$$H_{\mathrm{t}}=\frac{2}{\eta_0}E_{\mathrm{m}}=\frac{1}{60\pi}\ (\mathrm{A/m})$$

$$E_{\mathrm{t}}=\eta_{\mathrm{c}}H_{\mathrm{t}}\approx 3.39\times 10^{-5}\mathrm{e}^{\mathrm{j}\frac{\pi}{4}}\ (\mathrm{V/m})$$

铜板中的电场和磁场分别为：

$$\dot{\boldsymbol{E}}^{\mathrm{t}}=\boldsymbol{a}_x E_{\mathrm{t}}\mathrm{e}^{-\alpha z}\mathrm{e}^{-\mathrm{j}\beta z}\approx \boldsymbol{a}_x 3.39\times 10^{-5}\mathrm{e}^{-\alpha z}\mathrm{e}^{-\mathrm{j}\left(\beta z-\frac{\pi}{4}\right)}\ (\mathrm{V/m})$$

$$\dot{\boldsymbol{H}}^{\mathrm{t}}=\boldsymbol{a}_y H_{\mathrm{t}}\mathrm{e}^{-\alpha z}\mathrm{e}^{-\mathrm{j}\beta z}\approx \boldsymbol{a}_y 5.3\times 10^{-3}\mathrm{e}^{-\alpha z}\mathrm{e}^{-\mathrm{j}\beta z}\ (\mathrm{A/m})$$

传导电流为：

$$\begin{aligned}\dot{\boldsymbol{J}}_{\mathrm{C}}&=\sigma\dot{\boldsymbol{E}}^{\mathrm{t}}\approx \boldsymbol{a}_x 5.8\times 10^{7}\times 3.39\times 10^{-5}\mathrm{e}^{-\alpha z}\mathrm{e}^{-\mathrm{j}\left(\beta z-\frac{\pi}{4}\right)}\\&=\boldsymbol{a}_x 1\,966\mathrm{e}^{-\alpha z}\mathrm{e}^{-\mathrm{j}\left(\beta z-\frac{\pi}{4}\right)}\ \mathrm{A/m^2}\end{aligned}$$

(2) 铜板单位表面的吸收功率为：

$$P_{\mathrm{L}}=\frac{1}{2}R_{\mathrm{S}}H_{\mathrm{t}}^2=\frac{1}{2}\times 4.52\times 10^{-3}\left(\frac{1}{60\pi}\right)^2\approx 6.35\times 10^{-8}\ (\mathrm{W/m^2})$$

6.5 均匀平面波对多层介质的垂直入射

本节以三种不同的完纯介质具有两个平行分界面的情况为例,继续讨论均匀平面波的垂直入射问题。

如图 6-5-1 所示,设沿 x 方向极化的均匀平面波沿$+z$ 轴从介质 1 入射,介质 1(μ_1,ε_1)和介质 2(μ_2,ε_2)的分界面位于 $z=0$ 平面,介质 2 和介质 3(μ_3,ε_3)的分界面位于 $z=d$ 平面。

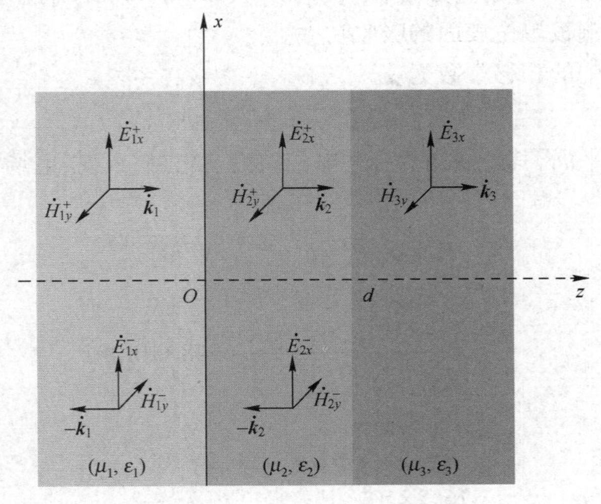

图 6-5-1　对三层介质的垂直入射

根据上节内容的讨论,电磁波在每一个分界面上都会发生反射和透射,每一次的反射和透射都可用上节的方法讨论。经过多次反射和透射,最终各区域中稳定存在的电磁波是:介质 1 和介质 2 中存在沿$+z$ 和$-z$ 两个方向传播的波,介质 3 中只存在沿$+z$ 方向传播的波。这样,我们仍可利用反射系数和透射系数的概念来分析电磁场的解,只是不同于单次反射和透射的概念,这里应称为“总反射系数”和“总透射系数”,即总反射系数是指同一种介质中反向波的电场振幅与正向波的电场振幅之比;总透射系数是指透射介质中正向波的电场振幅与入射介质中正向波的电场振幅之比。

设介质 1 中的入射波为

$$\dot{E}_{1x}^{+}(z)=E_{m}^{+}e^{-j\beta_1 z} \tag{6-5-1}$$

$$\dot{H}_{1y}^{+}(z)=\frac{1}{\eta_1}E_{m}^{+}e^{-j\beta_1 z} \tag{6-5-2}$$

则总反射波可写为

$$\dot{E}_{1x}^{-}(z)=R_1E_{m}^{+}e^{j\beta_1 z} \tag{6-5-3}$$

$$\dot{H}_{1y}^{-}(z)=-\frac{1}{\eta_1}R_1E_{m}^{+}e^{j\beta_1 z} \tag{6-5-4}$$

式中 R_1 为分界面 $z=0$ 处的总反射系数。介质 1 中的合成波可写为

$$\dot{E}_{1x}(z)=E_{m}^{+}(e^{-j\beta_1 z}+R_1e^{j\beta_1 z}) \tag{6-5-5}$$

$$\dot{H}_{1y}(z)=\frac{1}{\eta_1}E_{m}^{+}(e^{-j\beta_1 z}-R_1e^{j\beta_1 z}) \tag{6-5-6}$$

介质 2 中,反射面位于 $z=d$,因此坐标向右平移 d。正向波为

$$\dot{E}_{2x}^{+}(z)=T_1E_{m}^{+}e^{-j\beta_2(z-d)} \tag{6-5-7}$$

$$\dot{H}_{2y}^{+}(z)=\frac{1}{\eta_2}T_1E_{m}^{+}e^{-j\beta_2(z-d)} \tag{6-5-8}$$

反向波为

$$\dot{E}_{2x}^{-}(z)=R_2T_1E_{m}^{+}e^{j\beta_2(z-d)} \tag{6-5-9}$$

$$\dot{H}_{2y}^{-}(z)=-\frac{1}{\eta_2}R_2T_1E_{m}^{+}e^{j\beta_2(z-d)} \tag{6-5-10}$$

式中 T_1是从介质 1 到介质 2 的总透射系数,R_2是分界面 $z=d$ 处的总反射系数。介质 2 中的合成波可写为

$$\dot{E}_{2x}(z)=T_1E_{m}^{+}\left[e^{-j\beta_2(z-d)}+R_2e^{j\beta_2(z-d)}\right] \tag{6-5-11}$$

$$\dot{H}_{2y}(z)=\frac{1}{\eta_2}T_1E_{m}^{+}\left[e^{-j\beta_2(z-d)}-R_2e^{j\beta_2(z-d)}\right] \tag{6-5-12}$$

介质 3 中只有透射波

$$\dot{E}_{3x}(z)=T_2\,\dot{E}_{2x}^{+}(z)=T_2T_1E_{m}^{+}e^{-j\beta_3(z-d)} \tag{6-5-13}$$

$$\dot{H}_{3y}(z)=\frac{1}{\eta_3}T_2\dot{E}_{2x}^{+}(z)=\frac{1}{\eta_3}T_2T_1E_{\mathrm{m}}^{+}\mathrm{e}^{-\mathrm{j}\beta_3(z-d)} \tag{6-5-14}$$

式中 T_2是从介质 2 到介质 3 的总透射系数。

根据介质分界面上的边界条件,电场的切向分量连续,磁场的切向分量连续,可写出 $z=0$ 处,

$$\begin{cases}1+R_1=T_1(\mathrm{e}^{\mathrm{j}\beta_2 d}+R_2\mathrm{e}^{-\mathrm{j}\beta_2 d})\\ \dfrac{1}{\eta_1}(1-R_1)=\dfrac{1}{\eta_2}T_1(\mathrm{e}^{\mathrm{j}\beta_2 d}-R_2\mathrm{e}^{-\mathrm{j}\beta_2 d})\end{cases} \tag{6-5-15}$$

$z=d$ 处,

$$\begin{cases}1+R_2=T_2\\ \dfrac{1}{\eta_2}(1-R_2)=\dfrac{1}{\eta_3}T_2\end{cases} \tag{6-5-16}$$

由方程组(6-5-16)可解出

$$R_2=\frac{\eta_3-\eta_2}{\eta_3+\eta_2} \tag{6-5-17}$$

$$T_2=\frac{2\eta_3}{\eta_3+\eta_2} \tag{6-5-18}$$

可见与仅有两种介质的分界面上的反射系数和透射系数公式相同。

对方程组(6-5-15),将两式相除得

$$\eta_1\frac{1+R_1}{1-R_1}=\eta_2\frac{\mathrm{e}^{\mathrm{j}\beta_2 d}+R_2\mathrm{e}^{-\mathrm{j}\beta_2 d}}{\mathrm{e}^{\mathrm{j}\beta_2 d}-R_2\mathrm{e}^{-\mathrm{j}\beta_2 d}} \tag{6-5-19}$$

若令

$$\eta_{\mathrm{ef}}=\eta_2\frac{\mathrm{e}^{\mathrm{j}\beta_2 d}+R_2\mathrm{e}^{-\mathrm{j}\beta_2 d}}{\mathrm{e}^{\mathrm{j}\beta_2 d}-R_2\mathrm{e}^{-\mathrm{j}\beta_2 d}} \tag{6-5-20}$$

则可求出

$$R_1=\frac{\eta_{\mathrm{ef}}-\eta_1}{\eta_{\mathrm{ef}}+\eta_1} \tag{6-5-21}$$

刚好与两种介质分界面的反射系数公式相同,但 T_1的解没有这种特点,通常由 R_1和 R_2来计算,由式(6-5-15),可得

$$T_1=\frac{1+R_1}{\mathrm{e}^{\mathrm{j}\beta_2 d}+R_2\mathrm{e}^{-\mathrm{j}\beta_2 d}} \tag{6-5-22}$$

由式(6-5-20)对比式(6-5-11)和式(6-5-12)可以看出,$\eta_{\mathrm{ef}}=E_{2x}(0)/H_{2y}(0)$,因此称 η_{ef}为 $z=0$ 处的等效波阻抗。因其表达式中含有后一个介质分界面的反射系数 R_2和介质 2 的厚度 d,可以理解为把这些因素的影响用一种等效的介质来代替。把式(6-5-17)代入式(6-5-20),并整理可得

$$\eta_{\mathrm{ef}}=\eta_2\frac{\eta_3+\mathrm{j}\eta_2\tan(\beta_2 d)}{\eta_2+\mathrm{j}\eta_3\tan(\beta_2 d)} \tag{6-5-23}$$

利用等效波阻抗的概念,可以对三种以上介质的垂直入射进行递推分析。如图 6-5-2 所示,n 种介质具有 $(n-1)$ 个分界面,先求第 $(n-1)$ 个分界面的反射系数和透射系数

$$R_{n-1}=\frac{\eta_n-\eta_{n-1}}{\eta_n+\eta_{n-1}}$$

$$T_{n-1}=\frac{2\eta_n}{\eta_n+\eta_{n-1}}$$

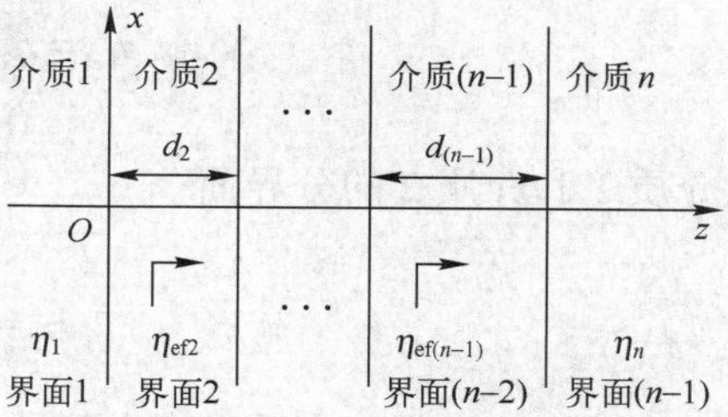

图 6-5-2　对多层介质的垂直入射

及第 $(n-1)$ 个介质的等效波阻抗

$$\eta_{\mathrm{ef}(n-1)}=\eta_{n-1}\frac{\eta_n+\mathrm{j}\eta_{n-1}\tan(\beta_{n-1}d_{n-1})}{\eta_{n-1}+\mathrm{j}\eta_n\tan(\beta_{n-1}d_{n-1})}$$

再求第 $(n-2)$ 个分界面的反射系数和透射系数

$$R_{n-2}=\frac{\eta_{\mathrm{ef}(n-1)}-\eta_{n-2}}{\eta_{\mathrm{ef}(n-1)}+\eta_{n-2}}$$

$$T_{n-2}=\frac{1+R_{n-2}}{\mathrm{e}^{\mathrm{j}\beta_{n-1}d_{n-1}}+R_{n-1}\mathrm{e}^{-\mathrm{j}\beta_{n-1}d_{n-1}}}$$

【例 6-5-1】　设图 6-5-1 中介质 2 的厚度为电磁波在此介质中波长的四分之一,求此介质中的等效波阻抗,什么条件下可消除介质 1 中的反射波?

【解】　$d=\frac{\lambda_2}{4}$,则 $\tan(\beta_2 d)=\tan\left(\frac{2\pi}{\lambda_2}\frac{\lambda_2}{4}\right)=\tan\frac{\pi}{2}\to\infty$

$$\eta_{\mathrm{ef}}=\eta_2\frac{\eta_3+\mathrm{j}\eta_2\tan(\beta_2 d)}{\eta_2+\mathrm{j}\eta_3\tan(\beta_2 d)}=\eta_2\frac{\mathrm{j}\eta_2\tan(\beta_2 d)}{\mathrm{j}\eta_3\tan(\beta_2 d)}=\frac{\eta_2^2}{\eta_3}$$

消除介质 1 中的反射波,只要

$$R_1=\frac{\eta_{\mathrm{ef}}-\eta_1}{\eta_{\mathrm{ef}}+\eta_1}=0$$

即

$$\eta_{\mathrm{ef}}=\eta_1=\frac{\eta_2^2}{\eta_3}$$

所以

$$\eta_2=\sqrt{\eta_1\eta_3}$$

这种在两种不同的介质之间插入的本征阻抗为 $\eta_2=\sqrt{\eta_1\eta_3}$,厚度为 $d=\lambda_2/4$ 的介质片,称为 1/4 波长匹配层,可用来消除某一频率电磁波的反射,例如,照相机的镜头上都有这种消除反射的涂层。

【例 6-5-2】　设图 6-5-1 中介质 1 和介质 3 是同一种介质,介质 2 的厚度为电磁波在此介质中波长的二分之一,求此介质中的等效波阻抗和两分界面的反射系数和透射系数。

【解】 因为 $d=\dfrac{\lambda_2}{2}$,所以 $\tan(\beta_2 d)=\tan\left(\dfrac{2\pi\lambda_2}{\lambda_2\,2}\right)=\tan\pi=0$

$$\eta_{ef}=\eta_2\frac{\eta_3+j\eta_2\tan(\beta_2 d)}{\eta_2+j\eta_3\tan(\beta_2 d)}=\eta_3=\eta_1$$

对介质 1 和介质 2 的分界面
$$R_1=\frac{\eta_{ef}-\eta_1}{\eta_{ef}+\eta_1}=0$$

$$T_1=\frac{1+R_1}{e^{j\beta_2 d}+R_2 e^{-j\beta_2 d}}=-\frac{1}{1+R_2}=-\frac{1}{T_2}$$

由式(6-5-13),介质 3 中电场的振幅为

$$E_{3m}=T_1T_2E_{1m}=-E_{1m}$$

这表明,电磁波可以无反射、无损耗地穿过半波长的介质层。因此,这种厚度为 $\lambda_2/2$ 的介质层又称为半波长介质窗。利用这种原理可制成天线罩以保护天线免受恶劣环境影响。

6.6 均匀平面波的斜入射

当均匀平面波以一定的角度从一种媒质入射到另一种媒质表面时,同样会发生反射和折射现象,但与垂直入射相比,反射波和折射波的传播方向及其电场和磁场方向不再与入射波平行,因而这些波的解的表达式稍显复杂。

本节将主要针对均匀平面波在两种理想介质分界面和理想导体表面的斜入射分别进行分析,一般媒质的斜入射只要将本征阻抗和波矢量换成复波阻抗和复波矢量即可。

6.6.1 理想介质分界面的斜入射

为分析方便,把入射波的传播方向与介质分界面的法线方向所构成的平面称为入射面。当入射电场与入射面平行时,称为平行极化波;当入射电场与入射面垂直时,称为垂直极化波,如图 6-6-1 所示。若入射电场的方向与入射面成一定角度,则可先分解为平行极化波和垂直极化波两个分量,再对这两种极化波分别进行分析。

1. 平行极化波的斜入射

如图 6-6-1(a)所示,设两种介质的参数分别为(μ_1,ε_1)和(μ_2,ε_2),分界面位于 $z=0$ 平面,分界面的法线方向在 z 轴上。入射波的波矢量$\boldsymbol{k}_1^+$ 与 z 轴的夹角称为入射角,用 θ 表示;反射波的波矢量$\boldsymbol{k}_1^-$ 与 z 轴的夹角称为反射角,用 θ' 表示;折射波的波矢量$\boldsymbol{k}_2$ 与 z 轴的夹角称为折射角,用 θ'' 表示。这三列波均满足各自的波动方程,因此具有$\dot{\boldsymbol{E}}_m=\boldsymbol{E}_0e^{-j\boldsymbol{k}\cdot\boldsymbol{r}}$的一般解的形式。

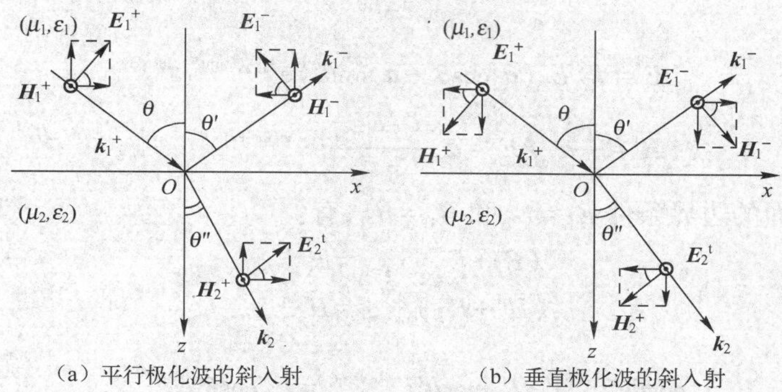

（a）平行极化波的斜入射　　（b）垂直极化波的斜入射

图 6-6-1　均匀平面波的斜入射

设入射波为已知，在图 6-6-1(a)所示坐标中三列波的电场的振幅矢量分别为：

$$\boldsymbol{E}_0^+=E_{\mathrm{m}}^+(\boldsymbol{a}_x\cos\theta-\boldsymbol{a}_z\sin\theta)$$

$$\boldsymbol{E}_0^-=R_{/\!/}E_{\mathrm{m}}^+(-\boldsymbol{a}_x\cos\theta'-\boldsymbol{a}_z\sin\theta')$$

$$\boldsymbol{E}_0^{\mathrm{t}}=T_{/\!/}E_{\mathrm{m}}^+(\boldsymbol{a}_x\cos\theta''-\boldsymbol{a}_z\sin\theta'')$$

式中，$R_{/\!/}$是平行极化波的反射系数，定义为反射电场与入射电场的幅度之比，即：

$$R_{/\!/}=\frac{E_{\mathrm{m}}^-}{E_{\mathrm{m}}^+}$$

$T_{/\!/}$是平行极化波的透射系数，定义为折射电场与入射电场的幅度之比，即：

$$T_{/\!/}=\frac{E_{\mathrm{m}}^{\mathrm{t}}}{E_{\mathrm{m}}^+}$$

入射波、反射波和折射波的波矢量分别为：

$$\boldsymbol{k}_1^+=k_1(\boldsymbol{a}_x\sin\theta+\boldsymbol{a}_z\cos\theta)$$

$$\boldsymbol{k}_1^-=k_1(\boldsymbol{a}_x\sin\theta'-\boldsymbol{a}_z\cos\theta')$$

$$\boldsymbol{k}_2=k_2(\boldsymbol{a}_x\sin\theta''+\boldsymbol{a}_z\cos\theta'')$$

式中，$k_1=\omega\sqrt{\mu_1\varepsilon_1}$、$k_2=\omega\sqrt{\mu_2\varepsilon_2}$分别是电磁波在介质 1 和介质 2 中的波数；$E_{\mathrm{m}}^+$ 和 θ 是已知量；$R_{/\!/}$、$T_{/\!/}$、θ' 和 θ'' 都是待求常数。

于是这三列波的电场和磁场可写为

入射波：

$$\dot{\boldsymbol{E}}^+=E_{\mathrm{m}}^+(\boldsymbol{a}_x\cos\theta-\boldsymbol{a}_z\sin\theta)\mathrm{e}^{-\mathrm{j}k_1(x\sin\theta+z\cos\theta)} \tag{6-6-1}$$

$$\dot{\boldsymbol{H}}^+=\frac{1}{\eta_1}\boldsymbol{a}_{k_1^+}\times\dot{\boldsymbol{E}}^+=\boldsymbol{a}_y\frac{E_{\mathrm{m}}^+}{\eta_1}\mathrm{e}^{-\mathrm{j}k_1(x\sin\theta+z\cos\theta)} \tag{6-6-2}$$

反射波：

$$\dot{\boldsymbol{E}}^-=R_{/\!/}E_{\mathrm{m}}^+(-\boldsymbol{a}_x\cos\theta'-\boldsymbol{a}_z\sin\theta')\mathrm{e}^{-\mathrm{j}k_1(x\sin\theta'-z\cos\theta')} \tag{6-6-3}$$

$$\dot{\boldsymbol{H}}^-=\frac{1}{\eta_1}\boldsymbol{a}_{k_1^-}\times\boldsymbol{E}^-=\boldsymbol{a}_y\frac{R_{/\!/}E_{\mathrm{m}}^+}{\eta_1}\mathrm{e}^{-\mathrm{j}k_1(x\sin\theta'-z\cos\theta')} \tag{6-6-4}$$

折射波：

$$\dot{\boldsymbol{E}}^{\mathrm{t}}=T_{/\!/}E_{\mathrm{m}}^{+}(\boldsymbol{a}_x\cos\theta''-\boldsymbol{a}_z\sin\theta'')\mathrm{e}^{-\mathrm{j}k_2(x\sin\theta''+z\cos\theta'')} \tag{6-6-5}$$

$$\dot{\boldsymbol{H}}^{\mathrm{t}}=\frac{1}{\eta_2}\boldsymbol{a}_{k_2}\times\dot{\boldsymbol{E}}_2=\boldsymbol{a}_y\frac{T_{/\!/}E_{\mathrm{m}}^{+}}{\eta_2}\mathrm{e}^{-\mathrm{j}k_2(x\sin\theta''+z\cos\theta'')} \tag{6-6-6}$$

根据 $z=0$ 平面的边界条件 $E_{1\mathrm{t}}=E_{2\mathrm{t}}$ 和 $H_{1\mathrm{t}}=H_{2\mathrm{t}}$，有：

$$(E_x^{+}+E_x^{-})\big|_{z=0}=E_x^{\mathrm{t}}\big|_{z=0}$$

$$(H_y^{+}+H_y^{-})\big|_{z=0}=H_y^{\mathrm{t}}\big|_{z=0}$$

得

$$\cos\theta\mathrm{e}^{-\mathrm{j}k_1x\sin\theta}-R_{/\!/}\cos\theta'\mathrm{e}^{-\mathrm{j}k_1x\sin\theta'}=T_{/\!/}\cos\theta''\mathrm{e}^{-\mathrm{j}k_2x\sin\theta''} \tag{6-6-7}$$

$$\frac{1}{\eta_1}\mathrm{e}^{-\mathrm{j}k_1x\sin\theta}+\frac{1}{\eta_1}R_{/\!/}\mathrm{e}^{-\mathrm{j}k_1x\sin\theta'}=\frac{1}{\eta_2}T_{/\!/}\mathrm{e}^{-\mathrm{j}k_2x\sin\theta''} \tag{6-6-8}$$

式(6-6-7)和式(6-6-8)对任意 x 都成立，必有：

$$k_1\sin\theta=k_1\sin\theta'=k_2\sin\theta'' \tag{6-6-9}$$

式(6-6-9)表明，这三列波沿 x 方向的波数相等。解得：

$$\theta=\theta' \tag{6-6-10}$$

$$\frac{\sin\theta''}{\sin\theta}=\frac{k_1}{k_2}=\frac{\sqrt{\mu_1\varepsilon_1}}{\sqrt{\mu_2\varepsilon_2}}=\frac{n_1}{n_2} \tag{6-6-11}$$

式(6-6-10)称为斯涅尔反射定律；式(6-6-11)称为斯涅尔折射定律。

于是式(6-6-7)和式(6-6-8)可改写为：

$$\cos\theta-R_{/\!/}\cos\theta=T_{/\!/}\cos\theta'' \tag{6-6-12}$$

$$\frac{1}{\eta_1}+\frac{1}{\eta_1}R_{/\!/}=\frac{1}{\eta_2}T_{/\!/} \tag{6-6-13}$$

联立式(6-6-12)和式(6-6-13)解出平行极化波的反射系数和透射系数分别为：

$$R_{/\!/}=\frac{\eta_1\cos\theta-\eta_2\cos\theta''}{\eta_1\cos\theta+\eta_2\cos\theta''} \tag{6-6-14}$$

$$T_{/\!/}=(1+R_{/\!/})\frac{\eta_2}{\eta_1}=\frac{2\eta_2\cos\theta}{\eta_1\cos\theta+\eta_2\cos\theta''} \tag{6-6-15}$$

2. 垂直极化波的斜入射

类似地，对于图 6-6-1(b)所示的垂直极化波，其入射波、反射波和折射波的电场和磁场分别为：

$$\dot{\boldsymbol{E}}^{+}=\boldsymbol{a}_yE_{\mathrm{m}}^{+}\mathrm{e}^{-\mathrm{j}k_1(x\sin\theta+z\cos\theta)} \tag{6-6-16}$$

$$\dot{\boldsymbol{H}}^{+}=\frac{E_{\mathrm{m}}^{+}}{\eta_1}(-\boldsymbol{a}_x\cos\theta+\boldsymbol{a}_z\sin\theta)\mathrm{e}^{-\mathrm{j}k_1(x\sin\theta+z\cos\theta)} \tag{6-6-17}$$

$$\dot{\boldsymbol{E}}^{-}=\boldsymbol{a}_yR_{\perp}E_{\mathrm{m}}^{+}\mathrm{e}^{-\mathrm{j}k_1(x\sin\theta-z\cos\theta)} \tag{6-6-18}$$

$$\dot{\boldsymbol{H}}^{-}=\frac{R_{\perp}E_{\mathrm{m}}^{+}}{\eta_1}(\boldsymbol{a}_x\cos\theta+\boldsymbol{a}_z\sin\theta)\mathrm{e}^{-\mathrm{j}k_1(x\sin\theta-z\cos\theta)} \tag{6-6-19}$$

$$\dot{\boldsymbol{E}}^{\mathrm{t}}=\boldsymbol{a}_y T_{\perp}E_{\mathrm{m}}^{+}\mathrm{e}^{-\mathrm{j}k_2(x\sin\theta''+z\cos\theta'')} \tag{6-6-20}$$

$$\dot{\boldsymbol{H}}^{\mathrm{t}}=\frac{T_{\perp}E_{\mathrm{m}}^{+}}{\eta_1}(-\boldsymbol{a}_x\cos\theta''+\boldsymbol{a}_z\sin\theta'')\mathrm{e}^{-\mathrm{j}k_2(x\sin\theta''+z\cos\theta'')} \tag{6-6-21}$$

式中，$R_{\perp}$ 是垂直极化波的反射系数，定义为反射电场与入射电场的幅度之比，即：

$$R_{\perp}=\frac{E_{\mathrm{m}}^{-}}{E_{\mathrm{m}}^{+}}$$

$T_{\perp}$ 是垂直极化波的透射系数，定义为折射电场与入射电场的幅度之比，即：

$$T_{\perp}=\frac{E_{\mathrm{m}}^{\mathrm{t}}}{E_{\mathrm{m}}^{+}}$$

根据 $z=0$ 平面的边界条件 $E_{1\mathrm{t}}=E_{2\mathrm{t}}$ 和 $H_{1\mathrm{t}}=H_{2\mathrm{t}}$，同样可得出式(6-6-9)～式(6-6-11)的结论，并有：

$$\begin{cases}1+R_{\perp}=T_{\perp}\\ \dfrac{1}{\eta_1}\cos\theta-\dfrac{R_{\perp}}{\eta_1}\cos\theta=\dfrac{T_{\perp}}{\eta_2}\cos\theta''\end{cases}$$

解之，垂直极化波的反射系数和透射系数分别为：

$$R_{\perp}=\frac{\eta_2\cos\theta-\eta_1\cos\theta''}{\eta_2\cos\theta+\eta_1\cos\theta''} \tag{6-6-22}$$

$$T_{\perp}=1+R_{\perp}=\frac{2\eta_2\cos\theta}{\eta_2\cos\theta+\eta_1\cos\theta''} \tag{6-6-23}$$

6.6.2　波的全反射和全折射

1. 全反射

全反射是指 $|R|=1$ 时的反射现象，与理想导体表面的全反射相比，介质分界面的全反射只有在特定条件下才发生，而且具有独特的传输特性。

1）全反射产生的条件

对于理想电介质，有 $\mu_1=\mu_2=\mu_0$，斯涅尔折射定律可写为：

$$\frac{\sin\theta''}{\sin\theta}=\frac{n_1}{n_2}=\frac{\sqrt{\varepsilon_1}}{\sqrt{\varepsilon_2}}$$

可以看出，若满足 $\varepsilon_1>\varepsilon_2$，则有 $\theta''>\theta$。当 $\theta''=90°$时，折射波将沿 x 方向即介质分界面传播，介质 2 中没有纵向传输波，这种现象称为全反射。此时所对应的入射角称为临界角，用 θ_{c} 表示。由折射定律可知：

$$\sin\theta_c=\frac{n_2}{n_1}=\frac{\sqrt{\varepsilon_2}}{\sqrt{\varepsilon_1}} \tag{6-6-24}$$

将 $\theta''=90°$ 代入式(6-6-14)、式(6-6-15)、式(6-6-22)和式(6-6-23),可得全反射时平行极化波和垂直极化波的反射系数和透射系数分别为:

$$R_{/\!/}=R_{\perp}=1 \tag{6-6-25}$$

$$T_{/\!/}=\frac{2\eta_2}{\eta_1}=2\sqrt{\frac{\varepsilon_1}{\varepsilon_2}}>2 \tag{6-6-26}$$

$$T_{\perp}=2 \tag{6-6-27}$$

当 $\theta>\theta_c$ 时,由式(6-6-24)可知:

$$\sin\theta>\sin\theta_c=\frac{n_2}{n_1}=\frac{\sqrt{\varepsilon_2}}{\sqrt{\varepsilon_1}}$$

因此

$$\sin\theta''=\frac{n_1}{n_2}\sin\theta>1 \tag{6-6-28}$$

而

$$\cos\theta''=\pm\sqrt{1-\sin^2\theta''}=\pm\mathrm{j}\sqrt{\sin^2\theta''-1} \tag{6-6-29}$$

由于 $\cos\theta$ 是实数,$\cos\theta''$ 是纯虚数,由式(6-6-14)和式(6-6-22)可以看出,$R_{/\!/}$ 和 $R_{\perp}$ 表达式中的分子分母均为共轭的复数,因此有:

$$|\dot{R}_{/\!/}|=|\dot{R}_{\perp}|=1 \tag{6-6-30}$$

此时,透射系数也是复数,表明 $\theta>\theta_c$ 时的全反射伴随有附加相位。

综上所述,全反射产生的条件是:对于两种理想电介质,电磁波从光密媒质入射到光疏媒质($\varepsilon_1>\varepsilon_2$),且入射角大于等于临界角($\theta\geqslant\theta_c$)。

2) 全反射时的场分布

全反射时,$\cos\theta''$ 是纯虚数,可以证明,它取"−"号时,才有物理意义,即:

$$\cos\theta''=-\mathrm{j}\sqrt{\sin^2\theta''-1} \tag{6-6-31}$$

把式(6-6-31)代入折射波式(6-6-5)、式(6-6-6)、式(6-6-20)和式(6-6-21),得:

$$\dot{\boldsymbol{E}}^{t}_{/\!/}=(-\mathrm{j}\,\boldsymbol{a}_x\sqrt{\sin^2\theta''-1}-\boldsymbol{a}_z\sin\theta'')\dot{T}_{/\!/}E_m^+\mathrm{e}^{-k_2z\sqrt{\sin^2\theta''-1}}\mathrm{e}^{-\mathrm{j}k_2x\sin\theta''} \tag{6-6-32}$$

$$\dot{\boldsymbol{H}}^{t}_{/\!/}=\boldsymbol{a}_y\frac{\dot{T}_{/\!/}E_m^+}{\eta_2}\mathrm{e}^{-k_2z\sqrt{\sin^2\theta''-1}}\mathrm{e}^{-\mathrm{j}k_2x\sin\theta''} \tag{6-6-33}$$

$$\dot{\boldsymbol{E}}^{t}_{\perp}=\boldsymbol{a}_y\dot{T}_{\perp}E_m^+\mathrm{e}^{-k_2z\sqrt{\sin^2\theta''-1}}\mathrm{e}^{-\mathrm{j}k_2x\sin\theta''} \tag{6-6-34}$$

$$\dot{\boldsymbol{H}}^{t}_{\perp}=(\mathrm{j}\,\boldsymbol{a}_x\sqrt{\sin^2\theta''-1}+\boldsymbol{a}_z\sin\theta'')\frac{\dot{T}_{\perp}E_m^+}{\eta_2}\mathrm{e}^{-k_2z\sqrt{\sin^2\theta''-1}}\mathrm{e}^{-\mathrm{j}k_2x\sin\theta''} \tag{6-6-35}$$

注意:平行极化波中的 E_m^+ 和垂直极化波中的 E_m^+ 并无关联。

可见,全反射时并非没有折射波,并且这些折射波具有以下特点。

(1) 从式(6-6-32)~式(6-6-35)可以看出$\boldsymbol{k}_2\cdot\boldsymbol{r}=k_2x\sin\theta''$,因此:

$$\boldsymbol{k}_2=\boldsymbol{a}_xk_2\sin\theta''$$

即折射波沿 x 方向传播,波的等相位面是 x 平面。在等相位面上,振幅沿 z 方向按指数衰减,衰减常数为:

$$\alpha=k_2\sqrt{\sin^2\theta''-1} \tag{6-6-36}$$

因此透射波是非均匀平面波,如图 6-6-2 所示。

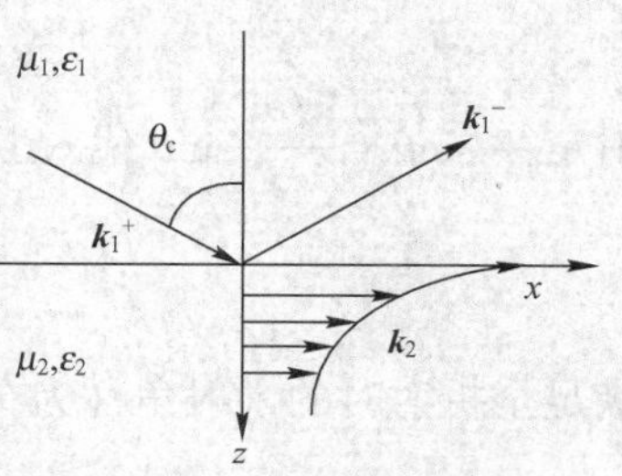

图 6-6-2　全反射

(2) 对平行极化波,$\dot{\boldsymbol{E}}^t_{/\!/}\cdot\boldsymbol{a}_x\neq0$,但$\dot{\boldsymbol{H}}^t_{/\!/}\cdot\boldsymbol{a}_x=0$,即只有$\dot{\boldsymbol{H}}^t_{/\!/}\perp\boldsymbol{a}_k$,因此,平行极化波全反射时的折射波是横磁波,简称 TM 波。

对垂直极化波,$\dot{\boldsymbol{E}}^t_{\perp}\cdot\boldsymbol{a}_x=0$,但$\dot{\boldsymbol{H}}^t_{\perp}\cdot\boldsymbol{a}_x\neq0$,即只有$\dot{\boldsymbol{E}}^t_{\perp}\perp\boldsymbol{a}_k$,因此,垂直极化波全反射时的折射波是横电波,简称 TE 波。

(3) 折射波的平均能流矢量为:

$$\boldsymbol{S}^t_{/\!/平均}=\frac{1}{2}\mathrm{Re}[\dot{\boldsymbol{E}}^t_{/\!/}\times\dot{\boldsymbol{H}}^{t*}_{/\!/}]=\boldsymbol{a}_x\frac{|\dot{T}_{/\!/}|^2E^{+2}_m}{2\eta_2}\sin\theta''\mathrm{e}^{-2k_2z\sqrt{\sin^2\theta''-1}} \tag{6-6-37}$$

$$\boldsymbol{S}^t_{\perp平均}=\frac{1}{2}\mathrm{Re}[\dot{\boldsymbol{E}}^t_{\perp}\times\dot{\boldsymbol{H}}^{t*}_{\perp}]=\boldsymbol{a}_x\frac{|\dot{T}_{\perp}|^2E^{+2}_m}{2\eta_2}\sin\theta''\mathrm{e}^{-2k_2z\sqrt{\sin^2\theta''-1}} \tag{6-6-38}$$

可见,折射波沿 z 向衰减,电磁波的能量主要集中在靠近分界面的附近,因此称之为表面波。

(4) 折射波传播方向上的相移常数(波数)为:

$$\beta_x=k_2\sin\theta'' \tag{6-6-39}$$

由于全反射时,$\sin\theta''>1$,于是相速为:

$$v_{p2x}=\frac{\omega}{\beta_x}=\frac{\omega}{k_2\sin\theta''}=\frac{v_{p2}}{\sin\theta''}<v_{p2} \tag{6-6-40}$$

式中,v_{p2}为不发生全反射时该频率的均匀平面波在介质 2 中的相速。由于全反射时介质 2 中的表面波的相速小于这个值,因此,这种表面波又称为慢波。

(5) 由式(5-6-10)计算可得,此时透射波的能速与相速相等,即:

$$\boldsymbol{v}_e=\frac{\boldsymbol{S}_{平均}}{w_{e平均}+w_{m平均}}=\boldsymbol{a}_x\frac{1}{\sqrt{\mu_2\varepsilon_2}\sin\theta''}=\boldsymbol{a}_x\frac{v_{p2}}{\sin\theta''}=\boldsymbol{a}_xv_{p2x} \tag{6-6-41}$$

光纤和平板介质波导都是利用全反射实现表面波传播的典型例子。

2. 波的全折射

$R=0$ 时,波会发生全折射现象。

1) 理想电介质条件下, $\mu_1=\mu_2=\mu_0$

对平行极化波,令式(6-6-14)为零,即:

$$R_{/\!/}=\frac{\eta_1\cos\theta-\eta_2\cos\theta''}{\eta_1\cos\theta+\eta_2\cos\theta''}=0$$

得:

$$\eta_1\cos\theta=\eta_2\cos\theta''$$

$$\cos\theta=\frac{\eta_2}{\eta_1}\cos\theta''=\sqrt{\frac{\varepsilon_1}{\varepsilon_2}}\sqrt{1-\sin^2\theta''}$$

将折射定律 $\sin\theta''=\frac{\sqrt{\varepsilon_1}}{\sqrt{\varepsilon_2}}\sin\theta$ 代入上式,得:

$$\sin\theta=\sqrt{\frac{\varepsilon_2}{\varepsilon_1+\varepsilon_2}}$$

满足全折射时的入射角称为布儒斯特角,也叫极化角或偏振角,用角标"p"表示,因此,当

$$\theta_{\mathrm{p}/\!/}=\arcsin\sqrt{\frac{\varepsilon_2}{\varepsilon_1+\varepsilon_2}}=\arctan\sqrt{\frac{\varepsilon_2}{\varepsilon_1}}\tag{6-6-42}$$

时,平行极化波发生全折射。

对垂直极化波,令式(6-6-22)为零,即:

$$R_{\perp}=\frac{\eta_2\cos\theta-\eta_1\cos\theta''}{\eta_2\cos\theta+\eta_1\cos\theta''}=0$$

得:

$$\varepsilon_1=\varepsilon_2$$

即在同一种媒质中才会发生全折射。也就是说,垂直极化波对两种理想电介质不会发生全折射。

2) 理想磁介质条件下,$\varepsilon_1=\varepsilon_2=\varepsilon_0$

对平行极化波,无解。

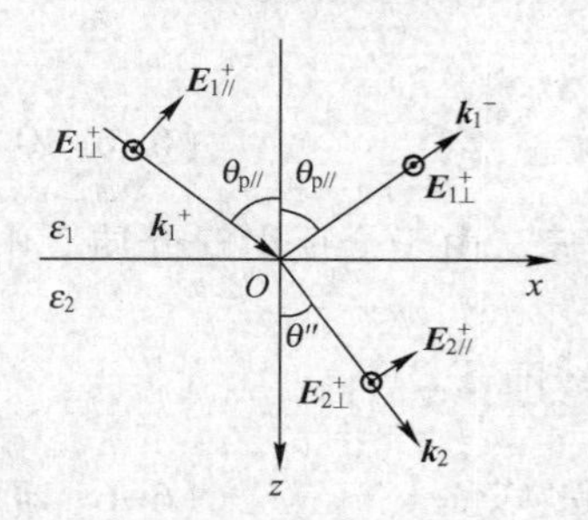

图 6-6-3 偏光波的获取

对垂直极化波,布儒斯特角为:

$$\theta_{\mathrm{p}\perp}=\arcsin\sqrt{\frac{\mu_2}{\mu_1+\mu_2}}=\arctan\sqrt{\frac{\mu_2}{\mu_1}}\tag{6-6-43}$$

综上所述,理想电介质中,只有平行极化波会发生全折射现象,垂直极化波不会发生全折射;理想磁介质中,只有垂直极化波会发生全折射现象,平行极化波不会发生全折射。

利用全折射现象,沿任意方向极化的电磁波以布儒斯特角入射到理想电介质分界面,平行极化波将全折射,因此可在入射介质一侧获得垂直极化波,如图 6-6-3 所示。

【例 6-6-1】 如图 6-6-4 所示,均匀平面波电场为:

$$\dot{\boldsymbol{E}}=(\boldsymbol{a}_x+2\,\boldsymbol{a}_y-\boldsymbol{a}_z\sqrt{3})\,\mathrm{e}^{-\mathrm{j}5(\sqrt{3}x+z)}\ (\mathrm{V/m})$$

从 $z<0$ 区域的介质 1($\mu_{\mathrm{r1}}=1,\varepsilon_{\mathrm{r1}}=4$)入射到 $z>0$ 区域的介质 2($\mu_{\mathrm{r2}}=1,\varepsilon_{\mathrm{r2}}=16$)。求:

(1) 平面波的角频率;

（2）反射角和折射角及反射方向和折射方向；

（3）反射波和折射波的电场；

（4）若撤去介质2，重求(2)和(3)。

【解】（1）按照图6-6-4所示坐标，入射波可分解为平行极化波和垂直极化波之和，即：

$$\dot{E}=\dot{E}_{/\!/}+\dot{E}_{\perp}$$

其中：

$$\dot{E}_{/\!/}=(\boldsymbol{a}_x-\boldsymbol{a}_z\sqrt{3})\mathrm{e}^{-\mathrm{j}5(\sqrt{3}x+z)}\ (\mathrm{V/m})$$

$$\dot{E}_{\perp}=2\,\boldsymbol{a}_y\mathrm{e}^{-\mathrm{j}5(\sqrt{3}x+z)}\ (\mathrm{V/m})$$

且：

$$\boldsymbol{k}_1^+\cdot\boldsymbol{r}=k_1(x\sin\theta+z\cos\theta)=5(\sqrt{3}x+z)$$

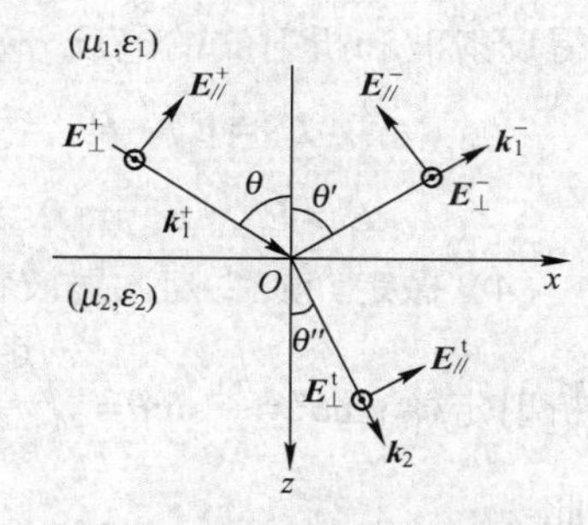

图6-6-4　一般线极化波的斜入射

因此，得：

$$k_1=5\sqrt{(\sqrt{3})^2+1^2}=10,\sin\theta=\frac{5\sqrt{3}}{k_1}=\frac{\sqrt{3}}{2}$$

$$\omega=\frac{k_1}{\sqrt{\mu_1\varepsilon_1}}=1.5\times10^9\ (\mathrm{rad/m}),\theta=60^\circ$$

（2）由反射定律求得反射角

$$\theta'=\theta=60^\circ$$

由折射定律 $\sin\theta''=\frac{k_1}{k_2}\sin\theta=\sqrt{\frac{\varepsilon_1}{\varepsilon_2}}\sin\theta=\frac{\sqrt{3}}{4}$ 求得折射角：

$$\theta''\approx25.66^\circ$$

及

$$k_2=k_1\sqrt{\frac{\varepsilon_2}{\varepsilon_1}}=20$$

$$\cos\theta''=\sqrt{1-\sin^2\theta''}=\frac{\sqrt{13}}{4}$$

于是得反射方向为：

$$\boldsymbol{a}_{k_1^-}=\boldsymbol{a}_x\sin\theta'-\boldsymbol{a}_z\cos\theta'=\frac{\sqrt{3}}{2}\boldsymbol{a}_x-\frac{1}{2}\boldsymbol{a}_z$$

折射方向为：

$$\boldsymbol{a}_{k_2}=\boldsymbol{a}_x\sin\theta''+\boldsymbol{a}_z\cos\theta''=\frac{\sqrt{3}}{4}\boldsymbol{a}_x+\frac{\sqrt{13}}{4}\boldsymbol{a}_z$$

（3）对平行极化波和垂直极化波分别计算反射系数和透射系数，即：

$$R_{/\!/}=\frac{\eta_1\cos\theta-\eta_2\cos\theta''}{\eta_1\cos\theta+\eta_2\cos\theta''}\approx0.052$$

$$T_{/\!/}=(1+R_{/\!/})\frac{\eta_2}{\eta_1}\approx0.526$$

$$R_{\perp}=\frac{\eta_2\cos\theta-\eta_1\cos\theta''}{\eta_2\cos\theta+\eta_1\cos\theta''}\approx-0.566$$

$$T_{\perp}=1+R_{\perp}\approx0.434$$

可得反射波和折射波的电场分别为：

$$\dot{\boldsymbol{E}}^{-}=\dot{\boldsymbol{E}}^{-}_{/\!/}+\dot{\boldsymbol{E}}^{-}_{\perp}=[-0.052(\boldsymbol{a}_x+\boldsymbol{a}_z\sqrt{3})-1.132\,\boldsymbol{a}_y]\mathrm{e}^{-\mathrm{j}5(\sqrt{3}x-z)}\ (\mathrm{V/m})$$

$$\dot{\boldsymbol{E}}^{\mathrm{t}}=\dot{\boldsymbol{E}}^{\mathrm{t}}_{/\!/}+\dot{\boldsymbol{E}}^{\mathrm{t}}_{\perp}=[0.263(\boldsymbol{a}_x\sqrt{13}-\boldsymbol{a}_z\sqrt{3})+0.868\,\boldsymbol{a}_y]\mathrm{e}^{-\mathrm{j}5(\sqrt{3}x+\sqrt{13}z)}\ (\mathrm{V/m})$$

(4) 撤走介质 2 则入射波将入射到空气中,反射角和反射波方向均与(2)相同。由折射定律 $\sin\theta''=\frac{k_1}{k_0}\sin\theta=\sqrt{\frac{\varepsilon_1}{\varepsilon_0}}\sin\theta=\sqrt{3}>1$ 可知,此时发生了全反射。

因此：

$$\theta''=90°$$

$$\boldsymbol{a}_{k_0}=\boldsymbol{a}_x$$

衰减常数：

$$\alpha=k_0\sqrt{\sin^2\theta''-1}=\omega\sqrt{\mu_0\varepsilon_0}\sqrt{3-1}=5\sqrt{2}$$

x 向波数：

$$\beta_x=k_0\sin\theta''=5\sqrt{3}$$

透射系数：

$$\dot{T}_{/\!/}=\frac{2\eta_0\cos\theta}{\eta_1\cos\theta+\eta_0\cos\theta''}=\frac{4}{33}(1+\mathrm{j}4\sqrt{2})$$

$$\dot{T}_{\perp}=\frac{2\eta_0\cos\theta}{\eta_0\cos\theta+\eta_1\cos\theta''}=\frac{2}{3}(1+\mathrm{j}\sqrt{2})$$

折射波电场：

$$\dot{\boldsymbol{E}}^{\mathrm{t}}=\dot{\boldsymbol{E}}^{\mathrm{t}}_{/\!/}+\dot{\boldsymbol{E}}^{\mathrm{t}}_{\perp}$$

其中：

$$\begin{aligned}\dot{\boldsymbol{E}}^{\mathrm{t}}_{/\!/}&=\dot{T}_{/\!/}E^{+}_{\mathrm{m}}(\boldsymbol{a}_x\cos\theta''-\boldsymbol{a}_z\sin\theta'')\mathrm{e}^{-\alpha z}\mathrm{e}^{-\mathrm{j}\beta_x x}\\&=\frac{8}{33}(1+\mathrm{j}4\sqrt{2})(-\mathrm{j}\sqrt{2}\boldsymbol{a}_x-\sqrt{3}\boldsymbol{a}_z)\mathrm{e}^{-5\sqrt{2}z}\mathrm{e}^{-\mathrm{j}5\sqrt{3}x}\\&\approx(-\mathrm{j}\sqrt{2}\boldsymbol{a}_x-\sqrt{3}\boldsymbol{a}_z)\frac{8}{33}\sqrt{33}\,\mathrm{e}^{-5\sqrt{2}z}\mathrm{e}^{-\mathrm{j}(5\sqrt{3}x-80°)}\ (\mathrm{V/m})\end{aligned}$$

$$\begin{aligned}\dot{\boldsymbol{E}}^{\mathrm{t}}_{\perp}&=\frac{4}{3}(1+\mathrm{j}\sqrt{2})\boldsymbol{a}_y\mathrm{e}^{-5\sqrt{2}z}\mathrm{e}^{-\mathrm{j}5\sqrt{3}x}\\&\approx\boldsymbol{a}_y\frac{4}{3}\sqrt{3}\,\mathrm{e}^{-5\sqrt{2}z}\mathrm{e}^{-\mathrm{j}(5\sqrt{3}x-55°)}\ (\mathrm{V/m})\end{aligned}$$

6.6.3　理想导体表面的斜入射

理想导体由于 $\sigma\to\infty$，因此 $\eta_c\to 0$。电磁波不能进入理想导体，将全部反射。

对平行极化波，令式(6-6-14)中 $\eta_2=0$，得到反射系数：

$$R_{/\!/}=1 \tag{6-6-44}$$

将式(6-6-44)代入式(6-6-3)和式(6-6-4)，可得反射波的电场和磁场分别为：

$$\dot{\boldsymbol{E}}_{/\!/}^{-}=E_m^{+}(-\boldsymbol{a}_x\cos\theta-\boldsymbol{a}_z\sin\theta)\mathrm{e}^{-\mathrm{j}k(x\sin\theta-z\cos\theta)} \tag{6-6-45}$$

$$\dot{\boldsymbol{H}}_{/\!/}^{-}=\boldsymbol{a}_y\frac{E_m^{+}}{\eta_1}\mathrm{e}^{-\mathrm{j}k(x\sin\theta-z\cos\theta)} \tag{6-6-46}$$

合成波的电场和磁场分别为：

$$\dot{\boldsymbol{E}}_{/\!/}=E_m^{+}(\boldsymbol{a}_x\cos\theta-\boldsymbol{a}_z\sin\theta)\mathrm{e}^{-\mathrm{j}k(x\sin\theta+z\cos\theta)}+E_m^{+}(-\boldsymbol{a}_x\cos\theta-\boldsymbol{a}_z\sin\theta)\mathrm{e}^{-\mathrm{j}k(x\sin\theta-z\cos\theta)}$$

$$\dot{\boldsymbol{H}}_{/\!/}=\boldsymbol{a}_y\frac{E_m^{+}}{\eta_1}\mathrm{e}^{-\mathrm{j}k(x\sin\theta+z\cos\theta)}+\boldsymbol{a}_y\frac{E_m^{+}}{\eta_1}\mathrm{e}^{-\mathrm{j}k(x\sin\theta-z\cos\theta)}$$

或写成分量形式：

$$\begin{aligned}\dot{E}_{/\!/x}&=E_m^{+}\cos\theta(\mathrm{e}^{-\mathrm{j}k(x\sin\theta+z\cos\theta)}-\mathrm{e}^{-\mathrm{j}k(x\sin\theta-z\cos\theta)})\\&=-\mathrm{j}2E_m^{+}\cos\theta\sin(kz\cos\theta)\mathrm{e}^{-\mathrm{j}kx\sin\theta}\end{aligned} \tag{6-6-47}$$

$$\begin{aligned}\dot{E}_{/\!/z}&=-E_m^{+}\sin\theta(\mathrm{e}^{-\mathrm{j}k(x\sin\theta+z\cos\theta)}+\mathrm{e}^{-\mathrm{j}k(x\sin\theta-z\cos\theta)})\\&=-2E_m^{+}\sin\theta\cos(kz\cos\theta)\mathrm{e}^{-\mathrm{j}kx\sin\theta}\end{aligned} \tag{6-6-48}$$

$$\dot{H}_{/\!/y}=2\frac{E_m^{+}}{\eta}\cos(kz\cos\theta)\mathrm{e}^{-\mathrm{j}kx\sin\theta} \tag{6-6-49}$$

对于垂直极化波的斜入射，$R_{\perp}=-1$，可以得出合成波的电场和磁场的各分量为：

$$\dot{E}_{\perp y}=-\mathrm{j}2E_m^{+}\sin(kz\cos\theta)\mathrm{e}^{-\mathrm{j}kx\sin\theta} \tag{6-6-50}$$

$$\dot{H}_{\perp x}=-2\frac{E_m^{+}}{\eta}\cos\theta\cos(kz\cos\theta)\mathrm{e}^{-\mathrm{j}kx\sin\theta} \tag{6-6-51}$$

$$\dot{H}_{\perp z}=-\mathrm{j}2\frac{E_m^{+}}{\eta}\sin\theta\sin(kz\cos\theta)\mathrm{e}^{-\mathrm{j}kx\sin\theta} \tag{6-6-52}$$

分析式(6-6-47)~式(6-6-52)，在导体表面全反射后的合成波具有以下特点：

(1) 从式中可以看出：

$$\boldsymbol{k}\cdot\boldsymbol{r}=kx\sin\theta$$

因此：

$$\boldsymbol{k}=\boldsymbol{a}_x k\sin\theta$$

即合成波沿 x 方向传播，波的等相位面是 x 平面。在等相位面上，振幅沿 z 方向按正弦函数或余弦函数分布，即呈驻波分布，因此合成波是非均匀平面波。

(2) 对平行极化波,$\dot{\boldsymbol{E}}_{/\!/}\cdot\boldsymbol{a}_x\neq0$,但$\dot{\boldsymbol{H}}_{/\!/}\cdot\boldsymbol{a}_x=0$,即只有$\dot{\boldsymbol{H}}_{/\!/}\perp\boldsymbol{a}_k$,因此,平行极化波全反射后的合成波是横磁波(TM 波)。

对垂直极化波,$\dot{\boldsymbol{E}}_{\perp}\cdot\boldsymbol{a}_x=0$,但$\dot{\boldsymbol{H}}_{\perp}\cdot\boldsymbol{a}_x\neq0$,即只有$\dot{\boldsymbol{E}}_{\perp}\perp\boldsymbol{a}_k$,因此,垂直极化波全反射后的合成波是横电波(TE 波)。

(3) 合成波的平均能流矢量为:

$$\boldsymbol{S}_{/\!/\text{平均}}=\frac{1}{2}\mathrm{Re}[\dot{\boldsymbol{E}}_{/\!/}\times\dot{\boldsymbol{H}}_{/\!/}^{*}]=\boldsymbol{a}_x\frac{2E_{\mathrm{m}}^{+2}}{\eta}\sin\theta\cos^2(kz\cos\theta)\tag{6-6-53}$$

$$\boldsymbol{S}_{\perp\text{平均}}=\frac{1}{2}\mathrm{Re}[\dot{\boldsymbol{E}}_{\perp}\times\dot{\boldsymbol{H}}_{\perp}^{*}]=\boldsymbol{a}_x\frac{2E_{\mathrm{m}}^{+2}}{\eta}\sin\theta\sin^2(kz\cos\theta)\tag{6-6-54}$$

这表明合成波的能量沿 x 方向流动,但在横向 z 方向呈驻波分布。

(4) 合成波在传播方向上的相移常数(波数)为:

$$\beta_x=k\sin\theta\tag{6-6-55}$$

相速为:

$$v_{\mathrm{p}x}=\frac{\omega}{\beta_x}=\frac{\omega}{k\sin\theta}=\frac{v_{\mathrm{p}}}{\sin\theta}>v_{\mathrm{p}}\tag{6-6-56}$$

式中,v_{p}为导体外侧的介质中入射的均匀平面波的相速。由于合成波的相速大于这个值,因此,这种合成波又称为快波。若导体外侧是空气,则这种快波的相速将大于光速。

(5) 合成波的能速可由$\boldsymbol{v}_{\mathrm{e}}=\dfrac{\boldsymbol{S}_{\text{平均}}}{w_{\mathrm{e}\text{平均}}+w_{\mathrm{m}\text{平均}}}$计算,得:

$$v_{\mathrm{e}}=\frac{\sin\theta}{\sqrt{\mu\varepsilon}}=v_{\mathrm{p}}\sin\theta<v_{\mathrm{p}}\tag{6-6-57}$$

可见,能速是不会大于光速的。该结果也可以用射线的几何关系求出,即入射波或反射波的能速在 x 方向上的投影。显然,若导体外侧是空气,空气中合成波的相速和能速将满足:

$$v_{\mathrm{e}}v_{\mathrm{p}x}=c^2\tag{6-6-58}$$

【例 6-6-2】 如图 6-6-5 所示,均匀平面波由空气入射到理想导体表面($z=0$),已知入射波电场:

$$\dot{\boldsymbol{E}}=5(\boldsymbol{a}_x+\boldsymbol{a}_z\sqrt{3})\,\mathrm{e}^{\mathrm{j}6(\sqrt{3}x-z)}$$

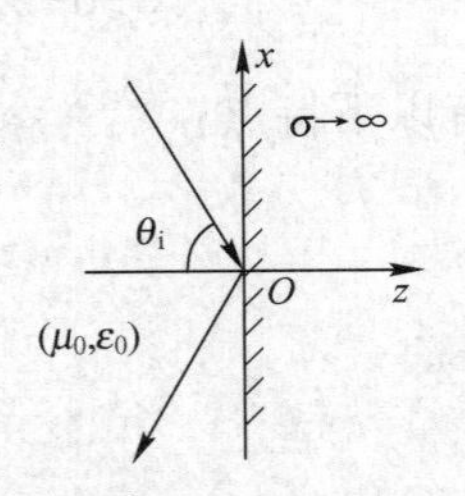

图 6-6-5 均匀平面波斜入射到理想导体表面

求:(1) 反射电场和磁场;

(2) 理想导体表面的面电荷密度和面电流密度。

【解】 (1) 由$\boldsymbol{k}^{+}\cdot\boldsymbol{r}=-6\sqrt{3}x+6z$ 得:

$$\boldsymbol{k}^{+}=-6\sqrt{3}\boldsymbol{a}_x+6\,\boldsymbol{a}_z\quad k^{+}=12$$

入射波方向:

$$\boldsymbol{a}_{k^+}=\frac{\boldsymbol{k}^{+}}{k^{+}}=-\frac{\sqrt{3}}{2}\boldsymbol{a}_x+\frac{1}{2}\boldsymbol{a}_z=-\boldsymbol{a}_x\sin\theta+\boldsymbol{a}_z\cos\theta$$

入射电场振幅：

$$E_{\mathrm{m}}=5\sqrt{1+3}=10$$

反射波方向为：

$$\boldsymbol{a}_{k^-}=-\boldsymbol{a}_x\sin\theta-\boldsymbol{a}_z\cos\theta=-\frac{\sqrt{3}}{2}\boldsymbol{a}_x-\frac{1}{2}\boldsymbol{a}_z$$

$$\boldsymbol{k}^-=k^-\boldsymbol{a}_{k^-}=-6\sqrt{3}\,\boldsymbol{a}_x-6\,\boldsymbol{a}_z$$

反射电场为：

$$\dot{\boldsymbol{E}}^-=E_{\mathrm{m}}^+(-\boldsymbol{a}_x\cos\theta+\boldsymbol{a}_z\sin\theta)\mathrm{e}^{\mathrm{j}6(\sqrt{3}x+z)}=5(-\boldsymbol{a}_x+\sqrt{3}\boldsymbol{a}_z)\mathrm{e}^{\mathrm{j}6(\sqrt{3}x+z)}\quad(\mathrm{V/m})$$

反射磁场为

$$\dot{\boldsymbol{H}}^-=\frac{1}{\eta_0}\boldsymbol{a}_{k^-}\times\dot{\boldsymbol{E}}^-=\boldsymbol{a}_y\frac{1}{12\pi}\mathrm{e}^{\mathrm{j}6(\sqrt{3}x+z)}\quad(\mathrm{A/m})$$

（2）导体表面的法向电场为：

$$\dot{\boldsymbol{E}}_{\mathrm{n}}\big|_{z=0}=\boldsymbol{a}_z(\dot{E}_z^++\dot{E}_z^-)\big|_{z=0}=\boldsymbol{a}_z10\sqrt{3}\,\mathrm{e}^{\mathrm{j}6\sqrt{3}x}$$

导体表面电荷分布为：

$$\dot{\rho}_{\mathrm{S}}=\boldsymbol{n}\cdot\varepsilon_0\dot{\boldsymbol{E}}\big|_{z=0}=-\boldsymbol{a}_z\cdot\varepsilon_0\dot{\boldsymbol{E}}_{\mathrm{n}}\big|_{z=0}=-10\sqrt{3}\,\varepsilon_0\mathrm{e}^{\mathrm{j}6\sqrt{3}x}\quad(\mathrm{C/m^2})$$

导体表面磁场为：

$$\dot{\boldsymbol{H}}\big|_{z=0}=(\dot{\boldsymbol{H}}^++\dot{\boldsymbol{H}}^-)\big|_{z=0}=\boldsymbol{a}_y\frac{1}{6\pi}\mathrm{e}^{\mathrm{j}6\sqrt{3}x}$$

导体表面电流分布为：

$$\dot{\boldsymbol{J}}_{\mathrm{S}}=\boldsymbol{n}\times\dot{\boldsymbol{H}}\big|_{z=0}=-\boldsymbol{a}_z\times\boldsymbol{a}_y\frac{1}{6\pi}\mathrm{e}^{\mathrm{j}6\sqrt{3}x}=\boldsymbol{a}_x\frac{1}{6\pi}\mathrm{e}^{\mathrm{j}6\sqrt{3}x}\quad(\mathrm{A/m})$$

6.7　群速

相速是电磁波中恒定相位点推进的速度。如果用下式表示时变电场，即：

$$E=E_{\mathrm{m}}\cos(\omega t-\beta z)$$

且恒定相位点为：

$$\omega t-\beta z=\text{常数}$$

则相速为：

$$v_{\mathrm{p}}=\frac{\mathrm{d}z}{\mathrm{d}t}=\frac{\omega}{\beta}\tag{6-7-1}$$

能速是电磁场能量的流动速度，由坡印廷定理导出，即：

$$\boldsymbol{v}_{\mathrm{e}}=\frac{\boldsymbol{S}_{\text{平均}}}{w_{\mathrm{e}\text{平均}}+w_{\mathrm{m}\text{平均}}}\tag{6-7-2}$$

在无限大完纯介质中，电磁波的能速和相速相等，即：

$$v_p = v_e = \frac{1}{\sqrt{\mu\varepsilon}}$$

电磁波在斜入射到介质分界面发生全反射时,透射波形成慢波,其相速和能速依然相等,即:

$$v_e = v_{px} = \frac{v_{p2}}{\sin\theta''}$$

电磁波斜入射到理想导体表面后,合成波形成快波,其相速会大于能速,即

$$v_{px} = \frac{v_p}{\sin\theta}$$

$$v_e = v_p \sin\theta$$

但是除了真空,任何其他的实际媒质都是色散的,在无界色散媒质中单色波的相速和能速都是角频率的函数,如在导电媒质中,相速和能速为:

$$v_p = v_e = \frac{\omega}{\beta} = \left[\frac{\mu\varepsilon}{2}\left(\sqrt{1+\left(\frac{\sigma}{\omega\varepsilon}\right)^2}+1\right)\right]^{-\frac{1}{2}}$$

一般单频电磁波并不携带任何信息,携带信息的电磁波必须经过调制,因此具有一定的频谱分布。对于窄带信号,这个频谱分布在载频附近的一定范围内,将会导致已调波的相速随频率的变化而变化,即 $v_p = v_p(\omega)$。通常在弱色散条件下,已调波(或波包)的传播速度称为群速度。

以调幅波为例。设有两个极化方向一致,振幅均为 E_m,角频率分别为 $\omega+\Delta\omega$ 和 $\omega-\Delta\omega$,相应的相移常数分别为 $\beta+\Delta\beta$ 和 $\beta-\Delta\beta$ 的行波为:

$$E^+ = E_m\cos[(\omega t+\Delta\omega)t-(\beta+\Delta\beta)z]$$

$$E^- = E_m\cos[(\omega t-\Delta\omega)t-(\beta-\Delta\beta)z]$$

合成电场为:

$$E = E^+ + E^- = 2E_m\cos(\Delta\omega t-\Delta\beta z)\cos(\omega t-\beta z)$$

可见,合成波的幅度受到了调制,这个幅度称为包络波,如图 6-7-1 中虚线所示。群速就是用来表示这个包络波的相速度的,用 v_g 表示。

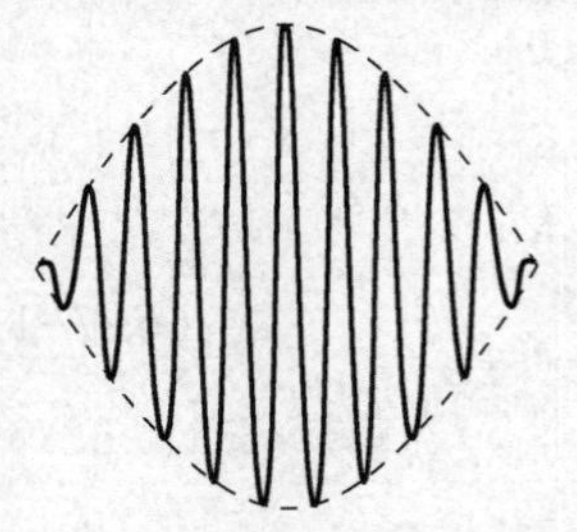

图 6-7-1 载有波包的电磁波

由 $\Delta\omega t-\Delta\beta z=$常数,得:

$$v_g = \frac{dz}{dt} = \frac{\Delta\omega}{\Delta\beta}$$

对于窄带信号,$\Delta\omega \ll \omega$,上式可写为:

$$v_g = \lim_{\Delta\omega\to 0}\frac{\Delta\omega}{\Delta\beta} = \frac{d\omega}{d\beta} \tag{6-7-3}$$

将式(6-7-1)代入式(6-7-3),可得到已调波载波的相速和包络波的群速之间的关系:

$$v_g = \frac{d\omega}{d\beta} = \frac{d}{d\beta}(\beta v_p) = v_p + \beta\frac{dv_p}{d\beta}$$

$$= v_p + \frac{\omega}{v_p}\frac{dv_p}{d\omega}\frac{d\omega}{d\beta} = v_p + \frac{\omega}{v_p}\frac{dv_p}{d\omega}v_g$$

由此可得:

$$v_g = \frac{v_p}{1 - \dfrac{\omega}{v_p}\dfrac{dv_p}{d\omega}} \tag{6-7-4}$$

式(6-6-4)表明,已调波的相速和群速可能有以下三种关系。

(1) $\frac{dv_p}{d\omega}=0$,即相速与频率无关,此时 $v_g=v_p$,即包络波和载波同步传播。这种情况称为无色散。

(2) $\frac{dv_p}{d\omega}<0$,即相速随着频率的升高而减小,此时 $v_g<v_p$,即包络波比载波慢,二者之间有相对运动。这种情况称为正常色散。

(3) $\frac{dv_p}{d\omega}>0$,即相速随着频率的升高而增加,此时 $v_g>v_p$,即包络波比载波快,二者之间也有相对运动。这种情况称为反常色散。

需要注意的是,以上讨论只对窄带信号成立,若是宽带信号,则由于 $\Delta\omega$ 比较大,在色散媒质中波包里的各频率分量随着传播距离的增加会逐渐走散,产生信号失真,群速度就没有意义了。

6.8　电磁波的应用

自 1888 年赫兹用实验证明了电磁波的存在至今,一百多年的时间里电磁理论不断深化,其应用领域不断扩大。电磁波作为极重要的自然资源得到广泛应用。1895 年俄国科学家波波夫发明了第一个无线电报系统,1914 年语音通信成为可能,1920 年商业无线电广播开始使用,20 世纪 30 年代发明了雷达,40 年代雷达通信得到飞速发展,自 50 年代第一颗人造卫星上天,卫星通信事业得到迅猛发展。如今电磁波已在通信、遥感、空间控测、军事应用、科学研究等诸多方面得到广泛的应用。

1. 吸波效应的应用

电磁波在有耗介质中传播时,会与介质相互作用而损失电磁能量,即为吸波效应。这种效应在隐身技术中显得尤为重要。通过飞机、导弹、坦克、舰艇等各种武器装备的结构设计和在上面涂覆吸收材料,就可以突破敌方雷达的防区,这是反雷达侦察的一种有力手段。

由吸收体装饰的金属壁面构成的空间称为电波暗室。在暗室内采用吸波材料制成的墙壁、顶面和地面,从四周反射回来的电磁波要比直射电磁能量小得多,可形成等效无反射的自由空间。保留地面为金属地面的电波暗室为半电波暗室,六面均铺设吸波材料的电波暗室为全电波暗室。民用方面,电波暗室是重要的电磁兼容试验场地。

对于金属制成的微波传输线,为了减小损耗,根据趋肤效应,可在表面涂覆高电导率的良导体,如银或金。

2. 透波效应的应用

电磁波具有穿透介质的能力。透波效应可用在制作天线保护罩上,也可用于高能陀螺仪的窗口材料、一些诊疗仪器的透波窗材料及微波通信设施中。天线罩既要保护天线不受外界环境的干扰,又要能让电磁波顺利通过,所以其必须有良好的透波性能。天线罩的厚度通常是平面波半波长的整数倍,因为此时电磁波可以垂直顺利通过这种介质板。

在介质中按照一定规律放置一些具有一定形状的金属体,这种人工合成介质会具有一定的频率选择性。这种介质称为合成介质,片状的又被称为频率选择表面。

3. 缩波效应的应用

缩波效应是指电磁波在介质中的波长比真空中的波长短。缩波效应在介电常数很大或磁导率很高的时候越加显著。微波集成电路即是利用光刻技术制成的微带电路,通常使用陶瓷作为基片。相对介电常数高达 100 的陶瓷基片已经问世,这样的陶瓷基片意味着可使电磁波的波长缩短十分之一,因此大大减小了设备的尺寸。这对于航天及军用尤为重要。

4. 极化特性的应用

电磁波在介质中的传播特性与其极化特性密切相关,电磁波的极化特性被广泛应用。

无线通信中,接收天线的极化状态应与被接收电磁波的极化状态相匹配,即接收天线的极化特性和被接收的电磁波极化特性完全一致,才能最大限度地接收该电磁波的功率,否则不能被接收或只能接收到部分能量。因此,极化匹配在无线通信中是非常重要的。

光波也是电磁波,其极化方向是随机的,光的极化特性称作偏振特性。具有一定偏振特性的滤光片在摄影方面获得应用。

5. 高功率微波的应用

高功率微波最典型的应用就是我们日常生活中随处可见的家用微波炉,微波炉就是高品质因数的谐振腔,微波进入谐振腔内,产生高场强的驻波,进入到食物内后,可使食物中的水分子剧烈运动,微波能量转换为热能,因此取得加热食物的效果。微波炉的工作频率选择在 2.45 GHz附近,是由于在此频率附近水分子最易吸收电磁能量。

在医疗设备中,微波电磁脉冲能在人体肌肉组织中产生热效应,这种效应可以被用来杀死癌细胞,也就是微波治癌技术。

在军事对抗中,高功率微波武器也是一种破坏性非常大的武器。这种武器能够发射强大脉冲,破坏电子设备和计算机存储装置。例如,电磁脉冲炸弹,又称高能微波炸弹,是一种介于常规武器和核武器之间的新式大规模杀伤性炸弹。这种炸弹爆炸后产生的高强度电磁脉冲,覆盖面积大，频谱范围宽，几乎能够攻击其杀伤半径内所有带电子部件的武器系统。

6. 各频波段电磁波的应用

各频段电磁波的划分范围和主要应用见表6-8-1。

表6-8-1　各频段电磁波的划分范围和主要应用

名　称	频率范围	波长范围	主要应用
甚低频 VLF[超长波]	3~30 kHz	100~10 km	导航、声纳
低频 LF[长波,LW]	30~300 kHz	10~1 km	导航、授时
中频 MF[中波,MF]	300~3000 kHz	1 km~100 m	调幅广播
高频 HF[短波,SW]	3~30 MHz	100~10 m	调幅广播、通信
甚高频 VHF[超短波]	30~300 MHz	10~1 m	调幅广播、广播电视、移动通信
特高频 UHF[微波]	300~3000 MHz	100~10 cm	广播电视、移动通信、卫星定位导航、无线局域网
超高频 SHF[微波]	3~30 GHz	10~1 cm	卫星广播、卫星电视、无线局域网
极高频 EHF[微波]	30~300 GHz	10~1 mm	通信、雷达、射电天文
光频[光波]	1~15THz	300~20 μm	光纤通信

6.9　MATLAB应用分析

【例6-9-1】　已知真空中电磁波的电场 $E_y=37.7\cos(6\pi\times10^8t+kz)$，使用MATLAB画出电磁波。

【解】　电场和磁场分布如图6-9-1所示。

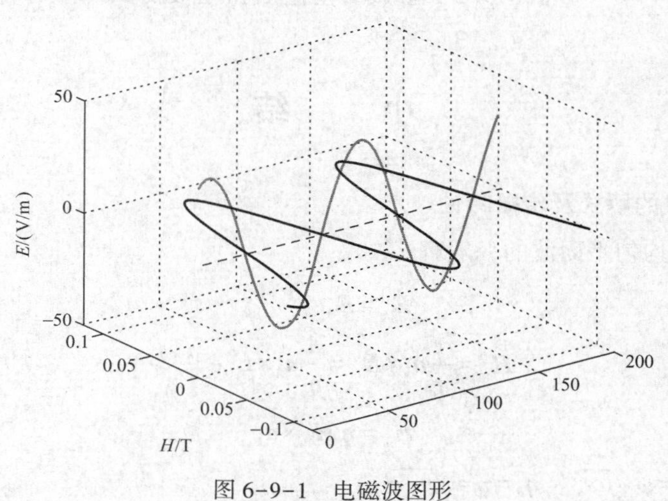

图6-9-1　电磁波图形

【例 6-9-2】 均匀平面波向理想导体垂直入射,使用 MATLAB 画出驻波波形。

【解】 均匀平面波的入射和反射电场及合成电场如图 6-9-2 所示。

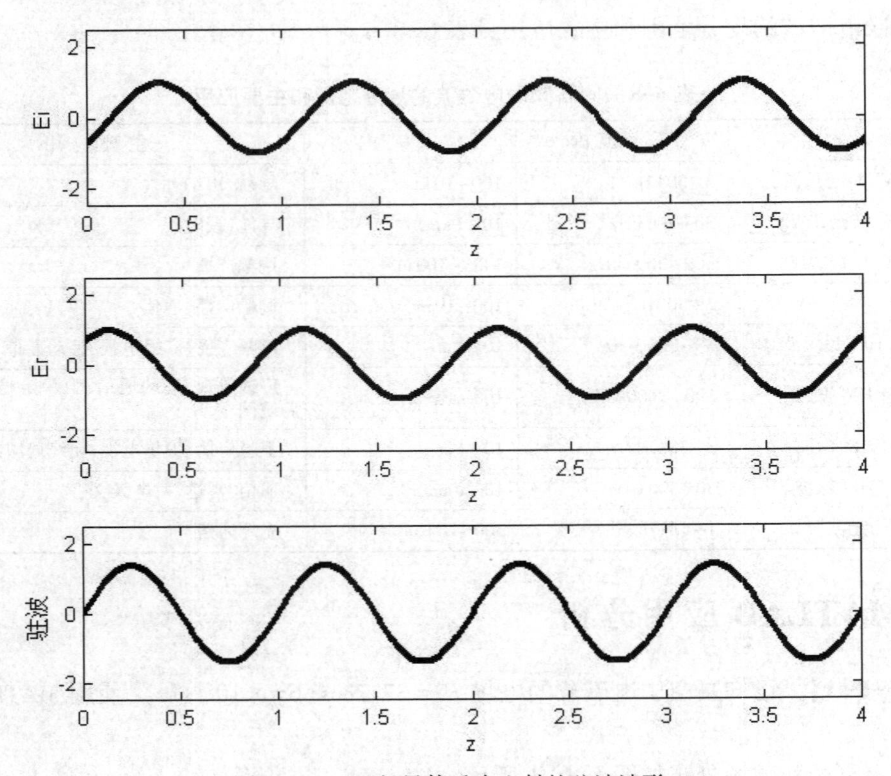

图 6-9-2 理想导体垂直入射的驻波波形

小 结

1. 均匀平面波的解式及传播特性

在无界媒质中均匀平面波的一般解:

$$\dot{\boldsymbol{E}}_{\mathrm{m}}=\dot{\boldsymbol{E}}_0\mathrm{e}^{-\mathrm{j}\dot{\boldsymbol{k}}\cdot\boldsymbol{r}}$$

$$\dot{\boldsymbol{H}}_{\mathrm{m}}=\frac{1}{\eta_{\mathrm{c}}}\boldsymbol{a}_k\times\dot{\boldsymbol{E}}_{\mathrm{m}}=\frac{1}{\eta_{\mathrm{c}}}\boldsymbol{a}_k\times\dot{\boldsymbol{E}}_0\mathrm{e}^{-\mathrm{j}\dot{\boldsymbol{k}}\cdot\boldsymbol{r}}$$

$$\dot{\boldsymbol{E}}_{\mathrm{m}}=\eta\,\dot{\boldsymbol{H}}_{\mathrm{m}}\times\boldsymbol{a}_k$$

完纯介质中, $\dot{k}=\beta=\omega\sqrt{\mu\varepsilon}$ $\quad\eta_{\mathrm{c}}=\eta=\sqrt{\mu/\varepsilon}$

$$\boldsymbol{S}_{平均}=\mathrm{Re}\left[\frac{1}{2}\dot{\boldsymbol{E}}_{\mathrm{m}}\times\dot{\boldsymbol{H}}_{\mathrm{m}}^{*}\right]=\boldsymbol{a}_{k}\frac{|\dot{\boldsymbol{E}}_{\mathrm{m}}|^{2}}{2\eta}=\boldsymbol{a}_{k}\frac{1}{2}\eta|\dot{\boldsymbol{H}}_{\mathrm{m}}|^{2}$$

导电媒质中，$\dot{k}=\beta(\omega)-\mathrm{j}\alpha(\omega)$　$\eta_{\mathrm{c}}=\eta(\sigma,\omega)$　$v_{\mathrm{p}}=v_{\mathrm{p}}(\omega)$，

良导体中，

$$\alpha\approx\beta\approx\sqrt{\frac{\omega\mu\sigma}{2}}=\sqrt{\pi f\mu\sigma}$$

$$\eta_{\mathrm{c}}\approx(1+\mathrm{j})\sqrt{\frac{\omega\mu}{2\sigma}}=R_{\mathrm{S}}+\mathrm{j}X_{\mathrm{S}}$$

$$R_{\mathrm{S}}=X_{\mathrm{S}}=\sqrt{\frac{\pi f\mu}{\sigma}}=\frac{\alpha}{\sigma}=\frac{1}{\sigma\delta}$$

式中，δ 是良导体的趋肤深度，　$\delta=\dfrac{1}{\alpha}=\dfrac{1}{\sqrt{\pi f\mu\sigma}}$。

均匀平面波的极化状态有三种：直线极化、圆极化和椭圆极化。

直线极化：

$$\dot{\boldsymbol{E}}_{\mathrm{m}}=\dot{\boldsymbol{E}}_{0}\mathrm{e}^{-\mathrm{j}\boldsymbol{k}\cdot\boldsymbol{r}}=\boldsymbol{a}_{\mathrm{E}}E_{0}\mathrm{e}^{-\mathrm{j}(\boldsymbol{k}\cdot\boldsymbol{r}-\varphi)}$$

圆极化：

$$\dot{\boldsymbol{E}}_{\mathrm{m}}=\dot{\boldsymbol{E}}_{0}\mathrm{e}^{-\mathrm{j}\boldsymbol{k}\cdot\boldsymbol{r}}=(\boldsymbol{E}_{\mathrm{r}}\pm\mathrm{j}\boldsymbol{E}_{\mathrm{j}})\mathrm{e}^{-\mathrm{j}\boldsymbol{k}\cdot\boldsymbol{r}}$$

$$\boldsymbol{E}_{\mathrm{r}}\cdot\boldsymbol{E}_{\mathrm{j}}=0\quad 且\quad|\boldsymbol{E}_{\mathrm{r}}|=|\boldsymbol{E}_{\mathrm{j}}|=E_{\mathrm{m}}$$

椭圆极化：

$$\dot{\boldsymbol{E}}_{\mathrm{m}}=\dot{\boldsymbol{E}}_{0}\mathrm{e}^{-\mathrm{j}\boldsymbol{k}\cdot\boldsymbol{r}}=(\boldsymbol{E}_{\mathrm{r}}\pm\mathrm{j}\boldsymbol{E}_{\mathrm{j}})\mathrm{e}^{-\mathrm{j}\boldsymbol{k}\cdot\boldsymbol{r}}$$

$$\boldsymbol{E}_{\mathrm{r}}\cdot\boldsymbol{E}_{\mathrm{j}}\neq 0\quad 或\quad|\boldsymbol{E}_{\mathrm{r}}|\neq|\boldsymbol{E}_{\mathrm{j}}|$$

2. 均匀平面波的垂直入射

反射系数：

$$\dot{R}=\frac{E_{\mathrm{m}}^{-}}{E_{\mathrm{m}}^{+}}=\frac{\eta_{\mathrm{c2}}-\eta_{\mathrm{c1}}}{\eta_{\mathrm{c2}}+\eta_{\mathrm{c1}}}$$

透射系数：

$$\dot{T}=\frac{E_{\mathrm{m}}^{\mathrm{t}}}{E_{\mathrm{m}}^{+}}=1+R=\frac{2\eta_{\mathrm{c2}}}{\eta_{\mathrm{c2}}+\eta_{\mathrm{c1}}}$$

对理想导体表面，

$$R=-1,T=0$$

对两种完纯介质分界面，

$$R=\frac{\eta_{2}-\eta_{1}}{\eta_{2}+\eta_{1}},T=\frac{2\eta_{2}}{\eta_{2}+\eta_{1}}$$

驻波比：

$$s=\frac{E_{\max}}{E_{\min}}=\frac{1+|R|}{1-|R|}$$

对良导体表面，

$$\dot{R}\approx-1,\dot{T}\approx\frac{2\eta_{\mathrm{c}}}{\eta}\to 0$$

良导体表面损耗功率　$P_{\mathrm{L}}=S_{2平均}=\dfrac{1}{2}R_{\mathrm{S}}|\boldsymbol{H}_{\mathrm{t}}|^{2}=\dfrac{1}{2}R_{\mathrm{S}}|\boldsymbol{J}_{\mathrm{S}}|^{2}$

对于三层介质的垂直入射，采用总反射系数和总透射系数的概念，先在第二个分界面处计算

$$R_{2}=\frac{\eta_{3}-\eta_{2}}{\eta_{3}+\eta_{2}},\qquad T_{2}=\frac{2\eta_{3}}{\eta_{3}+\eta_{2}}$$

在中间层定义等效波阻抗

$$\eta_{ef}=\eta_2\frac{\eta_3+j\eta_2\tan(\beta_2 d)}{\eta_2+j\eta_3\tan(\beta_2 d)}$$

再在第一个分界面处计算

$$R_1=\frac{\eta_{ef}-\eta_1}{\eta_{ef}+\eta_1},\quad T_1=\frac{1+R_1}{e^{j\beta_2 d}+R_2 e^{-j\beta_2 d}}$$

四分之一匹配层可消除入射介质中的反射波,半波长介质窗可使电磁波无损耗穿过。

3. 均匀平面波的斜入射

斯涅尔定律:
$$\theta=\theta',\ \frac{\sin\theta''}{\sin\theta}=\frac{k_1}{k_2}=\frac{\sqrt{\mu_1\varepsilon_1}}{\sqrt{\mu_2\varepsilon_2}}=\frac{n_1}{n_2}$$

反射系数和透射系数:

$$R_{/\!/}=\frac{\eta_1\cos\theta-\eta_2\cos\theta''}{\eta_1\cos\theta+\eta_2\cos\theta''}$$

$$T_{/\!/}=(1+R_{/\!/})\frac{\eta_2}{\eta_1}=\frac{2\eta_2\cos\theta}{\eta_1\cos\theta+\eta_2\cos\theta''}$$

$$R_{\perp}=\frac{\eta_2\cos\theta-\eta_1\cos\theta''}{\eta_2\cos\theta+\eta_1\cos\theta''}$$

$$T_{\perp}=1+R_{\perp}=\frac{2\eta_2\cos\theta}{\eta_2\cos\theta+\eta_1\cos\theta''}$$

全反射时,
$$|\dot{R}_{/\!/}|=|\dot{R}_{\perp}|=1$$

全反射条件:
$$\theta\geqslant\theta_c=\frac{n_2}{n_1}=\frac{\sqrt{\varepsilon_2}}{\sqrt{\varepsilon_1}}$$

全反射时的折射波是非均匀的 TM 波(入射波平行极化时)或 TE 波(入射波垂直极化时),相速与能速相等,且小于此介质中均匀平面波的相速,是慢波。

全折射时,
$$R=0$$

全折射条件:平行极化波入射角满足 $\theta_{p/\!/}=\arcsin\sqrt{\dfrac{\varepsilon_2}{\varepsilon_1+\varepsilon_2}}=\arctan\sqrt{\dfrac{\varepsilon_2}{\varepsilon_1}}$

理想导体表面斜入射时,
$$R=\pm1,T=0$$

合成波相速:
$$v_{px}=\frac{\omega}{\beta_x}=\frac{\omega}{k\sin\theta}=\frac{v_p}{\sin\theta}>v_p$$

合成波能速:
$$v_e=\frac{\sin\theta}{\sqrt{\mu\varepsilon}}=v_p\sin\theta<v_p$$

且满足
$$v_e v_{px}=c^2$$

窄带调制信号的群速:
$$v_g=\frac{d\omega}{d\beta}$$

思考与练习

1. 均匀平面波的波矢量有何物理意义？它和电场、磁场的关系如何？

2. 平面波的极化状态在工程应用中有何意义？

3. 圆极化波的左旋和右旋是如何定义的？当圆极化的电场是瞬时表达式或复数表达式时如何判断左旋和右旋？

4. 高损耗媒质中的均匀平面波有何特点？位于海水中的潜艇之间如何进行通信？

5. 什么是趋肤效应？趋肤深度是如何定义的？

6. 理想介质分界面的垂直入射波在入射介质中的合成波有何特点？理想导体表面呢？

7. 什么是行波和驻波？驻波比是如何定义的？

8. 什么是全反射现象？产生的条件是什么？

9. 介质表面的全反射和导体表面的全反射各有何特点？

10. 什么是全折射现象？产生的条件是什么？

11. 何谓慢波？何谓快波？它们是如何形成的？

12. 什么是 TE、TM、TEM 波？

13. 群速度是如何定义的？

习　题

1. 已知在空气中传播的均匀平面波的电场强度为：

$$E_x(y,t)=0.1\cos(3\times10^8t+\beta y)\ (\text{V/m})$$

求：

（1）波的传播方向；

（2）相移常数 β；

（3）磁场 $\boldsymbol{H}(t)$。

2. 已知波长为 1m 的均匀平面波沿 y 方向极化，在空气中沿 $+x$ 轴传播，电场振幅为 0.5 V，$x=0$ 处的初相位是 $\pi/4$，试写出电场和磁场的瞬时表达式。

3. 自由空间中均匀平面波电场为：

$$E_x(z,t)=100\cos(\omega t-0.42z)\ (\text{V/m})$$

求：

（1）$\boldsymbol{S}(t)$ 和 $\boldsymbol{S}_{平均}$；

（2）流入图示平行六面体的净功率。

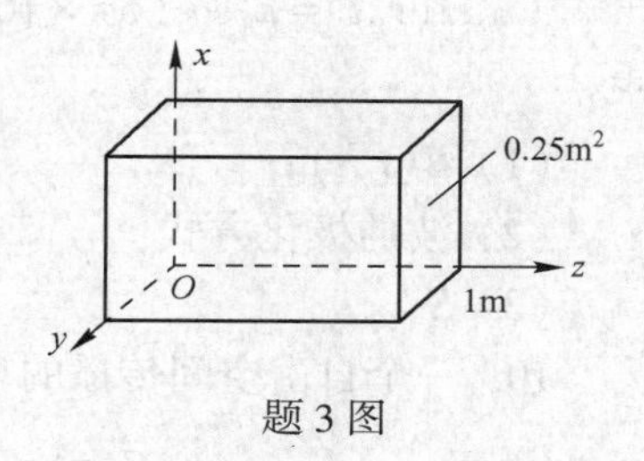

题 3 图

4. 在理想电介质($\mu=\mu_0$)中传播的均匀平面波电场为:

$$\boldsymbol{E}(\boldsymbol{r},t)=3(\boldsymbol{a}_x+E_{y0}\boldsymbol{a}_y+\sqrt{5}\boldsymbol{a}_z)\cos[30\pi\times10^8t+4\pi(\sqrt{5}x+2y-4z)]\ (\text{V/m})$$

求:

(1) 波的传播方向;

(2) 频率f、波长λ和相速v_p;

(3) 相对介电常数ε_r;

(4) 电场振幅中的E_{y0};

(5) $\boldsymbol{H}(\boldsymbol{r},t)$。

5. 完纯介质($\mu=4\mu_0,\varepsilon=9\varepsilon_0$)中,均匀平面波的磁场为:

$$\dot{\boldsymbol{H}}(r)=\boldsymbol{a}_x\ 10^{-6}\text{e}^{-\text{j}(6\pi z+8\pi y)}\qquad(\text{A/m})$$

求:

(1) 波矢量$\boldsymbol{k}$;

(2) 频率f,波长λ,相速v_p;

(3) 电场$\dot{\boldsymbol{E}}(\boldsymbol{r})$;

(4) $\boldsymbol{S}_{平均}$。

6. 判断下列均匀平面波的极化状态:

(1) $\boldsymbol{E}(\boldsymbol{r},t)=\boldsymbol{a}_x2\cos\left(\omega t+\beta z+\dfrac{\pi}{3}\right)+\boldsymbol{a}_y2\cos\left(\omega t+\beta z+\dfrac{\pi}{2}\right)$

(2) $\dot{\boldsymbol{E}}=[(\boldsymbol{a}_x2+\boldsymbol{a}_y3)-\text{j}(\boldsymbol{a}_x3+\boldsymbol{a}_y2)]\text{e}^{\text{j}\beta z}$

(3) $\dot{\boldsymbol{E}}=[(\boldsymbol{a}_x3-\boldsymbol{a}_y4)-\text{j}(\boldsymbol{a}_x4+\boldsymbol{a}_y3)]\text{e}^{-\text{j}\beta z}$

(4) $\dot{\boldsymbol{E}}=\boldsymbol{a}_x(1-\text{j})\text{e}^{-\text{j}\beta z}$

7. 证明任一线极化波可以分解成两个振幅相等、旋转方向相反的圆极化波。

8. 证明任一椭圆极化波可以分解成两个振幅不等、旋转方向相反的圆极化波。

9. 真空中平面电磁波的磁场强度矢量为:

$$\boldsymbol{H}(\boldsymbol{r},t)=\boldsymbol{a}_x\cos(6\pi\times10^8t-2\pi z)+\boldsymbol{a}_y\sqrt{2}\cos\left(6\pi\times10^8t-2\pi z-\frac{\pi}{3}\right)\qquad(\text{mA/m})$$

求:

(1) $\boldsymbol{E}(\boldsymbol{r},t)$;

(2) 波的极化方式;

(3) $\boldsymbol{S}_{平均}$。

10. 一个自由空间传播的均匀平面波电场强度为:

$$\dot{\boldsymbol{E}}(\boldsymbol{r})=\boldsymbol{a}_x\ 10^{-4}\text{e}^{-\text{j}20\pi z}+\boldsymbol{a}_y\ 10^{-4}\text{e}^{-\text{j}20\pi z+\text{j}\frac{\pi}{2}}\qquad(\text{V/m})$$

求:

(1) 电磁波的传播方向;

（2）频率 f；

（3）电磁波的极化方式；

（4）磁场 $\dot{\boldsymbol{H}}(\boldsymbol{r})$；

（5）与传播方向垂直的单位面积流过的平均功率。

11. 真空中均匀平面波电场强度为：

$$\boldsymbol{E}(\boldsymbol{r},t)=5(\boldsymbol{a}_x+\sqrt{3}\boldsymbol{a}_y)\cos[6\pi\times10^7t-0.05\pi(3x-\sqrt{3}y+2z)]\quad(\mathrm{V/m})$$

求：

（1）电场强度的振幅、波矢量及波长；

（2）磁场 $\boldsymbol{H}(\boldsymbol{r},t)$；

（3）平均能流密度 $\boldsymbol{S}_{平均}$；

（4）指出波的极化状态。

12. 有一频率 $f=1\,\mathrm{kHz}$ 的均匀平面波，垂直入射到海面上，设电场在海平面上的振幅值为 1 V/m，海水的电导率 $\sigma=4\,\mathrm{S/m}$，相对介电常数 $\varepsilon_r=81$。求在海平面下 0.6 m 处，电场的振幅是多少？电磁波的功率损失了百分之几？

13. 用铜板制作电磁屏蔽室，若铜板厚度大于 5δ 可满足要求，问若要屏蔽掉 10 kHz～100 MHz的电磁干扰，至少需要多厚的铜板？已知铜的 $\sigma=5.8\times10^7\,\mathrm{S/m}$，$\varepsilon_r=\mu_r=1$。

14. 潮湿的土壤 $\sigma=0.01\,\mathrm{S/m}$，$\varepsilon_r=10$，$\mu_r=1$，对于频率分别为 2 GHz、2 MHz 和 20 kHz 的均匀平面波，求衰减常数和相移常数分别是多少？相速度和波长分别是多少？

15. 如果 $z\geqslant0$ 的空间为理想导体，$z<0$ 区域为空气，空气中一均匀平面波入射到导体表面，入射电场为：

$$\boldsymbol{E}^+=\boldsymbol{a}_xE_{mx}\cos(\omega t-kz)+\boldsymbol{a}_yE_{my}\cos(\omega t-kz)\quad(\mathrm{V/m})$$

式中，E_{mx} 和 E_{my} 是常数。求：

（1）入射波的磁场强度；

（2）反射波的电场强度和磁场强度；

（3）$z<0$ 区域电场和磁场的波节点和波腹点的位置。

16. 空气中一均匀平面波垂直入射到 $z=0$ 处的理想导电平面上，其电场强度为：

$$\dot{\boldsymbol{E}}_m^+=(\boldsymbol{a}_x-\mathrm{j}\,\boldsymbol{a}_y)E_0\mathrm{e}^{-\mathrm{j}z}\quad(\mathrm{V/m})$$

（1）确定入射波和反射波的极化状态；

（2）求导电平面上的面电流密度；

（3）写出 $z<0$ 区域的合成电场强度的瞬时值。

17. 一圆极化的均匀平面波，其电场强度为：

$$\dot{\boldsymbol{E}}_m^+=(\boldsymbol{a}_x+\mathrm{j}\,\boldsymbol{a}_y)E_0\mathrm{e}^{-\mathrm{j}2z}\quad(\mathrm{V/m})$$

从空气垂直入射到 $\varepsilon_r=9$、$\mu_r=1$ 的理想介质平面上，空气与介质的分界面为 $z=0$ 平面，求：

(1) 反射波和透射波的电场并说明极化方式;

(2) 空气中的驻波比;

(3) 空气中合成波的坡印亭矢量 $\boldsymbol{S}_{平均}$。

18. 均匀平面波从自由空间垂直入射到介质平面时,在空间形成驻波,设驻波比为 2。已知介质表面为电场驻波最小点,且波在介质中的波长是自由空间波长的 1/6,求介质的相对磁导率和相对介电常数。

19. 均匀平面波从空气中垂直入射到某理想电介质($\mu_r=1,\sigma=0$)表面。测得空气中驻波比为 2.5,相邻的两个电场振幅最大值之间的距离是 1 m,且距介质表面 0.5 m 处是第一个电场的最大值。求电介质的相对介电常数和电磁波的频率。

20. 用幅度为 100 V/m、频率为 10 kHz 的电磁波探测地质情况,在干燥的沙土地($\sigma_1=10^{-5}$ S/m,$\varepsilon_{r1}=5,\mu_{r1}=1$)中距离探测点 d 处遇到潮湿的土壤($\sigma_2=0.01$ S/m,$\varepsilon_{r2}=10,\mu_{r2}=1$),若接收到的反射波幅度为 0.1 V/m,忽略土质渐变层的影响,求距离 d。

21. 空气中均匀平面波的频率为 1 GHz,电场强度的峰值为 1 V/m,垂直入射于一块大铜片($\sigma=5.8\times10^7$ S/m)上,求铜片上每平方米所吸收的功率。

22. 一均匀平面波从本征阻抗为 η 的介质垂直入射到电导率为 σ、$\varepsilon_r=1$、$\mu_r=1$ 的良导体表面,证明透入导体内部的功率流密度与入射波功率流密度之比近似等于 $4R_S/\eta$。

23. 一电场振幅为 1 V/m、频率为 10 MHz 的均匀平面波自空气垂直入射到银板的表面。已知银的 $\sigma=6.1\times10^7$ S/m,$\varepsilon_r=1,\mu_r=1$。求:

(1) 银板表面的电场强度振幅;

(2) 银板每单位面积吸收的平均功率。

24. 空气中一均匀平面波垂直入射到一理想导体平面上。证明任一点合成波的电场能量密度与磁场能量密度之和的时间平均值是一个常数。

25. 频率为 $f=10$ GHz 的均匀平面波从空气中垂直入射到 $\varepsilon_r=4,\mu_r=1$ 的完纯介质平面上,为了消除反射,在介质表面涂上 1/4 波长的匹配层。若匹配层的相对磁导率为 1,求匹配层的相对介电常数和和最小厚度。

26. 最简单的天线罩是单层介质板。已知介质板的 $\varepsilon_r=2.8,\mu_r=1$。问介质板的厚度为多大时,可使 3 GHz 的电磁波在垂直入射于板面时没有反射。当频率为 3.1 GHz 及 2.9 GHz 时,反射增大多少?

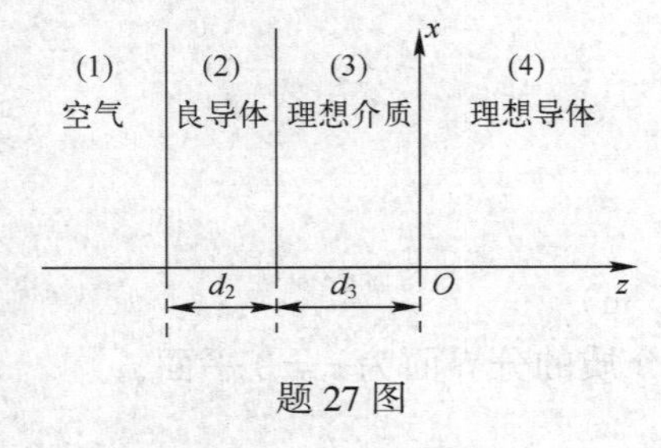

题 27 图

27. 图题 27 所示为隐身飞机的原理示意图。在表示机身的理想导体表面覆盖一层厚度 $d_3=\lambda_3/4$ 的理想介质膜,又在介质膜上涂一层厚度为 d_2 的良导体材料。试确定消除电磁波从良导体表面反射的条件。

28. 一均匀平面波从介质 1($\varepsilon_{r1},\mu_{r1}$)斜入射到介质 2($\varepsilon_{r2},\mu_{r2}$)中,入射角为 30°。测得入射波的波长 $\lambda_1=$

5 cm，折射波的波长 $\lambda_2 = 3$ cm。求折射角。

29. 空气中一电场强度振幅为 1 V/m 的均匀平面波斜入射到一电介质（$\varepsilon_r = 3$，$\mu_r = 1$）表面，入射角为 60°。试分别计算此波在垂直极化和平行极化两种情形下反射波和折射波电场强度的振幅。

30. 空气中一线极化波斜入射到理想电介质（$\varepsilon_r = 3$，$\mu_r = 1$）表面，并在反射波方向得到单一的垂直极化波。求此时的入射角是多大？若入射电场与入射面的夹角是 30°，反射波的功率占入射波功率的百分比是多少？

31. 已知空气中的均匀平面波磁场强度为：

$$\dot{\boldsymbol{H}} = \boldsymbol{a}_y \mathrm{e}^{-\mathrm{j}2\pi(x+z)} \qquad (\mathrm{A/m})$$

入射到 $z=0$ 的理想导体表面，如题 28 图所示。求：(1) 入射角；(2) 入射电场、反射电场和反射磁场。

32. 如题 29 图所示，均匀平面波由空气入射到理想导体表面（$z=0$），已知入射波电场为：

$$\dot{\boldsymbol{E}} = 4\,\boldsymbol{a}_y \mathrm{e}^{\mathrm{j}6(x-\sqrt{3}z)} \qquad (\mathrm{V/m})$$

求：

(1) 反射电场和磁场；

(2) 合成波的相速、能速和平均能流矢量。

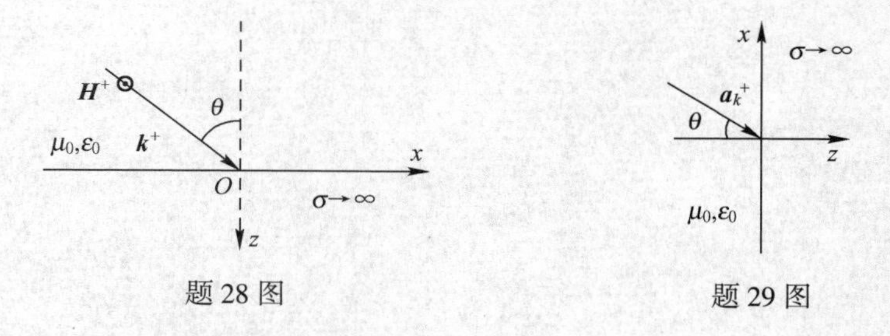

题 28 图　　　　题 29 图

33. 空气中一平行极化的均匀平面波以入射角 $\theta = 45°$ 入射到一介电常数 $\varepsilon = 2.59\varepsilon_0$ 的有机玻璃板上，板厚为 $\lambda/2$，λ 是该波在有机玻璃中的波长。求：

(1) 波穿出有机玻璃时的折射角；

(2) 穿出有机玻璃的波传播方向是否改变？位置是否改变？功率损失了多少？

34. 若光纤的折射率 $n = 1.55$，光线束自空气向其端面入射，并要能量沿光纤传输，试计算入射光线与光纤轴线间的夹角范围。已知：

(1) 光纤外面是空气而无包层；

(2) 光纤外有包层，其折射率为 1.53。

研究型拓展题目

1. 表面等离子体波研究。表面等离子体波是在金属表面传播的表面电磁波，基于表面等离子体波在集成光子器件中具有非常广阔的前景。相关的应用研究正在展开。本课题要求学生根据所学的知识给出表面电磁波所满足的波动方程，给出色散关系。通过查找最新文献，了解其研究领域，应用方向。

2. 证明对于良导体，$\sigma/(\varepsilon\omega)\gg 1$，任意入射角情形下，透射波近似垂直于分界面。为了使一个房间免于电磁干扰，必须将该房间用 5 个趋肤深度厚的铜金属层包围。如果要屏蔽 10 kHz到 1 GHz 的电磁波，铜金属层需要多厚？

第 7 章　导行电磁波

电磁波可以在无限大空间和半无限大的空间传播,也可以沿着某种装置传播,这种装置起着引导电磁波传播的作用,因此这种电磁波就称为导行波,该装置称为导波装置。导波装置由某种形状的金属材料构成,且种类很多,不同的导波装置可以传输不同模式的电磁波。本章从导行波的基本特性出发,分析和介绍了矩形波导、圆波导、同轴传输线及谐振腔的传输特性。

7.1　导行波的基本特性

任意截面的均匀导波系统如图 7-1-1 所示,在该波导装置中,为了简化分析,得出一般性的结论,首先作如下假设:

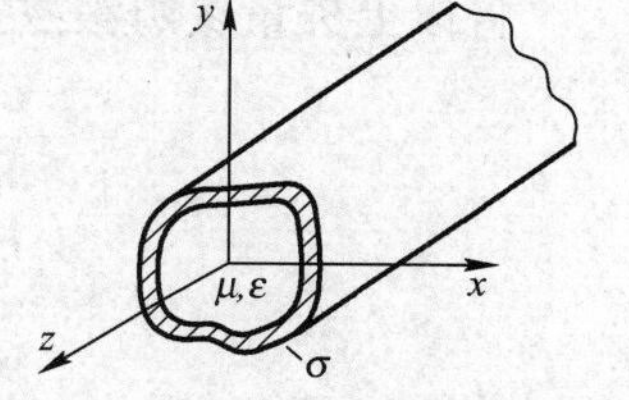

图 7-1-1　任意截面的均匀波导

(1) 载波体沿 z 轴无限长,具有轴向均匀性,横截面的形状都是相同的,即导波内的电场和磁场分布只与 x、y 有关,与 z 无关;

(2) 波导壁为理想导体,即 $\sigma=\infty$,波导内填充的介质为各向同性的理想介质;

(3) 载波体中无激励源,即 $\rho=0$,$\boldsymbol{J}=0$;

(4) 电磁波沿 z 轴传播,且随时间做正弦变化,角频率为 ω。

导波装置中的电磁场表达式,是满足导波装置边界条件的麦克斯韦方程组的解。对于均匀导波装置,通常采用纵向分量法进行分析。对应于图 7-1-1,导波纵向即为波的传播方向 z,导波横向即为与波的传播方向垂直的 x、y 方向。纵向分量法就是从矢量亥姆霍兹方程推导出电场纵向分量和磁场纵向分量满足的标量亥姆霍兹方程,利用导波装置的边界条件,求出电场和磁场的纵向分量;再根据无源区的麦克斯韦方程组,解得用纵向分量表示的四个横向场分量,从而只要解出纵向分量,即可求出横向分量的方法。下面具体讨论。

根据以上假设,波导中的电场和磁场通解的表达式形式为:

$$\boldsymbol{E}(x,y,z)=\boldsymbol{E}_{\mathrm{m}}(x,y)\mathrm{e}^{-\mathrm{j}k_z z} \tag{7-1-1}$$

$$\boldsymbol{H}(x,y,z)=\boldsymbol{H}_{\mathrm{m}}(x,y)\mathrm{e}^{-\mathrm{j}k_z z} \tag{7-1-2}$$

式中,k_z 为纵向 z 方向上的传播常数;$\boldsymbol{E}_{\mathrm{m}}(x,y)$ 和 $\boldsymbol{H}_{\mathrm{m}}(x,y)$ 为导波系统中场的横向分布。

根据无源区麦克斯韦方程:

$$\nabla\times\boldsymbol{H}=\mathrm{j}\omega\varepsilon\boldsymbol{E} \tag{7-1-3a}$$

$$\nabla\times\boldsymbol{E}=-\mathrm{j}\omega\mu\boldsymbol{H} \tag{7-1-3b}$$

将其在直角坐标中展开,并将式(7-1-1)、式(7-1-2)写成分量代入,即可得用纵向分量表示的四个横向场分量。即：

$$E_{xm}=-\frac{j}{k^2-k_z^2}\left(k_z\frac{\partial E_{zm}}{\partial x}+\omega\mu\frac{\partial H_{zm}}{\partial y}\right) \tag{7-1-4a}$$

$$E_{ym}=-\frac{j}{k^2-k_z^2}\left(k_z\frac{\partial E_{zm}}{\partial y}-\omega\mu\frac{\partial H_{zm}}{\partial x}\right) \tag{7-1-4b}$$

$$H_{xm}=\frac{j}{k^2-k_z^2}\left(\omega\varepsilon\frac{\partial E_{zm}}{\partial y}-k_z\frac{\partial H_{zm}}{\partial x}\right) \tag{7-1-4c}$$

$$H_{ym}=-\frac{j}{k^2-k_z^2}\left(\omega\varepsilon\frac{\partial E_{zm}}{\partial x}+k_z\frac{\partial H_{zm}}{\partial y}\right) \tag{7-1-4d}$$

下面讨论从矢量亥姆霍兹方程推导出的纵向分量满足的标量亥姆霍兹方程。矢量亥姆霍兹方程为：

$$\nabla^2\boldsymbol{E}+k^2\boldsymbol{E}=\boldsymbol{0}$$

$$\nabla^2\boldsymbol{H}+k^2\boldsymbol{H}=\boldsymbol{0}$$

将以上矢量亥姆霍兹方程在直角坐标中展开，即：

$$\frac{\partial^2\boldsymbol{E}}{\partial x^2}+\frac{\partial^2\boldsymbol{E}}{\partial y^2}+\frac{\partial^2\boldsymbol{E}}{\partial z^2}+k^2\boldsymbol{E}=\boldsymbol{0}$$

$$\frac{\partial^2\boldsymbol{H}}{\partial x^2}+\frac{\partial^2\boldsymbol{H}}{\partial y^2}+\frac{\partial^2\boldsymbol{H}}{\partial z^2}+k^2\boldsymbol{H}=\boldsymbol{0}$$

将通解式(7-1-1)、式(7-1-2)代入上式，得到假设条件下的波动方程：

$$\nabla_T^2\boldsymbol{E}+(k^2-k_z^2)\boldsymbol{E}=\boldsymbol{0} \tag{7-1-5a}$$

$$\nabla_T^2\boldsymbol{H}+(k^2-k_z^2)\boldsymbol{H}=\boldsymbol{0} \tag{7-1-5b}$$

式中，$\nabla_T^2=\frac{\partial^2}{\partial x^2}+\frac{\partial^2}{\partial y^2}$，为横向拉普拉斯算子；$k$ 为电磁波在无限大媒质中的波数，即 $k=\omega\sqrt{\mu\varepsilon}$；$k_z$ 为电磁波在波导管中的纵向波数。

令

$$k_c^2=k^2-k_z^2 \tag{7-1-6}$$

则式(7-1-5)可写为：

$$\nabla_T^2\boldsymbol{E}_m(x,y)+k_c^2\boldsymbol{E}_m(x,y)=\boldsymbol{0} \tag{7-1-7a}$$

$$\nabla_T^2\boldsymbol{H}_m(x,y)+k_c^2\boldsymbol{H}_m(x,y)=\boldsymbol{0} \tag{7-1-7b}$$

从式(7-1-7)即可得到纵向分量 E_z 和 H_z 满足的标量亥姆霍兹方程：

$$\nabla_T^2E_z+k_c^2E_z=0 \tag{7-1-8a}$$

$$\nabla_T^2H_z+k_c^2H_z=0 \tag{7-1-8b}$$

根据电磁场是否含有纵向分量，可分为以下三种模式或波型。

(1) TEM 模(横电磁波)：$\boldsymbol{E}$ 和 $\boldsymbol{H}$ 都在横平面内，均无纵向分量，$E_z=H_z=0$。

(2) TM 模(横磁波、$\boldsymbol{E}$ 波):$\boldsymbol{H}$ 完全在横平面内,纵向含有 $\boldsymbol{E}$ 的分量,$H_z=0$。

(3) TE 模(横电波、$\boldsymbol{H}$ 波):$\boldsymbol{E}$ 完全在横平面内,纵向含有 $\boldsymbol{H}$ 的分量,$E_z=0$。

下面对这三种模式分别讨论。

7.1.1　TEM 波的传输特性

对 TEM 波,$E_z=H_z=0$,由式(7-1-4)可以看出,只有当 $k_c=0$ 时,即:

$$k_z=k=\omega\sqrt{\mu\varepsilon} \tag{7-1-9}$$

场的横向分量才存在。

将 $k_c=0$ 代入式(7-1-7),得:

$$\nabla_T^2\boldsymbol{E}_m(x,y)=0,\nabla_T^2\boldsymbol{H}_m(x,y)=\boldsymbol{0} \tag{7-1-10}$$

即:

$$\nabla_T^2\boldsymbol{E}_T(x,y)=0,\nabla_T^2\boldsymbol{H}_T(x,y)=\boldsymbol{0} \tag{7-1-11}$$

式(7-1-11)表明,能够传输 TEM 波的导波系统中,电场和磁场必须满足横向拉普拉斯方程。由此可见,在任一时刻,TEM 波在传输线横截面上的场分布与静态场相同。因此,能够建立静电场的导波系统必然能够传输 TEM 波。双导线、同轴线、带状线和微带线均可建立静电场,因此它们是 TEM 波传输线。

TEM 波的相速为:

$$v=\frac{\omega}{k_z}=\frac{1}{\sqrt{\mu\varepsilon}} \tag{7-1-12}$$

TEM 波的波阻抗为:

$$\eta=\frac{E_x}{H_y}=\frac{\omega\mu}{k}=\sqrt{\frac{\mu}{\varepsilon}} \tag{7-1-13}$$

由以上分析可知,导波系统中 TEM 波的传播特性与无限大空间中均匀平面波的传播特性相同。

7.1.2　TE 波和 TM 波的传输特性

1. TE 波

对 TE 波,$E_z=0$,从式 $\nabla_T^2H_z+k_c^2H_z=0$ 中只要求出 H_z,即可由式(7-1-4)推导出:

$$E_{xm}=-\frac{j\omega\mu}{k_c^2}\frac{\partial H_{zm}}{\partial y} \tag{7-1-14a}$$

$$E_{ym}=\frac{j\omega\mu}{k_c^2}\frac{\partial H_{zm}}{\partial x} \tag{7-1-14b}$$

$$H_{xm}=-\frac{jk_z}{k_c^2}\frac{\partial H_{zm}}{\partial x} \tag{7-1-14c}$$

$$H_{ym}=-\frac{jk_z}{k_c^2}\frac{\partial H_{zm}}{\partial y} \tag{7-1-14d}$$

2. TM 波

对 TM 波,$H_z=0$,从式 $\nabla_T^2E_z+k_c^2E_z=0$ 中只要求出 E_z,即可由式(7-1-4)推导出:

$$E_{xm}=-\frac{jk_z}{k_c^2}\frac{\partial E_{zm}}{\partial x} \tag{7-1-15a}$$

$$E_{ym}=-\frac{jk_z}{k_c^2}\frac{\partial E_{zm}}{\partial y} \tag{7-1-15b}$$

$$H_{xm}=\frac{j\omega\varepsilon}{k_c^2}\frac{\partial E_{zm}}{\partial y} \tag{7-1-15c}$$

$$H_{ym}=-\frac{j\omega\varepsilon}{k_c^2}\frac{\partial E_{zm}}{\partial x} \tag{7-1-15d}$$

矩形波导和圆形波导是常见的传输 TE 波、TM 波的导波装置。

7.2 矩形金属波导

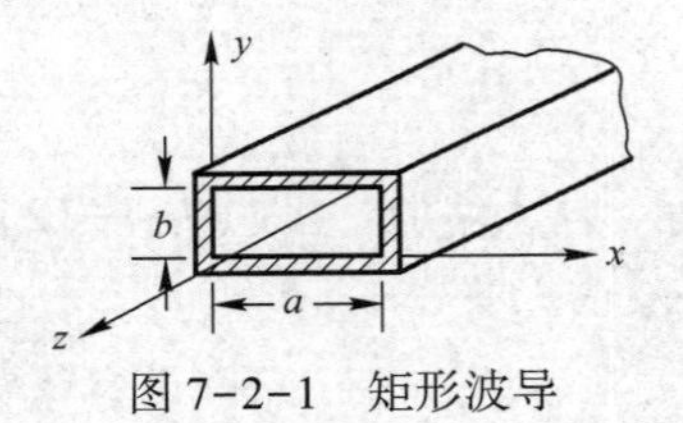

图 7-2-1 矩形波导

矩形金属波导是横截面为矩形的空心金属波导管,是常见的传输 TE 波、TM 波的导波装置,如图 7-2-1 所示,波导宽边为 a,沿 x 轴正向,波导窄边为 b,沿 y 轴正向。波导内填充理想介质,波导壁为理想导体。下面分别讨论矩形波导中的 TE 波和 TM 波的场分布及 TE 波和 TM 波在波导内的传播特性。

7.2.1 矩形波导中的 TM 模

由 7.1 节分析可知,对于 TM 模,$H_z=0$,且

$$E_z(x,y,z)=E_{zm}(x,y)\mathrm{e}^{-jk_zz} \tag{7-2-1}$$

根据 E_{zm}满足的方程和理想导体的边界条件,有:

$$\nabla_T^2E_{zm}(x,y)+k_c^2E_{zm}(x,y)=0 \tag{7-2-2}$$

$$E_z\big|_{x=0,\ x=a,\ y=0,\ y=b}=0 \tag{7-2-3}$$

用分离变量法求解式(7-2-2),设

$$E_{zm}(x,y)=X(x)Y(y) \tag{7-2-4}$$

将式(7-2-4)代入式(7-2-2),方程两边同除以 $X(x)$、$Y(y)$(以下简称 X、Y),得:

$$X''Y+XY''+k_c^2XY=0$$

$$\frac{X''}{X}+\frac{Y''}{Y}=-k_c^2$$

令$\dfrac{X''}{X}=-k_x^2$,$\dfrac{Y''}{Y}=-k_y^2$,有:

$$k_c^2=k_x^2+k_y^2 \tag{7-2-5}$$

利用边界条件式(7-2-3),得:

$$E_{zm}(x,y)=E_0\sin(k_x x)\sin(k_y y) \tag{7-2-6}$$

其中:

$$k_x=\frac{m\pi}{a}\ (m=1,2,\cdots) \tag{7-2-7}$$

$$k_y=\frac{n\pi}{b}\ (n=1,2,\cdots) \tag{7-2-8}$$

将式(7-2-7)、式(7-2-8)代入式(7-2-5),则:

$$k_c=\sqrt{\left(\frac{m\pi}{a}\right)^2+\left(\frac{n\pi}{b}\right)^2} \tag{7-2-9}$$

将式(7-2-7)、式(7-2-8)代入式(7-2-6),则:

$$E_{zm}(x,y)=E_0\sin\left(\frac{m\pi}{a}x\right)\sin\left(\frac{n\pi}{b}y\right) \tag{7-2-10}$$

将式(7-2-10)代入式(7-2-1),得到 TM 波的纵向场分量:

$$E_z(x,y,z)=E_0\sin\left(\frac{m\pi}{a}x\right)\sin\left(\frac{n\pi}{b}y\right)\mathrm{e}^{-\mathrm{j}k_z z} \tag{7-2-11a}$$

利用式(7-1-15)可求得其余四个横向场分量:

$$E_x(x,y,z)=-\frac{\mathrm{j}k_z}{k_c^2}\left(\frac{m\pi}{a}\right)E_0\cos\left(\frac{m\pi}{a}x\right)\sin\left(\frac{n\pi}{b}y\right)\mathrm{e}^{-\mathrm{j}k_z z} \tag{7-2-11b}$$

$$E_y(x,y,z)=-\frac{\mathrm{j}k_z}{k_c^2}\left(\frac{n\pi}{b}\right)E_0\sin\left(\frac{m\pi}{a}x\right)\cos\left(\frac{n\pi}{b}y\right)\mathrm{e}^{-\mathrm{j}k_z z} \tag{7-2-11c}$$

$$H_x(x,y,z)=\mathrm{j}\,\frac{\omega\varepsilon}{k_c^2}\left(\frac{n\pi}{b}\right)E_0\sin\left(\frac{m\pi}{a}x\right)\cos\left(\frac{n\pi}{b}y\right)\mathrm{e}^{-\mathrm{j}k_z z} \tag{7-2-11d}$$

$$H_y(x,y,z)=-\mathrm{j}\,\frac{\omega\varepsilon}{k_c^2}\left(\frac{m\pi}{a}\right)E_0\cos\left(\frac{m\pi}{a}x\right)\sin\left(\frac{n\pi}{b}y\right)\mathrm{e}^{-\mathrm{j}k_z z} \tag{7-2-11e}$$

从式(7-2-11)可以得出 TM 模具有以下传播特性:

(1) 波沿 z 轴方向传播,沿 x,y 方向为驻波;

(2) 等相面为 z 平面,振幅与 x、y 有关,TM 波为非均匀平面波;

(3) m 为宽边上半驻波的数目,n 为窄边上半驻波的数目;

(4) m、n 可取多个值,场结构有多种模式,称多模传输,如 TM_{mn};

(5) $mn\neq 0$,否则 E_{zm} 不存在,即不存在 TM_{00}、TM_{0n}、TM_{m0};

(6) TM_{11} 为最低阶的模式,称为 TM 模的主模。

7.2.2 矩形波导中的 TE 模

由 7.1 节分析可知,对于 TE 模,$E_z=0$,且

$$H_z(x,y,z)=H_{zm}(x,y)\mathrm{e}^{-jk_z z} \tag{7-2-12}$$

根据 H_{zm} 满足的方程和理想导体的边界条件,则:

$$\nabla_T^2 H_{zm}+k_c^2 H_{zm}=0 \tag{7-2-13}$$

$$\left.\frac{\partial H_z}{\partial x}\right|_{x=0,x=a}=0,\ \left.\frac{\partial H_z}{\partial y}\right|_{y=0,y=b}=0 \tag{7-2-14}$$

用分离变量法求解式(7-2-14)和式(7-2-15),则:

$$H_{zm}(x,y)=H_0\cos\left(\frac{m\pi}{a}x\right)\cos\left(\frac{n\pi}{b}y\right)$$

将上式代入式(7-2-12),得到 TE 波的纵向场分量:

$$H_z(x,y,z)=H_0\cos\left(\frac{m\pi}{a}x\right)\cos\left(\frac{n\pi}{b}y\right)\mathrm{e}^{-jk_z z} \tag{7-2-15a}$$

利用式(7-1-14)和式(7-1-15)可得其余四个横向场分量:

$$E_x(x,y,z)=\mathrm{j}\frac{\omega\mu}{k_c^2}\left(\frac{n\pi}{b}\right)H_0\cos\left(\frac{m\pi}{a}x\right)\sin\left(\frac{n\pi}{b}y\right)\mathrm{e}^{-jk_z z} \tag{7-2-15b}$$

$$E_y(x,y,z)=-\mathrm{j}\frac{\omega\mu}{k_c^2}\left(\frac{m\pi}{a}\right)H_0\sin\left(\frac{m\pi}{a}x\right)\cos\left(\frac{n\pi}{b}y\right)\mathrm{e}^{-jk_z z} \tag{7-2-15c}$$

$$H_x(x,y,z)=\frac{\mathrm{j}k_z}{k_c^2}\left(\frac{m\pi}{a}\right)H_0\sin\left(\frac{m\pi}{a}x\right)\cos\left(\frac{n\pi}{b}y\right)\mathrm{e}^{-jk_z z} \tag{7-2-15d}$$

$$H_y(x,y,z)=\frac{\mathrm{j}k_z}{k_c^2}\left(\frac{n\pi}{b}\right)H_0\cos\left(\frac{m\pi}{a}x\right)\sin\left(\frac{n\pi}{b}y\right)\mathrm{e}^{-jk_z z} \tag{7-2-15e}$$

从式(7-2-15)可以得出 TE 模具有以下传播特性:

(1) 波沿 z 轴方向传播,沿 x,y 方向为驻波;

(2) 等相面为 z 平面,振幅与 x、y 有关,TE 波为非均匀平面波;

(3) m 为宽边上半驻波的数目,n 为窄边上半驻波的数目;

(4) m、n 可取多个值,场结构有多种模式,为多模传输,如 TE_{mn};

(5) m,n 不能同时为零,即不存在 TE_{00} 模式;

(6) TE_{01} 或 TE_{10} 为最低阶的模式,称为 TE 模的主模。

7.2.3 矩形波导的截止频率和传输特性

1. 截止频率和截止波长

由式(7-2-7)和式(7-2-8)可知横向波数:

$$k_x=\frac{m\pi}{a},\qquad k_y=\frac{n\pi}{b}$$

纵向波数为:

$$\beta_z=k_z=\sqrt{k^2-k_c^2}=\sqrt{\left(\frac{2\pi f}{c}\right)^2-\left(\frac{m\pi}{a}\right)^2-\left(\frac{n\pi}{b}\right)^2} \tag{7-2-16}$$

在式(7-2-20)中,如果 k_z 为实数,即 $k_z^2>0$ 或 $k^2>k_c^2$,$e^{-jk_z z}$ 表示向正 z 方向传播的行波;如果 k_z 为虚数,即 $k_z^2<0$ 或 $k^2<k_c^2$,表示电磁波没有传播,是沿正 z 方向不断衰减的凋落波。如果 k_z 等于零,$k_z^2=0$ 或 $k^2=k_c^2$,这是临界状态,矩形波导也不能传输相应的模式。由此可见,只有 $k>k_c$ 的模式才能传输,因此称 k_c 为截止波数。从式(7-2-9)可以看出,截止波数 k_c 与波导形状、尺寸和波型有关。与 k_c 对应的截止频率 f_c 和截止波长 λ_c 分别为:

$$f_c=\frac{k_c}{2\pi\sqrt{\mu\varepsilon}}=\frac{1}{2\sqrt{\mu\varepsilon}}\sqrt{\left(\frac{m}{a}\right)^2+\left(\frac{n}{b}\right)^2} \tag{7-2-17}$$

$$\lambda_c=\frac{2\pi}{k_c}=\frac{2}{\sqrt{\left(\frac{m}{a}\right)^2+\left(\frac{n}{b}\right)^2}} \tag{7-2-18}$$

综上所述,只有 $f>f_c$,或 $\lambda<\lambda_c$ 的模式才能传输。对于一定的模式和波导尺寸来说,f_c 是能够传输该模式的最低频率,故波导相当于一个高通滤波器。

当波导尺寸给定,将不同的 m、n 代入式(7-2-20),即可得到不同波形的截止波长,对于常用的 BJ-100 型波导,其尺寸为 $a\times b=22.86\ \text{mm}\times10.16\ \text{mm}$,BJ-100 型矩形波导不同波形截止波长的分布图,如图 7-2-2 所示。

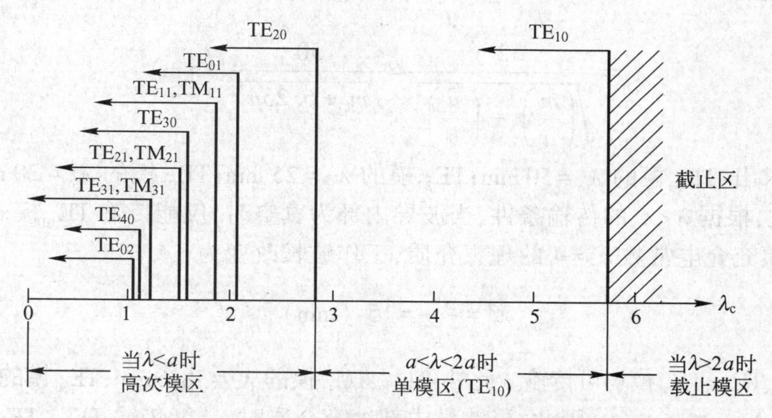

图 7-2-2　BJ-100 型矩形波导不同波型截止波长的分布图

图 7-2-2 中有截止模区、单模区和高次模区。截止模区的工作波长范围为:$\lambda=2a\sim\infty$,当电磁波的工作波长 $\lambda>2a$ 时,电磁波就不能传播;单模区的工作波长范围为:$\lambda=a\sim2a$,在此区域只有 TE_{10} 一个模式出现,其他模式均处于截止状态,故这种情况称为单模传输,在使用波导传输能量时,通常要求工作在单模状态;高次模区的工作波长范围为:$\lambda=0\sim a$,当电磁波的工作波长 $\lambda<a$ 时,波导中至少出现两种以上的模式。

TEM 波要求 $k^2=k_c^2=0$,所以:

$$f_c = 0, \quad \lambda_c \to \infty$$

故 TEM 波没有截止频率。

2. 传播模式及主模

当工作频率和波导尺寸给定后,矩形波导中可以传播的模式必须满足条件 $f > f_c$,在众多的传播模式中,有一个截止频率 f_c 最低的模式称为最低模式,由式(7-2-11)可以看出,$m\neq 0$,$n\neq 0$ 的任何正整数的任意组合构成 TM_{mn} 模,其最低模式 TM_{11};同样,由式(7-2-17)可知,m、n 不能同时为零的任何正整数的任意组合构成 TE_{mn} 模,其最低模式为 TE_{10}。波导中传播的最低模式称为主模,矩形波导的主模为 TE_{10}。

3. 简并现象

不同模式的波具有相同的截止波长的现象称为简并。除 TE_{m0}、TE_{0n} 模之外的所有模式均为简并模式。如 TE_{11} 与 TM_{11}、TE_{21} 与 TM_{21} 等。

【例 7-2-1】 内部为真空的矩形波导,截面尺寸 $a = 25$ mm,$b = 10$ mm,当工作频率 $f = 10^4$ MHz的电磁波进入该波导后,该波导能传输哪几种模式?当波导中填充介电常数 $\varepsilon_r = 4$ 的理想介质后,该波导能传输的模式有无改变?

【解】 当内部为真空时,工作波长为:

$$\lambda = \frac{c}{f} = 30 \ (\text{mm})$$

$$\lambda_c = \frac{2}{\sqrt{\left(\dfrac{m}{a}\right)^2 + \left(\dfrac{n}{b}\right)^2}} = \frac{50}{\sqrt{m^2 + 6.25n^2}} \ (\text{mm})$$

由上式可求出:TE_{10} 模的 $\lambda_c = 50$ mm;TE_{20} 模的 $\lambda_c = 25$ mm;TE_{01} 模的 $\lambda_c = 20$ mm;更高次模的 λ_c 更短,因此,根据 $\lambda < \lambda_c$ 的传输条件,当波导内部为真空时,仅能传输 TE_{10} 模。

当波导中填充介电常数 $\varepsilon_r = 4$ 的理想介质,工作波长改变为:

$$\lambda' = \frac{\lambda}{\sqrt{\varepsilon_r}} = 15 \ (\text{mm})$$

这时,TE_{10}、TE_{20}、TE_{01} 模均可传输。此外,TE_{11}、TM_{11} 模的 $\lambda_c = 18.6$ mm;TE_{30} 模的 $\lambda_c = 16.7$ mm;TE_{21}、TM_{21} 模的 $\lambda_c = 15.6$ mm。因此,当波导内部填充介质时,还能传输 TE_{30}、TE_{11}、TM_{11}、TE_{21}、TM_{21} 等模式。

4. 波导管中的其他传输参数

波导管中的其他传输参数包括波导波长、相速、能速、群速及波阻抗。

理想导波装置中的相波长称为波导波长,用符号 λ_z 或 λ_g 表示。根据相波长的定义,有:

$$\lambda_z = \frac{2\pi}{k_z} = \frac{\lambda}{\sin\theta} = \frac{\lambda}{\sqrt{1 - \cos^2\theta}} = \frac{\lambda}{\sqrt{1 - \left(\dfrac{\lambda}{\lambda_c}\right)^2}} \tag{7-2-19}$$

式中，$\lambda=\dfrac{2\pi}{\omega\sqrt{\mu\varepsilon}}$为无限大介质中的工作波长。

根据相速的定义，可得沿波导轴向的相速：

$$v_{pz}=\lambda_z f=\frac{\omega}{k_z}=\frac{\omega}{k\sin\theta}=\frac{v}{\sqrt{1-\left(\dfrac{\lambda}{\lambda_c}\right)^2}} \tag{7-2-20}$$

式中，$v=\dfrac{1}{\sqrt{\mu\varepsilon}}$。当波导中为真空时，$v=c$。因为传输模式时 $\lambda<\lambda_c$，由式(7-2-22)可知，真空波导中的相速大于光速。

波导中能量传播的速度为：

$$v_{ez}=\lambda_e f=c\sin\theta=v\sqrt{1-\left(\frac{\lambda}{\lambda_c}\right)^2} \tag{7-2-21}$$

当波导中为真空时，有：

$$v_{pz}v_{ez}=c^2 \tag{7-2-22}$$

群速：

$$\beta=k_z=\sqrt{k^2-k_c^2}=\sqrt{\left(\frac{\omega f}{c}\right)^2-\left(\frac{2\pi}{\lambda_c}\right)^2}$$

$$v_g=\frac{d\omega}{d\beta}=\frac{1}{\dfrac{d\beta}{d\omega}}=c\sqrt{1-\left(\frac{\lambda}{\lambda_c}\right)^2}=v_{ez} \tag{7-2-23}$$

由式(7-2-22)和式(7-2-25)可以看出，TE 波和 TM 波的相速和群速都随波长或频率变化，这种现象称为“色散”。因此 TE 波和 TM 波又称为“色散波”。而 TEM 波的相速和群速相等，与频率无关，称为“非色散波”。

在导波系统中，传输模式沿传播方向成右手螺旋关系的横向电场与横向磁场之比，称为导行波的波阻抗。

$$Z_{TE}=\frac{E_x}{H_y}=\frac{\omega\mu}{k_z}=\frac{\eta}{\sqrt{1-\left(\dfrac{f_c}{f}\right)^2}} \tag{7-2-24}$$

$$Z_{TM}=\frac{E_x}{H_y}=\frac{k_z}{\omega\mu}=\eta\sqrt{1-\left(\frac{f_c}{f}\right)^2} \tag{7-2-25}$$

式中，$\eta=\sqrt{\dfrac{\mu}{\varepsilon}}$为无限大介质中的波阻抗。从式(7-26)和式(7-27)可以看出，当$f<f_c$时，波阻抗变为虚数即为纯电抗。因此，在截止状态沿波导的这种衰减与欧姆损耗引起的衰减不同，它是电磁波在源和波导之间来回反射的结果，能量并没有被损耗掉。

7.2.4 矩形波导中的 TE_{10} 模

矩形波导中的主模是 TE_{10} 模,通常用它作为矩形波导中的工作模式,这是因为它具有以下特点:可实现单模传输;具有最宽的工作频带;对于给定的 b/a 比值,在相同的工作频率下,具有最小的衰减;场结构简单,电场只有 E_y 分量,在波导中可获得单方向极化波;在截止波长相同的条件下,所需的波导尺寸最小。

由图 7-2-2 可以看出,单模区的工作波长 λ 范围为 $a \sim 2a$,在此区域只有 TE_{10} 一个模式出现,其他模式均处于截止状态。在使用波导传输能量时,通常要求工作在单模状态。为了保证矩形波导中 TE_{10} 模的单模传输,在波导尺寸给定的情况下,选择电磁波的工作波长 λ 应满足:

$$a<\lambda<2a \tag{7-2-26}$$

另一方面,为了保证矩形波导中 TE_{10} 模的单模传输,在电磁波的工作波长 λ 给定的情况下,矩形波导宽边的尺寸选择应满足:

$$\frac{\lambda}{2}<a<\lambda \tag{7-2-27}$$

矩形波导窄边的尺寸选择应满足:

$$b=(0.4\sim0.5)a \tag{7-2-28}$$

将 $m=1$、$n=0$ 代入式(7-2-15),可得 TE_{10} 模的场分量:

$$E_y(x,y,z)=-\mathrm{j}\omega\mu H_0\left(\frac{a}{\pi}\right)\sin\left(\frac{\pi}{a}x\right)\mathrm{e}^{-\mathrm{j}k_z z} \tag{7-2-29a}$$

$$H_z(x,y,z)=H_0\cos\left(\frac{\pi}{a}x\right)\mathrm{e}^{-\mathrm{j}k_z z} \tag{7-2-29b}$$

$$H_x(x,y,z)=\mathrm{j}k_z H_0\left(\frac{a}{\pi}\right)\sin\left(\frac{\pi}{a}x\right)\mathrm{e}^{-\mathrm{j}k_z z} \tag{7-2-29c}$$

$$H_y(x,y,z)=E_x(x,y,z)=E_z(x,y,z)=0 \tag{7-2-29d}$$

式(7-2-31)对应的瞬时值表达式为:

$$E_y(x,y,z,t)=\omega\mu H_0\left(\frac{a}{\pi}\right)\sin\left(\frac{\pi}{a}x\right)\sin(\omega t-k_z z) \tag{7-2-30a}$$

$$H_z(x,y,z,t)=H_0\cos\left(\frac{\pi}{a}x\right)\cos(\omega t-k_z z) \tag{7-2-30b}$$

$$H_x(x,y,z,t)=-k_z H_0\left(\frac{a}{\pi}\right)\sin\left(\frac{\pi}{a}x\right)\sin(\omega t-k_z z) \tag{7-2-30c}$$

$$H_y(x,y,z,t)=E_x(x,y,z,t)=E_z(x,y,z,t)=0 \tag{7-2-30d}$$

由此可见,TE_{10} 模只有 E_y、H_x、H_z 三个场分量。依据式(7-2-32)可以画出 $t=0$ 时,TE_{10} 模的电场和磁场的分布图,如图 7-2-3 所示。

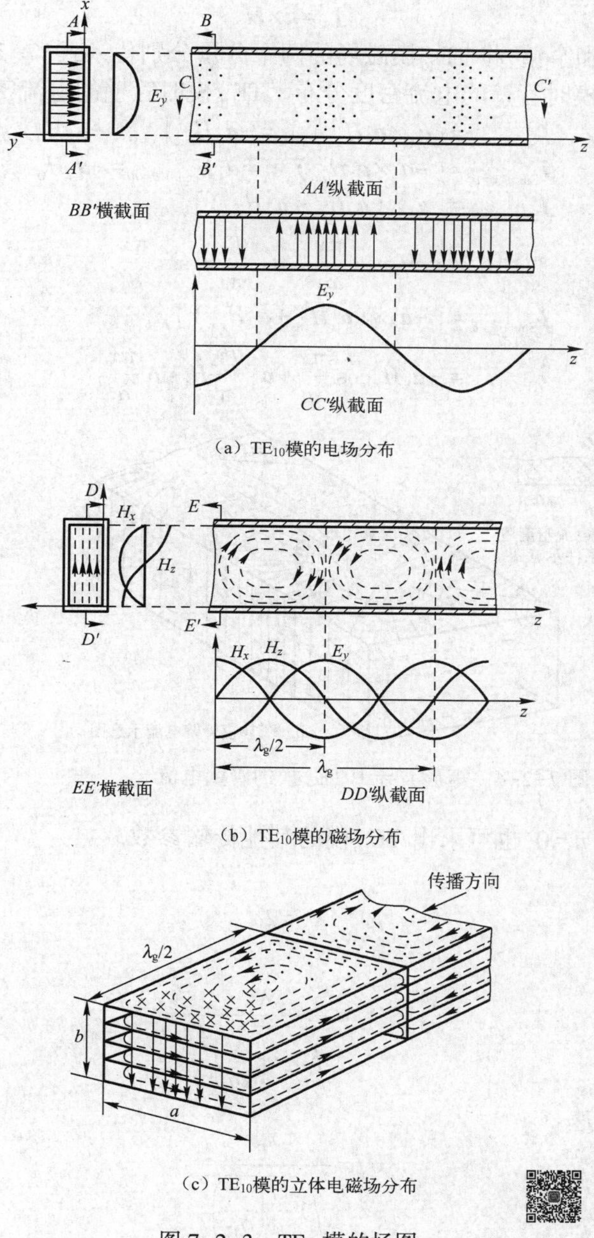

（a）TE_{10}模的电场分布

（b）TE_{10}模的磁场分布

（c）TE_{10}模的立体电磁场分布

图 7-2-3　TE_{10}模的场图

当波导中存在电磁能量传输时，由于磁场的感应，在波导内壁处有感应的高频传导电流。假设波导壁为理想导体，那么该电流为面电流，称为管壁电流。根据理想导体的边界条件，TE_{10}模的管壁电流的面密度 $\boldsymbol{J}_S$ 为：

$$\boldsymbol{J}_{\mathrm{S}}=\boldsymbol{n}\times\boldsymbol{H} \tag{7-2-31}$$

对应波导的宽壁和窄壁,将 TE_{10} 模磁场的两个分量分别代入式(7-2-33),设 $t=0$,即可求出矩形波导传输 TE_{10} 模时管壁的电流密度分布。TE_{10} 模时管壁的电流密度如图 7-2-4 所示。

$$\boldsymbol{J}_{\mathrm{Sm}}\big|_{x=0}=(\boldsymbol{a}_x\times\boldsymbol{a}_z H_{\mathrm{zm}})_{x=0}=-\boldsymbol{a}_y H_{\mathrm{zm}}\big|_{x=0}=-\boldsymbol{a}_y H_0 \tag{7-2-32a}$$

$$\boldsymbol{J}_{\mathrm{Sm}}\big|_{x=a}=(-\boldsymbol{a}_x\times\boldsymbol{a}_z H_{\mathrm{zm}})_{x=a}=\boldsymbol{a}_y H_{\mathrm{zm}}\big|_{x=a}=-\boldsymbol{a}_y H_0 \tag{7-2-32b}$$

$$\begin{aligned}\boldsymbol{J}_{\mathrm{Sm}}\big|_{y=0}&=[\boldsymbol{a}_y\times(\boldsymbol{a}_z H_{\mathrm{zm}}+\boldsymbol{a}_x H_{\mathrm{xm}})]_{y=0}\\&=\boldsymbol{a}_x H_0\cos\frac{\pi x}{a}-\boldsymbol{a}_z\frac{ak_z}{\pi}H_0\sin\frac{\pi x}{a}\end{aligned} \tag{7-2-32c}$$

$$\begin{aligned}\boldsymbol{J}_{\mathrm{Sm}}\big|_{y=b}&=[-\boldsymbol{a}_y\times(\boldsymbol{a}_z H_{\mathrm{zm}}+\boldsymbol{a}_x H_{\mathrm{xm}})]_{y=b}\\&=-\boldsymbol{a}_x H_0\cos\frac{\pi x}{a}+\boldsymbol{a}_z\frac{ak_z}{\pi}H_0\sin\frac{\pi x}{a}\end{aligned} \tag{7-2-32d}$$

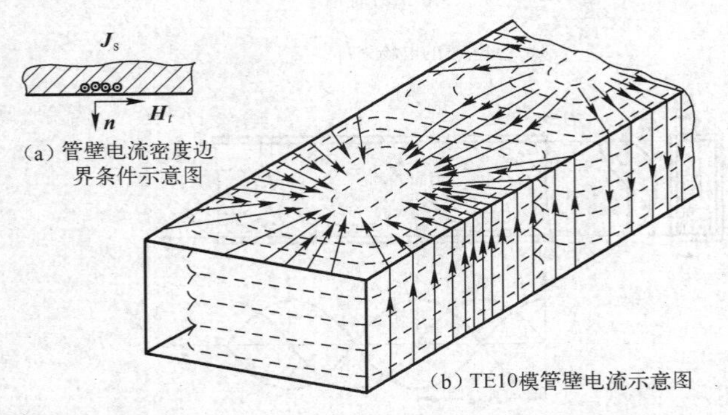

(a) 管壁电流密度边界条件示意图

(b) TE10模管壁电流示意图

图 7-2-4 矩形波导中 TE_{10} 模的管壁电流

同理,利用 $m=1$、$n=0$,也可求出 TE_{10} 模的其他传输参数。

截止波长:

$$\lambda_c=2a \tag{7-2-33}$$

波导波长:

$$\lambda_z=\frac{\lambda}{\sqrt{1-\left(\frac{\lambda}{2a}\right)^2}} \tag{7-2-34}$$

沿波导轴向的相速:

$$v_{\mathrm{pz}}=\frac{v}{\sqrt{1-\left(\frac{\lambda}{2a}\right)^2}} \tag{7-2-35}$$

波阻抗:

$$Z_{\mathrm{TE}}=\frac{E_x}{H_y}=\frac{\eta}{\sqrt{1-\left(\frac{\lambda}{2a}\right)^2}} \tag{7-2-36}$$

理解和掌握了波导中 TE_{10} 模的电磁场分布后，根据 m 和 n 的物理意义，TE_{01} 模、TE_{11} 模的电磁场分布也容易得到。有了 TE_{10} 模、TE_{01} 模、TE_{11} 模的电磁场分布，更多高次模的场分布就可以采用平移拼接的方法推出，此处不再赘述，可参考有关微波技术的书籍。

7.3　圆波导

圆波导是横截面为圆形的空心金属波导管，是常见的传输 TE 波、TM 波的导波装置，其结构如图 7-3-1 所示，其半径为 a。

圆波导具有损耗较小和双极化的特性，所以常用作天线馈线和微波谐振腔，也可作较远距离的传输线。

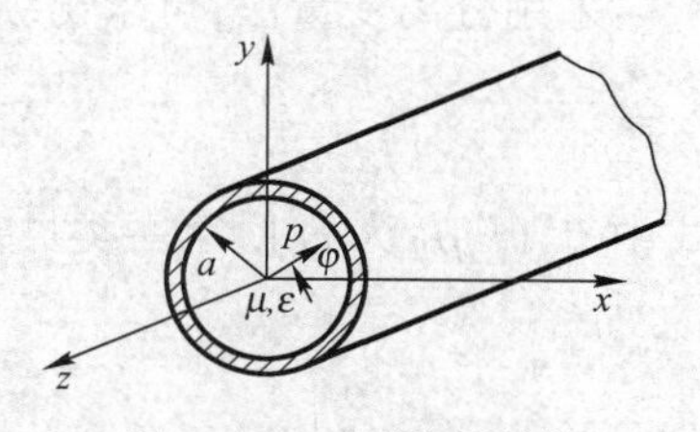

图 7-3-1　圆波导结构

圆波导内场量分布的求解方法与矩形波导的求解方法完全相同，采用纵向分量法求解。圆波导具有轴对称性，故宜采用圆柱坐标来分析。设：

$$\boldsymbol{E}(\rho,\varphi,z)=\boldsymbol{E}_{\mathrm{m}}(\rho,\varphi)\mathrm{e}^{-\mathrm{j}k_z z} \tag{7-3-1}$$

$$\boldsymbol{H}(\rho,\varphi,z)=\boldsymbol{H}_{\mathrm{m}}(\rho,\varphi)\mathrm{e}^{-\mathrm{j}k_z z} \tag{7-3-2}$$

式中，k_z 为纵向 z 方向上的传播常数，$\boldsymbol{E}_{\mathrm{m}}(\rho,\phi)$ 和 $\boldsymbol{H}_{\mathrm{m}}(\rho,\phi)$ 为导波系统中场的振幅分布。

无源区麦克斯韦方程为：

$$\nabla\times\boldsymbol{H}=\mathrm{j}\omega\varepsilon\boldsymbol{E} \tag{7-3-3}$$

$$\nabla\times\boldsymbol{E}=-\mathrm{j}\omega\mu\boldsymbol{H} \tag{7-3-4}$$

将以上方程在圆柱坐标中展开，并将式(7-3-1)、式(7-3-2)写成分量代入，即可得到用纵向分量表示的四个横向场分量：

$$E_{\rho\mathrm{m}}=-\mathrm{j}\frac{1}{k_{\mathrm{c}}^2}\left(k_z\frac{\partial E_{z\mathrm{m}}}{\partial\rho}+\frac{\omega\mu}{\rho}\frac{\partial H_{z\mathrm{m}}}{\partial\varphi}\right) \tag{7-3-5a}$$

$$E_{\varphi\mathrm{m}}=-\mathrm{j}\frac{1}{k_{\mathrm{c}}^2}\left(\frac{k_z}{\rho}\frac{\partial E_{z\mathrm{m}}}{\partial\varphi}-\omega\mu\frac{\partial H_{z\mathrm{m}}}{\partial\rho}\right) \tag{7-3-5b}$$

$$H_{\rho\mathrm{m}}=\mathrm{j}\frac{1}{k_{\mathrm{c}}^2}\left(\frac{\omega\varepsilon}{\rho}\frac{\partial E_{z\mathrm{m}}}{\partial\varphi}-k_z\frac{\partial H_{z\mathrm{m}}}{\partial\rho}\right) \tag{7-3-5c}$$

$$H_{\varphi\mathrm{m}}=-\mathrm{j}\frac{1}{k_{\mathrm{c}}^2}\left(\omega\varepsilon\frac{\partial E_{z\mathrm{m}}}{\partial\rho}+\frac{k_z}{\rho}\frac{\partial H_{z\mathrm{m}}}{\partial\varphi}\right) \tag{7-3-5d}$$

式中，$k_{\mathrm{c}}^2=k^2-k_z^2$。

7.3.1　圆波导中的场分布

1. 圆波导中的 TM 波

对 TM 波，$H_z=0$，从式($\nabla_{\mathrm{T}}^2E_z+k_{\mathrm{c}}^2E_z=0$)中只要求出纵向场 E_z 即可。由式(7-3-1)，E_z 分量可写为：

$$E_z(\rho,\varphi,z)=E_{zm}(\rho,\varphi)\mathrm{e}^{-\mathrm{j}k_z z} \tag{7-3-6}$$

E_z满足的方程和边界条件为:

$$\frac{\partial^2 E_{zm}}{\partial\rho^2}+\frac{1}{\rho}\frac{\partial E_{zm}}{\partial\rho}+\frac{1}{\rho^2}\frac{\partial^2 E_{zm}}{\partial\varphi^2}+\frac{\partial^2 E_{zm}}{\partial z^2}+k^2E_{zm}=0 \tag{7-3-7}$$

$$E_{zm}\big|_{\rho=a}=0 \tag{7-3-8}$$

采用分离变量法,可求出纵向场方程的通解。由式(7-3-6),得:

$$E_z(\rho,\varphi,z)=E_0\mathrm{J}_m(k_c\rho)\begin{Bmatrix}\cos m\varphi\\ \sin m\varphi\end{Bmatrix}\mathrm{e}^{-\mathrm{j}k_z z} \tag{7-3-9}$$

式中,$\mathrm{J}_m(k_c\rho)$为 m 阶第一类贝塞尔函数,E_0由激励源的强度决定。

$$k_c=\frac{p_{mn}}{a} \tag{7-3-10}$$

k_c是 TM 波的截止波数,其中 p_{mn} 为 m 阶第一类贝塞尔函数的第 n 个根。

将式(7-3-9)代入式(7-3-5),可得圆波导中的 TM 波的场分量:

$$E_\rho=-\mathrm{j}\frac{k_z}{k_c}E_0\mathrm{J}'_m(k_c\rho)\begin{Bmatrix}\cos m\varphi\\ \sin m\varphi\end{Bmatrix}\mathrm{e}^{-\mathrm{j}k_z z} \tag{7-3-11a}$$

$$E_\varphi=\mathrm{j}\frac{mk_z}{k_c^2\rho}E_0\mathrm{J}_m(k_c\rho)\begin{Bmatrix}\sin m\varphi\\ -\cos m\varphi\end{Bmatrix}\mathrm{e}^{-\mathrm{j}k_z z} \tag{7-3-11b}$$

$$E_z=E_0\mathrm{J}_m(k_c\rho)\begin{Bmatrix}\cos m\varphi\\ \sin m\varphi\end{Bmatrix}\mathrm{e}^{-\mathrm{j}k_z z} \tag{7-3-11c}$$

$$H_\rho=\mathrm{j}\frac{m\omega\varepsilon}{k_c^2\rho}E_0\mathrm{J}_m(k_c\rho)\begin{Bmatrix}-\sin m\varphi\\ \cos m\varphi\end{Bmatrix}\mathrm{e}^{-\mathrm{j}k_z z} \tag{7-3-11d}$$

$$H_\varphi=-\mathrm{j}\frac{\omega\varepsilon}{k_c}E_0\mathrm{J}'_m(k_c\rho)\begin{Bmatrix}\cos m\varphi\\ \sin m\varphi\end{Bmatrix}\mathrm{e}^{-\mathrm{j}k_z z} \tag{7-3-11e}$$

$$H_z=0 \tag{7-3-11f}$$

式中,$\mathrm{J}'_m(k_c\rho)$为 m 阶第一类贝塞尔函数的一阶导数。$m=0,1,2,\cdots;n=1,2,3,\cdots$是圆波导中的模式指数,每一组 m、n 值对应一个 p_{mn},利用式(7-3-12)可求出对应的 k_z,从而形成一种场分布 TM_{mn} 波或一种模式 TM_{mn} 模。

$$k_z^2=k^2-\left(\frac{p_{mn}}{a}\right)^2 \tag{7-3-12}$$

p_{mn}的前几个值见表 7-3-1。

表 7-3-1　p_{mn} 值

m	$n=1$	$n=2$	$n=3$	$n=4$
0	2.405	5.520	8.654	11.792
1	3.832	7.016	10.173	13.324
2	5.136	8.417	11.620	14.796

2. 圆波导中的 TE 波

对于 TE 波,$E_z=0$,采用上述同样的方法,可得圆波导中的 TE 波的场分量:

$$E_\rho = \mathrm{j}\frac{m\omega\mu}{k_c^2\rho}H_0\mathrm{J}_m(k_c\rho)\begin{Bmatrix}\sin m\varphi\\ -\cos m\varphi\end{Bmatrix}\mathrm{e}^{-\mathrm{j}k_z z} \tag{7-3-13a}$$

$$E_\varphi = \mathrm{j}\frac{\omega\mu}{k_c}H_0\mathrm{J}_m'(k_c\rho)\begin{Bmatrix}\cos m\varphi\\ \sin m\varphi\end{Bmatrix}\mathrm{e}^{-\mathrm{j}k_z z} \tag{7-3-13b}$$

$$E_z = 0 \tag{7-3-13c}$$

$$H_\rho = -\mathrm{j}\frac{k_z}{k_c}H_0\mathrm{J}_m'(k_c\rho)\begin{Bmatrix}\cos m\varphi\\ \sin m\varphi\end{Bmatrix}\mathrm{e}^{-\mathrm{j}k_z z} \tag{7-3-13d}$$

$$H_\varphi = \mathrm{j}\frac{mk_z}{k_c^2\rho}H_0\mathrm{J}_m(k_c\rho)\begin{Bmatrix}\sin m\varphi\\ -\cos m\varphi\end{Bmatrix}\mathrm{e}^{-\mathrm{j}k_z z} \tag{7-3-13e}$$

$$H_z = H_0\mathrm{J}_m(k_c\rho)\begin{Bmatrix}\cos m\varphi\\ \sin m\varphi\end{Bmatrix}\mathrm{e}^{-\mathrm{j}k_z z} \tag{7-3-13f}$$

式中,$m=0,1,2,\cdots$;$n=1,2,3,\cdots$是圆波导中的模式指数,每一组 m、n 值对应一个 p'_{mn},且

$$k_c = \frac{p'_{mn}}{a} \tag{7-3-14}$$

k_c是 TE 波的截止波数,其中 p'_{mn}为 m 阶第一类贝塞尔函数的一阶导数根。利用式(7-3-15)可求出对应的 k_z,从而形成一种场分布 TE_{mn}波或一种模式 TE_{mn}模。

$$k_z^2 = k^2 - \left(\frac{p'_{mn}}{a}\right)^2 \tag{7-3-15}$$

p'_{mn}的前几个值见表 7-3-2。

表 7-3-2 p'_{mn}值

m	$n=1$	$n=2$	$n=3$	$n=4$
0	3. 832	7. 016	10. 174	13. 324
1	1. 841	5. 332	8. 536	11. 706
2	3. 054	6. 705	9. 965	13. 107

综上所述,圆波导中满足边界条件的 TM 模和 TE 模的场分量解——TM_{mn}模和 TE_{mn}模有无穷多个,因此称为多模传输,但其中不存在 TM_{m0}模和 TE_{m0}模。m 表示 φ 从 0 增加到 2π 时场量变化的周期数;n 表示沿波导半径方向场量变化的半驻波数。

7.3.2 圆波导中波的传播特性

与矩形波导相同,圆波导中的 TM_{mn}模和 TE_{mn}模的传播特性由传播常数 k_z决定,当 $k=k_c$时,传播常数 $k_z=0$,传播被截止。对于给定尺寸的圆波导,TM_{mn}模和 TE_{mn}模的截止波数 k_c分

别由式(7-3-11)和式(7-3-17)决定,相应的截止波长和截止频率分别为:

对 TM_{mn}模,

$$\lambda_c = \frac{2\pi a}{p_{mn}} \tag{7-3-16}$$

$$f_c = \frac{p_{mn}}{2\pi a\sqrt{\mu\varepsilon}} \tag{7-3-17}$$

对 TE_{mn}模,

$$\lambda_c = \frac{2\pi a}{p'_{mn}} \tag{7-3-18}$$

$$f_c = \frac{p'_{mn}}{2\pi a\sqrt{\mu\varepsilon}} \tag{7-3-19}$$

从式(7-3-16)和式(7-3-18)可以看出,截止波长不仅与波导尺寸有关,还与波型指数有关。圆波导中几种截止波长的分布图,如图 7-3-2 所示。由图可见,TE_{11}模的截止波长最长,其次是 TM_{01}。

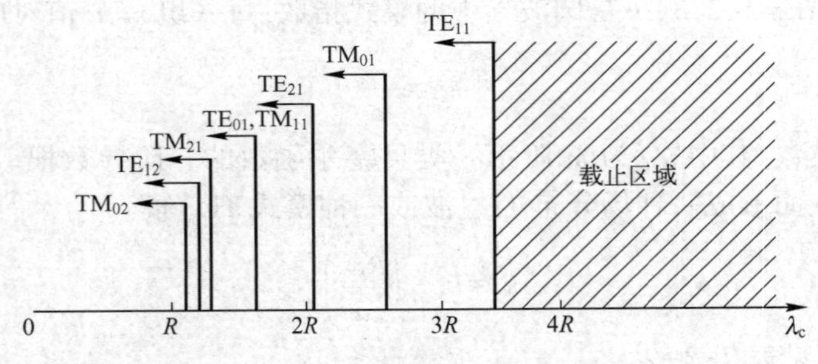

图 7-3-2　几种截止波长的分布图

由于 TE_{11}模的截止波长最长,因此 TE_{11}模是圆波导传输的主模,其单模传输的条件为:

$$2.62R<\lambda<3.41R$$

圆波导中的传播特性参数如下。

波导波长:

$$\lambda_p = \frac{2\pi}{\beta} = \frac{\lambda}{\sqrt{1-\left(\dfrac{\lambda}{\lambda_c}\right)^2}} \tag{7-3-20}$$

相速:

$$v_p = \frac{v}{\sqrt{1-\left(\dfrac{\lambda}{\lambda_c}\right)^2}} \tag{7-3-21}$$

群速:

$$v_{\mathrm{g}}=v\sqrt{1-\left(\frac{\lambda}{\lambda_{\mathrm{c}}}\right)^{2}} \tag{7-3-22}$$

波阻抗：

$$Z_{\mathrm{TM}}=\frac{E_x}{H_y}=\frac{k_z}{\omega\mu}=\eta\sqrt{1-\left(\frac{f_{\mathrm{c}}}{f}\right)^{2}} \tag{7-3-23}$$

$$Z_{\mathrm{TE}}=\frac{E_x}{H_y}=\frac{\omega\mu}{k_z}=\frac{\eta}{\sqrt{1-\left(\frac{f_{\mathrm{c}}}{f}\right)^{2}}} \tag{7-3-24}$$

圆波导中的导行波存在着极化简并和E-H模式简并。TE_{0n}模和TM_{1n}模的截止波长相同，存在着模式简并，称为E-H简并，这与矩形波导中的模式简并相同。圆波导中的极化简并是圆波导特有的。从圆波导的场分量表达式可以看出，当$m\neq0$时，对于同一个TE_{mn}模和TM_{mn}模都有两个场结构，它们都与坐标φ有关。由于圆波导结构具有轴对称性，在圆周φ方向上含有因子$\cos m\varphi$和$\sin m\varphi$两个线性无关的互相正交的独立成分，而它们的截止波长却相同，这种简并称为极化简并。

7.3.3　圆波导中的三个常用模式

圆波导中波的三个常用模式是TE_{11}、TE_{01}和TM_{01}模，下面分别讨论。

1. TE_{11}模

TE_{11}模的截止波长$\lambda_{\mathrm{c}}=3.41a$，截止波长最长，因此它是圆波导中的主模。将$m=n=1$代入式(7-3-13)，可得$\mathrm{TE}_{11}$模的电磁场分量表示式。其场分布图如图7-3-3所示。其中，图(a)表示横截面上的电磁场分布，实线代表电力线，虚线代表磁力线；图(b)表示纵剖面上的电场分布。

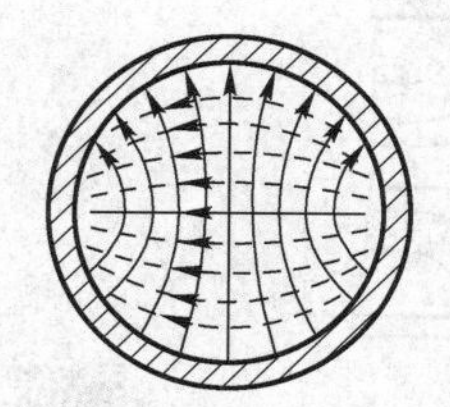

(a) 横截面上的电磁场分布

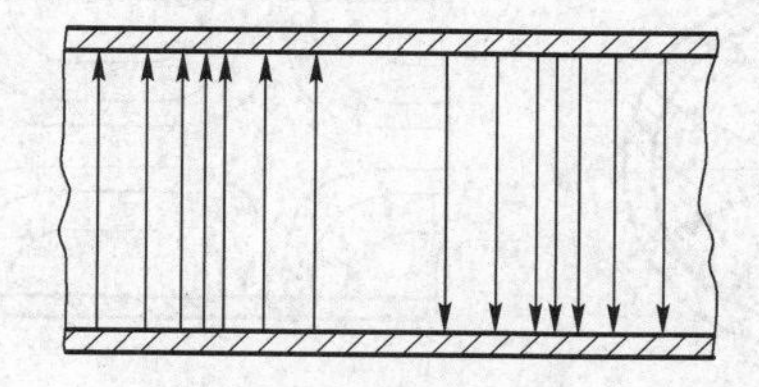

(b) 纵剖面上的电场分布

图7-3-3　TE_{11}模的场分布图

TE_{11}模的截止波长最长，易实现单模传输，单模传输条件为$2.61a<\lambda<3.41a$。但是TE_{11}模存在极化简并，而且单模工作的带宽比矩形波导的单模工作带宽窄，故不宜用来作为中、远距离传输的工作模式。

2. TE_{01}模

TE_{01}模的截止波长$\lambda_{\mathrm{c}}=1.64a$，是高次模。$\mathrm{TE}_{01}$模不存在极化简并，但与$\mathrm{TM}_{11}$存在$E$-$H$简

并。将 $m=0$、$n=1$ 代入式(7-3-13),可得 TE_{01} 模的电磁场分量表示式。其场分布图如图 7-3-4所示。其中,图(a)表示横截面上的电磁场分布,实线代表电力线,虚线代表磁力线;图(b)表示纵剖面上的电磁场分布。

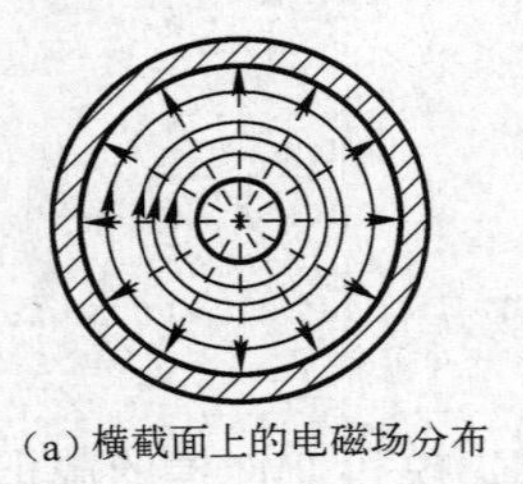
(a) 横截面上的电磁场分布

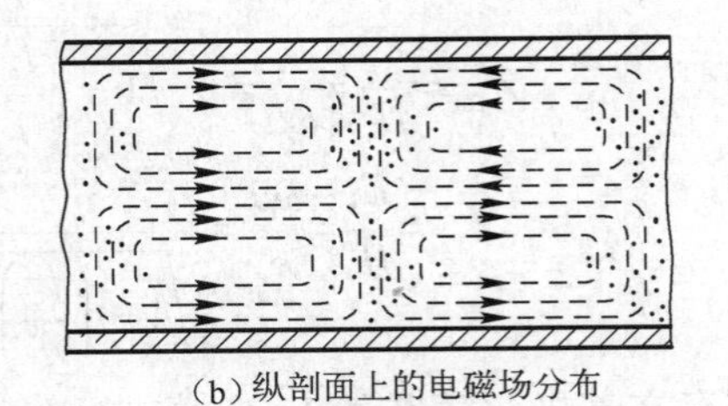
(b) 纵剖面上的电磁场分布

图 7-3-4 TE_{01} 模的场分布图

TE_{01} 模的电场只有 E_φ 分量,是轴对称模,也称为圆电模。在波导壁上只有磁场的 H_z 分量,故在壁上只有 J_φ 电流,即波导壁上没有纵向电流。在传输功率一定时,TE_{01} 模管壁的热损耗随着频率的升高而下降,其损耗相对其他模式来说是最低的,又称低损耗模,适合用作高品质因数 Q 谐振腔的工作模式及毫米波远距离波导传输。但由于它不是主模,因此 TE_{01} 模作为工作模式,必须设法抑制其他模式。

3. TM_{01} 模

TM_{01} 模的截止波长 $\lambda_c=2.62a$,是第一个高次模。TM_{01} 模不存在极化简并,也不存在 $E-H$ 简并。将 $m=0$、$n=1$ 代入式(7-3-11),可得 TM_{01} 模的电磁场分量表示式。其场分布图如图 7-3-5 所示。其中,图(a)表示横截面上的电磁场分布,实线代表电力线,虚线代表磁力线;图(b)表示纵剖面上的电磁场分布。

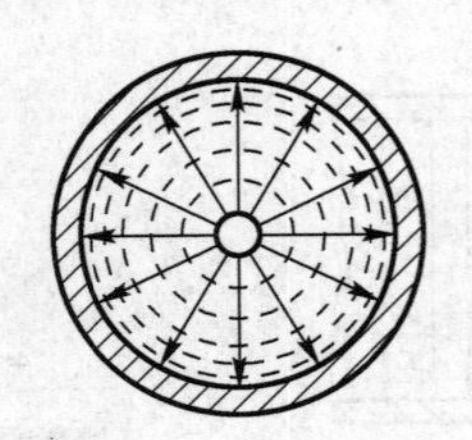
(a) 横截面上的电磁场分布

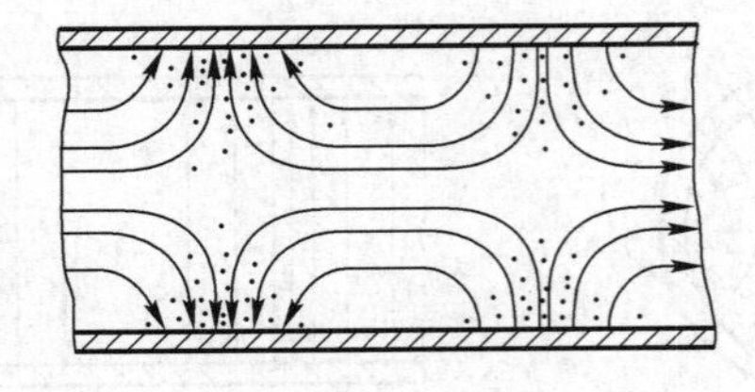
(b) 纵剖面上的电场分布

图 7-3-5 TM_{01} 模的场分布图

TM_{01} 模的磁场只有 H_φ 分量,是轴对称分布的圆磁场,也称为圆磁模。电场只有 E_z 分量,在 $r=0$ 处,E_z 最大。在壁上只有 J_z 电流,即波导壁上只有纵向电流。TM_{01} 模常用于天线的扫描装置——转动铰链。

【例 7-3-1】 已知圆波导的半径 $a=5\,\text{mm}$,内充理想介质的相对介质常数 $\varepsilon_r=9$。若要求工作于 TE_{11} 主模,试求最大允许的频率范围。

【解】　为了保证工作于 TE_{11} 主模，其工作波长必须满足：

$$2.62a<\lambda<3.41a$$

即

$$\lambda_{max}=3.41\times5=17.1\ (mm)$$

$$\lambda_{min}=2.62\times5=13.1\ (mm)$$

对应的频率范围为：

$$f_{max}=\frac{v}{\lambda_{min}}=\frac{1}{\lambda_{min}\sqrt{\mu_0\varepsilon}}=7634\ (MHz)$$

$$f_{min}=\frac{v}{\lambda_{max}}=\frac{1}{\lambda_{max}\sqrt{\mu_0\varepsilon}}=5848\ (MHz)$$

7.4　同轴传输线

同轴线是一种双导体传输线，内导体直径为 d，外导体直径为 D，如图7-4-1所示。

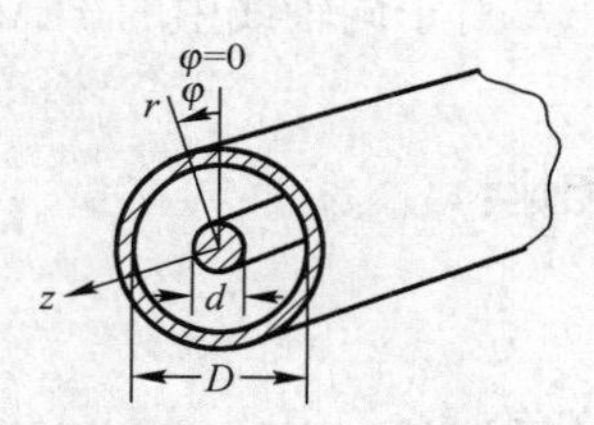

图7-4-1　同轴线

同轴线是双导体波导，故同轴线中可传输TEM波，是一种典型的TEM传输线。同时，同轴线也可看成一种圆波导，也能传输TE波和TM波。究竟能否传输TE波和TM波，要由工作波长和截止波长之间的关系决定。一般为了抑制非TEM波成分，必须根据工作频率适当地设计同轴线的尺寸。下面具体分析。

7.4.1　同轴线传输主模——TEM模

1. TEM模的场分量和场结构

同轴线传输的主模是TEM模，TEM模 $E_z=0$、$H_z=0$，因此电场和磁场都在横截面内，即 $\boldsymbol{H}=\boldsymbol{a}_\varphi H_\varphi$，$\boldsymbol{E}=\boldsymbol{a}_\rho E_\rho$，将麦克斯韦方程：

$$\nabla\times\boldsymbol{H}=\mathrm{j}\omega\varepsilon\boldsymbol{E}$$

$$\nabla\times\boldsymbol{E}=-\mathrm{j}\omega\mu\boldsymbol{H}$$

在圆柱坐标中展开，解之，得：

$$E_\rho=\frac{U_0}{\ln\left(\frac{D}{d}\right)}\frac{1}{\rho}\mathrm{e}^{-\mathrm{j}k_z z}\tag{7-4-1}$$

$$H_\varphi=\frac{U_0}{\eta\ln\left(\frac{D}{d}\right)}\frac{1}{\rho}\mathrm{e}^{-\mathrm{j}k_z z}\tag{7-4-2}$$

式中,U_0为 $z=0$ 时,内、外导体之间的电压;η 为 TEM 波的波阻抗。同轴线中 TEM 模的场结构如图 7-4-2 所示。其中,图(a)为横截面上的电磁场分布,实线代表电力线,虚线代表磁力线;图(b)表示纵剖面上的电磁场分布。

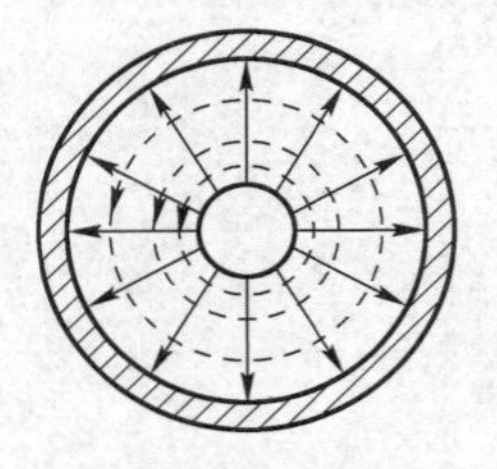

(a) 横截面上的电磁场分布

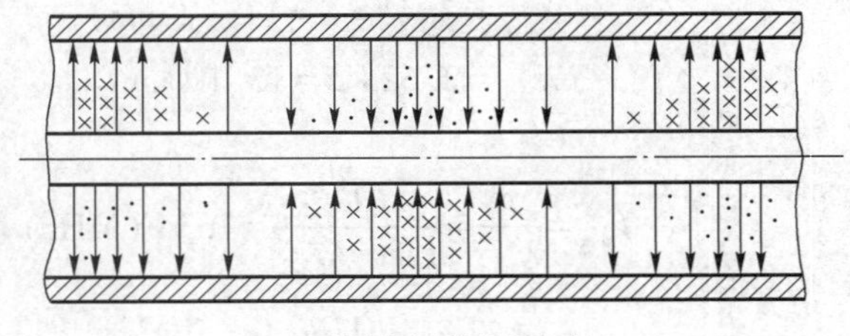

(b) 纵剖面上的电场分布

图 7-4-2 同轴线中 TEM 模的场结构

2. 同轴线中 TEM 模的特性参量

对于同轴线中的 TEM 模,$k_c=0$,由 $k_c^2=k^2-k_z^2$ 可得相移常数:

$$\beta=k=k_z=\omega\sqrt{\mu\varepsilon} \tag{7-4-3}$$

相速:

$$v_p=\frac{\omega}{\beta}=\frac{1}{\sqrt{\mu\varepsilon}}=\frac{c}{\sqrt{\varepsilon_r}} \tag{7-4-4}$$

波导波长(相波长):

$$\lambda_g=\frac{2\pi}{\beta}=\frac{v_p}{f}=\frac{\lambda}{\sqrt{\varepsilon_r}} \tag{7-4-5}$$

波阻抗:

$$Z_{TEM}=\frac{E_\rho}{H_\varphi}=\sqrt{\frac{\mu}{\varepsilon}}=\eta \tag{7-4-6}$$

特性阻抗:

$$Z_0=\frac{U}{I}=\frac{\eta}{2\pi}\ln\frac{D}{d}=\frac{60}{\sqrt{\varepsilon_r}}\ln\frac{D}{d} \tag{7-4-7}$$

7.4.2 同轴线中的高次模

在同轴线中,除传输 TEM 主模外,还可能传输 TM 模和 TE 模等高次模。但在实际应用中,同轴线是以 TEM 模工作的。同轴线中 TM 模和 TE 模的分析方法与圆波导相似,也可以得到 TM_{mn}模和 TE_{mn}模的场分布及对应的截止波长。

1. TM 模

同轴线 TM_{mn}模的截止波长近似为:

$$\lambda_c(TM_{mn}) \approx \frac{D-d}{n} \tag{7-4-8}$$

最低次模 TM_{01} 模的截止波长为：

$$\lambda_c(TM_{01}) \approx D-d \tag{7-4-9}$$

2. TE 模

TE_{m1} 模截止波长为：

$$\lambda_c(TE_{m1}) \approx \frac{\pi}{2m}(D+d) \quad (m=1,2,3,\cdots) \tag{7-4-10}$$

最低次模 TE_{11} 模的截止波长为：

$$\lambda_c(TE_{11}) \approx \frac{\pi}{2}(D+d) \tag{7-4-11}$$

在同轴线的所有高次模中，TE_{11} 模的截止波长最长。因此，为了保证同轴线在给定的工作频带内只传输 TEM 模，就必须使工作波长大于 TE_{11} 模的截止波长，实现同轴线中的单模传输。即最小工作波长应满足：

$$\lambda_{min} > \lambda_c(TE_{11}) \approx \frac{\pi}{2}(D+d) \tag{7-4-12}$$

7.5　谐振腔

7.5.1　谐振腔的基本概念及主要参数

谐振腔由一段两端短路或两端开路的传输线段组成，电磁波在其上呈驻波分布，即电磁能量不能传输，电磁场能量全部被约束在空腔内，只能来回振荡，并且具有固定的谐振频率，谐振腔的主要作用包括储存电磁场能量和选择电磁波的频率。

谐振腔是适用于 UHF 波段(300 MHz~3 GHz)及更高频段的谐振元件。它广泛应用于微波信号源、微波滤波器及波长计中。谐振腔是速调管、磁控管等微波电子管的重要组成部分。几种常见的微波谐振腔如图 7-5-1 所示。

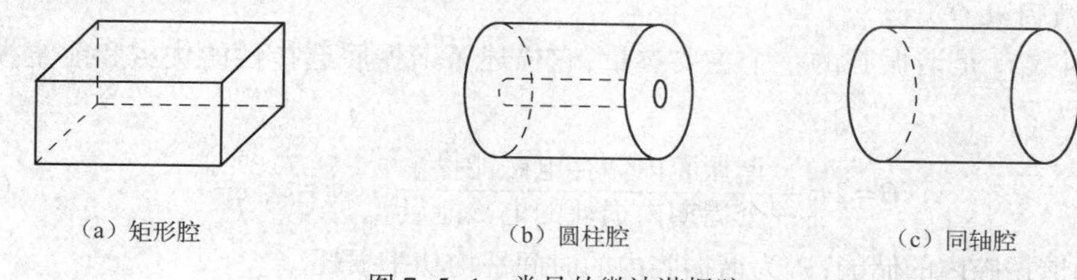

(a) 矩形腔　(b) 圆柱腔　(c) 同轴腔

图 7-5-1　常见的微波谐振腔

在低频电路中，谐振电路由集中元件电感 L 和电容 C 构成。当工作频率逐渐升高时，必

须不断减小电感 L 和电容 C,但当 LC 很小时,分布参数的影响就不能忽略。同时随着工作频率的逐渐升高,各种损耗如导体损耗、介质损耗和辐射损耗也不断增加。因此在微波波段,LC 谐振回路将不能正常工作。谐振腔可以定性地看作是由集中参数 LC 谐振回路过渡而来的,如图 7-5-2 所示。为了提高回路的谐振频率,需要减小电感 L 和电容 C 值,增大电容极板间距可减小电容 C,减小电感线圈匝数可减小电感 L,直到变成一根,再多根并联,直到形成一个圆柱面时,电感 L 将会更小,这样一来,就得到图中的圆柱形谐振腔。故谐振腔就相当于低频集中参数的 LC 谐振回路。

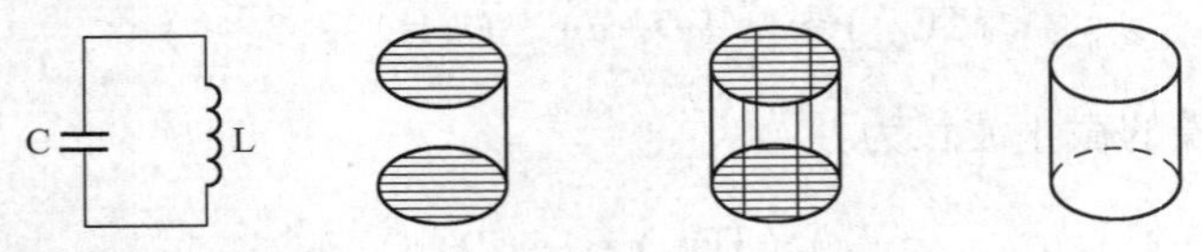

图 7-5-2　LC 谐振回路过渡为谐振腔

在谐振状态下,无论是谐振腔还是 LC 谐振回路,它们存储的电磁能量都随时间相互转换,振荡过程就是电磁能量的转换过程。由此可见,谐振腔中电磁能量关系和集中参数 LC 谐振回路中能量关系有许多相似之处。

但谐振腔和 LC 谐振回路也有许多不同之处。如 LC 谐振回路的电场能量集中在电容器中,磁场能量集中在电感器中,而谐振腔是分布参数回路,电场能量和磁场能量是空间分布的;LC 谐振回路只有一个谐振频率,而谐振腔一般有无限多个谐振频率;谐振腔可以集中较多的能量,且损耗较小,因此它的品质因数远大于 LC 集中参数回路的品质因数;另外,谐振腔有不同的谐振模式(即谐振波型)。

谐振腔有谐振频率 f_0(或谐振波长 λ_0)和品质因数 Q 两个基本参数。

1) 谐振频率 f_0

谐振频率 f_0 是指谐振腔中该模式的场量发生谐振时的频率,也经常用谐振波长 λ_0 表示。它是描述谐振腔中电磁能量振荡规律的参量。在谐振时,谐振腔内电场能量的时间平均值和磁场能量的时间平均值相等,谐振腔内总的电纳为零。谐振波长 λ_0 取决于谐振腔的结构、大小和工作模式。

2) 品质因数 Q

品质因数 Q 是谐振腔的一个主要参量,它描述了谐振腔选择性的优劣和能量损耗的大小,其定义为:

$$Q=2\pi\left.\frac{\text{谐振腔内储存电磁能量}}{\text{一个周期内损耗的电磁能量}}\right|_{\text{谐振时}}=\omega_0\frac{W_0}{P_{\mathrm{L}}}\tag{7-5-1}$$

式中,W_0 为谐振腔内的储能;P_{L} 为谐振腔内的时间平均功率损耗。

谐振腔内的储能可以利用磁场能量也可以用电场能量计算。对于金属谐振腔,采用磁场计算较为方便。即:

$$W_0 = W_e + W_m = \int_\tau \omega_e \mathrm{d}\tau + \int_\tau \omega_m \mathrm{d}\tau = \frac{\varepsilon}{4}\int_\tau E^2 \mathrm{d}\tau + \frac{\mu}{4}\int_\tau H^2 \mathrm{d}\tau = \frac{\mu}{2}\int_\tau H^2 \mathrm{d}\tau \tag{7-5-2}$$

对于孤立的金属谐振腔，其损耗主要来自导体壁的损耗，即：

$$P_L = \frac{R_S}{2}\int_S |H_t|^2 \mathrm{d}S \tag{7-5-3}$$

式中，R_S为表面电阻；H_t为谐振腔壁的表面切向磁场。

7.5.2　矩形谐振腔

矩形谐振腔是由一段两端短路的矩形波导构成，即一个横截面尺寸为 $a\times b$ 的矩形波导，在长度为 d 的两端用金属导体封闭时，就构成矩形谐振腔，如图 7-5-3 所示。

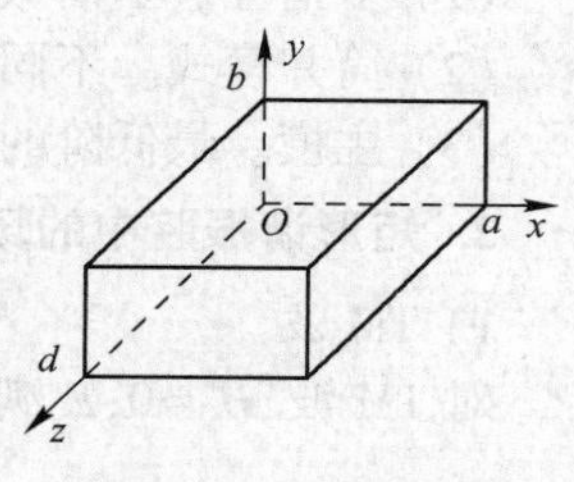

图 7-5-3　矩形谐振腔

矩形谐振腔的电场和磁场能量被储存在腔体内，电场能量和磁场能量以分布的形式存在，不得分开；发生谐振时的频率有多个确定的值，具有多谐性；它储存较多的电磁能量，且损耗低，故品质因数高。下面具体讨论谐振腔的谐振频率以及它的场分布。

1. 谐振频率

在矩形谐振腔 $z=0$ 和 $z=d$ 处分别放置金属导体板，电磁波将在其间来回反射，形成驻波，电磁波沿 z 方向不能传播。谐振腔中的场沿横向及纵向均为驻波，为了满足边界条件，要求：

$$d = l\frac{\lambda_z}{2}\ (l=1,2,\cdots) \tag{7-5-4}$$

可推出：

$$k_z = \frac{2\pi}{\lambda_z} = \frac{2\pi}{2d/l}$$

即：

$$k_z = \frac{l\pi}{d}$$

根据式(7-1-6)，则有：

$$k = \sqrt{k_x^2 + k_y^2 + k_z^2} = \left[\left(\frac{m\pi}{a}\right)^2 + \left(\frac{n\pi}{b}\right)^2 + \left(\frac{l\pi}{d}\right)^2\right]^{1/2} = k_{mnl} \tag{7-5-5}$$

谐振频率：

$$f_{mnl} = \frac{v}{\lambda} = \frac{v}{2\pi}k_{mnl}$$

$$f_{mnl} = \frac{1}{2\sqrt{\mu\varepsilon}}\sqrt{\left(\frac{m}{a}\right)^2 + \left(\frac{n}{b}\right)^2 + \left(\frac{l}{d}\right)^2} \tag{7-5-6}$$

谐振波长：

$$\lambda_{mnl}=\frac{2}{\sqrt{\left(\frac{m}{a}\right)^2+\left(\frac{n}{b}\right)^2+\left(\frac{l}{d}\right)^2}} \tag{7-5-7}$$

由式(7-5-6)和式(7-5-7)可以看出，f_{mnl}和λ_{mnl}仅与谐振腔的形状、尺寸、填充介质及波型有关。

矩形波导中传输的电磁波模式有 TE 模和 TM 模，相应的矩形谐振腔中也有 TE 谐振模和 TM 谐振模，分别以 TE_{mnl}和 TM_{mnl}表示，其中下标 m、n 和 l 分别表示场分量沿波导宽壁、窄壁和腔长度方向上分布的半驻波的数目。综上所述，矩形谐振腔具有以下特点。

(1) 多谐性。当谐振腔尺寸确定后，有无穷多个谐振频率。

(2) 简并模式。不同的模式其具有相同的谐振频率。

(3) 主模。最低阶的模式为 TE_{101}、TE_{011}、TM_{110}。

2. 矩形谐振腔中的场分布

1) TM 波

对 TM 波，$H_z=0$，E_z满足的边值问题为：

$$\nabla_T^2 E_z+k_c^2 E_z=0 \tag{7-5-8a}$$

$$E_z\Big|_{x=0,x=a,y=0,y=b}=0 \tag{7-5-8b}$$

$$\left.\frac{\partial E_z}{\partial x}\right|_{z=0,z=d}=0 \tag{7-5-8c}$$

$$\left.\frac{\partial E_z}{\partial y}\right|_{z=0,z=d}=0 \tag{7-5-8d}$$

求解上面 E_z满足的边值问题，可得 E_z的通解：

$$E_z=2E_0\sin\left(\frac{m\pi}{a}x\right)\sin\left(\frac{n\pi}{b}y\right)\cos\left(\frac{l\pi}{d}z\right) \tag{7-5-9a}$$

其余 4 个分量为：

$$E_x=-\frac{2}{k_c^2}\left(\frac{m\pi}{a}\right)\left(\frac{l\pi}{d}\right)E_0\cos\left(\frac{m\pi}{a}x\right)\sin\left(\frac{n\pi}{b}y\right)\sin\left(\frac{l\pi}{d}z\right) \tag{7-5-9b}$$

$$E_y=-\frac{2}{k_c^2}\left(\frac{n\pi}{b}\right)\left(\frac{l\pi}{d}\right)E_0\sin\left(\frac{m\pi}{a}x\right)\cos\left(\frac{n\pi}{b}y\right)\sin\left(\frac{l\pi}{d}z\right) \tag{7-5-9c}$$

$$H_x=\mathrm{j}\frac{2\omega\varepsilon}{k_c^2}\left(\frac{n\pi}{b}\right)E_0\sin\left(\frac{m\pi}{a}x\right)\cos\left(\frac{n\pi}{b}y\right)\cos\left(\frac{l\pi}{d}z\right) \tag{7-5-9d}$$

$$H_y=-\mathrm{j}\frac{2\omega\varepsilon}{k_c^2}\left(\frac{m\pi}{a}\right)E_0\cos\left(\frac{m\pi}{a}x\right)\sin\left(\frac{n\pi}{b}y\right)\cos\left(\frac{l\pi}{d}z\right) \tag{7-5-9e}$$

式中，$k_c^2=\left(\frac{m\pi}{a}\right)^2+\left(\frac{n\pi}{b}\right)^2$，$(m,n\neq0;l=0,1,2,\cdots)$对应的振荡模式为 TM_{mnl}。显然，矩形谐振腔中的 TM 振荡模式有无穷多个。

2）TE 波

对 TE 波，$E_z=0$，H_z满足的边值问题为：

$$\nabla_T^2 H_z + k_c^2 H_z = 0 \tag{7-5-10a}$$

$$\left.\frac{\partial H_z}{\partial x}\right|_{x=0,x=a} = 0 \tag{7-5-10b}$$

$$\left.\frac{\partial H_z}{\partial y}\right|_{y=0,y=b} = 0 \tag{7-5-10c}$$

$$H_z\Big|_{z=0,z=d} = 0 \tag{7-5-10d}$$

求解上面 H_z满足的边值问题，可得 H_z的通解：

$$H_z = -\mathrm{j}2H_0\cos\left(\frac{m\pi}{a}x\right)\cos\left(\frac{n\pi}{b}y\right)\sin\left(\frac{l\pi}{d}z\right) \tag{7-5-11a}$$

其余场量为：

$$E_x = \frac{2\omega\mu}{k_c^2}\left(\frac{n\pi}{b}\right)H_0\cos\left(\frac{m\pi}{a}x\right)\sin\left(\frac{n\pi}{b}y\right)\sin\left(\frac{l\pi}{d}z\right) \tag{7-5-11b}$$

$$E_y = -\frac{2\omega\mu}{k_c^2}\left(\frac{m\pi}{a}\right)H_0\sin\left(\frac{m\pi}{a}x\right)\cos\left(\frac{n\pi}{b}y\right)\sin\left(\frac{l\pi}{d}z\right) \tag{7-5-11c}$$

$$H_x = \mathrm{j}\,\frac{2}{k_c^2}\left(\frac{m\pi}{a}\right)\left(\frac{l\pi}{d}\right)H_0\sin\left(\frac{m\pi}{a}x\right)\cos\left(\frac{n\pi}{b}y\right)\cos\left(\frac{l\pi}{d}z\right) \tag{7-5-11d}$$

$$H_y = \mathrm{j}\,\frac{2}{k_c^2}\left(\frac{n\pi}{b}\right)\left(\frac{l\pi}{d}\right)H_0\cos\left(\frac{m\pi}{a}x\right)\sin\left(\frac{n\pi}{b}y\right)\cos\left(\frac{l\pi}{d}z\right) \tag{7-5-11e}$$

式中，$k_c^2=\left(\frac{m\pi}{a}\right)^2+\left(\frac{n\pi}{b}\right)^2$，$m,n$ 不可同时为零；$l\neq 0$，$l=1,2,\cdots$对应的振荡模式为 TE_{mnl}。显然，矩形谐振腔中的 TE 振荡模式有无穷多个。

另外，由于电磁波在矩形谐振腔 $z=0$ 和 $z=d$ 处的金属导体板之间来回反射，在腔中同时存在向$+z$ 和$-z$ 方向传播的波，故矩形谐振腔的纵向分量的表达式也可以通过$+z$ 和$-z$ 方向传播的波的叠加构成，此处不再具体推导。

将 $m=1$、$n=0$、$l=1$ 代入式(7-5-11)可以得出矩形谐振腔中 TE_{101}模的场分量表达式：

$$H_z = -\mathrm{j}2H_0\cos\left(\frac{\pi}{a}x\right)\sin\left(\frac{\pi}{d}z\right) \tag{7-5-12a}$$

$$H_x = \mathrm{j}\,\frac{2}{k_c^2}\left(\frac{\pi}{a}\right)\left(\frac{\pi}{d}\right)H_0\sin\left(\frac{\pi}{a}x\right)\cos\left(\frac{\pi}{d}z\right) \tag{7-5-12b}$$

$$E_y = -\frac{2\omega\mu}{k_c^2}\left(\frac{\pi}{a}\right)H_0\sin\left(\frac{\pi}{a}x\right)\sin\left(\frac{\pi}{d}z\right) \tag{7-5-12c}$$

$$E_z = E_x = H_y = 0 \tag{7-5-12d}$$

依据 TE_{101} 模场的表达式(7-5-14),与之对应的 TE_{101} 模的电磁场分布图如图 7-5-4 所示。

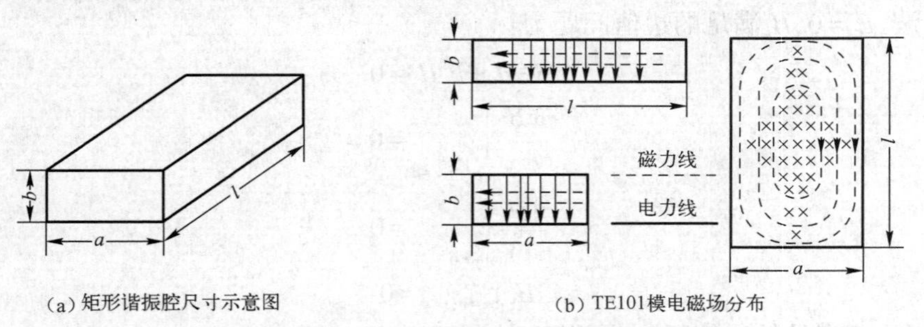

图 7-5-4　TE_{101} 模的电磁场分布图

对 TE_{101} 模,利用式(7-5-1)和式(7-5-5),可以求出 TE_{101} 模的品质因数。

$$k_{101}=\sqrt{k_x^2+k_y^2+k_z^2}=\left[\left(\frac{m\pi}{a}\right)^2+\left(\frac{n\pi}{b}\right)^2+\left(\frac{l\pi}{d}\right)^2\right]^{1/2}=\sqrt{\left(\frac{\pi}{a}\right)^2+\left(\frac{\pi}{d}\right)^2}$$

$$Q=\frac{(k_{101}ad)^3b\eta}{2\pi^2R_S(2a^3b+a^3d+ad^3+2d^3b)}$$

$$Q=\frac{abd}{\delta}\cdot\frac{a^2+d^2}{2b(a^3+d^3)+ad(a^2+d^2)} \tag{7-5-13}$$

式中,$R_S=\dfrac{1}{\sigma\delta}$,$\delta=\sqrt{\dfrac{2}{\omega\mu\sigma}}$。

【例 7-5-1】　试证波导谐振腔对于任何模式的谐振波长 λ_r 均可表示为:

$$\lambda_r=\frac{\lambda_c}{\sqrt{1+\left(\dfrac{l\lambda_c}{2d}\right)^2}}\quad(l=1,2,3,\cdots)$$

式中,λ_c 为截止波长;d 为谐振腔的长度。

【解】　无论何种波导,其传播常数 k_z 均为:

$$k_z{}^2=k^2-k_c^2$$

当腔长 $d=l\dfrac{\lambda_g}{2}$ 时,$k_zd=l\pi$,$k_z=l\dfrac{\pi}{d}$,均可发生谐振。将其代入上式,且考虑到 $k=\dfrac{2\pi}{\lambda_r}$ 及 $k_c=\dfrac{2\pi}{\lambda_c}$,得:

$$\left(l\frac{\pi}{d}\right)^2=\left(\frac{2\pi}{\lambda_r}\right)^2-\left(\frac{2\pi}{\lambda_c}\right)^2$$

即:

$$\left(\frac{l}{2d}\right)^2=\frac{1}{\lambda_r^2}-\frac{1}{\lambda_c^2}$$

将上式整理后,即求得题目中的公式。

7.6　导行电磁波的应用

不同的导波系统用于不同的波段。双导线的应用频率低于 100 MHz。常用的传输线与其大地中的镜像也组成双导线传输系统。

带状线的阻抗容易控制，但是信号速度相对微带线较慢。同样的介质条件下，微带线的损耗小，带状线的损耗大。现阶段，带状线的使用较少，微带线的应用较多。微带天线在民用方面常见于微波雷达传感器，如 2.4 GHz 雷达传感器，相对于传统的喇叭天线，传感器具有体积小，方向性好，使用方便等特点。

同轴线是常见的信号传输线，得到了广泛的应用。例如，在有线电视系统中，同轴线的作用非常重要。按照同轴线应用的位置，大致可以分为三种类型：一是干线电缆，其绝缘外径一般为 9 mm以上的粗电缆，要求损耗小，柔软性要求不高；二是支线电缆，其绝缘外径一般为 7 mm 以上的中粗电缆，要求损耗小，同时也要一定的柔软性；三是用户分配网电缆，其绝缘外径一般为 5 mm，损耗要求不是主要的，但要求良好的柔软性和室内统一协调性。

在具体应用的时候，如果布线长度过长而导致信号衰减严重，应该选择损耗小的同轴线。

在波导中，矩形波导的电磁场分布可以说是最简单，也最好分析，并且加工方便，所以在实际的微波传输中得到广泛应用。圆波导常用于微波仪表中。椭圆波导具有损耗小、极化面不易旋转的特点，适合远距离微波传输，其在卫星通信和雷达馈线等方面得到了应用。

光纤主要用于医学、装饰、汽车、船舶等方面，以显示器件为主。在通信和图像传输方面，高分子光导纤维的应用日益增多，工业上用于光导向器、显示盘、标识、开关类照明调节、光学传感器等。光纤通信中，一对金属电话线至多只能同时传送一千多路电话，而根据理论计算，一对细如蛛丝的光导纤维可以同时通一百亿路电话。铺设 1 000 km 的同轴电缆大约需要 500 吨铜，改用光纤通信只需几公斤石英就可以了。

小　　结

1. 导行波的基本特性

不同的导波装置可以传输不同模式的电磁波。不同模式的电磁波在垂直于电磁波传播方向的横截面上具有不同的场分布，每一种场分布称为一种模式。不同模式的电磁波是由求解满足特定边界条件的亥姆霍兹方程决定的。对于均匀导波装置，通常采用纵向分量法进行分析。矩形波导和圆形波导不能传输 TEM 波，只能传输 TE 波、TM 波。

TEM 波的相速：

$$v_{\mathrm{p}}=\frac{\omega}{k_z}=\frac{1}{\sqrt{\mu\varepsilon}}$$

TEM 波的波阻抗：

$$\eta=\frac{E_x}{H_y}=\frac{\omega\mu}{k}=\sqrt{\frac{\mu}{\varepsilon}}$$

对于 TE 波和 TM 波,分别存在 $E_z=0$ 或 $H_z=0$, $k_e^2=k^2-k_z^2\neq0$,TE 波和 TM 波的传播常数为：

$$k_z=\sqrt{k^2-k_c{}^2}$$

2. 矩形波导

特征值或截止波数 k_c 为：

$$k_c=\sqrt{\left(\frac{m\pi}{a}\right)^2+\left(\frac{n\pi}{b}\right)^2}$$

与 k_c 对应的截止频率 f_c 和截止波长 λ_c 分别为：

$$f_c=\frac{k_c}{2\pi\sqrt{\mu\varepsilon}}=\frac{1}{2\sqrt{\mu\varepsilon}}\sqrt{\left(\frac{m}{a}\right)^2+\left(\frac{n}{b}\right)^2}$$

$$\lambda_c=\frac{2\pi}{k_c}=\frac{2}{\sqrt{\left(\frac{m}{a}\right)^2+\left(\frac{n}{b}\right)^2}}$$

TE_{10} 模的单模传输工作波长 λ 范围：

$$a<\lambda<2a$$

TE_{10} 模波导波长：

$$\lambda_z=\frac{\lambda}{\sqrt{1-\left(\frac{\lambda}{2a}\right)^2}}$$

TE_{10} 模沿波导轴向的相速：

$$v_{pz}=\frac{c}{\sqrt{1-\left(\frac{\lambda}{2a}\right)^2}}$$

TE_{10} 模波阻抗：

$$Z_{TE}=\frac{E_x}{H_y}=\frac{\eta}{\sqrt{1-\left(\frac{\lambda}{2a}\right)^2}}$$

3. 圆波导

圆波导中波的三个常用模式是 TE_{11}、TE_{01} 和 TM_{01} 模,TE_{11} 模的截止波长 $\lambda_c=3.41a$,截止波长最长,因此它是圆波导中的主模;TE_{01} 模管壁的热损耗随着频率的升高而下降 ,其损耗相对其他模式来说是最低的,又称损耗模,适合用作高品质因素 Q 谐振腔的工作模式及毫米波远距离波导传输;TM_{01} 模的截止波长 $\lambda_c=2.62a$,是第一个高次模,TM_{01} 模常用于天线的扫描装置——转动铰链。

4. 同轴传输线

同轴线中可传输 TEM 波，是一种典型的 TEM 传输线。同时，同轴线也可看成一种圆波导，故也能传输 TE 波和 TM 波。

特性阻抗：

$$Z_0=\frac{U}{I}=\frac{\eta}{2\pi}\ln\frac{D}{d}=\frac{60}{\sqrt{\varepsilon_r}}\ln\frac{D}{d}$$

对于同轴线中的单模传输，即最小工作波长应满足：

$$\lambda_{min}>\lambda_c(TE_{11})\approx\frac{\pi}{2}(D+d)$$

5. 谐振腔

矩形谐振腔具有以下三个特点。

（1）电场和磁场能量被储存在腔体内，电场和磁场能量以分布的形式存在，不得分开。

（2）发生谐振时的频率有多个确定的值，具有多谐性。

（3）它储存较多的电磁能量，且低损耗，故品质因数高。

谐振频率：

$$f_{mnl}=\frac{1}{2\sqrt{\mu\varepsilon}}\sqrt{\left(\frac{m}{a}\right)^2+\left(\frac{n}{b}\right)^2+\left(\frac{l}{d}\right)^2}$$

谐振波长：

$$\lambda_{mnl}=\frac{2}{\sqrt{\left(\frac{m}{a}\right)^2+\left(\frac{n}{b}\right)^2+\left(\frac{l}{d}\right)^2}}$$

矩形谐振腔最低阶的模式为 TE_{101}、TE_{011}、TM_{110}。

思考与练习

1. 什么是导波系统？有哪些常见的导波系统？
2. 利用无源区麦克斯韦方程，证明式(7-1-4)。
3. 简述纵向分量法。
4. 导波系统中的 TEM 波有何特点？为什么矩形波导不能传输 TEM 波？
5. 矩形波导中的 TE 波、TM 波有哪些主要特性？
6. 什么是传输模式？不同的模式有何区别？
7. 工作波长、截止波长及波导波长有何异同？
8. 单模传输的条件是什么？为什么矩形波导中通常选用 TE_{10} 模作为工作模式？
9. 矩形波导可传输电磁波的频率范围是多大？

10. 圆波导存在的简并与矩形波导有何不同？如何理解？

11. 圆波导中有哪三种常用模式？分别有什么特性及用途？

12. 同轴线可以传输哪些模式？

13. 什么是同轴线的传输主模？

14. 谐振腔与 LC 谐振回路有何异同？

15. 通过 $+z$ 和 $-z$ 方向传播的波的叠加，推导矩形谐振腔的纵向分量的表达式。

16. 为什么谐振腔具有多谐性？

习　题

1. 根据麦克斯韦方程论证：填充空气的波导管中不可能存在 TEM 模。

2. 证明单一模式的 EM 波（TE 波或 TM 波）的电场和磁场总是相互垂直的。

3. 求证当 $f \ll f_c$ 时，矩形波导中场量的衰减常数 $\alpha = \dfrac{2\pi}{\lambda_c}$ 与频率无关。

4. 已知矩形波导中 TM 模的纵向分量为：

$$E_z = E_0 \sin\frac{\pi}{3}x \sin\frac{\pi}{3}y \cos\left(\omega t - \frac{\sqrt{2}\pi}{3}z\right)$$

（1）求截止波长 λ_c 和波导波长 λ_z。

（2）如果此模为 TM_{32}，求波导尺寸。

5. 一个空气填充矩形波导尺寸为 $a\times b$，且 $b<a<2b$，以 TE_{10} 模工作于 $f=3$ GHz。若要求工作频率至少比 TE_{10} 模的截止频率高 20%，而又要比与之最邻近的高次模的截止频率低 20%，试决定尺寸 a 和 b。

6. 一矩形波导内充空气，横截面尺寸为 $a\times b = 7.2\ \text{cm}\times 3.4\ \text{cm}$。

（1）当工作波长为 $\lambda = 16$ cm、8 cm、6.5 cm 时，波导中可能传输哪些模式？

（2）若要求工作频率范围最低需比 TE_{10} 模的截止频率高 5%，最高须比 TE_{10} 最邻近的高次模的截止频率低 5%，试算出此频率范围。

7. 一填充空气的正方形截面的波导，边长为 a，确定只能传输 TE_{10} 模的工作波长范围。

8. 一空气填充的矩形波导尺寸为 $a = 2.29$ cm，$b = 1.02$ cm。若只传 TE_{10} 模，工作频率 $f = 10$ GHz。求：

（1）相移常数 β，模式阻抗 η_{TE}；

（2）若波导改为填充 $\mu_r = 1$、$\varepsilon_r = 4$ 的完纯介质，重求 TE_{10} 模的 β 和 η_{TE}；

（3）若工作频率降到 $f = 5\ \text{GHz} < f_c$，试确定 TE_{10} 模的衰减常数 α 和模式阻抗 η_{TE}，并计算场量衰减到参考值的 e^{-1} 的距离。

9. 已知空气填充的圆波导直径 $d = 50$ mm，若工作频率 $f = 6.725$ GHz，给出可能传输的模式，若填充相对介电常数 $\varepsilon_r = 4$ 的介质以后，再求可能传输的模式。

10. 已知内充空气的同轴线外半径 $b=30$ mm，内半径 $a=5$ mm，试求仅传输 TEM 波的上限频率。

11. 已知矩形波导谐振腔的尺寸为 8 cm×6 cm×5 cm，试求发生谐振的 4 个最低模式及其谐振频率。

12. 已知空气填充的圆波导半径为 10 mm，若用该波导形成谐振腔，试求为了使 30 GHz 电磁波谐振于 TM_{021} 模式所需的波导长度。

研究型拓展题目

汽车的调幅广播在隧道内接收不到任何信号，以下面的隧道为例，其截面图如下图所示，分析可以忽略通风道，可以认为其是关闭的。

将隧道看成是一个矩形波导，尺寸为 6. 55 m×4. 19 m。

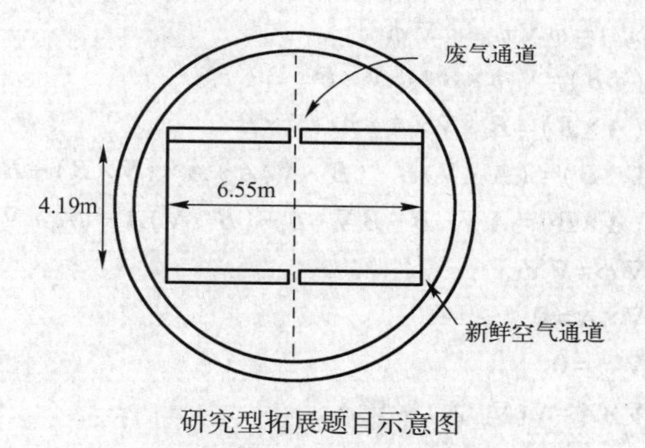

研究型拓展题目示意图

（1）求只有主模 TE_{10} 能传输的频率范围。

（2）解释为什么接收不到调幅广播？

（3）是否可以接收到调频广播？如果可以，高于多少频率的信号可以接收？

附录 A　定理与矢量恒等式

$\boldsymbol{A}$,$\boldsymbol{B}$ 和 $\boldsymbol{C}$ 是矢量,ϕ 和 ψ 是标量。

$$(\boldsymbol{A}\times\boldsymbol{B})\cdot\boldsymbol{C}=(\boldsymbol{B}\times\boldsymbol{C})\cdot\boldsymbol{A}=(\boldsymbol{C}\times\boldsymbol{A})\cdot\boldsymbol{B} \tag{A-1}$$

$$\boldsymbol{A}\times(\boldsymbol{B}\times\boldsymbol{C})=\boldsymbol{B}(\boldsymbol{A}\cdot\boldsymbol{C})-\boldsymbol{C}(\boldsymbol{A}\cdot\boldsymbol{B}) \tag{A-2}$$

$$\nabla\cdot(\boldsymbol{A}+\boldsymbol{B})=\nabla\cdot\boldsymbol{A}+\nabla\cdot\boldsymbol{B} \tag{A-3}$$

$$\nabla(\phi\pm\psi)=\nabla\phi\pm\nabla\psi \tag{A-4}$$

$$\nabla\times(\boldsymbol{A}+\boldsymbol{B})=\nabla\times\boldsymbol{A}+\nabla\times\boldsymbol{B} \tag{A-5}$$

$$\nabla\cdot(\phi\boldsymbol{B})=\boldsymbol{B}\cdot\nabla\phi+\phi\nabla\cdot\boldsymbol{B} \tag{A-6}$$

$$\nabla(\phi\psi)=\phi\nabla\psi+\psi\nabla\phi \tag{A-7}$$

$$\nabla\times(\phi\boldsymbol{B})=\nabla\phi\times\boldsymbol{B}+\phi\nabla\times\boldsymbol{B} \tag{A-8}$$

$$\nabla\cdot(\boldsymbol{A}\times\boldsymbol{B})=\boldsymbol{B}\cdot\nabla\times\boldsymbol{A}-\boldsymbol{A}\cdot\nabla\times\boldsymbol{B} \tag{A-9}$$

$$\nabla(\boldsymbol{A}\cdot\boldsymbol{B})=(\boldsymbol{A}\cdot\nabla)\boldsymbol{B}+(\boldsymbol{B}\cdot\nabla)\boldsymbol{A}+\boldsymbol{A}\times(\nabla\times\boldsymbol{B})+\boldsymbol{B}\times(\nabla\times\boldsymbol{A}) \tag{A-10}$$

$$\nabla\times(\boldsymbol{A}\times\boldsymbol{B})=\boldsymbol{A}\nabla\cdot\boldsymbol{B}-\boldsymbol{B}\nabla\cdot\boldsymbol{A}+(\boldsymbol{B}\cdot\nabla)\boldsymbol{A}-(\boldsymbol{A}\cdot\nabla)\boldsymbol{B} \tag{A-11}$$

$$\nabla\cdot\nabla\phi=\nabla^2\phi \tag{A-12}$$

$$\nabla\cdot\nabla\times\boldsymbol{A}=0 \tag{A-13}$$

$$\nabla\times\nabla\phi=\boldsymbol{0} \tag{A-14}$$

$$\nabla\times\nabla\times\boldsymbol{A}=\nabla(\nabla\cdot\boldsymbol{A})-\nabla^2\boldsymbol{A} \tag{A-15}$$

散度定理:

$$\oint_S\boldsymbol{A}\cdot\mathrm{d}\boldsymbol{S}=\int_\tau\nabla\cdot\boldsymbol{A}\,\mathrm{d}\tau \tag{A-16}$$

斯托克斯定理:

$$\oint_C\boldsymbol{A}\cdot\mathrm{d}\boldsymbol{l}=\int_S(\nabla\times\boldsymbol{A})\cdot\mathrm{d}\boldsymbol{S} \tag{A-17}$$

亥姆霍兹定理:

$$\boldsymbol{F}(\boldsymbol{r})=-\nabla\Phi(\boldsymbol{r})+\nabla\times\boldsymbol{A}(\boldsymbol{r}) \tag{A-18}$$

其中

$$\Phi(\boldsymbol{r})=\frac{1}{4\pi}\int_{\tau'}\frac{\nabla'\cdot\boldsymbol{F}(\boldsymbol{r}')}{|\boldsymbol{r}-\boldsymbol{r}'|}\mathrm{d}\tau' \tag{A-19}$$

$$\boldsymbol{A}(\boldsymbol{r})=\frac{1}{4\pi}\int_{\tau'}\frac{\nabla'\times\boldsymbol{F}(\boldsymbol{r}')}{|\boldsymbol{r}-\boldsymbol{r}'|}\mathrm{d}\tau' \tag{A-20}$$

附录 B　三个坐标系下的微分运算

直角坐标：

$$\nabla \Phi = \boldsymbol{a}_x \frac{\partial \Phi}{\partial x} + \boldsymbol{a}_y \frac{\partial \Phi}{\partial y} + \boldsymbol{a}_z \frac{\partial \Phi}{\partial z} \tag{B-1}$$

$$\nabla \cdot \boldsymbol{A} = \frac{\partial A_x}{\partial x} + \frac{\partial A_y}{\partial y} + \frac{\partial A_z}{\partial z} \tag{B-2}$$

$$\nabla \times \boldsymbol{A} = \begin{vmatrix} \boldsymbol{a}_x & \boldsymbol{a}_y & \boldsymbol{a}_z \\ \frac{\partial}{\partial x} & \frac{\partial}{\partial y} & \frac{\partial}{\partial z} \\ A_x & A_y & A_z \end{vmatrix} \tag{B-3}$$

$$\nabla^2 \Phi = \frac{\partial^2 \Phi}{\partial x^2} + \frac{\partial^2 \Phi}{\partial y^2} + \frac{\partial^2 \Phi}{\partial z^2} \tag{B-4}$$

圆柱坐标：

$$\nabla \Phi = \boldsymbol{a}_\rho \frac{\partial \Phi}{\partial \rho} + \boldsymbol{a}_\varphi \frac{1}{\rho} \frac{\partial \Phi}{\partial \varphi} + \boldsymbol{a}_z \frac{\partial \Phi}{\partial z} \tag{B-5}$$

$$\nabla \cdot \boldsymbol{A} = \frac{1}{\rho} \frac{\partial}{\partial \rho}(\rho A_\rho) + \frac{1}{\rho} \frac{\partial A_\varphi}{\partial \varphi} + \frac{\partial A_z}{\partial z} \tag{B-6}$$

$$\nabla \times \boldsymbol{A} = \frac{1}{\rho} \begin{vmatrix} \boldsymbol{a}_\rho & \rho \boldsymbol{a}_\varphi & \boldsymbol{a}_z \\ \frac{\partial}{\partial \rho} & \frac{\partial}{\partial \varphi} & \frac{\partial}{\partial z} \\ A_\rho & \rho A_\varphi & A_z \end{vmatrix} \tag{B-7}$$

$$\nabla^2 \Phi = \frac{1}{\rho} \frac{\partial}{\partial \rho}\left(\rho \frac{\partial \Phi}{\partial \rho}\right) + \frac{1}{\rho^2} \frac{\partial^2 \Phi}{\partial \varphi^2} + \frac{\partial^2 \Phi}{\partial z^2} \tag{B-8}$$

球坐标：

$$\nabla \Phi = \boldsymbol{a}_r \frac{\partial \Phi}{\partial r} + \boldsymbol{a}_\theta \frac{1}{r} \frac{\partial \Phi}{\partial \theta} + \boldsymbol{a}_\varphi \frac{1}{r\sin\theta} \frac{\partial \Phi}{\partial \varphi} \tag{B-9}$$

$$\nabla \cdot \boldsymbol{A} = \frac{1}{r^2} \frac{\partial}{\partial r}(r^2 A_r) + \frac{1}{r\sin\theta} \frac{\partial}{\partial \theta}(\sin\theta A_\theta) + \frac{1}{r\sin\theta} \frac{\partial A_\varphi}{\partial \varphi} \tag{B-10}$$

$$\nabla \times \boldsymbol{A} = \frac{1}{r^2 \sin\theta} \begin{vmatrix} \boldsymbol{a}_r & r \boldsymbol{a}_\theta & r\sin\theta \, \boldsymbol{a}_\varphi \\ \frac{\partial}{\partial r} & \frac{\partial}{\partial \theta} & \frac{\partial}{\partial \varphi} \\ A_r & rA_\theta & r\sin\theta A_\varphi \end{vmatrix} \tag{B-11}$$

$$\nabla^2 \Phi = \frac{1}{r^2} \frac{\partial}{\partial r}\left(r^2 \frac{\partial \Phi}{\partial r}\right) + \frac{1}{r^2 \sin\theta} \frac{\partial}{\partial \theta}\left(\sin\theta \frac{\partial \Phi}{\partial \theta}\right) + \frac{1}{r^2 \sin^2\theta} \frac{\partial^2 \Phi}{\partial \varphi^2} \tag{B-12}$$

附录 C 坐标系变换

直角坐标系—圆柱坐标系：

$$\begin{cases}x=\rho\cos\varphi\\y=\rho\sin\varphi\\z=z\end{cases}\qquad\begin{cases}\rho=\sqrt{x^2+y^2}\\\varphi=\arctan\left(\dfrac{y}{x}\right)\\z=z\end{cases}\tag{C-1}$$

附表 C-1　单位矢量的变换(一)

	$\boldsymbol{a}_\rho$	$\boldsymbol{a}_\varphi$	$\boldsymbol{a}_z$
$\boldsymbol{a}_x$	$\cos\varphi$	$-\sin\varphi$	0
$\boldsymbol{a}_y$	$\sin\varphi$	$\cos\varphi$	0
$\boldsymbol{a}_z$	0	0	1

(C-2)

直角坐标系—球坐标系：

$$\begin{cases}x=r\sin\theta\cos\varphi\\y=r\sin\theta\sin\varphi\\z=r\cos\theta\end{cases}\qquad\begin{cases}r=\sqrt{x^2+y^2+z^2}\\\theta=\arctan\left(\dfrac{\sqrt{x^2+y^2}}{z}\right)\\\varphi=\arctan\left(\dfrac{y}{x}\right)\end{cases}\tag{C-3}$$

附表 C-2　单位矢量的变换(二)

	$\boldsymbol{a}_r$	$\boldsymbol{a}_\theta$	$\boldsymbol{a}_\varphi$
$\boldsymbol{a}_x$	$\sin\theta\sin\varphi$	$\cos\theta\cos\varphi$	$-\sin\varphi$
$\boldsymbol{a}_y$	$\sin\theta\sin\varphi$	$\cos\theta\cos\varphi$	$\cos\varphi$
$\boldsymbol{a}_z$	$\cos\theta$	$2\sin\theta$	0

(C-4)

直角坐标系两点间距离：　$R=[(x_2-x_1)^2+(y_2-y_1)^2+(z_2-z_1)^2]^{1/2}$　(C-5)

圆柱坐标系两点间距离：　$R=[\rho_2^2+\rho_1^2-2\rho_2\rho_1\cos(\varphi_2-\varphi_1)+(z_2-z_1)^2]^{1/2}$　(C-6)

球坐标系两点间距离：

$$R=\{r_2^2+r_1^2-2r_2r_1[\cos\theta_2\cos\theta_1+\sin\theta_2\sin\theta_1\cos(\varphi_2-\varphi_1)]\}^{1/2}\tag{C-7}$$

附录 D　基本物理常量

物理量	符号	数值	单位
阿伏伽德罗常量	N_A	6.02214085×10^{23}	mol^{-1}
玻耳兹曼常量	k	1.38064852×10^{-23}	J/K
普朗克常量	h	6.62607004×10^{-34}	Js
电子电量	e	$1.602176620\times10^{-19}$	C
电子质量	m_e	9.10938356×10^{-31}	kg
质子质量	m_p	$1.672621898\times10^{-27}$	kg
质子质量与电子质量比	m_p/m_e	1836.15267389	1
万有引力常量	G	6.6740831×10^{-11}	$m^3/(kg\cdot s^2)$
标准重力加速度	g_n	9.80665	m/s^2
真空介电常数	ε_0	$(1/36\pi)\times10^{-9}$	F/m
ε_0 近似值	ε_0	$8.854187817\times10^{-12}$	F/m
真空磁导率	μ_0	$4\pi\times10^{-7}$	H/m
μ_0 近似值	μ_0	$12.566370614\times10^{-7}$	H/m
真空中的光速	c, c_0	299792458	m/s
真空特性阻抗	Z_0	376.730313461	Ω

附录E　SI词头

因数	词头名称	符　号	因数	词头名称	符　号
10^{24}	yotta 尧[它]	Y	10^{-1}	deci 分	d
10^{21}	zetta 译[它]	Z	10^{-2}	centi 厘	c
10^{18}	exa 艾[可萨]	E	10^{-3}	milli 毫	m
10^{15}	peta 拍[它]	P	10^{-6}	micro 微	μ
10^{12}	tera 太[拉]	T	10^{-9}	nano 纳[诺]	n
10^{9}	giga 吉[加]	G	10^{-12}	pico 皮[可]	p
10^{6}	mega 兆	M	10^{-15}	femto 飞[母托]	f
10^{3}	kilo 千	k	10^{-18}	atto 阿[托]	a
10^{2}	hecto 百	h	10^{-21}	zepto 仄[普托]	z
10^{1}	deca 十	da	10^{-24}	yocto 幺[科托]	y

习 题 答 案

第 1 章

1. $C=\sqrt{35}$; $\boldsymbol{a}_C=\boldsymbol{a}_x\dfrac{1}{\sqrt{35}}+\boldsymbol{a}_y\dfrac{5}{\sqrt{35}}-\boldsymbol{a}_z\dfrac{3}{\sqrt{35}}$

2. (1) $|\boldsymbol{A}|=\sqrt{14}$; $|\boldsymbol{B}|=\sqrt{17}$; $|\boldsymbol{C}|=\sqrt{29}$;(2) $\boldsymbol{a}_A=\dfrac{1}{\sqrt{14}}(\boldsymbol{a}_x+\boldsymbol{a}_y2-\boldsymbol{a}_z3)$;

$\boldsymbol{a}_B=\dfrac{1}{\sqrt{17}}(-\boldsymbol{a}_y4+\boldsymbol{a}_z)$;$\boldsymbol{a}_C=\dfrac{1}{\sqrt{29}}(\boldsymbol{a}_x5-\boldsymbol{a}_z2)$;(3) $\boldsymbol{A}\cdot\boldsymbol{B}=-11$;$\boldsymbol{A}\cdot\boldsymbol{C}=11$;

(4) $\boldsymbol{A}\times\boldsymbol{B}=-10\,\boldsymbol{a}_x-\boldsymbol{a}_y-\boldsymbol{a}_z4$;(5) $(\boldsymbol{A}\times\boldsymbol{B})\times\boldsymbol{C}=\boldsymbol{a}_x2-\boldsymbol{a}_y40+\boldsymbol{a}_z5$;
$\boldsymbol{A}\times(\boldsymbol{B}\times\boldsymbol{C})=\boldsymbol{a}_x55-\boldsymbol{a}_y44-\boldsymbol{a}_z11$;(6) $(\boldsymbol{A}\times\boldsymbol{B})\cdot\boldsymbol{C}=-42$;$(\boldsymbol{A}\times\boldsymbol{C})\cdot\boldsymbol{B}=42$。

5. (1) 是;(2) $3\sqrt{26}$

6. (1) 135.58°;(2) $-25/\sqrt{3}$

7. 64

8. 3.56

9. 10.87; $\boldsymbol{R}=\boldsymbol{a}_x(-2-5\sqrt{2}/2)-\boldsymbol{a}_y5\sqrt{6}/2-\boldsymbol{a}_z5\sqrt{2}$

10. 3

11. (1) 0.5;(2) −0.5;(3) 0

12. -240π

13. $\pi ka^5/40$;$4\pi ka^5/5$

17. $-3/\sqrt{14}$

18. (1) 抛物柱面;(2) $\nabla f=-\boldsymbol{a}_x+\boldsymbol{a}y2y$;(3) 0

19. $75\pi^2$

20. $-\pi$

24. $\nabla\times\boldsymbol{A}=0$;$\nabla\cdot\boldsymbol{A}=0$;$\nabla\times\boldsymbol{B}=0$;$\nabla\cdot\boldsymbol{B}=2\rho\sin\varphi$;$\nabla\times\boldsymbol{C}=\boldsymbol{a}_z(2x-6y)$;$\nabla\cdot\boldsymbol{C}=0$

25. $\boldsymbol{F}=\boldsymbol{a}_r\dfrac{q}{4\pi r^2}$

第 2 章

1. (1)、(2) $\boldsymbol{a}_E=\dfrac{\sqrt{2}}{2}(\boldsymbol{a}_x-\boldsymbol{a}_y)$

2. $\boldsymbol{F}=\boldsymbol{a}_x\dfrac{q\rho_l}{2\pi\varepsilon_0 a}$

4. $\boldsymbol{E}_1=\boldsymbol{c}\dfrac{\rho_f}{2\varepsilon_0}\quad(\rho_1\leqslant b,\rho_2\leqslant a)$

$\boldsymbol{E}_2=\dfrac{\rho_f}{2\varepsilon_0}\left(\boldsymbol{\rho}_1-\dfrac{a^2}{\rho_2^2}\boldsymbol{\rho}_2\right)\quad(\rho_1\leqslant b,\rho_2\geqslant a)$

$\boldsymbol{E}_3=\dfrac{\rho_f}{2\varepsilon_0}\left(\dfrac{b^2}{\rho_1^2}\boldsymbol{\rho}_1-\dfrac{a^2}{\rho_2^2}\boldsymbol{\rho}_2\right)\quad(\rho_1\geqslant b,\rho_2\geqslant a)$

5. (1)、(2) −28μJ

6. $\rho_f=\varepsilon_0 E_0(A\alpha e^{-\alpha z}+B\beta e^{-\beta z})$;正电荷

7. (1) $\rho_f=\dfrac{4\varepsilon_0 E_0}{a^3}\rho^2(0\leqslant\rho\leqslant a)$;$\rho_f=0\ (\rho>a)$;(2) $\rho_f=0\ (r>0)$

8. (1) 是,$\Phi=xyz-x^2+C$;(2) 不是

9. (1) 是;(2) 是;(3) 是;(4) 不是

10. (1) $\rho_{PS}=P\cos\theta$;

(2) $\Phi=\dfrac{Pz}{3\varepsilon_0}$; $\boldsymbol{E}=-\dfrac{\boldsymbol{P}}{3\varepsilon_0}\quad(|z|\leqslant a)$; $\Phi=\dfrac{Pa^3}{3\varepsilon_0 z^2}$; $\boldsymbol{E}=\dfrac{2a^3\boldsymbol{P}}{3\varepsilon_0 z^3}\quad(z\geqslant a)$

$\Phi=-\dfrac{Pa^3}{3\varepsilon_0 z^2}$;$\boldsymbol{E}=-\dfrac{2a^3\boldsymbol{P}}{3\varepsilon_0 z^3}\quad(z<-a)$

11. $\boldsymbol{E}=-\dfrac{\boldsymbol{P}}{3\varepsilon_0}$

12. (1) $\rho_P=-3k$;$\rho_{PS}(a)=-ka$;$\rho_{PS}(b)=kb$;(2) $\rho_f=\dfrac{3\varepsilon k}{\varepsilon-\varepsilon_0}$;$\rho_S(a)=\dfrac{\varepsilon ka}{\varepsilon-\varepsilon_0}$;

(3) $\Phi(a)=\dfrac{k[(\varepsilon_0+2\varepsilon)b^2-\varepsilon_0 a^2]}{2(\varepsilon-\varepsilon_0)\varepsilon_0}$

13. $\boldsymbol{E}_2|_{z=0}=\boldsymbol{a}_x 2y-\boldsymbol{a}_y 3x+\boldsymbol{a}_z 10/3$;$\boldsymbol{D}_2|_{z=0}=\varepsilon_0(\boldsymbol{a}_x 6y-\boldsymbol{a}_y 9x+\boldsymbol{a}_z 10)$

14. 正

15. (1) $\rho_f=6\varepsilon_0 r^3/a^4$;(2) $\rho_S=2\varepsilon_0$;(3) $2a$;(4) $11a/5$

16. ① $\boldsymbol{E}_1=0,(\rho\leqslant a)$;$\boldsymbol{E}_2=-\boldsymbol{a}_\rho A\left(1+\dfrac{a^2}{\rho^2}\right)\cos\varphi+\boldsymbol{a}_\varphi A\left(1-\dfrac{a^2}{\rho^2}\right)\sin\varphi(\rho\geqslant a)$;

② 导体材料,$\rho_S=-2\varepsilon_0 A\cos\varphi$

17. (1) $\theta_1=14°$;(2) $\rho_{PS}=\pm0.728\varepsilon_0 E_0$

18. (2) $\rho_{PS}=\dfrac{3(\varepsilon-\varepsilon_0)}{\varepsilon+2\varepsilon_0}\varepsilon_0 E_0\cos\theta$;

(3) $\boldsymbol{E}_1=\dfrac{3\varepsilon_0}{\varepsilon+2\varepsilon_0}\boldsymbol{E}_0$;$\boldsymbol{E}_2=\boldsymbol{E}_0+\dfrac{\varepsilon-\varepsilon_0}{\varepsilon+2\varepsilon_0}a^3E_0\dfrac{1}{r^3}(\boldsymbol{a}_r 2\cos\theta+\boldsymbol{a}_\theta\sin\theta)$

19. $\boldsymbol{\Phi}=\frac{U_2-U_1}{\alpha}\varphi+U_1$；$\boldsymbol{E}=-\frac{U_2-U_1}{\alpha\varphi}\boldsymbol{a}_{\varphi}$；$\rho_S=\pm\frac{\varepsilon_0(U_2-U_1)}{\alpha\varphi}$

20. (1) $\nabla^2\boldsymbol{\Phi}-\frac{1}{\rho}\frac{\partial\boldsymbol{\Phi}}{\partial\rho}=0$；$\boldsymbol{\Phi}=\frac{b-\rho}{b-a}U$；　(2) $\boldsymbol{E}=\frac{U}{b-a}\boldsymbol{a}_{\rho}$；$\rho_1=\pm\frac{2\pi kU}{b-a}$；

(3) $\rho_{PS}=\pm\frac{U}{b-a}\left(\frac{k}{a}-\varepsilon_0\right)$；　(4) $C_0=\frac{2\pi k}{b-a}$

21. $C=2\pi(\varepsilon+\varepsilon_0)\frac{ab}{b-a}$

22. 增大

23. (1) 会；(2) 不会

24. (1) $a=\frac{b}{\mathrm{e}}$；$E_{\min}=\frac{\mathrm{e}U}{b}$；(2) $a=\frac{b}{\mathrm{e}}$；$U_{\max}=\frac{b}{\mathrm{e}}E_{\max}$

25. (1) $\boldsymbol{\Phi}=\frac{aU}{b-a}\left(\frac{b}{r}-1\right)$；(2) $C=\frac{4\pi\varepsilon_0 ab}{b-a}$；(3) $E_{\min}=\frac{4U}{b}$

26. $\boldsymbol{\Phi}=\frac{4U_0}{\pi}\sum_{n=1,3,5\cdots}^{\infty}\frac{\sinh\left(\frac{n\pi}{a}y\right)}{n\sinh\left(\frac{n\pi}{a}b\right)}\sin\left(\frac{n\pi}{a}x\right)$

27. $\boldsymbol{\Phi}=U_0\frac{y}{b}+\frac{2U_0}{\pi^2}\frac{b}{d}\sum_{n=1}^{\infty}\frac{1}{n^2}\sin\left(\frac{n\pi}{b}d\right)\sin\left(\frac{n\pi}{b}y\right)\mathrm{e}^{-\frac{n\pi}{b}|x|}$

28. $\boldsymbol{\Phi}=\frac{\lambda}{\varepsilon_0\pi}\sum_{n=1}^{\infty}\frac{1}{n}\sin\left(\frac{n\pi}{a}d\right)\sin\left(\frac{n\pi}{a}y\right)\mathrm{e}^{-\frac{n\pi}{a}|x|}$

29. $\boldsymbol{\Phi}=\frac{4\boldsymbol{\Phi}_0}{\pi}\sum_{n=1,3,5\cdots}^{\infty}\frac{1}{n\cosh\left(\frac{n\pi}{b}a\right)}\cosh\left(\frac{n\pi}{b}x\right)\sin\left(\frac{n\pi}{b}y\right)$

30. $\boldsymbol{\Phi}=\boldsymbol{\Phi}_0\frac{y}{a}+\frac{\boldsymbol{\Phi}_0}{\pi}\sum_{n=1}^{\infty}\frac{(-1)^n}{n}\sin\left(\frac{2n\pi}{a}y\right)\mathrm{e}^{-\frac{2n\pi}{a}x}$

31. $\boldsymbol{\Phi}=-E_0\left(\rho-\frac{a^2}{\rho}\right)\cos\varphi$；$\boldsymbol{E}=\boldsymbol{a}_{\rho}E_0\left(1+\frac{a^2}{\rho^2}\right)\cos\varphi-\boldsymbol{a}_{\varphi}E_0\left(1-\frac{a^2}{\rho^2}\right)\sin\varphi$

32. $\boldsymbol{\Phi}=\frac{4\boldsymbol{\Phi}_0}{\pi}\sum_{n=1,3,5\cdots}^{\infty}\frac{1}{n}\left(\frac{\rho}{b}\right)^{\frac{n\pi}{\beta}}\sin\left(\frac{n\pi}{\beta}\varphi\right)$

33. $\boldsymbol{\Phi}=\frac{4\boldsymbol{\Phi}_0}{\pi}\sum_{n=1,3,5\cdots}^{\infty}\frac{1}{n}\frac{\rho^{\frac{n\pi}{\beta}}-a^{\frac{2n\pi}{\beta}}\rho^{-\frac{n\pi}{\beta}}}{b^{\frac{n\pi}{\beta}}-a^{\frac{2n\pi}{\beta}}b^{-\frac{n\pi}{\beta}}}\sin\left(\frac{n\pi}{\beta}\varphi\right)$

34. $\boldsymbol{\Phi}_1=-\frac{2\varepsilon_2 b^2}{(\varepsilon_1+\varepsilon_2)b^2+(\varepsilon_1-\varepsilon_2)a^2}\left(1-\frac{a^2}{\rho^2}\right)E_0\rho\cos\varphi$　$(a\leqslant\rho\leqslant b)$；

$$\Phi_2=-\left[1-\frac{(\varepsilon_1+\varepsilon_2)a^2+(\varepsilon_1-\varepsilon_2)b^2}{(\varepsilon_1+\varepsilon_2)b^2+(\varepsilon_1-\varepsilon_2)a^2}\frac{b^2}{\rho^2}\right]E_0\rho\cos\varphi\ (\rho\geqslant b)$$

35. $\Phi=\sum_{n=1}^{\infty}\frac{2\Phi_0}{p_{0m}J_1(p_{0m})}J_0\left(\frac{p_{0m}}{a}\rho\right)\mathrm{e}^{-\frac{p_{0m}}{a}z}\qquad(\rho\leqslant a)$

36. (1) $\Phi=-E_0r\cos\theta+\frac{U_0a}{r}+\frac{a^3}{r^2}E_0\cos\theta$;(2) $\Phi=-E_0r\cos\theta+\frac{Q}{4\pi\varepsilon_0r}+\frac{a^3}{r^2}E_0\cos\theta$

37. $\Phi_1=\Phi_0\left(1+\frac{z}{a}\right)\qquad(r\leqslant a)$;$\Phi_2=\Phi_0\left(\frac{a}{r}+\frac{a^2}{r}\cos\theta\right)\qquad(r\geqslant a)$

39. $\boldsymbol{E}=\boldsymbol{a}_z\frac{3\varepsilon}{\varepsilon_0+2\varepsilon}E_0$;$\rho_{\mathrm{S}}=-\frac{3\varepsilon_0(\varepsilon_{\mathrm{r}}-1)}{1+2\varepsilon_{\mathrm{r}}}E_0\cos\theta$

40. $\frac{-q^2}{16\pi\varepsilon_0d}$

41. 2.88×10^9q

42. (1) $\Phi=\frac{q}{4\pi\varepsilon_0}\left(\frac{1}{R}-\frac{a}{hR'}+\frac{a}{hr}\right)$;(2) $\Phi=\frac{q}{4\pi\varepsilon_0}\left(\frac{1}{R}-\frac{a}{hR'}+\frac{a}{hr}\right)+\frac{Q}{4\pi\varepsilon_0r}$;

(3) $\Phi=\frac{q}{4\pi\varepsilon_0}\left(\frac{1}{R}-\frac{a}{hR'}\right)+\frac{aU}{r}$,其中 $R'=\sqrt{r^2+\left(\frac{a^2}{h}\right)^2-2r\frac{a^2}{h}\cos\theta}$,$R=\sqrt{r^2+h^2-2rh\omega s\theta}$

43. (1)
$$\Phi=\frac{q}{4\pi\varepsilon_0}\left[\frac{1}{(r^2+h^2-2rh\cos\theta)^{1/2}}-\frac{a}{(r^2h^2+a^4-2rha^2\cos\theta)^{1/2}}-\frac{1}{(r^2+h^2+2rh\cos\theta)^{1/2}}+\frac{a}{(r^2h^2+a^4+2rha^2\cos\theta)^{1/2}}\right];$$

(2) $Q=-q+\frac{q(h^2-a^2)}{h\ (a^2+h^2)^{1/2}}$

44. (1) $\Phi=\frac{\rho_l}{2\pi\varepsilon_0}\ln\frac{h\sqrt{\rho^2+a^4/h^2-2\rho(a^2/h)\cos\varphi}}{a\sqrt{\rho^2+h^2-2\rho h\cos\varphi}}+\frac{\rho_l}{2\pi\varepsilon_0}\ln\frac{C}{\rho}$;

(2) $\Phi=\frac{\rho_l}{2\pi\varepsilon_0}\ln\frac{h\sqrt{\rho^2+a^4/h^2-2\rho(a^2/h)\cos\varphi}}{a\sqrt{\rho^2+h^2-2\rho h\cos\varphi}}+\frac{\rho_l}{2\pi\varepsilon_0}\ln\frac{C}{\rho}+\frac{\rho_{l0}}{2\pi\varepsilon_0}\ln\frac{a}{\rho}$

46. $\Phi=\frac{\rho_l}{2\pi\varepsilon_0}\ln\frac{\rho_2}{\rho_1}=\frac{\rho_l}{4\pi\varepsilon_0}\ln\frac{(b-x)^2+y^2}{(b+x)^2+y^2}$;

$$C_0=\frac{\rho_l}{U}=\frac{2\pi\varepsilon_0}{\ln\frac{(b+d_1-R_1)(b+d_2-R_2)}{(b-d_1+R_1)(b-d_2+R_2)}}$$

48.
$$C_{10}=C_{20}=\frac{4\pi\varepsilon_0}{\frac{1}{a}-\frac{1}{2h-a}+\frac{1}{d-a}-\frac{1}{\sqrt{4h^2+d^2}-a}};$$

$$C_{12}=C_{21}=\frac{4\pi\varepsilon_0\left(\frac{1}{d-a}-\frac{1}{\sqrt{4h^2+d^2}-a}\right)}{\left(\frac{1}{a}-\frac{1}{2h-a}\right)^2-\left(\frac{1}{d-a}-\frac{1}{\sqrt{4h^2+d^2}-a}\right)^2};$$

$$C_{p12}=\frac{2\pi\varepsilon_0}{\frac{1}{a}-\frac{1}{2h-a}-\frac{1}{d-a}+\frac{1}{\sqrt{4h^2+d^2}-a}}$$

49. $W_e=\pi\varepsilon_0 U^2/\ln\frac{b}{a}$

50. $C=\dfrac{4\pi\varepsilon_0}{\frac{1}{\varepsilon_1 a}-\frac{1}{\varepsilon_2 b}+\frac{1}{r_0}\left(\frac{1}{\varepsilon_2}-\frac{1}{\varepsilon_1}\right)}$

51. (1) $f=-\dfrac{1}{2}\dfrac{\varepsilon_0\varepsilon^2U^2}{(\varepsilon t+\varepsilon_0 b)^2}$;(2) 无关系

第3章

1. (1) $\boldsymbol{J}_S=\boldsymbol{a}_\varphi\dfrac{1}{2}\omega aP\sin2\theta$;(2) 0;(3) $I=\pm\dfrac{1}{2}\omega a^2P$
2. $I=10.5\text{A}$
3. $\rho_f=aJ_x$
4. $\boldsymbol{E}_1=\boldsymbol{a}_\rho\dfrac{U}{\left(\frac{1}{\sigma_1}\ln\frac{c}{a}+\frac{1}{\sigma_2}\ln\frac{b}{c}\right)\sigma_1\rho}$;$\boldsymbol{E}_2=\boldsymbol{a}_\rho\dfrac{U}{\left(\frac{1}{\sigma_1}\ln\frac{c}{a}+\frac{1}{\sigma_2}\ln\frac{b}{c}\right)\sigma_2\rho}$;

$$\rho_S=\frac{U\left(\frac{\varepsilon_2}{\sigma_2}-\frac{\varepsilon_1}{\sigma_1}\right)}{\left(\frac{1}{\sigma_1}\ln\frac{c}{a}+\frac{1}{\sigma_2}\ln\frac{b}{c}\right)c}$$

5. $C_0=\dfrac{\pi(\varepsilon_1+\varepsilon_2)}{\ln\frac{b}{a}}$;$G_0=\dfrac{\pi(\sigma_1+\sigma_2)}{\ln\frac{b}{a}}$;$W_{e0}=\dfrac{\pi(\varepsilon_1+\varepsilon_2)U^2}{2\ln\frac{b}{a}}$;$P_0=\dfrac{\pi(\sigma_1+\sigma_2)U^2}{\ln\frac{b}{a}}$
6. $R=\dfrac{1}{4\pi\sigma_0K}\ln\dfrac{R_2(R_1+K)}{R_1(R_2+K)}$
7. $C=\dfrac{(2\varepsilon_0+\varepsilon)S}{3d}$;$G=\dfrac{\sigma S}{3d}$

8. $R_0=\dfrac{2\delta}{\alpha\sigma(r_2^2-r_1^2)}$;$R=\dfrac{\ln(r_2/r_1)}{\alpha\sigma\delta}$;$R'=\dfrac{\alpha}{\sigma\delta}/\ln\dfrac{r_2}{r_1}$

9. $\boldsymbol{E}=\boldsymbol{a}_r 7.5\times10^9 r\mathrm{e}^{-9.42\times10^{11}t}$;$\boldsymbol{J}=\boldsymbol{a}_r 7.5\times10^{10} r\mathrm{e}^{-9.42\times10^{11}t}$

10. $R=\dfrac{1}{4\pi\sigma}\left(\dfrac{1}{r_1}+\dfrac{1}{r_2}-\dfrac{1}{d-r_1}-\dfrac{1}{d-r_2}\right)$

11. $R=\dfrac{h}{2\pi\sigma a(2h-a)}$

12. $I\approx\dfrac{\pi\sigma Ud}{\ln\dfrac{D}{a}}$

13. $R=\dfrac{\ln(2l/a)}{2\pi\sigma l}$

14. $R=\dfrac{\ln(2h/a)}{2\pi\sigma}$

15. $r_0=24.3$ m;$\sigma=100/9\pi\approx3.54$(S/m)

第4章

1. $\boldsymbol{F}=\mu_0 I^2(\boldsymbol{a}_x+\boldsymbol{a}_y)/4\pi a$

2. $\boldsymbol{F}=\boldsymbol{a}_x qv\mu_0 I(b-a)/4ab$

3. $B_z=\dfrac{\mu_0 I}{4\pi ab}(a+b+\sqrt{a^2+b^2})$

4. (1) $\boldsymbol{P}=\boldsymbol{a}_\rho(\varepsilon_\mathrm{r}-1)\varepsilon_0\omega B\rho$;(2) $Q_\mathrm{PS}=2\pi(\varepsilon_\mathrm{r}-1)\varepsilon_0\omega a^2 LB$

5. (1) $B_x=\mu_0 NIb^2/(b^2+d^2/4)^{3/2}$;(3) $d=b$

6. $\boldsymbol{B}=\boldsymbol{a}_x\dfrac{\mu_0 NI}{2L}\left[\dfrac{L-x}{\sqrt{(L-x)^2+a^2}}+\dfrac{x}{\sqrt{x^2+a^2}}\right]$

7. $\boldsymbol{B}=\boldsymbol{a}_z\dfrac{\mu_0\pi J_\mathrm{S}}{4}$

8. $\boldsymbol{B}_1=\boldsymbol{a}_y\dfrac{\mu_0 J}{2}|O_1O_2|\qquad(\rho_1\leqslant b,\rho_2\leqslant a)$

$$\boldsymbol{B}_2=\frac{\mu_0 J}{2}\boldsymbol{a}_z\times\left(\boldsymbol{\rho}_1-\frac{a^2}{\rho_2^2}\boldsymbol{\rho}_2\right)\qquad(\rho_1\leqslant b,\rho_2\geqslant a)$$

$$\boldsymbol{B}_3=\frac{\mu_0 J}{2}\boldsymbol{a}_z\times\left(\frac{b^2}{\rho_1^2}\boldsymbol{\rho}_1-\frac{a^2}{\rho_2^2}\boldsymbol{\rho}_2\right)\qquad(\rho_1\geqslant b,\rho_2\geqslant a)$$

11. (1) 不是;(2) 是,$\boldsymbol{J}=\boldsymbol{a}_z\dfrac{2k}{\mu_0}$;(3) 是,$\boldsymbol{J}=\boldsymbol{a}_z\dfrac{2A}{\mu_0}$

12. $\boldsymbol{A}=\boldsymbol{0}$

14. (1) $\boldsymbol{H}=\begin{cases}\boldsymbol{a}_\varphi \dfrac{I\rho}{2\pi a^2} & (\rho\leqslant a)\\ \boldsymbol{a}_\varphi \dfrac{I}{2\pi\rho} & (\rho>a)\end{cases}$;$\boldsymbol{B}=\begin{cases}\boldsymbol{a}_\varphi \dfrac{\mu I\rho}{2\pi a^2} & (\rho\leqslant a)\\ \boldsymbol{a}_\varphi \dfrac{\mu_0 I}{2\pi\rho} & (\rho>a)\end{cases}$;换为铜线后,$\boldsymbol{H}$ 不变,$\boldsymbol{B}=\mu_0\boldsymbol{H}$;

(2) $\boldsymbol{M}=\boldsymbol{a}_\varphi \dfrac{999I\rho}{2\pi a^2}$;$\boldsymbol{J}_{\mathrm{m}}=\boldsymbol{a}_z(\mu_{\mathrm{r}}-1)\dfrac{I}{\pi a^2}(\rho\leqslant a)$;(3) $\boldsymbol{J}_{\mathrm{mS}}=-\boldsymbol{a}_z\dfrac{999I}{2\pi a}$

15. 铁杆内:$H=8\times10^5\ \mathrm{A/m}$;$B=5\ 000\ \mathrm{T}$;$M=\dfrac{4\ 999}{\mu_0}\ \mathrm{A/m}$

铁盘内:$H=\dfrac{B_0}{5\ 000\,\mu_0}=159\ \mathrm{A/m}$;$B=1\ \mathrm{T}$;$M=\dfrac{4\ 999}{5\ 000\,\mu_0}\ \mathrm{A/m}$

16. 正值

17. (1) $H_2=9.8\times10^5\ \mathrm{A/m}$;$\theta_2\approx0.027°$;(2) $J_{\mathrm{mS}}=6.8\times10^5\ \mathrm{A/m}$

18. $\boldsymbol{H}=(-\boldsymbol{a}_x y+\boldsymbol{a}_y x)\dfrac{I}{\pi}\left[\dfrac{1}{x^2+(y-h)^2}+\dfrac{1}{x^2+(y+h)^2}\right]$

19. (1) $\boldsymbol{J}_{\mathrm{m}}=\boldsymbol{0}$;$\boldsymbol{J}_{\mathrm{mS}}=\boldsymbol{a}_\varphi M\sin\theta$;(2) $\rho_{\mathrm{mS}}=M\cos\theta$;$\boldsymbol{H}_{\mathrm{i}}=\dfrac{1}{3}\boldsymbol{M}(r\leqslant a)$;

$\boldsymbol{H}_{\mathrm{o}}=\dfrac{M\tau}{4\pi r^3}(\boldsymbol{a}_r 2\cos\theta+\boldsymbol{a}_\theta\sin\theta)\quad\left(\tau=\dfrac{4}{3}\pi a^3\right)$

20. $\boldsymbol{J}_{\mathrm{m}}=\boldsymbol{0}$;$\boldsymbol{J}_{\mathrm{mS}}=\boldsymbol{a}_\varphi(Aa^2\cos^2\theta\sin\theta+B\sin\theta)$;$\rho_{\mathrm{m}}=-2Az\quad(r\leqslant a)$;

$\rho_{\mathrm{mS}}=Aa^2\cos^3\theta+B\cos\theta$

21. $L=\mu_0 n^2 LS=1.42\times10^{-4}\ \mathrm{H}$

22. (1) $L=2.343\ \mathrm{H}$;(2) $L=0.944\ \mathrm{H}$

24. $M=36\ \mu\mathrm{H}$

第5章

1. (1) $e=\dfrac{\mu_0 I_0 b}{2\pi}\lambda\mathrm{e}^{-\lambda t}\ln\left(1+\dfrac{a}{d}\right)$;

(2) $e=\dfrac{\mu_0 I_0 b}{2\pi}\left[\left(\dfrac{v}{d+vt}-\dfrac{v}{d+a+vt}\right)\cos\omega t+\ln\left(\dfrac{d+a+vt}{d+vt}\right)\omega\sin\omega t\right]$

2. $i=-1.75\omega\sin\omega t(1+2\cos\omega t)\ (\mathrm{mA})$

3. (1) $\dfrac{l}{\sigma ab}$;(2) $vB_0 l$;(3) $\sigma abvB_0$

5. $I_{\mathrm{D}}=-5.66\times10^{-13}\ \mathrm{C/s}$

6. $i_{\mathrm{D}}=2\pi\varepsilon_0 l\omega U_0\cos\omega t/\ln\dfrac{b}{a}$

7. (1) $W_{\mathrm{m}}=\dfrac{\pi R^4(\omega\varepsilon_0 U_0)^2}{16d}\mu_0\sin^2\omega t$;(2) $L=\dfrac{\mu_0 d}{8\pi}$

8. (1) $\boldsymbol{B}=\boldsymbol{a}_\varphi\dfrac{\mu U_0}{2d}\rho(\omega\varepsilon\cos\omega t+\sigma\sin\omega t)$;(2) $L=\dfrac{\mu d}{8\pi}$

9. (1) $W_e=\dfrac{\pi\varepsilon_0 a^4(\omega\mu_0 NI_0)^2}{16h}\sin^2\omega t$;(2) $C=\dfrac{\varepsilon_0 h}{8\pi N^2}=\dfrac{\mu_0\varepsilon_0 a^2}{8L}$

11. $\beta=17.32\pi\approx54.41$ (rad/m);

$\boldsymbol{H}=-\boldsymbol{a}_x 0.229\times10^{-3}\sin(10\pi x)\cos(6\pi\times10^9 t-54.41z)$
$\quad-\boldsymbol{a}_z 0.133\times10^{-3}\cos(10\pi x)\sin(6\pi\times10^9 t-54.41z)$

12. $\beta=5\sqrt{7}\pi\approx41.56$ (rad/m);

$\dot{\boldsymbol{E}}_m=-j\,\boldsymbol{a}_x 499\cos(15\pi x)e^{-j41.56z}+\boldsymbol{a}_z 565\sin(15\pi x)e^{-j41.56z}$

13. $\boldsymbol{H}=\boldsymbol{a}_\varphi\dfrac{kE_0}{\omega\mu_0 r}\sin\theta\cos(\omega t-kr)$;$k=\omega\sqrt{\mu_0\varepsilon_0}$

14. (1) 3.17×10^{13};(2) 9.75×10^{-10};(3) 1.125;(4) 铜:$\nabla\times\dot{\boldsymbol{H}}_m=5.7\times10^7\dot{\boldsymbol{E}}_m$;

海水:$\nabla\times\dot{\boldsymbol{H}}_m=(4+j4.5)\dot{\boldsymbol{E}}_m$

15. (2) $\rho_S=0$;$\boldsymbol{J}_S=\boldsymbol{a}_y\dfrac{\pi E_0}{\omega\mu_0 d}\sin(\omega t-k_x x)$;(3) $\boldsymbol{J}_D=-\boldsymbol{a}_y\omega\varepsilon_0 E_0\sin\left(\dfrac{\pi}{d}z\right)\sin(\omega t-k_x x)$

16. (1) $\boldsymbol{S}(z,t)=-\boldsymbol{a}_z\dfrac{1}{4}\sqrt{\dfrac{\varepsilon_0}{\mu_0}}E_0{}^2\sin(2kz)\sin(2\omega t)$;$\boldsymbol{S}_{平均}=0$;(2) $\boldsymbol{S}\left(\dfrac{n\lambda}{4},t\right)=0$;

$\boldsymbol{S}\left(\dfrac{2n+1}{8}\lambda,t\right)=\pm\boldsymbol{a}_z\dfrac{1}{4}\sqrt{\dfrac{\varepsilon_0}{\mu_0}}E_0{}^2\sin(2\omega t)$

17. $\boldsymbol{S}(z,t)=\boldsymbol{a}_x\dfrac{E_0{}^2}{\eta}\sin\theta\cos^2(\beta_z z)\cos^2(\omega t-\beta_x x)+\boldsymbol{a}_z\dfrac{E_0{}^2}{4\eta}\sin(2\beta_z z)\sin2(\omega t-\beta_x x)$;

$\boldsymbol{S}_{平均}=\boldsymbol{a}_x\dfrac{E_0{}^2}{2\eta_0}\sin\theta\cos^2(\beta_z z)$

第6章

1. (1) $-\boldsymbol{a}_y$;(2) $\beta=1$ rad/m;(3) $\boldsymbol{H}(t)=\boldsymbol{a}_z\dfrac{1}{1\,200\pi}\cos(3\times10^8 t+y)$ (A/m)

2. $\boldsymbol{E}(t)=\boldsymbol{a}_y 0.5\cos\left(6\pi\times10^8 t-2\pi x+\dfrac{\pi}{4}\right)$;$\boldsymbol{H}(t)=\boldsymbol{a}_z\dfrac{1}{240\pi}\cos\left(6\pi\times10^8 t-2\pi x+\dfrac{\pi}{4}\right)$

3. (1) $\boldsymbol{S}(t)=\boldsymbol{a}_z\dfrac{250}{3\pi}\cos^2(1.26\times10^8 t-0.42z)$;$\boldsymbol{S}_{平均}=\boldsymbol{a}_z\dfrac{125}{3\pi}$;

(2) $P_{入}(t)=\dfrac{125}{6\pi}[\cos^2(1.26\times10^8 t)-\cos^2(1.26\times10^8 t-0.42)]$

4. (1) $\boldsymbol{a}_k=0.2(-\boldsymbol{a}_x\sqrt{5}-\boldsymbol{a}_y 2+\boldsymbol{a}_z 4)$;(2) $f=1.5\times10^9$ Hz;$\lambda=0.1$ m;$v_p=1.5\times10^8$ m/s;

(3) $\varepsilon_r=4$;(4) $E_{y0}=1.5\sqrt{5}$;

(5) $\boldsymbol{H}=\frac{1}{100\pi}(-\boldsymbol{a}_x 8\sqrt{5}+\boldsymbol{a}_y 9-\boldsymbol{a}_z 11/2)\cos[3\pi\times10^9 t+4\pi(\sqrt{5}x+2y-4z)$

5. (1) $\boldsymbol{k}=\boldsymbol{a}_y 8\pi+\boldsymbol{a}_z 6\pi$;(2) $f=2.5\times10^8$ Hz;$v_p=0.5\times10^8$ m/s;

(3) $\dot{\boldsymbol{E}}=(-\boldsymbol{a}_y 48\pi+\boldsymbol{a}_z 64\pi)\times10^{-6}\mathrm{e}^{-\mathrm{j}(6\pi z+8\pi y)}$;(4) $\boldsymbol{S}_{平均}=(\boldsymbol{a}_y 32\pi+\boldsymbol{a}_z 24\pi)\times10^{-12}$

6. (1) 右旋椭圆极化;(2) 右旋椭圆极化;(3) 右旋圆极化;(4) 直线极化

9. (1) $\boldsymbol{E}=\boldsymbol{a}_x 120\sqrt{2}\pi\cos\left(6\pi\times10^8 t-2\pi z-\frac{\pi}{3}\right)-\boldsymbol{a}_y 120\pi\cos(6\pi\times10^8 t-2\pi z)$ (mV/m);

(2) 右旋椭圆极化;(3) $\boldsymbol{S}_{平均}=\boldsymbol{a}_z 180\pi(\mu\mathrm{W/m^2})$

10. (1) $\boldsymbol{a}_z$;(2) $f=3\times10^9$ Hz;(3) 左旋圆极化;

(4) $\dot{\boldsymbol{H}}(\boldsymbol{r})=\frac{10^{-5}}{12\pi}(-\mathrm{j}\,\boldsymbol{a}_x+\boldsymbol{a}_y)\mathrm{e}^{-\mathrm{j}20\pi z}$(A/m);(5) $\boldsymbol{S}_{平均}=\boldsymbol{a}_z\frac{10^{-9}}{12\pi}(\mathrm{W/m^2})$

11. (1) $E_m=10$;$\boldsymbol{k}=0.05\pi(\boldsymbol{a}_x 3-\boldsymbol{a}_y\sqrt{3}+\boldsymbol{a}_z 2)$;$\lambda=10$ m;

(2) $\boldsymbol{H}=\frac{1}{48\pi}(-\boldsymbol{a}_x\sqrt{3}+\boldsymbol{a}_y+\boldsymbol{a}_z 2\sqrt{3})\cos[6\pi\times10^7 t-0.05\pi(3x-\sqrt{3}y+2z)]$ A/m;

(3) $\boldsymbol{S}_{平均}=\frac{5}{48\pi}(\boldsymbol{a}_x 3-\boldsymbol{a}_y\sqrt{3}+\boldsymbol{a}_z 2)\mathrm{W/m^2}$;(4) 直线极化

12. $E(0.6)=0.927$ (V/m);14%

13. 3.3mm

14. $f=2$ GHz,$\alpha\approx0.6$ Np/m;$\beta\approx132.46$ rad/m;$v_p=9.49\times10^7$ m/s;$\lambda\approx0.047$ m;

$f=2$ MHz,$\alpha\approx0.266$ Np/m;$\beta\approx0.297$ rad/m;$v_p=4.23\times10^7$ m/s;$\lambda\approx21.16$ m;

$f=20$ kHz,$\alpha\approx0.028$ Np/m;$\beta\approx0.028$ rad/m;$v_p=4.47\times10^6$ m/s;$\lambda\approx223.6$ m

15. (1) $\boldsymbol{H}^+=\frac{1}{120\pi}(-\boldsymbol{a}_x E_{my}+\boldsymbol{a}_y E_{mx})\cos(\omega t-kz)$;

(2) $\boldsymbol{E}^-=-(\boldsymbol{a}_x \boldsymbol{E}_{mx}+\boldsymbol{a}_y E_{my})\cos(\omega t+kz)$;$\boldsymbol{H}^-=\frac{1}{120\pi}(-\boldsymbol{a}_x E_{my}+\boldsymbol{a}_y E_{mx})\cos(\omega t+kz)$;

(3) $\boldsymbol{E}$波节、$\boldsymbol{H}$波腹点:$z=-\frac{n\lambda}{2}(n=0,1,2,\cdots)$;$\boldsymbol{E}$波腹、$\boldsymbol{H}$波节点:$z=-\frac{(2n+1)\lambda}{4}(n=0,1,2,\cdots)$

16. (1) 圆极化;(2) $\boldsymbol{J}_S=\frac{2E_0}{\eta_0}(\boldsymbol{a}_x-\mathrm{j}\,\boldsymbol{a}_y)$;(3) $\boldsymbol{E}(t)=2(\boldsymbol{a}_x\sin\omega t-\boldsymbol{a}_y\cos\omega t)E_0\sin(kz)$

17. (1) $\boldsymbol{E}^-=-\frac{E_0}{2}(\boldsymbol{a}_x+\mathrm{j}\,\boldsymbol{a}_y)\mathrm{e}^{\mathrm{j}2z}$,右旋圆极化;$\boldsymbol{E}^t=\frac{E_0}{2}(\boldsymbol{a}_x+\mathrm{j}\,\boldsymbol{a}_y)\mathrm{e}^{-\mathrm{j}6z}$,左旋圆极化;(2) $s=3$;

(3) $\boldsymbol{S}_{平均}=\boldsymbol{a}_z\frac{E_0{}^2}{160\pi}\mathrm{W/m^2}$

18. $\mu_r = 3$；$\varepsilon_r = 12$
19. $\varepsilon_r = 6.25$；$f = 1.5\times 10^8$ Hz
20. $d \approx 6.3$ km
21. $P_L = 1.16\times 10^{-7}$ W/m^2
23. （1）$E_0 = 6.0\times 10^{-6}$ V/m；（2）$P_L = 1.12\times 10^{-8}$ W/m^2
25. $\varepsilon_{r2} = 2$；$d = 3.75$ mm
26. 30 mm；$|R_1| \approx 0.056$
27. $d_2 = 2.56\times 10^{-3}/\sigma_2$
28. $\theta'' \approx 17.46°$
29. $|\boldsymbol{E}^-_{m\perp}| = 0.5$ V/m；$|\boldsymbol{E}^t_{m\perp}| = 0.5$ V/m；$|\boldsymbol{E}^-_{m//}| = 0$；$|\boldsymbol{E}^t_{m//}| \approx 0.577$ V/m
30. $\theta = 60°$；6.25%
31. （1）$\theta = 45°$；（2）$\dot{\boldsymbol{E}}^+ = 60\sqrt{2}\pi(\boldsymbol{a}_x - \boldsymbol{a}_z)\mathrm{e}^{-\mathrm{j}2\pi(x+z)}$；$\dot{\boldsymbol{E}}^- = 60\sqrt{2}\pi(-\boldsymbol{a}_x - \boldsymbol{a}_z)\mathrm{e}^{-\mathrm{j}2\pi(x-z)}$

    $\dot{\boldsymbol{H}}^- = \boldsymbol{a}_y\mathrm{e}^{-\mathrm{j}2\pi(x-z)}$
32. （1）$\dot{\boldsymbol{E}}^- = -4\,\boldsymbol{a}_y\mathrm{e}^{\mathrm{j}6(x+\sqrt{3}z)}$ V/m；$\dot{\boldsymbol{H}}^- = \dfrac{1}{60\pi}(-\sqrt{3}\boldsymbol{a}_x + \boldsymbol{a}_z)\mathrm{e}^{\mathrm{j}6(x+\sqrt{3}z)}$ A/m；

    （2）$v_p = 6\times 10^8$ m/s；$v_e = 1.5\times 10^8$ m/s；$\boldsymbol{S}_{平均} = -\boldsymbol{a}_x\dfrac{2}{15\pi}\sin^2 6\sqrt{3}z$ W/m^2
33. （1）折射角 45°；（2）传播方向不变；位置改变，平移 0.22λ；功率损失 2.75%
34. （1）$\theta_{i\max} = 90°$；（2）$\theta_{i\max} = 14.4°$

第 7 章

4. （1）$\lambda_c = 3\sqrt{2}$ cm；$\lambda_z = 3\sqrt{2}$ cm；（2）$a = 9$ cm；$b = 6$ cm
5. $a \geqslant 6$ cm；$b \leqslant 4$ cm
6. （1）$\lambda = 16$ cm 时，不能传输任何模式；$\lambda = 8$ cm 时，可传输 TE_{10} 模；$\lambda = 6.5$ cm 时，可传输 TE_{10}、TE_{20}、TE_{01} 模；（2）$2.187 \leqslant f \leqslant 3.96$ GHz
7. $\sqrt{2}a < \lambda < 2a$
8. （1）$\beta \approx 158$ rad/m；$\eta_{TE_{10}} \approx 499\ \Omega$；（2）$\beta \approx 396$ rad/m；$\eta_{TE_{10}} \approx 199\ \Omega$；（3）$\alpha \approx 89$ Np/m；$\eta_{TE_{10}} \approx \mathrm{j}445\ \Omega$；$l = 0.01$ m
9. 可传输 TM_{01}、TE_{11} 和 TE_{21} 模；填充介质后可传输 TM_{01}、TM_{02}、TM_{11}、TM_{12} 和 TM_{21} 模及 TE_{01}、TE_{02}、TE_{11}、TE_{12} 和 TE_{21} 和 TE_{22} 模。
10. $f \approx 2\,728$ MHz
11. 发生谐振的 4 个最低模式为 TM_{110}、TE_{101}、TE_{011}、TE_{111} 和 TM_{111}，对应的谐振频率分别为：$f_{110} = 3.125$ GHz，$f_{101} = 3.54$ GHz，$f_{011} = 3.91$ GHz，$f_{111} = 4.33$ GHz
12. $d = 10.5$ mm

参考文献

[1] 邵小桃,李一玫,王国栋 . 电磁场与电磁波 . 北京:北京交通出版社,2014.
[2] ULABY F T. 应用电磁学基础 . 邵小桃,等译 . 北京:清华大学出版社,2016.
[3] 李一玫,邵小桃,郭勇.电磁场与电磁波基础教程.北京:中国铁道出版社,2010.
[4] 杨儒贵.电磁场与电磁波.北京:高等教育出版社.2003.
[5] Rao. 电磁场基础.邵小桃,郭勇,王国栋,译.北京:电子工业出版社,2010.
[6] 谢处方,饶克谨.电磁场与电磁波.4 版.北京:高等教育出版社,2006.
[7] 谢处方,饶克谨.电磁场与电磁波.3 版.北京:高等教育出版社,1999.
[8] LONNGREN K E,SAVOV S V,JOST R J. Fundamentals of electromagnetics with MATLAB. 2nd ed. SCITECH PUBLISHING. INC, 2007.
[9] KONG JinAu. Electromagnetic Wave Theory.影印版.北京:高等教育出版社,2002.
[10] 陈乃云,魏东北,李一玫.电磁场与电磁波理论基础 . 北京:中国铁道出版社,2001.
[11] CHENG D K. 电磁场与电磁波 . 何业军,桂良启,译.北京:清华大学出版社,2013.
[12] 钟顺时,钮茂德.电磁场理论基础.西安:西安电子科技大学出版社,1995.
[13] 林为干.电磁场理论.北京:人民邮电出版社,1996.
[14] HAYT W H Jr. ,BUCK J A. engineering electromagnetics.北京:机械工业出版社,2002.
[15] 王增和,王培章,卢春兰.电磁场与电磁波.北京:电子工业出版社,2001.
[16] 徐永斌.工程电磁场基础.北京:北京航空航天大学出版社,1992.
[17] 许福永,赵克玉.电磁场与电磁波.北京:科学出版社,2005.
[18] 施皮格尔.向量分析原理及题解.骆传孝,译.台北:晓园出版社,1993.
[19] 方能航 . 矢量、并矢分析于符号运算法.北京:科学出版社,1996.
[20] 王楚,李椿,周乐柱.电磁学.北京:北京大学出版社,2000.
[21] 张三慧.大学物理学:第 3 册　电磁学.北京:清华大学出版社,1999.